# 解析深度学习
# 语音识别实践

【美】俞栋 邓力 著

俞凯 钱彦旻 等译

电子工业出版社

Publishing House of Electronics Industry

北京·BEIJING

## 内容简介

本书是首部介绍语音识别中深度学习技术细节的专著。全书首先概要介绍了传统语音识别理论和经典的深度神经网络核心算法。接着全面而深入地介绍了深度学习在语音识别中的应用，包括"深度神经网络-隐马尔可夫混合模型"的训练和优化，特征表示学习、模型融合、自适应，以及以循环神经网络为代表的若干先进深度学习技术。

本书适合有一定机器学习或语音识别基础的学生、研究者或从业者阅读，所有的算法及技术细节都提供了详尽的参考文献，给出了深度学习在语音识别中应用的全景。

**图书在版编目（CIP）数据**

解析深度学习：语音识别实践 /（美）俞栋，（美）邓力著；俞凯等译.—北京：电子工业出版社，2016.7

ISBN 978-7-121-28796-1

I. ① 解…II. ① 俞… ② 邓… ③ 俞…III. ① 人工智能 – 应用 – 语音识别 – 研究 IV. ① TN912.3

中国版本图书馆 CIP 数据核字（2016）第 099823 号

策划编辑：刘 皎
责任编辑：李利健
印　　刷：三河市华成印务有限公司
装　　订：三河市华成印务有限公司
出版发行：电子工业出版社
　　　　　北京市海淀区万寿路 173 信箱　　邮编：100036
开　　本：720×1000　1/16　印张：20　　字数：378 千字
版　　次：2016 年 7 月第 1 版
印　　次：2021 年 3 月第 12 次印刷
定　　价：109.00 元

凡所购买电子工业出版社图书有缺损问题，请向购买书店调换。若书店售缺，请与本社发行部联系，联系及邮购电话：（010）88254888，88258888。

质量投诉请发邮件至 zlts@phei.com.cn，盗版侵权举报请发邮件至 dbqq@phei.com.cn。

本书咨询联系方式：（010）51260888-819　faq@phei.com.cn。

献给我的妻子和父母

——俞栋（Dong Yu）

献给 Lih-Yuan、Lloyd、Craig、Lyle、Arie 和 Axel

——邓力（Li Deng）

# 作者及译者简介

## 俞栋

1998 年加入微软公司，现任微软研究院首席研究员、浙江大学兼职教授和中科大客座教授。他是语音识别和深度学习方向的资深专家，出版了两本专著，发表了 150 多篇论文，是近 60 项专利的发明人及有广泛影响力的深度学习开源软件 CNTK 的发起人和主要作者之一。他在基于深度学习的语音识别技术上的工作带来了语音识别研究方向的转变，极大地推动了语音识别领域的发展，并获得 2013 年 IEEE 信号处理协会最佳论文奖。俞栋博士现担任 IEEE 语音语言处理专业委员会委员，曾担任 IEEE/ACM 音频、语音及语言处理汇刊、IEEE 信号处理杂志等期刊的编委。

## 邓力

世界著名人工智能、机器学习和语音语言信号处理专家，现任微软首席人工智能科学家和深度学习技术中心研究经理。他在美国威斯康星大学先后获硕士和博士学位，然后在加拿大滑铁卢大学任教获得终身正教授。其间，他还任麻省理工学院研究职位。1999 年加入微软研究院历任数职，并在 2014 年初创办深度学习技术中心，主持微软公司和研究院的人工智能和深度学习领域的技术创新。邓力博士的研究方向包括自动语音与说话者识别、口语识别与理解、语音–语音翻译、机器翻译、语言模式、统计方法与机器学习、听觉和其他生物信息处理、深层结构学习、类脑机器智能、图像语言多模态深度学习，商业大数据深度分析等。他在上述领域做出了重大贡献，是 ASA（美国声学学会）会士、IEEE（美国电气和电子工程师协会）会士和理事、ISCA（国际语音通信协会）会士，并凭借在深度学习与自动语音识别方向做出的杰出贡献荣获 2015

年度 IEEE 信号处理技术成就奖。同时，他也曾在顶级杂志和会议上发表过与上述领域相关的 300 余篇学术论文，出版过 5 部著作，发明及合作发明了超过 70 多项专利。邓力博士还担任过 IEEE 信号处理杂志和《音频、语音与语言处理学报》（*IEEE/ACM Transactions on Audio, Speech & Language Processing*）的主编。

❖　　　　　❖　　　　　❖

## 俞凯

IEEE 高级会员，上海交通大学计算机科学与工程系特别研究员。清华大学本科、硕士，英国剑桥大学工程系博士。长期从事智能语音及语言处理、人机交互、模式识别及机器学习的研究和产业化工作。他是中组部"千人计划"（青年项目）获得者，国家自然科学基金委优秀青年科学基金获得者，上海市"东方学者"特聘教授；作为共同创始人和首席科学家创立"苏州思必驰信息科技有限公司"。现任中国声学学会语音语言、听觉及音乐分会执委会委员，中国计算机学会人机交互专委会委员，中国语音产业联盟技术工作组副组长。他的研究兴趣涉及语音识别、语音合成、口语理解、对话系统、认知型人机交互等智能语音语言处理技术的多个核心技术领域，在本领域的一流国际期刊和会议上发表论文 80 余篇，申请专利 10 余项，取得了一系列研究、工程和产业化成果。在 InterSpeech 及 IEEE Spoken Language Processing 等国际会议上获得 3 篇国际会议优秀论文奖，获得国际语音通信联盟（ISCA）2013 年颁发的 2008—2012 Computer Speech and Language 最优论文奖。受邀担任 InterSpeech 2009 语音识别领域主席、EUSIPCO 2011/EUSIPCO 2014 语音处理领域主席、InterSpeech 2014 口语对话系统领域主席等。他负责搭建或参与搭建的大规模连续语音识别系统，曾获得美国国家标准局（NIST）和美国国防部内部评测冠军；作为核心技术人员，负责设计并实现的认知型统计对话系统原型，在 CMU 组织的 2010 年对话系统国际挑战赛上获得了可控测试的冠军。作为项目负责人或 Co-PI，他主持了欧盟第 7 框架 PARLANCE、国家自然科学基金委、上海市教委、经信委，以及美国通用公司、苏州思必驰信息科技有限公司的一系列科研及产业化项目。2014 年，因在智能语音技术产业化方面的贡献，获得中国人工智能学会颁发的"吴文俊人工智能科学技术奖"。

## 钱彦旻

IEEE、ISCA 会员，上海交通大学计算机科学与工程系副教授。清华大学博士，英国剑桥大学工程系 MIL 机器智能实验室博士后，上海市青年英才扬帆计划获得者，目前国际上最流行的语音识别开源工具包 Kaldi 的唯一亚洲创始成员。有 10 余年从事智能语音及语言处理、人机交互、模式识别及机器学习的研究和产业化工作经验。研究领域包括：语音识别、说话人和语种识别、语音情感感知、自然语言理解、深度学习建模、多媒体信号处理等。在本领域的一流国际期刊和会议上发表学术论文50余篇，Google Scholar 引用总数近1500次，申请多项专利，合作撰写和翻译多本外文书籍。作为负责人和主要参与者参加了包括英国EPSRC、国家自然科学基金、国家863、百度"松果"创新研究等多个项目；所负责搭建的语音处理系统在多类复杂广播语音识别、说话人分割聚类等多个国际竞赛中获得世界第一。2014年，因在智能语音技术产业化方面的贡献，获得中国人工智能学会颁发的"吴文俊人工智能科学技术奖"。

# 译者序

　　技术科学的进步历程往往是理论通过实践开辟道路的过程。尽管众多研究者将 Geoffrey Hinton 在 2006 年发表关于深度置信网络（Deep Belief Networks）的论文视为深度学习出现的重要标志，但那时，该技术还只是多层神经网络权值初始化的一种有效理论尝试，仅仅对一小部分机器学习专家产生着影响。真正让深度学习成为 2013 年《麻省理工学院技术评论》的十大突破性技术之首的，则是深度学习在应用领域的巨大实践成功。而语音识别正是深度学习取得显著成功的应用领域之一。

　　语音识别的发展自 20 世纪 70 年代采用隐马尔可夫模型（HMM）进行声学建模以来，每个时代都有经典的创新成果。如 20 世纪 80 年代的 $N$ 元组语言模型，20 世纪 90 年代的 HMM 状态绑定和自适应技术，21 世纪第一个十年的 GMM-HMM 模型的序列鉴别性训练等。尽管这些技术都显著降低了语音识别的错误率，但它们都无法把语音识别推动到商业可用的级别。深度学习技术在 21 世纪第二个十年产生的最重大的影响，就是使得语音识别错误率在以往最好系统的基础上相对下降 30% 或更多，而这一下降恰恰突破了语音识别真正可用的临界点。该技术的突破伴随着并行计算基础设施的发展和移动互联网大数据的产生，其影响进一步交叠扩大，目前已经成为业界毫无争议的标准前沿技术。

　　本书作者俞栋博士和邓力博士正是这一突破的最早也是最主要的推动者和实践者。他们与 Geoffrey Hinton 合作，最早将深度学习引入语音识别并取得初步成功，后续又连续突破一系列技术瓶颈，在大尺度连续语音识别系统上取得了研究界和工业界广泛认可的突破。在几乎所有的语音识别应用深度学习的核心领域上都有这两位学者的影响。我与这两位学者相交多年，深刻地感觉到，他们在深度学习应用上的突破并非在恰当的时间接触到恰当的算法那么简单，而是来源于对语音识别技术发展历程的不懈摸索。事实上，如作者们在本书中提到的，神经网络、层次化模型等思路在语音识别发展的历史上早已被提出并无数次验证，但都没有成功。回到深度学习成功前的十年，那时能够持续不断地在"非主流"的方向上尝试、改进、探索，是一件非常不易的事情。因此，我对二位学者一直怀有敬意。此次受他们之托，将展现深度学习在语音识别中实践历程的英文著作翻译成中文，也感到十分荣幸。

目前已有的语音识别书籍均以介绍经典技术为主，本书是首次以深度学习为主线，介绍语音识别应用的书籍，对读者了解前沿的语音识别技术以及语音识别的发展历程具有重要的参考价值。全书概要地介绍了语音识别的基本理论，主体部分则全面而详细地讲解了深度学习的各类应用技术细节，既包括理论细节，也包括工程实现细节，给出了深度学习在语音识别领域进行应用研究的全景。本书适合有一定机器学习或语音识别基础的学生、研究者或从业者阅读。由于篇幅限制，一些算法的介绍没有进行大幅展开，但所有的算法及技术细节都提供了详尽的参考文献，读者可以按图索骥。

本书的翻译是由我与钱彦旻博士共同完成的，同时，也得到了上海交通大学智能语音实验室的贺天行、毕梦霄、陈博、陈哲怀、邓威、金汶功、刘媛、谭天、童思博、项煦、游永彬、郑达、朱苏、庄毅萌的帮助，以及电子工业出版社的大力支持，在此一并表示感谢。翻译过程难免存在疏漏和错误，欢迎读者批评、指正。

俞　凯

# 序

本书首次专门讲述了如何将深度学习方法，特别是深度神经网络（DNN）技术应用于语音识别（ASR）领域。在过去的几年中，深度神经网络技术在语音识别领域的应用取得了前所未有的成功。这使得本书成为在深度神经网络技术的发展历程中一个重要的里程碑。作者继其前一本书 *Deep Learning: Methods and Applications* 之后，在语音识别技术和应用上进行了更深入钻研，得成此作。与上一本书不同，该作并没有对深度学习的各个应用领域都进行探讨，而是将重点放在了语音识别技术及其应用上，并就此进行了更深入、更专一的讨论。难能可贵的是，这本书提供了许多语音识别技术背景知识，以及深度神经网络的技术细节，比如严谨的数学描述和软件实现也都包含其中。这些对语音识别领域的专家和有一定基础的读者来说都将是极其珍贵的资料。

本书的独特之处还在于，它并没有局限于目前常应用于语音识别技术的深度神经网络上，还兼顾包含了深度学习中的生成模型，这种模型可以很自然地嵌入先验的领域知识和问题约束。作者在背景材料中充分证实了自20世纪90年代早期起，语音识别领域研究者提出的深度动态生成模型（dynamic generative models）的丰富性，同时又将其与最近快速发展的深度鉴别性模型在统一的框架下进行了比较。书中以循环神经网络和隐动态模型为例，对这两种截然不同的深度模型进行了全方位有见地的优劣比较。这为语音识别中的深度学习发展和其他信号及信息处理领域开启了一个新的激动人心的方向。该书还满怀历史情怀地对四代语音识别技术进行了分析。当然，以深度学习为主要内容的第四代技术是本书所详细阐述的，特别是DNN和深度生成模型的无缝结合，将使得知识扩展可以在一种最自然的方式下完成。

 总的来说，该书可能成为语音识别领域工作者在第四代语音识别技术时代的重要参考书。全书不但巧妙地涵盖了一些基本概念，使你能够理解语音识别全貌，还对近两年兴盛起来的强大的深度学习方法进行了深入的细节介绍。读完本书，你将可以看清前沿的语音识别是如何构建在深度神经网络技术上的，可以满怀自信地去搭建识别能力达到甚至超越人类的语音识别系统。


Sadaoki Furui

芝加哥丰田技术研究所所长，东京理工学院教授

# 前言

以自然语言人机交互为主要目标的自动语音识别（ASR），在近几十年来一直是研究的热点。在 2000 年以前，有众多语音识别相关的核心技术涌现出来，例如：混合高斯模型（GMM）、隐马尔可夫模型（HMM）、梅尔倒谱系数（MFCC）及其差分、$n$ 元词组语言模型（LM）、鉴别性训练以及多种自适应技术。这些技术极大地推进了 ASR 以及相关领域的发展。但是比较起来，在 2000 年到 2010 年间，虽然 GMM-HMM 序列鉴别性训练这种重要的技术被成功应用到实际系统中，但是在语音识别领域中无论是理论研究还是实际应用，进展都相对缓慢与平淡。

然而在过去的几年里，语音识别领域的研究热情又一次被点燃。由于移动设备对语音识别的需求与日俱增，并且众多新型语音应用，例如，语音搜索（VS）、短信听写（SMD）、虚拟语音助手（例如，苹果的 Siri、Google Now 以及微软的 Cortana）等在移动互联世界获得了成功，新一轮的研究热潮自然被带动起来。此外，由于计算能力的显著提升以及大数据的驱动，深度学习在大词汇连续语音识别下的成功应用也是同样重要的影响因素。比起此前最先进的识别技术——GMM-HMM 框架，深度学习在众多真实世界的大词汇连续语音识别任务中都使得识别的错误率降低了三分之一或更多，识别率也进入到真实用户可以接受的范围内。举例来说，绝大多数 SMD 系统的识别准确率都超过了 90%，甚至有些系统超过了 95%。

作为研究者，我们参与并见证了这许许多多令人兴奋的深度学习技术上的发展。考虑到近年来在学术领域与工业领域迸发的 ASR 研究热潮，我们认为是时候写一本书来总结语音识别领域的技术进展，尤其是近年来的最新进展。

最近 20 年，随着语音识别领域的不断发展，很多关于语音识别以及机器学习的优秀书籍相继问世，这里列举一部分：

- Deep Learning: Methods and Applications, by Li Deng and Dong Yu (June, 2014)

- Automatic Speech and Speaker Recognition: Large Margin and Kernel Methods, by Joseph Keshet, Samy Bengio (Jan, 2009)

- Speech Recognition Over Digital Channels: Robustness and Standards, by Antonio Peinado and Jose Segura (Sept, 2006)

- Pattern Recognition in Speech and Language Processing, by Wu Chou and Biing-Hwang Juang (Feb, 2003)

- Speech Processing — A Dynamic and Optimization-Oriented Approach, by Li Deng and Doug O'Shaughnessy (June 2003)

- Spoken Language Processing: A Guide to Theory, Algorithm and System Development, by Xuedong Huang, Alex Acero, and Hsiao-Wuen Hon (April 2001)

- Digital Speech Processing: Synthesis, and Recognition, Second Edition, by Sadaoki Furui (June, 2001)

- Speech Communications: Human and Machine, Second Edition, by Douglas O'Shaughnessy (June, 2000)

- Speech and Language Processing — An Introduction to Natural Language Processing, Computational Linguistics, and Speech Recognition, by Daniel Jurafsky and James Martin (April, 2000)

- Speech and Audio Signal Processing, by Ben Gold and Nelson Morgan (April, 2000)

- Statistical Methods for Speech Recognition, by Fred Jelinek (June, 1997)

- Fundamentals of Speech Recognition, by Lawrence Rabiner and Biing-Hwang Juang (April, 1993)

- Acoustical and Environmental Robustness in Automatic Speech Recognition, by Alex Acero (Nov, 1992)

然而，所有这些书或者是出版于 2009 年以前，也就是深度学习理论被提出之前，或者是像我们 2014 年出版的综述书籍，都没有特别关注深度学习技术在语音识别领域的应用。早期的书籍缺少 2010 年以后的深度学习新技术，而语音识别领域以及深度学习的研究者所需求的技术及数学细节更是没能涵盖其中。不同于以上书籍，本书除了涵盖必要的背景材料外，特别整理了近年来语音识别领域上深度学习以及鉴别性层次模型的相关研究。本书涵盖了一系列深度学习模型的理论基础及对其的理解，其中包括深度神经网络（DNN）、受限玻耳兹曼机（RBM）、降噪自动编码器、深度置信网络、循环神经网络（RNN）、长短时记忆（LSTM）RNN，以及各种将它们应用到实际系统的技术，例如，DNN-HMM 混合系统、tandem 和瓶颈系统、多任务学习及迁移学习、序列鉴别性训练以及 DNN 自适应技术。本书更加细致地讨论了搭建真实世界实时语音识别系统时的注意事项、技巧、配置、深层模型的加速以及其他相关技术。为了更好地介绍基础背景，本书有两章讨论了 GMM 与 HMM 的相关内容。然而由于本书的主题是深度学习以及层次性建模，因而我们略过了 GMM-HMM 的技术细节。所以本书是上面罗列参考书籍的补充，而不是替代。我们相信本书将有益于语音处理及机器学习领域的在读研究生、研究者、实践者、工程师，以及科学家的学习研究工作。我们希望，本书在提供领域内相关技术的参考以外，能够激发更多新的想法与创新，进一步促进 ASR 的发展。

在本书的撰写过程中，Alex Acero、Geoffrey Zweig、Qiang Huo、Frank Seide、Jasha Droppo、Mike Seltzer 以及 Chin-Hui Lee 都提供了大量的支持与鼓励。同时，我们也要感谢 Springer 的编辑 Agata Oelschlaeger 和 Kiruthika Poomalai，他们的耐心和及时的帮助使得本书能够顺利出版。

俞 栋 邓 力
美国华盛顿西雅图
2014 年 7 月

## 读者服务

轻松注册成为博文视点社区用户（www.broadview.com.cn），您即可享受以下服务。

- **提交勘误**　您对书中内容的修改意见可在 提交勘误 处提交，若被采纳，将获赠博文视点社区积分（在您购买电子书时，积分可用来抵扣相应金额）。

- **与作者交流**　在页面下方 读者评论 处留下您的疑问或观点，与作者和其他读者一同学习交流。

页面入口：http://www.broadview.com.cn/28796

# 目录

# 术语缩写

**ADMM** 乘子方向交替算法

**AE-BN** 瓶颈自动编码器

**ALM** 增广拉格朗日乘子

**AM** 声学模型

**ANN** 人工神经网络

**ANN-HMM** 人工神经网络–隐马尔可夫模型

**ASGD** 异步随机梯度下降

**ASR** 自动语音识别

**BMMI** 增强型最大互信息

**BP** 反向传播

**BPTT** 沿时反向传播

**CD** 对比散度

**CD-DNN-HMM** 上下文相关的深度神经网络–隐马尔可夫模型系统

**CE** 交叉熵

**CHiME** 多声源环境下的计算听觉

**CN** 计算型网络

**CNN** 卷积神经网络

**CNTK** 计算型神经网络工具包

**CT** 保守训练

**DAG** 有向无环图

**DaT** 设备感知训练

**DBN** 深度置信网络

**DNN** 深度神经网络

**DNN-GMM-HMM** 深度神经网络–混合高斯模型–隐马尔可夫模型

**DNN-HMM** 深度神经网络–隐马尔可夫模型

**DP** 动态规划

**DPT** 鉴别性预训练

**EBW** 扩展 Baum-Welch 算法

**EM** 期望最大化

**F-smoothing** 帧平滑

**fDLR** 特征空间鉴别性线性回归

**fMLLR** 特征空间最大似然线性回归

**FSA** 特征空间说话人自适应

**GMM** 混合高斯模型

**GPGPU** 通用图形处理单元

**HDM** 隐动态模型

**HMM** 隐马尔可夫模型

**HTM** 隐轨迹模型

**IID** 独立同分布

**KL-HMM** 基于 KL 散度的 HMM

**KLD** Kullback-Leibler 散度（KL 距离）

**LBP** 逐层的反向传播

**LHN** 线性隐含网络

**LIN** 线性输入网络

**LM** 语言模型

**LON** 线性输出网络

**LSTM** 长短时记忆单元

**LVCSR** 大词汇连续语音识别

**LVSR** 大词汇语音识别

**MAP** 最大后验

**MBR** 最小贝叶斯风险

**MFCC** 梅尔倒谱系数

**MLP** 多层感知器

**MMI** 最大互信息

**MPE** 最小音素错误

**MSE** 均方误差

**MTL** 多任务学习

**NAT** 噪声自适应训练

**NaT** 噪声感知训练

**NCE** 误差对比估计

**NLL** 负对数似然

**oDLR** 输出特征的鉴别性线性回归

**PCA** 主成分分析

**PLP** 感知线性预测

**RBM** 受限玻尔兹曼机

**ReLU** 整流线性单元

**RKL** 反向 KL 散度（KL 距离）

**RNN** 循环神经网络

**ROVER** 识别错误票选降低技术

**RTF** 实时率

**SaT** 说话人感知训练

**SCARF** 分段条件随机场

**SGD** 随机梯度下降

**SHL-MDNN** 共享隐层的多语言深度神经网络

**SIMD** 单指令多数据

**SKL** 对称 KL 散度（KL 距离）

**sMBR** 状态级最小贝叶斯风险

**SMD** 短消息听写

**SVD** 奇异值分解

**SWB** Switchboard

**UBM** 通用背景模型

**VS** 语音搜索

**VTLN** 声道长度归一化

**VTS** 向量泰勒级数

**WTN** 词转移网络

# 符号

## 常用数学操作符列表

$\mathbf{x}$        向量（vector）

$x_i$        $\mathbf{x}$ 的第 $i$ 个元素

$|x|$        $x$ 的绝对值（absolute value）

$\|\mathbf{x}\|$        向量 $\mathbf{x}$ 的范数（norm）

$\mathbf{x}^{\mathrm{T}}$        向量 $\mathbf{x}$ 的转置（transpose）

$\mathbf{a}^{\mathrm{T}}\mathbf{b}$        向量 $\mathbf{a}$ 和 $\mathbf{b}$ 的内积（inner product）

$\mathbf{a}\mathbf{b}^{\mathrm{T}}$        向量 $\mathbf{a}$ 和 $\mathbf{b}$ 的外积（outer product）

$\mathbf{a} \bullet \mathbf{b}$        向量 $\mathbf{a}$ 和 $\mathbf{b}$ 的逐点相乘（element-wise product）

$\mathbf{a} \otimes \mathbf{b}$        向量 $\mathbf{a}$ 和 $\mathbf{b}$ 的叉乘（cross product）

$\mathbf{A}$        矩阵（matrix）

$\mathbf{A}_{ij}$        矩阵 $\mathbf{A}$ 的第 $i$ 行第 $j$ 列的元素值

$tr(\mathbf{A})$        矩阵 $\mathbf{A}$ 的迹（trace）

$\mathbf{A} \otimes \mathbf{B}$        矩阵 $\mathbf{A}$ 和 $\mathbf{B}$ 的 Khatri-Rao 积

$\mathbf{A} \oslash \mathbf{B}$      $\mathbf{A}$ 和 $\mathbf{B}$ 的逐点相除（element-wise division）

$\mathbf{A} \circ \mathbf{B}$      矩阵 $\mathbf{A}$ 和 $\mathbf{B}$ 逐列的内积（column-wise inner product）

$\mathbf{A} \odot \mathbf{B}$      矩阵 $\mathbf{A}$ 和 $\mathbf{B}$ 逐行的内积（row-wise inner product）

$\mathbf{A}^{-1}$      矩阵 $\mathbf{A}$ 的逆（inverse）

$\mathbf{A}^{\dagger}$      矩阵 $\mathbf{A}$ 的伪逆（pseudoinverse）

$\mathbf{A}^{\alpha}$      矩阵 $\mathbf{A}$ 的逐点乘方

$\mathrm{vec}\,(\mathbf{A})$      由矩阵 $\mathbf{A}$ 的各列顺序接成的向量

$\mathbf{I}_n$      $n \times n$ 单位矩阵（identity matrix）

$\mathbf{1}_{m,n}$      $m \times n$ 全部元素为 1 的矩阵（matrix with all 1's）

$\mathbb{E}$      统计期望算子（statistical expectation operator）

$\mathbb{V}$      统计协方差算子（statistical covariance operator）

$\langle \mathbf{x} \rangle$      向量 $\mathbf{x}$ 的平均值

$\odot$      卷积算子（convolution operator）

$\mathbf{H}$      Hessian 矩阵或海森矩阵

$\mathbf{J}$      Jacobian 矩阵或雅克比矩阵

$p(\mathbf{x})$      随机向量 $\mathbf{x}$ 的概率密度函数

$P\,(x)$      $x$ 的概率

$\nabla$      梯度算子（gradient operator）

## 更多特定的数学符号列表

$\mathbf{w}^{\star}$      最优的 $\mathbf{w}$

$\hat{\mathbf{w}}$      $\mathbf{w}$ 的估计值

$\mathbf{R}$      相关矩阵（correlation matrix）

$Z$      配分函数（partition function）

**v**　　　　网络中的可见单元（visible units in a network）

**h**　　　　网络中的隐藏单元（hidden units in a network）

**o**　　　　观察（特征）向量

**y**　　　　输出预测向量

$\epsilon$　　　　学习率

$\theta$　　　　阈值

$\lambda$　　　　正则化参数（regularization parameter）

$\mathcal{N}(\mathbf{x}; \mu, \boldsymbol{\Sigma})$　随机向量 $\mathbf{x}$ 服从均值向量为 $\mu$、协方差矩阵为 $\boldsymbol{\Sigma}$ 的高斯分布

$\mu_i$　　　　均值向量 $\mu$ 的第 $i$ 个元素

$\sigma_i^2$　　　　第 $i$ 个方差元素

$c_m$　　　　混合高斯模型中第 $m$ 个高斯组分的权重

$a_{i,j}$　　　　隐马尔可夫模型（HMM）中从状态 $i$ 到状态 $j$ 的转移概率

$b_i(\mathbf{o})$　　　隐马尔可夫模型（HMM）中观察向量 $\mathbf{o}$ 在状态 $i$ 上的发射概率

$\Lambda$　　　　完整的模型参数集合

**q**　　　　隐马尔可夫模型（HMM）状态序列

$\pi$　　　　隐马尔可夫模型（HMM）状态的初始概率

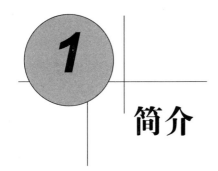

# 简介

**摘要**　自动语音识别（Automatic speech recognition，ASR）技术是使人与人、人与机器更顺畅交流的关键技术。在本章中，我们将介绍语音识别（ASR）系统的主要应用场景，简述其基本设计。最后会介绍全书结构。

## 1.1　自动语音识别：更好的沟通之桥

自动语音识别（Automatic Speech Recognition，ASR）这个研究领域已经活跃了五十多年。一直以来，这项技术都被当作是可以使人与人、人与机器更顺畅交流的桥梁。然而，语音在过去并没有真正成为一种重要的人机交流的形式，这一部分是缘于当时技术的落后，语音技术在大多数实际用户实际使用的场景下还不大可用。另一部分原因是很多情况下使用键盘、鼠标这样的形式交流比语音更有效、更准确，约束更小。

语音技术在近年渐渐开始改变我们的生活和工作方式。对某些设备来说，语音成了人与之交流的主要方式。这种趋势的出现和下面提到的几个关键领域的进步是分不开的。首先，摩尔定律持续有效。有了多核处理器、通用计算图形处理器（general purpose graphical processing unit，GPGPU）、CPU/GPU 集群这样的技术，今天可用的计算力仅仅相比十几年前就高了几个量级。这使得训练更加强大而复杂的模型变得可能。正是这些更消耗计算能力的模型（同时也是本书的主题），显著地降低了语音识别系统的错误率。其次，借助越来越先进的互联网和云计算，我们得到了比先前多得多的数据资源。使用从真实使用场景收集的大数据进行模型训练的话，我们先前做的很多模型假设都不再需要了，这使得系统更加鲁棒。最后，移动设备、可穿戴设备、智能家居设备、车载信息娱乐系统正变得越来越流行。在这些设备和系统上，以往鼠标、键盘这样的交互方式不再延续像用在电脑上一样的便捷性了。而语音作为人类之间自然的交流方式，作为大部分人的既有能力，在这些设备和系统上成为更受欢迎的交互方式。

在近几年中，语音技术成为很多应用中的重要角色。这些应用可分为帮助促进人类之间的交流（HHC）和帮助进行人机交流（HMC）两类。

### 1.1.1　人类之间的交流

语音技术可以用来消除人类之间交流的障碍。在过去，人们如果想要与不同语言的使用者进行沟通，需要另一个人作为翻译才行。这极大地限制了人们的可选交流对象，抑制了交流机会。例如，如果一个人不会中文，那么独自到中国旅游通常就会有很多麻烦。而语音到语音（speech-to-speech，S2S）翻译系统其实是可以用来消除这些交流壁垒的。微软研究院最近就做过这样一个示例，可以在文献 [67] 中找到。除了应用于旅行的人以外，S2S 翻译系统是可以整合到像 Skype 这样的一些交流工具中的。这样，语言不通的人也可以自由地进行远程交流。图 1.1列举了一个典型的 S2S 翻译系统的核心组成模块，可以看到，语音识别是整个流水线中的第一环。

图 1.1　典型的语音到语音翻译系统的组成模块

除此之外，语音技术还有其他形式可以用来帮助人类间的交流。例如，在统一消息系统（unified messaging system）中，消息发送者（caller）的语音消息可以通过语音转写子系统转换为文本消息，文本消息继而通过电子邮件、即时消息或者短信的方式轻松地发送给接收者来方便地阅读。再如，给朋友发短信时，利用语音识别技术进行输入可以更便捷。语音识别技术还可以用来将演讲和课程内容进行识别和索引，使用户能够更轻松地找到自己感兴趣的信息。

### 1.1.2　人机交流

语音技术可以极大地提升人机交流的能力，其中最流行的应用场景包括语音搜索、个人数码助理、游戏、起居室交互系统和车载信息娱乐系统：

- 语音搜索（voice search, VS）[400, 435, 453] 使用户可以直接通过语音来搜索餐馆、行驶路线和商品评价的信息。这极大地简化了用户输入搜索请求的方式。目前，语音搜索类应用在 iPhone、Windows Phone 和 Android 手机上已经非常流行。

- 个人数码助理（personal digital assistance，PDA）已经作为原型产品出现了十年，而一直到苹果公司发布了用于 iPhone 的 Siri 系统才变得流行起来。自那以后，很多公司发布了类似的产品。PDA 知晓你移动设备上的信息，了解一些常识，并记录了用户与系统的交互历史。有了这些信息后，PDA 可以更好地服务用户。比如，可以完成拨打电话号码、安排会议、回答问题和音乐搜索等工作。而用户所需要做的只是直接向系统发起语音指令即可。

- 在融合语音技术以后，游戏的体验将得到很大的提升。例如，在一些微软 Xbox 的游戏中，玩家可以和卡通角色对话以询问信息或者发出指令。

- 起居室交互系统和车载信息娱乐系统[362] 在功能上十分相似。这样的系统允许用户使用语音与之交互，用户通过它们来播放音乐、询问信息或者控制系统。当然，由于这些系统的使用条件不同，设计这样的系统时会遇到不同的挑战。

在本节中，所有的应用场景和系统讨论的都是语音对话系统（spoken language system）[207] 的例子。如图 1.2所示，语音对话系统通常包括四个主要组成部分的一个或多个：语音识别系统将语音转化为文本、语义理解系统提取（find）用户说话的语义信息、文字转语音系统将内容转化为语音、对话管理系统连接其他三个系统并完成与实际应用场景的沟通。所有这些部分对建立一个成功的语音对话系统都是很关键的。在本书中，我们只关注语音识别部分。

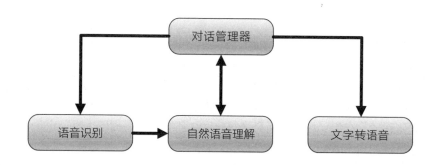

图 1.2　语音对话系统的组成

## 1.2  语音识别系统的基本结构

图 1.3中展示的是语音识别系统的典型结构，语音识别系统主要由图中的四部分组成：信号处理和特征提取、声学模型（AM）、语言模型（LM）和解码搜索部分。

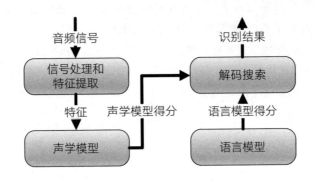

图 1.3  语音识别系统的架构

信号处理和特征提取部分以音频信号为输入，通过消除噪声和信道失真对语音进行增强，将信号从时域转化到频域，并为后面的声学模型提取合适的有代表性的特征向量。声学模型将声学和发音学（phonetics）的知识进行整合，以特征提取部分生成的特征为输入，并为可变长特征序列生成声学模型分数。语言模型估计通过从训练语料（通常是文本形式）学习词之间的相互关系，来估计假设词序列的可能性，又叫语言模型分数。如果了解领域或任务相关的先验知识，语言模型分数通常可以估计得更准确。解码搜索对给定的特征向量序列和若干假设词序列计算声学模型分数和语言模型分数，将总体输出分数最高的词序列当作识别结果。在本书中，我们主要关注声学模型。

关于声学模型，有两个主要问题，分别是特征向量序列的可变长和音频信号的丰富变化性。可变长特征向量序列的问题在学术上通常由如动态时间规整（dynamic time warping，DTW）方法和将在第3章描述的隐马尔可夫模型（HMM）[328] 方法来解决。音频信号的丰富变化性（variable）是由说话人的各种复杂的特性（如性别、健康状况或紧张程度）交织，或是说话风格与速度、环境噪声、周围人声（side talk）、信道扭曲（channel distortion）（如麦克风间的差异）、方言差异、非母语口音（non-native accent）引起的。一个成功的语音识别系统必须能够应付所有这类声音的变化因素。

像我们在第1.1节中讨论的那样从特定领域任务向真实应用转变时，会遇到一些困难。如图 1.4所示，一个时下实际的语音识别系统需要处理大词汇（数百万）、自由式对话，带噪声的远场自发语音和多语言混合的问题。

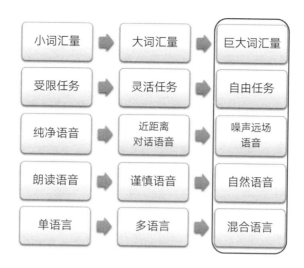

图 1.4　由于有了真实世界任务的需求，当今正在解决的语音识别相关的问题（最右列）比过去已经解决的问题要难得多

　　在过去，最流行的语音识别系统通常使用梅尔倒谱系数（mel-frequency cepstral coefficient，MFCC）[75] 或者"相对频谱变换–感知线性预测"（perceptual linear predic- tion，RASTA-PLP）[184] 作为特征向量，使用混合高斯模型–隐马尔可夫模型（Gaussian mixture model-HMM，GMM-HMM）作为声学模型。在 20 世纪 90 年代的时候，最大似然准则（maximum likelihood，ML）被用来训练这些 GMM-HMM 声学模型。到了 21 世纪，序列鉴别性训练算法（sequence discriminative training algorithm）如最小分类错误（minimum classification error，MCE）[222] 和最小音素错误（minimum phone error，MPE）[323] 等准则被提了出来，并进一步提高了语音识别的准确率。

　　在近些年中，分层鉴别性模型（discriminative hierarchical model）如深度神经网络（deep neural network，DNN）[73, 190] 依靠不断增长的计算力、大规模数据集的出现和人们对模型本身更好的理解，变得可行起来。它们显著地减小了错误率。举例来说，上下文相关的深度神经网络–隐马尔可夫模型（context-dependent DNN-HMM，CD-DNN-HMM）与传统的使用序列鉴别准则（sequence discriminative criteria）[359] 训练的 GMM-HMM 系统相比，在 Switchboard 对话任务上错误率降低了三分之一。

　　在本书中，我们将介绍这些分层鉴别性模型的最新研究进展，包括深度神经网络（DNN）、卷积神经网络（convolutional neural network，CNN）和循环神经网络（recurrent neural network，RNN）。我们将讨论这些模型的理论基础和使得系统能够正常工作的实践技巧。由于我们对自己所做的工作比较熟悉，本书主要着眼于我们自己的工作，当然，在需要的时候也会涉及其他研究者的相关研究。

# 1.3 全书结构

本书由五部分组成。在第一部分中，我们主要介绍传统的 GMM-HMM 系统和相关的数学模型和变体（variant）。内容主要提取自一些成品书（如 [108, 206, 329]）和来自 [208, 327] 的教学材料。第二部分介绍了 DNN，包括其初始化和训练算法。第三部分讨论了语音识别中的 DNN-HMM 混合系统、提高 DNN 的训练和计算速度的技巧，以及序列鉴别性训练算法。第四部分从联合特征表示学习和模型优化的视角描述了 DNN。在这个视角下，我们介绍了语音识别中的 tandem 系统和 DNN 的自适应技术。第五部分涉及一些高级模型，如多语言 DNN、循环神经网络和计算型网络（computational network）。我们在第15章总结了整本书，概述了基于深度学习的语音识别系统发展中的一些关键里程碑，并给出了我们对未来语音识别研究方向的思考。

与我们最近一本书[121] 相比，这本书更深入地介绍了在语音识别这个特定领域下的那些出色的技术，而没有太多地扩展到其他深度学习的应用场景。

## 1.3.1 第一部分：传统声学模型

第2章和第3章介绍传统的混合高斯模型–隐马尔可夫（GMM-HMM）声学模型的基本理论基础。这两章将有助于你理解后面介绍的分层鉴别性模型。

第2章讨论的是混合高斯模型、最大似然准则和期望最大化算法[298]。第3章介绍了在现代语音识别系统中有最杰出贡献的隐马尔可夫模型。我们介绍了 HMM 是如何处理可变长度信号序列的，并描述了前向后向训练算法（forward-backward algorithm）和维特比解码（viterbi decoding）算法。在本书着重讲述的上下文相关的深度神经网络–隐马尔可夫模型（CD-DNN-HMM）系统流行起来以前，GMM-HMM 构成了现代语音识别系统的基础。

## 1.3.2 第二部分：深度神经网络

第4章和第5章详细介绍深度神经网络。重点介绍在构建真实系统时被证明有效的技术，并从理论和实践的角度解释了这些技术为什么工作和是如何工作的。

第4章介绍深度神经网络、著名的反向传播算法（back-propagation）[247, 337] 和迅速有效训练一个 DNN 的各种实践技巧。第5章讨论了高级的 DNN 初始化技术，包括生成性预训练和鉴别性预训练[358]。我们主要讨论受限玻尔兹曼机[188]（restricted Boltzmann machine，RBM）和带噪自动编码器（noisy auto-encoder）[32]，以及它们两个之间的关系。

### 1.3.3 第三部分：语音识别中的 DNN-HMM 混合系统

从第6章到第8章，我们继续讨论在语音识别中如何有效地将 DNN 和 HMM 融合起来。

第6章描述了 DNN-HMM 混合系统[73]，其中，HMM 被用来对声音信号的序列属性进行建模，DNN 为 HMM 中的发射概率（emission probability）建模。第7章讨论了实践中可以提高 DNN-HMM 系统训练、解码速度的技巧。第8章讨论的是可以进一步提高 DNN-HMM 混合系统识别准确率的序列鉴别性训练算法（sequence-discriminative training algorithm）。

### 1.3.4 第四部分：深度神经网络中的特征表示学习

在第9章到第11章中，我们换用一个不同的角度去观察 DNN，并从这个新的角度讨论了有哪些其他方式可以在语音识别中使用 DNN。

第9章从联合特征学习和模型优化的角度讨论 DNN。我们认为 DNN 可以在任意隐层分开，其下面的所有层可以被认为是特征变换，其上所有的层可以认为是分类模型。第10章介绍了 tandem 结构和瓶颈特征，DNN 在其中充当一个单独的特征提取器，为传统的 GMM-HMM 提供特征。第11章介绍了针对 DNN 的自适应技术。

### 1.3.5 第五部分：高级的深度模型

第12章到第14章，我们介绍了几个高级的深度模型。在第12章中，我们描述了基于 DNN 的多任务和转移学习，其中，特征表示在相关的任务中是共享的，并可以跨任务转移使用。我们以使用了共享隐层的 DNN 结构的多语言和跨语言情况下的语音识别作为主要例子来展示这些技术。在第13章，我们举例说明了语音识别中的循环神经网络，包括长短时记忆单元神经网络。在第14章，我们介绍了计算型网络——一种可以表述任意学习机的统一框架，它可以统一描述深度神经网络、卷积神经网络，包含长短时记忆单元的循环神经网络、逻辑回归和最大熵等模型。

# 第一部分

# 传统声学模型

# 2

# 混合高斯模型

**摘要** 本章首先介绍随机变量和概率分布的基本概念。然后这些概念会被应用在高斯随机变量和混合高斯随机变量中。我们将讨论标量和向量形式的随机变量，以及它们的概率密度函数。当使用混合高斯随机变量的分布用于匹配真实世界的数据（如语音特征）时，就形成了混合高斯模型（GMM）。GMM 作为描述基于傅里叶频谱语音特征的统计模型，在传统语音识别系统的声学建模中发挥了重要作用。我们将讨论 GMM 在声学模型中的关键优势，这些优势使得期望最大化算法（EM）可以被有效地用来训练模型，以匹配语音特征。我们将详细描述最大似然准则和 EM 算法，这些仍然是目前在语音识别中广泛使用的方法。最后将讨论 GMM 在语音识别的声学模型中一个严重的缺点，并由此引出本书主要介绍的新模型和方法。

## 2.1 随机变量

随机变量是概率论和统计学中最基本的概念。随机标量变量是一个基于随机实验结果的实数函数或实数变量。随机向量变量是彼此相关或独立的随机标量变量的一个集合。因为实验是随机的，所以随机变量的取值也是随机的。随机变量可以理解为从随机实验到变量的一个映射。根据实验和映射的性质，随机变量可以是离散值、连续值或离散值与连续值的混合。因此有离散型随机变量、连续型随机变量或混合型随机变量。随机变量的所有可能取值被称为它的域（Domain）。在本章及后面的一些章节，我们使用与文献 [108] 相同的标记来描述随机变量和相关的概念。

连续型随机变量 $x$ 的基本特性是：它的分布或概率密度函数（Probability density function，PDF），通常记为 $p(x)$。连续型随机变量在 $x = a$ 处的概率密度函数定义为

$$p(a) \doteq \lim_{\Delta a \to 0} \frac{P(a - \Delta a < x \leqslant a)}{\Delta a} \geqslant 0 \tag{2.1}$$

其中，$P(\cdot)$ 表示事件的概率。

连续型随机变量 $x$ 在 $x = a$ 处的累积分布函数（Cumulative distribution function）定义为

$$P(a) \doteq P(x \leqslant a) = \int_{-\infty}^{a} p(x)\mathrm{d}x \tag{2.2}$$

概率密度函数需要满足归一化性质，即

$$P(x \leqslant \infty) = \int_{-\infty}^{\infty} p(x)\mathrm{d}x = 1 \tag{2.3}$$

如果没有满足归一化性质，我们称这个概率密度函数是一个不当密度或非归一化分布。

对一个连续随机向量 $\mathbf{x} = (x_1, x_2, \ldots, x_D)^\mathrm{T} \in \mathscr{R}^D$，我们可以简单地定义它们的联合概率密度为 $p(x_1, x_2, \ldots, x_D)$。进一步，对每一个在随机向量 $\mathbf{x}$ 中的随机变量 $x_i$，边缘概率密度函数（Marginal PDF）定义为

$$p(x_i) \doteq \int\int\int_{all\ x_j:\ x_j \neq x_i} \ldots \int p(x_1, \ldots, x_D)\mathrm{d}x_1 \ldots \mathrm{d}x_{i-1}\mathrm{d}x_{i+1} \ldots \mathrm{d}x_D \tag{2.4}$$

它和标量随机变量的概率密度函数具有相同的性质。

## 2.2　高斯分布和混合高斯随机变量

如果连续型标量随机变量 $x$ 的概率密度函数是

$$p(x) = \frac{1}{(2\pi)^{1/2}\sigma} \exp\left[-\frac{1}{2}\left(\frac{x - \mu}{\sigma}\right)^2\right] \doteq \mathscr{N}(x; \mu, \sigma^2),$$
$$(-\infty < x < \infty; \sigma > 0) \tag{2.5}$$

那么它是服从正态分布或高斯分布的。上式的一个等价标记是

$$x \sim \mathscr{N}(\mu, \sigma^2)$$

表示随机变量 $x$ 服从均值为 $\mu$、方差为 $\sigma^2$ 的正态分布。使用精度参数（精度是方差的倒数）代替方差后，高斯分布的概率密度函数也可以写为

$$p(x) = \sqrt{\frac{r}{2\pi}} \exp\left[-\frac{r}{2}(x - \mu)^2\right] \tag{2.6}$$

很容易证明，对一个高斯随机变量 $x$，期望和方差分别满足 $E(x) = \mu$，$var(x) = \sigma^2 = r^{-1}$。

由下面的联合概率密度函数定义的正态随机变量 $\mathbf{x} = (x_1, x_2, \ldots, x_D)^\mathsf{T}$ 也称多元或向量值高斯随机变量：

$$p(\mathbf{x}) = \frac{1}{(2\pi)^{D/2}|\boldsymbol{\Sigma}|^{1/2}} \exp\left[-\frac{1}{2}(\mathbf{x} - \boldsymbol{\mu})^\mathsf{T}\boldsymbol{\Sigma}^{-1}(\mathbf{x} - \boldsymbol{\mu})\right] \doteq \mathscr{N}(\mathbf{x}; \boldsymbol{\mu}, \boldsymbol{\Sigma}) \tag{2.7}$$

与其等价的表示是 $\mathbf{x} \sim \mathscr{N}(\boldsymbol{\mu} \in \mathscr{R}^D, \boldsymbol{\Sigma} \in \mathscr{R}^{D \times D})$。对于多元高斯随机变量，其均值和协方差矩阵可由 $E(\mathbf{x}) = \boldsymbol{\mu}$；$E[(\mathbf{x} - \bar{\mathbf{x}})(\mathbf{x} - \bar{\mathbf{x}})^\mathsf{T}] = \boldsymbol{\Sigma}$ 给出。

高斯分布被广泛应用于包括语音识别在内的很多工程和科学学科中。它的流行不仅来自其具有令人满意的计算特性，而且来自大数定理带来的可以近似很多自然出现的实际问题的能力。

现在我们来讨论一种服从混合高斯分布（Gaussian Mixture Model，GMM）的混合高斯随机变量。一个标量连续随机变量 $x$ 服从混合高斯分布，如果它的概率密度函数为

$$p(x) = \sum_{m=1}^{M} \frac{c_m}{(2\pi)^{1/2}\sigma_m} \exp\left[-\frac{1}{2}\left(\frac{x - \mu_m}{\sigma_m}\right)^2\right] \tag{2.8}$$

$$= \sum_{m=1}^{M} c_m \mathscr{N}(x; \mu_m, \sigma_m^2) \quad (-\infty < x < \infty; \sigma_m > 0; c_m > 0)$$

其中混合权重为正实数，其和为 1：$\sum_{m=1}^{M} c_m = 1$。

混合高斯分布最明显的性质是它的多模态（$M > 1$ 在公式2.8中），不同于高斯分布的单模态性质 $M = 1$。这使得混合高斯模型足以描述很多显示出多模态性质的物理数据（包括语音数据），而单高斯分布则不适合。数据中的多模态性质可能来自多种潜在因素，每一个因素决定分布中一个特定的混合成分。如果因素被识别出来，那么混合分布就可以被分解成由多个因素独立分布组成的集合。

很容易证明，服从混合高斯概率密度函数（公式2.8）的随机变量 $x$ 的均值是 $E(x) = \sum_{m=1}^{M} c_m \mu_m$。不同于单模态的高斯分布，这个简单的统计量并不具有什么信息，除非混合高斯分布中所有成分的均值 $\mu_m (m = 1, \ldots, M)$ 都很接近。

推广到多变量的多元混合高斯分布，其联合概率密度函数可写为

$$p(\mathbf{x}) = \sum_{m=1}^{M} \frac{c_m}{(2\pi)^{D/2}|\boldsymbol{\Sigma}_m|^{1/2}} \exp\left[-\frac{1}{2}(\mathbf{x} - \boldsymbol{\mu}_m)^{\mathrm{T}} \boldsymbol{\Sigma}_m^{-1}(\mathbf{x} - \boldsymbol{\mu}_m)\right]$$
$$= \sum_{m=1}^{M} c_m \mathcal{N}(\mathbf{x}; \boldsymbol{\mu}_m, \boldsymbol{\Sigma}_m), \qquad (c_m > 0) \tag{2.9}$$

多元混合高斯分布的应用是提升语音识别系统性能的一个关键因素（在深度学习出现之前）[101, 207, 208, 223]。在多数应用中，根据问题的本质，混合成分的数量 $M$ 被选择为一个先验值。虽然有多种方法尝试去回避这个寻找"正确"值的困难问题，如[331]，但主流仍然是直接选取先验值。

在多元混合高斯分布公式2.8中，如果变量 $x$ 的维度 $D$ 很大（比如40，对语音识别问题），那么使用全协方差矩阵（非对角）（$\boldsymbol{\Sigma}_m$）将引入大量参数（大约为 $M \times D^2$）。为了减少这个数量，可以使用对角协方差矩阵 $\boldsymbol{\Sigma}_m$。当 $M$ 很大时，也可以限制所有的协方差矩阵为相同矩阵，对所有的混合成分 $m$，将参数 $\boldsymbol{\Sigma}_m$ 绑定在一起。另一个使用对角协方差矩阵的优势是极大地简化了混合高斯分布所需的计算量。将全协方差矩阵近似为对角协方差矩阵可能看似对数据向量使用了各个维度不相关的假设，但这其实是一种误导。因为混合高斯模型具有多个高斯成分，虽然每个成分都使用了对角协方差矩阵，但总体上至少可以有效地描述由一个使用全协方差矩阵的单高斯模型所描述的向量维度相关性。

## 2.3  参数估计

前文讨论的混合高斯分布包含了一系列参数变量。对于多元混合高斯分布的公式2.8，参数变量包含了 $\boldsymbol{\Theta} = \{c_m, \boldsymbol{\mu}_m, \boldsymbol{\Sigma}_m\}$。参数估计问题又称为学习问题，目标是根据符合混合高斯分布的数据来确定模型参数的取值。

通常来说，混合高斯模型及其相关的参数变量估计是一个不完整数据的参数估计问题。为了进一步说明这个问题，可假设每个数据点与混合高斯分布中的某一个单高斯成分具有一种"所属关系"。一开始，这种所属关系是未知的。那么参数变量估计的任务就是通过"学习"得到这些"所属关系"，进而通过具有所属关系的数据点来估计每个高斯成分的参数。

下面将主要讨论混合高斯分布的参数变量估计问题中的最大似然准则估计方法，而最大期望值算法（Expectation Maximization，EM）就是这一类方法的一个典型代表。EM 算法是在给定确定数量的混合分布成分的情况下，去估计各个分布参数的最通用

的方法。它是一个两阶段的迭代算法：期望计算阶段（E 步骤）以及最大化阶段（M 步骤）。我们将在第3章中基于文献 [78] 来讨论针对更通用的统计模型的 EM 算法公式，本节将针对混合高斯分布进行讨论。在此情况下，EM 算法得到的参数估计公式为：[1]

$$c_m^{(j+1)} = \frac{1}{N} \sum_{t=1}^{N} h_m^{(j)}(t) \tag{2.10}$$

$$\boldsymbol{\mu}_m^{(j+1)} = \frac{\sum_{t=1}^{N} h_m^{(j)}(t) \mathbf{x}^{(t)}}{\sum_{t=1}^{N} h_m^{(j)}(t)} \tag{2.11}$$

$$\boldsymbol{\Sigma}_m^{(j+1)} = \frac{\sum_{t=1}^{N} h_m^{(j)}(t)[\mathbf{x}^{(t)} - \boldsymbol{\mu}_m^{(j)}][\mathbf{x}^{(t)} - \boldsymbol{\mu}_m^{(j)}]^T}{\sum_{t=1}^{N} h_m^{(j)}(t)} \tag{2.12}$$

从 E 步骤中计算得到的后验概率（又称为所属关系可信程度）如下

$$h_m^{(j)}(t) = \frac{c_m^{(j)} \mathscr{N}(\mathbf{x}^{(t)}; \boldsymbol{\mu}_m^{(j)}, \boldsymbol{\Sigma}_m^{(j)})}{\sum_{i=1}^{n} c_i^{(j)} \mathscr{N}(\mathbf{x}^{(t)}; \boldsymbol{\mu}_i^{(j)}, \boldsymbol{\Sigma}_i^{(j)})} \tag{2.13}$$

这是基于当前迭代轮数（由上面公式中的上标 $j$ 表示），针对某个高斯成分 $m$，用给定观察值 $\mathbf{x}^{(t)}$ 计算得到的后验概率 $t = 1, \ldots, N$，（这里 $N$ 是采样率）。给定这些后验概率值后，每个高斯成分的先验概率、均值和协方差都可以根据上述公式计算，这些公式本质上是针对整个采样数据的加权平均的均值和协方差。

通过推导可以得出，每一个 EM 迭代并不会减少似然度，而这是其他大部分梯度迭代最大化方法所不具备的属性。其次，EM 算法天然地引入了对概率向量的限制条件，以便应对足够大的采样数下的协方差定义和迭代。这是一个重要的优点，因为采用显式条件限制方法将引入额外的计算消耗，用于检查和维持合适的数值，而 EM 算法则不需要。从理论上说，EM 算法是一种一阶迭代算法，它会缓慢地收敛到固定的解。即使针对参数值的收敛本身并不快，但是似然度的收敛还是非常快的。而 EM 算法的另一个缺点是它每次都会达到局部最大值，而且它对参数的初始值很敏感。虽然这些问题可以通过在多个初始值下评估 EM 算法来解决，不过这将引入额外的计算消耗。另一种比较流行的方法是通过单高斯成分来做初始估计，而后在每次迭代完成后将一个高斯成分分割成多份，得到混合高斯模型。

除了前面讨论的优化最大似然准则的 EM 算法之外，其他旨在优化鉴别性估计准则的方法也被提出来估计高斯或混合高斯模型的参数。这些方法也可以用于更一般的统计模型，如高斯隐马尔可夫模型（Gaussian HMM）等[175, 219, 220, 406]。

---

[1]本文忽略了公式更详细的推导，具体可以参见 [36]。针对更通用模型的公式推导，可以参见 [38, 42, 79, 107, 111]。

## 2.4 采用混合高斯分布对语音特征建模

原始语音数据经过短时傅里叶变换形式或者取倒谱后会成为特征序列，在忽略时序信息的条件下，前文讨论的混合高斯分布就非常适合拟合这样的语音特征。也就是说，可以以帧（frame）为单位，用混合高斯模型（GMM）对语音特征进行建模。在本书中，遵从文献 [85] 中的规范，模型或可计算模型通常指对真实物理过程的数学抽象形式（例如人类语音处理）。为了方便数学上的计算，这些模型往往有一些必要的简化与近似。为了将这种数学抽象和算法应用于计算机以及实际的工程应用（例如语音分析与识别）中，这种计算上的易处理性是非常重要的。

不仅仅是在语音识别领域，GMM 还被广泛用来对其他领域的数据建模并进行统计分类。GMM 因其拟合任意复杂的、多种形式的分布能力而广为人知。基于 GMM 的分类方法广泛应用于说话人识别、语音特征降噪与语音识别中。在说话人识别中，可以用 GMM 直接对所有说话人的语音特征分布建模，得到通用背景模型（Universal background model，UBM）[77, 230, 333, 417]。在语音特征降噪或噪声跟踪中，可以采用类似的做法，用 GMM 拟合一个先验分布[88, 94–96, 117, 139]。在语音识别中，GMM 被整合在 HMM 中，用来拟合基于状态的输出分布，这部分将在第3章更详细地讨论。

如果把语音顺序信息考虑进去，GMM 便不再是一个好模型，因为它不包含任何顺序信息。我们将在第3章讨论一类名叫隐马尔可夫模型（Hidden Markov Model，HMM）的更加通用的模型，它可以对时序信息进行建模。然而，当给定 HMM 的一个状态后，若要对属于该状态的语音特征向量的概率分布进行建模，GMM 仍不失为一个好的模型。

使用 GMM 对 HMM 每个状态的语音特征分布进行建模，有许多明显的优势。只要混合的高斯分布数目足够多，GMM 可以拟合任意精度的概率分布，并且它可以通过 EM 算法很容易拟合数据。还有很多关于限制 GMM 复杂度的研究，一方面为了加快 GMM 的计算速度，另一方面希望能够找到模型复杂度与训练数据量间的最佳权衡。其中包括参数绑定、半绑定 GMM 与子空间 GMM。

GMM 参数通过 EM 算法的优化，可以使其在训练数据上生成语音观察特征的概率最大化。在此基础上，若通过鉴别性训练，基于 GMM-HMM 的语音识别系统的识别准确率可以得到显著提升。当所使用的鉴别性训练目标函数与音素错误率、字错误率或句子错误率密切相关时，这种提升更加显著。此外，通过在输入语音特征中加入由神经网络生成的联合特征或瓶颈特征，语音识别率同样可以得到提升，我们将在后面的章节讨论这个话题。过去的很多年间，在语音特征的建模和语音识别中的声学模型的建模中，GMM 一直有非常成功的应用（直到大概 2010 年至 2011 年间，深度神经网络取得了更加准确的识别效果）。

　　尽管 GMM 有着众多优势，但它也有一个严重的不足。那就是 GMM 不能有效地对呈非线性或近似非线性的数据进行建模。举例来说，若对一系列呈球面的点阵建模，如果选择合适的模型，只需要很少的参数，但对 GMM 来讲，却需要非常多的对角高斯分布或相当多的全协方差高斯分布。众所周知，语音是由调节动态系统中相对少的参数来产生的[83, 84, 110, 125, 233, 253]。这意味着隐藏在语音特征下的真正结构的复杂度，比直接描述现有特征（一个短时傅里叶窗就包含数百个系数）的模型要小得多。因而，我们期待有其他更好的模型，能够更好地捕获语音特性，使其作为语音声学模型的能力比 GMM 更好。特别是，比起 GMM，这种模型要能更加有效地挖掘隐藏在长窗宽语音帧中的信息。

# 3

# 隐马尔可夫模型及其变体

**摘要** 本章建立在对第2章关于概率理论与统计理论的综述上，包括随机变量与混合高斯模型，并延伸至马尔可夫链与隐马尔可夫序列或者模型（Hidden Markov Model，HMM）。HMM 的核心是状态这个概念，状态本身是一个随机变量，通常取离散值。从马尔可夫链延伸至隐马尔可夫模型（HMM），涉及在马尔可夫链的每一个状态上增加不确定性或统计分布。因此，一个 HMM 是一个马尔可夫链的双随机过程（doubly-stochastic process）或者概率函数。当马尔可夫序列或者 HMM 的状态被限定为离散的，且 HMM 状态的各分布间没有重叠时，它便成为一个马尔可夫链。本章涉及 HMM 的一些关键点，包括它的参数特征，通过离散随机数生成器对它的仿真、参数的最大似然估计，尤其是期望最大化（EM）算法，以及通过维特比（Viterbi）算法对它进行状态解码。接着讨论了 HMM 作为一种生成模型如何产生语音特征序列，以及它如何被用作语音识别的基础模型。最后，我们讨论了 HMM 的局限性，引出它的各种延伸变体版本，在延伸版本里，每个状态与一个动态系统或者一个隐时变轨迹相关联，而不是与时序独立的稳态分布（如混合高斯分布）相关联。HMM 的这些变体是用状态空间公式描述的基于状态的动态系统，它们的基本概念与第13章详细介绍的循环神经网络是一致的。

## 3.1 介绍

在前一章中，我们回顾了概率理论和统计的知识，其中介绍了随机变量的概念和概率分布的相关概念。接着讨论了高斯和混合高斯的随机变量及它们的向量数值化或多元版本。所有这些概念和例子都是静态的，意味着它们没有使随机变量的长度或维度随着时间序列的长度而改变的时间维度。对语音信号的静态部分来说，幅度谱（如倒谱）特征能很好地用混合高斯的多元分布表示。这就产生了适用于短时或静态语音模式的语音特征的混合高斯模型（GMM）。

在本章中，我们将把随机变量的概念延伸到（离散时间）随机序列，随机序列是使用可变长度的齐次间隔离散时间来索引的随机变量的集合。对随机序列的一般统计特性，参见文献 [108] 的第 3 章，但在本章中只摘取马尔可夫序列的部分作为一般随机序列的最常用类别。状态的概念对马尔可夫序列来说是最基本的。当马尔可夫序列的状态限定为离散时，我们就得到马尔可夫链，在马尔可夫链中由离散状态变量表示的所有可能的值构成了（离散）状态空间，这些将在3.2节中详述。

当每一个离散状态的值被一般化为一个新的随机变量（离散或者连续）时，马尔可夫链便被一般化为（离散或连续）隐马尔可夫序列，或者当它用于表征或接近真实世界数据序列的统计特性时便被一般化为隐马尔可夫模型（Hidden Markov Model，HMM）。在3.3节中，我们定义 HMM 中的参数，包括隐含马尔可夫链的转移概率和在给定状态下概率密度函数中的分布参数。接着展示怎样通过概率采样来模拟一个HMM。我们将详细介绍给定观察序列时，HMM 的似然度的有效计算方法，这是将HMM 应用到语音识别和其他实际问题中的重要基础。

接着，在3.4节首先介绍在包含隐含随机变量的一般性统计模型中，应用于参数的最大似然估计的 EM 算法的背景知识。然后将 EM 算法应用于解决 HMM（同样适用于 GMM，因为 GMM 可视作 HMM 的特殊情况）的学习或者参数估计问题。HMM 学习的实际算法是著名的 Baum-Welch 算法，它被广泛用于语音识别和其他涉及 HMM的应用中。本章将给出 Baum-Welch 算法中 E 步骤的详细推导，核心是求出给定输入训练数据时 HMM 中每个状态的后验概率。估计马尔可夫链的转移概率、高斯 HMM的均值向量和方差矩阵的 M 步骤的详细推导随后给出。

我们将在3.5节中介绍著名的用于给定输入序列状态解码 HMM 状态的维特比（Viterbi）算法。同时将介绍动态规划的技巧，即 Viterbi 算法的本质优化准则。

最后，在3.6节将 HMM 作为统计模型应用于实际的语音问题中。先讨论如 [20–22, 218] 所描述的，HMM 作为一种优秀的生成性模型用于语音特征序列建模的能力。通过贝叶斯准则的使用，HMM 与语音数据的良好匹配使得这个生成性模型能用于语音识别的分类任务中[105, 141]。从对 HMM 作为语音中生成性模型缺点的分析延伸到它的一些变体，在其变体中，每一个 HMM 状态条件下语音数据分布的时序独立和稳态特性被更加实际、非固定、暂相关、使用潜在或隐含结构[51, 83, 110, 233, 253, 317]的动态系统所代替。这些解释在数学形式上，为基于状态空间模型的动态系统与循环神经网络架起了桥梁，相关内容在本书第13章中介绍。

## 3.2 马尔可夫链

马尔可夫链是一种离散状态的马尔可夫序列，也是一般性马尔可夫序列的特殊形式。马尔可夫链的状态空间具有离散和有限性：$q_t \in \{s^{(j)}, j = 1, 2, \cdots, N\}$。每一个离散值都与马尔可夫链中的一个状态相关。因为状态 $s^{(j)}$ 与它的索引 $j$ 之间一一对应，我们通常可交替使用这两者。

一个马尔可夫链 $\mathbf{q}_1^T = q_1, q_2, \cdots, q_T$，可被转移概率完全表示，定义为

$$P(q_t = s^{(j)} | q_{t-1} = s^{(i)}) \doteq a_{ij}(t), \qquad i, j = 1, 2, \cdots, N \tag{3.1}$$

以及初始状态分布概率。如果这些转移概率与时间 $t$ 无关，则得到齐次马尔可夫链。

（齐次）马尔可夫链的转移概率通常能方便地表示为矩阵形式：

$$\mathbf{A} = [a_{ij}], \qquad 其中, \ a_{ij} \geqslant 0 \quad \forall i, j; \quad \sum_{j=1}^{N} a_{ij} = 1 \quad \forall i \tag{3.2}$$

$\mathbf{A}$ 称为马尔可夫链的转移矩阵。给定马尔可夫链的转移概率，则状态输出概率

$$p_j(t) \doteq P[q_t = s^{(j)}]$$

很容易计算得到。根据下式可知该计算是递归的。

$$p_i(t+1) = \sum_{j=1}^{N} a_{ji} p_j(t), \quad \forall i \tag{3.3}$$

如果马尔可夫链的状态占有分布渐进收敛：$p_i(t) \to \pi(q^{(i)})$，当 $t \to \infty$，我们称 $p(s^{(i)})$ 为马尔可夫链的一个稳态分布。对有稳态分布的马尔可夫链来说，它的转移概率 $a_{ij}$ 必须满足：

$$\bar{\pi}(s^{(i)}) = \sum_{j=1}^{N} a_{ji} \bar{\pi}(s^{(j)}), \quad \forall i \tag{3.4}$$

马尔可夫链的稳态分布在一类统称为马尔可夫链蒙特卡罗（MCMC）方法的强大的统计方法中起着重要作用。这些方法用来模拟（即采样）任意复杂的分布函数，使其能执行很多复杂的统计推断和学习任务，否则这些任务运算困难。MCMC 方法的理论基础是马尔可夫链到它的稳态分布 $\pi(s^{(i)})$ 的渐进收敛。也就是说，无论初始分布如何，马尔可夫链之于 $\pi(s^{(i)})$ 是渐进无偏的。因此，为了从任意的复合分布 $p(s)$

中采样，可以通过设计合适的转移概率 $a_{ij}$ 构造一个马尔可夫链，使它的稳态分布为 $\bar{\pi}(s) = p(s)$。

三种其他有趣且有用的马尔可夫链的性质也容易被得到。首先，马尔可夫链的状态时长是一个指数或者几何级分布：$p_i(d) = C(a_{ii})^{d-1}$，其中归一化常数为 $C = 1 - a_{ii}$。其次，平均状态时长为

$$\bar{d}_i = \sum_{d=1}^{\infty} d\, p_i(d) = \sum_{d=1}^{\infty} (1 - a_{ii})(a_{ii})^{d-1} = \frac{1}{1 - a_{ii}} \tag{3.5}$$

最后，对任意一个服从马尔可夫链的观察序列，若它对应有限长度状态序列 $\mathbf{q}_1^T$，则其概率很容易计算，是所有马尔可夫链的转移概率的乘积：$P(\mathbf{q}_1^T) = \bar{\pi}_{q_1} \prod_{t=1}^{T-1} a_{q_t q_{t+1}}$，其中，$\bar{\pi}_{s_1}$ 是当 $t = 1$ 时的初始状态输出概率。

## 3.3 序列与模型

我们可以将前文讨论的马尔可夫链看作一段能够生成可观测输出的序列。因为它的输出和每一个状态一一对应，所以又可称为可观测马尔可夫序列。其中，每一个给定的状态唯一对应一种观察值或事件，没有任何随机性。正是由于马尔可夫链缺乏这种随机性，所以用它来描述很多真实世界的信息显得过于局限。

作为马尔可夫链的一种扩展，隐马尔可夫序列在各个状态中引入了一种随机性。隐马尔可夫序列在马尔可夫链的基础上，用一个观测的概率分布与每一个状态对应，而不是一个确定的观察值或事件。这样的马尔可夫序列引入了双重随机性，使得马尔可夫链不再能被直接观测。隐藏在隐马尔可夫序列下的马尔可夫链只能通过一个单独的观测概率分布函数简介表露出来。

要注意的是，如果各个状态的观测概率分布没有任何重叠，那么这样的序列便不是一个隐马尔可夫序列。这是因为，尽管状态中有了随机性，但对一个特定状态而言，由于概率分布没有重叠，某个固定范围内的观察值总能找到唯一的状态与之对应。在这种情况下，隐马尔可夫序列退化成了马尔可夫序列。在 [327, 328] 中有更多详尽的阐述，讨论马尔可夫链和其概率函数或隐马尔可夫序列的关系。

当隐马尔可夫序列被用来描述现实信息时，比如拟合这种信息的统计特征，我们称之为隐马尔可夫模型。HMM 非常成功地应用于语音处理领域中，其中包括语音识别、语音合成与语音增强[7, 38, 61, 112, 114, 117, 179, 208, 257, 258, 261, 327, 376, 425, 441, 444, 448]。在这些应用中，HMM 是一种强大的模型，它能够描述语音信号中不平稳但有规律可学习的空间变量。HMM 之所以成为关键的语音声学模型是由于它具有顺序排列的马尔可夫状态。这使得 HMM 能够分段地处理短时平稳的语音特征，并以此来逼近全局非平稳

的语音特征序列。我们将在3.6节讨论一些非常有效率的算法，来优化局部短时平稳结构的边界。

### 3.3.1 隐马尔可夫模型的性质

现在，我们将从隐马尔可夫模型（HMM）的基本组成和参数等方面，给出 HMM 的性质。

1. 齐次马尔可夫链的转移概率矩阵 $\mathbf{A} = [a_{ij}]$, $i, j = 1, 2, ..., N$，其中共有 $N$ 个状态

$$a_{ij} = P(q_t = j | q_{t-1} = i), \qquad i, j = 1, 2, \cdots, N \qquad (3.6)$$

2. 马尔可夫链的初始概率：$\pi = [\pi_i]$, $i = 1, 2, \cdots, N$，其中，$\pi_i = P(q_1 = i)$。

3. 观察概率分布为 $P(\mathbf{o}_t | s^{(i)})$, $i = 1, 2, ..., N$。若 $\mathbf{o}_t$ 是离散的，每个状态对应的概率分布用来描述观察 $\{\mathbf{v}_1, \mathbf{v}_2, \cdots, \mathbf{v}_K\}$ 的概率：

$$b_i(k) = P(\mathbf{o}_t = \mathbf{v}_k | q_t = i), \qquad i = 1, 2, \cdots, N \qquad (3.7)$$

若观察概率分布是连续的，那么概率密度函数（probability density function，PDF）中的参数 $\Lambda_i$ 即可代表 HMM 中状态 $i$ 的特性。

在语音处理问题中，我们用 HMM 下的 PDF 来描述连续观察向量（$\mathbf{o}_t \in \mathscr{R}^D$）的概率分布，其中多元混合高斯分布是最成功、应用最广泛的 PDF：

$$b_i(\mathbf{o}_t) = \sum_{m=1}^{M} \frac{c_{i,m}}{(2\pi)^{D/2} |\boldsymbol{\Sigma}_{i,m}|^{1/2}} \exp\left[ -\frac{1}{2} (\mathbf{o}_t - \boldsymbol{\mu}_{i,m})^{\mathrm{T}} \boldsymbol{\Sigma}_{i,m}^{-1} (\mathbf{o}_t - \boldsymbol{\mu}_{i,m}) \right] \qquad (3.8)$$

在混合高斯 HMM 中，参数集 $\Lambda_i$ 包括混合成分的权重 $c_{i,m}$，高斯分布的均值向量 $\boldsymbol{\mu}_{i,m} \in \mathscr{R}^D$ 与高斯分布协方差矩阵 $\boldsymbol{\Sigma}_{i,m} \in \mathscr{R}^{D \times D}$。

当混合成分数降至：$M = 1$，该状态下的输出概率分布便退化成高斯分布：

$$b_i(\mathbf{o}_t) = \frac{1}{(2\pi)^{D/2} |\boldsymbol{\Sigma}_i|^{1/2}} \exp\left[ -\frac{1}{2} (\mathbf{o}_t - \boldsymbol{\mu}_i)^{\mathrm{T}} \boldsymbol{\Sigma}_i^{-1} (\mathbf{o}_t - \boldsymbol{\mu}_i) \right] \qquad (3.9)$$

且对应的 HMM 通常被叫作单高斯（连续密度）HMM。

有了模型参数后，高斯 HMM 可以看作是一个观察值序列 $\mathbf{o}_t, t = 1, 2, ..., T$ 的生成器。这样，在 $t$ 时刻，数据根据公式

$$\mathbf{o}_t = \boldsymbol{\mu}_i + \mathbf{r}_t(\boldsymbol{\Sigma}_i) \qquad (3.10)$$

生成，其中时刻 $t$ 的状态 $i$ 取决于马尔可夫链的演变，受 $a_{ij}$ 影响，且

$$\mathbf{r}_t(\boldsymbol{\Sigma}_i) = \mathscr{N}(0, \boldsymbol{\Sigma}_i) \tag{3.11}$$

是均值为 0、依赖序号 $i$ 的 IID（独立同分布）的高斯剩余序列。因为剩余序列 $\mathbf{r}_t(\boldsymbol{\Sigma}_i)$ 是独立同分布的，并且 $\boldsymbol{\mu}_i$ 在给定 $i$ 时是常量（即不随时间变化而变化），它们二者的和（也就是观察值 $\mathbf{o}_t$）也是独立同分布的。因而，上面讨论的 HMM 会生成一个局部或者分段平稳的序列。由于我们所关注的时间局部性来源于 HMM 中的状态，我们有时会用"平稳状态 HMM"这一名称来明确描述这种性质。

有一个对平稳状态的 HMM 的简单扩展，可以使其观察序列不再是状态限制下的 IID。我们可以修改公式3.10中的常量 $\boldsymbol{\mu}_i$，使其随时间而变化：

$$\mathbf{o}_t = \mathbf{g}_t(\boldsymbol{\Lambda}_i) + \mathbf{r}_t(\boldsymbol{\Sigma}_i) \tag{3.12}$$

其中，在马尔可夫链的状态 $i$ 下，确定性的时间变化轨迹函数 $\mathbf{g}_t(\boldsymbol{\Lambda}_i)$ 中的参数 $\boldsymbol{\Lambda}_i$ 是独立的。这便是（高斯）趋势 HMM（trended HMM）[62, 79, 80, 89, 111, 119, 159, 200, 269, 425, 444]。这是一种特殊的非平稳状态的 HMM，其中一阶统计量（均值）是随时间变化的，这样便不再符合平稳性的基本条件。

### 3.3.2　隐马尔可夫模型的仿真

当按照公式3.10所描述的用隐马尔可夫模型对信息源建模时，我们可以用它来生成数据样本，这就是给定 HMM 模型参数下的仿真问题。我们用 $\{A, \pi, B\}$ 表示离散 HMM 的模型参数，用 $\{A, \pi, \Lambda\}$ 表示连续 HMM 的参数。仿真的结果就是按照 HMM 的统计规律生成观察序列，$\mathbf{o}_1^T = \mathbf{o}_1, \mathbf{o}_2, \cdots, \mathbf{o}_T$。算法 3.1描述了这个仿真过程。

### 3.3.3　隐马尔可夫模型似然度的计算

似然度（Likelihood）的计算在语音处理应用中是一项基本的任务，用隐马尔可夫序列估计语音特征向量的HMM也不例外。

设 $\mathbf{q}_1^T = (q_1, \ldots, q_T)$ 是 GMM-HMM中的一个有限长度状态序列，$P(\mathbf{o}_1^T, \mathbf{q}_1^T)$ 是观察序列 $\mathbf{o}_1^T = (\mathbf{o}_1, \ldots, \mathbf{o}_T)$ 和状态序列 $\mathbf{q}_1^T$ 的联合概率。令 $P(\mathbf{o}_1^T | \mathbf{q}_1^T)$ 表示在状态序列 $\mathbf{q}_1^T$ 的条件下生成观察序列 $\mathbf{o}_1^T$ 的概率。

---

**算法 3.1** 基于 HMM 生成样本

---

1: **procedure** 基于 HMM 生成样本 $(A, \pi, P(\mathbf{o}_t|s^{(i)}))$

$\triangleright$ $A$ 为转移概率矩阵

$\triangleright$ $\pi$ 为初始概率

$\triangleright$ $P(\mathbf{o}_t|s^{(i)})$ 为给定状态的观察概率（若离散，则为公式3.7；若连续，则为公式3.8）

2:    基于离散分布 $\pi$ 生成初始状态 $q_1 = s^{(i)}$

3:    **for** $t \leftarrow 1; t \leqslant T; t \leftarrow t+1$ **do**

4:       基于 $P(\mathbf{o}_t|s^{(i)})$ 生成一个观察值 $\mathbf{o}_t$

5:       根据马尔可夫链的转移概率 $a_{ij}$，从状态 $q_t = s^{(i)}$ 跳转到新状态 $q_{t+1} = s^{(j)}$，并且 $i \leftarrow j$

6:    **end for**

7: **end procedure**

---

在 GMM-HMM 中，条件概率 $P(\mathbf{o}_1^T|\mathbf{q}_1^T)$ 应表示如下：

$$P(\mathbf{o}_1^T|\mathbf{q}_1^T) = \prod_{t=1}^T b_i(\mathbf{o}_t) = \prod_{t=1}^T \sum_{m=1}^M \frac{c_{i,m}}{(2\pi)^{D/2}|\boldsymbol{\Sigma}_{i,m}|^{1/2}} \exp\left[-\frac{1}{2}(\mathbf{o}_t - \boldsymbol{\mu}_{i,m})^{\mathrm{T}}\boldsymbol{\Sigma}_{i,m}^{-1}(\mathbf{o}_t - \boldsymbol{\mu}_{i,m})\right]$$

$$(3.13)$$

另一方面，状态序列 $\mathbf{q}_1^T$ 的概率为转移概率的乘积，即

$$P(\mathbf{q}_1^T) = \pi_{q_1} \prod_{t=1}^{T-1} a_{q_t q_{t+1}}$$

$$(3.14)$$

在本章中，为了记号上的简便，我们考虑初始状态分布的概率为 1，即 $\pi_{q_1} = 1$。

注意到联合概率 $P(\mathbf{o}_1^T, \mathbf{q}_1^T)$，可以通过公式3.13和公式3.14之乘积得到：

$$P(\mathbf{o}_1^T, \mathbf{q}_1^T) = P(\mathbf{o}_1^T|\mathbf{q}_1^T)P(\mathbf{q}_1^T)$$

$$(3.15)$$

原则上，可以通过累加所有可能的状态序列 $\mathbf{q}_1^T$ 下的联合概率（公式3.15），来计算总体的观察序列似然度，即

$$P(\mathbf{o}_1^T) = \sum_{\mathbf{q}_1^T} P(\mathbf{o}_1^T, \mathbf{q}_1^T)$$

$$(3.16)$$

然而，这个运算在长度为 $T$ 的观察序列下是指数级的运算复杂度，因而直接计算 $P(\mathbf{o}_1^T)$ 是不可行的。在下一节，我们将描述前向算法[23]，该算法计算 HMM 中 $P(\mathbf{o}_1^T)$ 的复杂度与 $T$ 是线性的。

### 3.3.4　计算似然度的高效算法

为了描述这个算法，我们先定义马尔可夫链每个状态 $i$ 下的前向概率

$$\alpha_t(i) = P(q_t = i, \mathbf{o}_1^t), \quad t = 1, \dots, T \tag{3.17}$$

与后向概率

$$\beta_t(i) = P(\mathbf{o}_{t+1}^T | q_t = i), \quad t = 1, \dots, T - 1 \tag{3.18}$$

前向概率和后向概率可以递归地按如下方法计算：

$$\alpha_t(j) = \sum_{i=1}^{N} \alpha_{t-1}(i) a_{ij} b_j(\mathbf{o}_t), \quad t = 2, 3, \dots, T; \qquad j = 1, 2, \dots, N \tag{3.19}$$

$$\beta_t(i) = \sum_{j=1}^{N} \beta_{t+1}(j) a_{ij} b_j(\mathbf{o}_{t+1}), \quad t = T - 1, T - 2, \dots, 1; \qquad i = 1, 2, \dots, N \tag{3.20}$$

这两个递归公式的证明将在后面给出。根据公式3.17的定义，$\alpha$ 递归式的初值为：

$$\alpha_1(i) = P(q_1 = i, \mathbf{o}_1) = P(q_1 = i) P(\mathbf{o}_1 | q_1) = \pi_i b_i(\mathbf{o}_1), \qquad i = 1, 2, \dots, N \tag{3.21}$$

且为了可以根据公式3.18正确地计算 $\beta_{T-1}$，$\beta$ 递归式的初值设为：

$$\beta_T(i) = 1, \qquad i = 1, 2, \dots, N \tag{3.22}$$

为了计算公式3.16中的 $P(\mathbf{o}_1^T)$，我们利用公式3.17和公式3.18，对于每个状态 $i$ 与 $t = 1, 2, \dots, T$，先计算

$$\begin{aligned} P(q_t = i, \mathbf{o}_1^T) &= P(q_t = i, \mathbf{o}_1^t, \mathbf{o}_{t+1}^T) \\ &= P(q_t = i, \mathbf{o}_1^t) P(\mathbf{o}_{t+1}^T | \mathbf{o}_1^t, q_t = i) \\ &= P(q_t = i, \mathbf{o}_1^t) P(\mathbf{o}_{t+1}^T | q_t = i) \\ &= \alpha_t(i) \beta_t(i) \end{aligned} \tag{3.23}$$

注意到 $P(\mathbf{o}_{t+1}^T | \mathbf{o}_1^t, q_t = i) = P(\mathbf{o}_{t+1}^T | q_t = i)$ 是因为观察值在给定 HMM 状态下是独立同分布的。这样，$P(\mathbf{o}_1^T)$ 可以按照公式

$$P(\mathbf{o}_1^T) = \sum_{i=1}^{N} P(q_t = i, \mathbf{o}_1^T) = \sum_{i=1}^{N} \alpha_t(i)\beta_t(i) \tag{3.24}$$

来计算。将 $t = T$ 代入公式3.24，并结合公式3.22，可以得出

$$P(\mathbf{o}_1^T) = \sum_{i=1}^{N} \alpha_T(i) \tag{3.25}$$

因此，严格地说，$\beta$ 的递归计算对前向计算 HMM 得分并不是必需的，因而这个算法常被叫作前向算法。然而，$\beta$ 的计算是估计模型参数的必要步骤，这将在下一节介绍。

### 3.3.5 前向与后向递归式的证明

这里给出了公式3.19与公式3.20递归式的证明。用到了概率论、贝叶斯公式、马尔可夫性质以及 HMM 的条件独立的性质。

对前向概率递归，则有

$$\begin{aligned}
\alpha_t(j) &= P(q_t = j, \mathbf{o}_1^t) \\
&= \sum_{i=1}^{N} P(q_{t-1} = i, \, q_t = j, \mathbf{o}_1^{t-1}, \mathbf{o}_t) \\
&= \sum_{i=1}^{N} P(q_t = j, \mathbf{o}_t | q_{t-1} = i, \mathbf{o}_1^{t-1}) P(q_{t-1} = i, \mathbf{o}_1^{t-1}) \\
&= \sum_{i=1}^{N} P(q_t = j, \mathbf{o}_t | q_{t-1} = i) \alpha_{t-1}(i) \\
&= \sum_{i=1}^{N} P(\mathbf{o}_t | q_t = j, \, q_{t-1} = i) P(q_t = j | q_{t-1} = i) \alpha_{t-1}(i) \\
&= \sum_{i=1}^{N} b_j(\mathbf{o}_t) a_{ij} \alpha_{t-1}(i) \tag{3.26}
\end{aligned}$$

对后向概率递归，则有

$$\begin{aligned}
\beta_t(i) &= P(\mathbf{o}_{t+1}^T | q_t = i) \\
&= \frac{P(\mathbf{o}_{t+1}^T, q_t = i)}{P(q_t = i)}
\end{aligned}$$

$$= \frac{\sum_{j=1}^{N} P(\mathbf{o}_{t+1}^{T}, q_t = i, q_{t+1} = j)}{P(q_t = i)}$$

$$= \frac{\sum_{j=1}^{N} P(\mathbf{o}_{t+1}^{T} | q_t = i, q_{t+1} = j) P(q_t = i, q_{t+1} = j)}{P(q_t = i)}$$

$$= \sum_{j=1}^{N} P(\mathbf{o}_{t+1}^{T} | q_{t+1} = j) \frac{P(q_t = i, q_{t+1} = j)}{P(q_t = i)}$$

$$= \sum_{j=1}^{N} P(\mathbf{o}_{t+2}^{T}, \mathbf{o}_{t+1} | q_{t+1} = j) a_{ij}$$

$$= \sum_{j=1}^{N} P(\mathbf{o}_{t+2}^{T} | q_{t+1} = j) P(\mathbf{o}_{t+1} | q_{t+1} = j) a_{ij}$$

$$= \sum_{j=1}^{N} \beta_{t+1}(j) b_j(\mathbf{o}_{t+1}) a_{ij} \qquad (3.27)$$

## 3.4　期望最大化算法及其在学习 HMM 参数中的应用

### 3.4.1　期望最大化算法介绍

尽管采用 HMM 作为声学特征序列的模型有一些不符合实际的假设，它仍被广泛应用于语音识别。其中最重要的一个原因就是 Baum-Welch 算法在 20 世纪 60 年代的发明[23]。该算法也是通用的期望最大化（Expectation-Maximization，EM）算法[78] 的一个著名的实例，以用于高效地从数据中训练得到 HMM 参数。在该部分中，我们将首先讨论 EM 算法的一些基本点。然后讨论它在 HMM 参数变量估计问题中的应用，这种特殊形式的 EM 算法就被称为 Baum-Welch 算法。对于更详细的 EM 算法及其应用的学习材料，可参见 [36, 38, 107, 179, 298]。

当统计模型中含有潜在或隐藏的随机变量时，最大化似然度估计就会变得比较困难，而 EM 算法则显得更具有效率。我们定义"完整数据"为 $\mathbf{y} = \{\mathbf{o}, \mathbf{h}\}$，其中 $\mathbf{o}$ 是观测值（例如，语音特征序列值），$\mathbf{h}$ 是隐藏随机变量（例如，非观测的 HMM 状态序列）。这里我们要解决的问题是对未知的 HMM 模型参数 $\theta$ 的估计，而这就需要最大化对数似然度，即 $\log p(\mathbf{o}; \theta)$。但是，这个问题的对数似然度要么是最大化过程太困难，要么很难找到 PDF 自身的表达式。在这种情况下，如果能找到完整数据 $\mathbf{y}$ 的一种 PDF 近似表达式，这种表达式可以比较容易地被优化并且具有闭合解析解，则可以用迭代的方法来逐步解决观测数据似然度的优化问题。通常，我们可以很容易找到一个从完整数据到不完整数据的映射：$\mathbf{o} = \mathbf{g}(\mathbf{y})$。但具体映射并不显而易见，除非我们能够对完整数据集给出一个确切的定义。不幸的是，完整数据的集合组成的定义常常是和问题相关的，并且通常需要与算法的某些独特的设计相关。

EM 算法出现的一个重要原因是我们希望避免直接优化观测数据 **o** 的 PDF，因为直接计算太困难。为了实现 EM 算法的目标，我们为观测数据 **o** 补充了一些假想的缺失数据（也称隐藏数据）**h**，它们共同组成了完整数据 **y**。这样做的目的是通过引入合理的隐藏数据 **h**，我们可以针对完整数据 **y** 来进行优化，而不是直接使用原始的观测数据 **o**，这会比优化 **o** 的对数似然度的问题更易于解决。

一旦我们定义了完整数据 **y**，针对 $\log p(\mathbf{y};\theta)$ 的表达式就能够被比较简单地推导出来。但我们不能够直接去最大化 $\log p(\mathbf{y};\theta)$ 中的 $\theta$，因为毕竟真正的 **y** 并不能被直接观测，我们只能观测到 **o**。但如果我们能够获得一个针对 $\theta$ 的较好的估计值，那么就可以计算得到在该估计值和观测数据条件下的 $\log p(\mathbf{y};\theta)$ 的期望，如公式3.28：

$$Q(\theta|\theta_0) = E_{\mathbf{h}|\mathbf{o}}[\log p(\mathbf{y};\theta)|\mathbf{o};\theta_0] = E[\log p(\mathbf{o},\mathbf{h};\theta)|\mathbf{o};\theta_0] \tag{3.28}$$

进而可以最大化该期望值，而不是最大化原始的似然度估计值，以便得到下一个最佳的 $\theta$ 估计值。注意，这个估计值来自之前得到的 $\theta_0$ 估计值。

使用公式3.28来计算连续隐藏向量 **h** 情况下的条件期望值，我们可以得到

$$Q(\theta|\theta_0) = \int p(\mathbf{h}|\mathbf{o};\theta_0) \log p(\mathbf{y};\theta) d\mathbf{h} \tag{3.29}$$

当隐藏向量 **h** 取值离散时，公式3.28变为：

$$Q(\theta|\theta_0) = \sum_{\mathbf{h}} P(\mathbf{h}|\mathbf{o};\theta_0) \log p(\mathbf{y};\theta) \tag{3.30}$$

这里的 $P(\mathbf{h}|\mathbf{o};\theta_0)$ 是一个给定初始参数估计 $\theta_0$ 后的条件分布，同时求和是针对所有可能的 **h** 向量来做。

给定初始参数 $\theta_0$，EM 算法在 E 步骤上做迭代和参数替换，以便通过计算找到针对条件期望值和充分统计量的适当表达式，而 M 步骤则用来求取最大化条件期望值时的参数，直到算法收敛，或者终止条件满足。

EM 算法（在较松弛的条件下）可以证明是收敛的，因为针对完整数据的平均对数似然度在每次迭代中必然不会减少，也即满足

$$Q(\theta|\theta_{k+1}) \geqslant Q(\theta|\theta_k)$$

上式中，在 $\theta_k$ 已经是一个最大似然度的估计值时取等号。

所以 EM 算法最主要的特性包括如下方面：

- 它提供的仅是一个局部，而非全局的针对局部观测值的似然度最优化结果。

- 算法需要提供针对未知变量的初始化值，同时对大部分迭代过程来说，一个好的初始化值能够带来更好的收敛和最大化似然度估计结果。

- 对完整数据集的选择是需要根据实际情况来进行变更的。

- 即使 $\log p(\mathbf{y};\theta)$ 能够被简单地表达为近似形式，通常寻找一个针对期望值的近似表达式是困难的。

### 3.4.2　使用 EM 算法来学习 HMM 参数——Baum-Welch 算法

下面将讨论最大似然参数估计，特别是 EM 算法，应用于解决 HMM 参数的学习问题。由上文的介绍可知，EM 算法是一种通用的用于解决最大化似然度估计的迭代方法，而当隐藏变量存在时，将得到一组局部最优解。当隐藏变量符合马尔可夫链的形式时，EM 算法即可推导为 Baum-Welch 算法。下面将使用一个高斯分布 HMM 作为例子来描述推导 E 步骤和 M 步骤的计算过程，而这里针对通常情况下 EM 算法的完整数据包含了观测序列和隐马尔可夫链状态序列，例如，$\mathbf{y} = [\mathbf{o}_1^T, \mathbf{q}_1^T]$。

每一轮针对不完整数据问题（也包括下面讨论的 HMM 参数估计问题）的 EM 算法迭代包含两个步骤。在 Baum-Welch 算法中需要在 E 步骤中计算得到下面的条件期望值，或称为辅助函数 $Q(\theta|\theta_0)$：

$$Q(\theta|\theta_0) = E[\log P(\mathbf{o}_1^T, \mathbf{q}_1^T|\theta)|\mathbf{o}_1^T, \theta_0] \tag{3.31}$$

这里的期望值通过隐藏状态序列 $\mathbf{q}_1^T$ 来确定得到。为了使 EM 算法有效，$Q(\theta|\theta_0)$ 需要足够简化，以便使 M 步骤能够运算更简单。而模型参数的估计在 M 步骤中通过最大化 $Q(\theta|\theta_0)$ 来完成，这相对于直接去最大化 $P(\mathbf{o}_1^T|\theta)$ 来说，得到了极大的简化。

对上述两个步骤的迭代，将得到模型参数的最大似然度估计，而这个过程将通过优化 $P(\mathbf{o}_1^T|\theta)$ 来实现。这个表达式是 Baum 不等式[23] 直接推导得到的结果，其推导如下

$$\log\left(\frac{P(\mathbf{o}_1^T|\theta)}{P(\mathbf{o}_1^T|\theta_0)}\right) \geqslant Q(\theta|\theta_0) - Q(\theta_0|\theta_0) = 0$$

下面将给出高斯 HMM 在 EM 算法中的 E 和 M 步骤形式，以及其详细推导。

**E 步骤**

E 步骤的目的是简化条件期望值 $Q(\theta|\theta_0)$，使其变为一个适合直接做最大化的形式，以便用于 M 步骤。下面先明确写出基于状态序列 $\mathbf{q}_1^T$ 的加权求和的期望值 $Q(\theta|\theta_0)$ 的表达式

$$
\begin{aligned}
Q(\theta|\theta_0) &= E[\log P(\mathbf{o}_1^T, \mathbf{q}_1^T|\theta)|\mathbf{o}_1^T, \theta_0] \\
&= \sum_{\mathbf{q}_1^T} P(\mathbf{q}_1^T|\mathbf{o}_1^T, \theta_0) \log P(\mathbf{o}_1^T, \mathbf{q}_1^T|\theta)
\end{aligned} \tag{3.32}
$$

这里的 $\theta$ 和 $\theta_0$ 分别表示当前以及前一轮 EM 迭代中的 HMM 参数。为了简化书写，用 $N_t(i)$ 表示数据量

$$
-\frac{D}{2}\log(2\pi) - \frac{1}{2}\log|\boldsymbol{\Sigma}_i| - \frac{1}{2}(\mathbf{o}_t - \boldsymbol{\mu}_i)^T \boldsymbol{\Sigma}_i^{-1}(\mathbf{o}_t - \boldsymbol{\mu}_i)
$$

这就是状态 $i$ 的对数高斯 PDF。

由 $P(\mathbf{q}_1^T) = \prod_{t=1}^{T-1} a_{q_t q_{t+1}}$ 和 $P(\mathbf{o}_1^T, \mathbf{q}_1^T) = P(\mathbf{o}_1^T|\mathbf{q}_1^T)P(\mathbf{q}_1^T)$，所以

$$
\log P(\mathbf{o}_1^T, \mathbf{q}_1^T|\theta) = \sum_{t=1}^{T} N_t(q_t) + \sum_{t=1}^{T-1} \log a_{q_t q_{t+1}}
$$

于是公式3.32中的条件期望值可以被重新写为

$$
Q(\theta|\theta_0) = \sum_{\mathbf{q}_1^T} P(\mathbf{q}_1^T|\mathbf{o}_1^T, \theta_0) \sum_{t=1}^{T} N_t(q_t) + \sum_{\mathbf{q}_1^T} P(\mathbf{q}_1^T|\mathbf{o}_1^T, \theta_0) \sum_{t=1}^{T-1} \log a_{q_t q_{t+1}} \tag{3.33}
$$

为了简化 $Q(\theta|\theta_0)$，我们将公式3.33的第一部分写为

$$
Q_1(\theta|\theta_0) = \sum_{i=1}^{N} \left\{ \sum_{\mathbf{q}_1^T} P(\mathbf{q}_1^T|\mathbf{o}_1^T, \theta_0) \sum_{t=1}^{T} N_t(q_t) \right\} \delta_{q_t, i} \tag{3.34}
$$

第二部分写为

$$
Q_2(\theta|\theta_0) = \sum_{i=1}^{N} \sum_{j=1}^{N} \left\{ \sum_{\mathbf{q}_1^T} P(\mathbf{q}_1^T|\mathbf{o}_1^T, \theta_0) \sum_{t=1}^{T-1} \log a_{q_t q_{t+1}} \right\} \delta_{q_t, i} \delta_{q_{t+1}, j} \tag{3.35}
$$

这里的 $\delta$ 表示克罗内克函数（Kronecker delta function）。现在先考察公式3.34。通过代

换求和以及使用如下显而易见的条件

$$\sum_{\mathbf{q}_1^T} P(\mathbf{q}_1^T | \mathbf{o}_1^T, \theta_0) \delta_{q_t,i} = P(q_t = i | \mathbf{o}_1^T, \theta_0)$$

能够将 $Q_1$ 简化为

$$Q_1(\theta|\theta_0) = \sum_{i=1}^{N} \sum_{t=1}^{T} P(q_t = i | \mathbf{o}_1^T, \theta_0) N_t(i) \tag{3.36}$$

通过对公式3.35中的 $Q_2(\theta|\theta_0)$ 做相似的简化，可以得到下面的简化结果

$$Q_2(\theta|\theta_0) = \sum_{i=1}^{N} \sum_{j=1}^{N} \sum_{t=1}^{T-1} P(q_t = i, \, q_{t+1} = j | \mathbf{o}_1^T, \theta_0) \log a_{ij} \tag{3.37}$$

我们注意到，在最大化 $Q(\theta|\theta_0) = Q_1(\theta|\theta_0) + Q_2(\theta|\theta_0)$ 时，这两个式子可以分别被最大化。$Q_1(\theta|\theta_0)$ 只包含高斯参数，而 $Q_2(\theta|\theta_0)$ 仅包含马尔可夫链的参数。也就是说，在最大化 $Q(\theta|\theta_0)$ 时，公式3.36和公式3.37中的权重，或者说 $\gamma_t(i) = P(q_t = i | \mathbf{o}_1^T, \theta_0)$ 和 $\xi_t(i,j) = P(q_t = i, \, q_{t+1} = j | \mathbf{o}_1^T, \theta_0)$，可以分别被认为是对方的已知常数，这是由于参数 $\theta_0$ 的特定条件。因此，它们可以用预先计算好的前后向概率来高效地得到。高斯 HMM 中的后验状态转移概率为

$$\xi_t(i,j) = \frac{\alpha_t(i)\beta_{t+1}(j)a_{ij}\exp(N_{t+1}(j))}{P(\mathbf{o}_1^T|\theta_0)} \tag{3.38}$$

对 $t = 1, 2, ..., T-1$。（注意到 $\xi_T(i,j)$ 并没有定义。）后验状态占用概率（posterior state occupancy probability）可以通过对 $\xi_t(i,j)$ 在所有的终点状态 $j$ 上求和而得到

$$\gamma_t(i) = \sum_{j=1}^{N} \xi_t(i,j) \tag{3.39}$$

对 $t = 1, 2, ..., T-1$。$\gamma_T(i)$ 则可以通过它的特定定义得到：

$$\gamma_T(i) = P(q_T = i | \mathbf{o}_1^T, \theta_0) = \frac{P(q_T = i, \mathbf{o}_1^T | \theta_0)}{P(\mathbf{o}_1^T|\theta_0)} = \frac{\alpha_T(i)}{P(\mathbf{o}_1^T|\theta_0)} \tag{3.40}$$

注意到对从左到右传播的 HMM，在 $i = N$ 时，$\gamma_T(i)$ 只有一个值为 1，而其余值为 0。

进一步，我们注意到在公式3.36和公式3.37中的求和是在状态 $i$ 或状态对 $(i,j)$ 上进行，这相比在状态序列 $\mathbf{q}_1^T$ 上，就得到了极大的简化（相比 $Q_1(\theta|\theta_0)$ 和 $Q_2(\theta|\theta_0)$ 在公式3.33中未简化的形式）。公式3.36和公式3.37都是简化后的辅助目标函数，并可以

用于在 M 步骤中做最大化，我们将在下面详细讨论。

**M 步骤**

高斯 HMM 马尔可夫链转移概率的重估计公式可以通过令 $\frac{\partial Q_2}{\partial a_{ij}} = 0$ 来得到，对公式3.37中的 $Q_2$ 以及对 $i, j = 1, 2, ..., N$，使其服从 $\sum_{j=1}^{N} a_{ij} = 1$ 的约束条件。标准的拉格朗日乘子方法将使重估计公式变为

$$\hat{a}_{ij} = \frac{\sum_{t=1}^{T-1} \xi_t(i,j)}{\sum_{t=1}^{T-1} \gamma_t(i)} \tag{3.41}$$

其中，$\xi_t(i,j)$ 和 $\gamma_t(i)$ 根据公式3.38和公式3.39来计算得到。

为了推导状态相关的高斯分布参数的重估计公式，我们首先去掉公式3.36中的 $Q_1$ 中与优化过程无关的式子和因子。之后就得到了一个等价的优化目标函数

$$Q_1(\boldsymbol{\mu}_i, \boldsymbol{\Sigma}_i) = \sum_{i=1}^{N} \sum_{t=1}^{Tr} \gamma_t(i) (\mathbf{o}_t - \boldsymbol{\mu}_i)^{\mathrm{T}} \boldsymbol{\Sigma}_i^{-1} (\mathbf{o}_t - \boldsymbol{\mu}_i) - \frac{1}{2} \log |\boldsymbol{\Sigma}_i| \tag{3.42}$$

协方差矩阵的重估计公式就可以通过解下面的方程来得到

$$\frac{\partial Q_1}{\partial \boldsymbol{\Sigma}_i} = 0 \tag{3.43}$$

这里 $i = 1, 2, ..., N$。

为了解这个方程，我们采用了变量转换的技巧：令 $\mathbf{K} = \boldsymbol{\Sigma}^{-1}$（为了简化，我们忽略了状态脚标 $i$），之后可将 $Q_1$ 视为 $\mathbf{K}$ 的一个方程。已知 $\log |\mathbf{K}|$（公式3.36中的一项）针对 $\mathbf{K}$ 的第 $lm$ 项系数求导，其结果是方差矩阵 $\boldsymbol{\Sigma}$ 的第 $lm$ 项系数，也即 $\sigma_{lm}$，那么现在就可以将 $\frac{\partial Q_1}{\partial k_{lm}} = 0$ 化简为

$$\sum_{t=1}^{T} \gamma_t(i) \left\{ \frac{1}{2} \sigma_{lm} - \frac{1}{2} (\mathbf{o}_t - \boldsymbol{\mu}_i)_l (\mathbf{o}_t - \boldsymbol{\mu}_i))_m \right\} = 0 \tag{3.44}$$

对每一个：$l, m = 1, 2, ..., D$。我们将结果写为矩阵形式，就会得到紧凑形式的对状态 $i$ 的协方差准则的重估计公式如下：

$$\hat{\boldsymbol{\Sigma}}_i = \frac{\sum_{t=1}^{T} \gamma_t(i) (\mathbf{o}_t - \hat{\boldsymbol{\mu}}_i)(\mathbf{o}_t - \hat{\boldsymbol{\mu}}_i)^{\mathrm{T}}}{\sum_{t=1}^{T} \gamma_t(i)} \tag{3.45}$$

对每个状态：$i = 1, 2, ..., N$，这里的 $\hat{\boldsymbol{\mu}}_i$ 是高斯 HMM 的均值向量在状态 $i$ 上的重估计，

其中重估计公式可以直接被推导为下面的简单形式：

$$\hat{\boldsymbol{\mu}}_i = \frac{\sum_{t=1}^{T} \gamma_t(i)\mathbf{o}_t}{\sum_{t=1}^{T} \gamma_t(i)} \tag{3.46}$$

上面的推导都是针对单高斯 HMM 的情况。针对 GMM-HMM 的 EM 算法，通过认为每一帧中每一状态上的高斯成分是一个隐藏变量，也能够被简单推导得到。在第6章将详细描述深度神经网络（DNN）与 HMM 的融合系统，这其中的观察概率是通过一个 DNN 来估计得到的。

## 3.5 用于解码 HMM 状态序列的维特比算法

### 3.5.1 动态规划和维特比算法

动态规划（DP）是一种分而治之地解决复杂问题的方法，它通过将复杂问题分成一些更简单的问题来实现目标[26, 350]。这个算法最开始由 R. Bellman 在 20 世纪 50 年代发明[26]。DP 算法的基本依据是 Bellman 最优化准则。该准则保证，"在关于数个阶段之间互不关联的优化问题中，不管初始状态或者初始决策是什么，剩余的决策应该包含一个最优的方法用于选择从第一个选择得到的状态中去得到剩余的决策。"

作为一个例子，我们将讨论马尔可夫决策过程中的优化准则，马尔可夫决策过程由两部分参数决定。第一部分参数是转移概率

$$P_{ij}^k(n) = P(\text{state}_j, \text{stage}_{n+1}|\text{state}_i, \text{stage}_n, \text{decision}_k)$$

其中，系统的当前状态只依赖于系统的前一阶段所处的状态以及在那个状态上所采取的决策（符合马尔可夫特性）。第二部分参数提供了决策收益，其定义如下：

$R_i^k(n) =$ 在 $n$ 阶段和状态 $i$ 上，采用决策 $k$ 时得到的收益。

下面定义 $F(n, i)$ 作为阶段 $n$ 和状态 $i$ 上最优决策被采取时的平均总收益。这可以通过 DP 算法遵循下面的优化准则而递归得到：

$$F(n, i) = \max_k \left\{ R_i^k(n) + \sum_j P_{ij}^k(n)F(n+1, j) \right\} \tag{3.47}$$

特别地，当 $n = N$（即最后阶段），状态 $i$ 的总收益为

$$F(N, i) = \max_k R_i^k(N) \tag{3.48}$$

最优决策序列可以在最后一轮递归计算之后进行回溯。

从上面的分析可以得到，在运用 DP 算法时，优化过程的不同阶段（例如，上例中的阶段 $1, 2, ..., n, ..., N$）需要被区分定义。我们需要在每个阶段上做最优化决策。系统中针对每个阶段有许多不同的状态（在上例中以 $i$ 为标识）。对给定阶段所采取的决策（以 $k$ 为标识）使问题依据状态转移概率 $P_{ij}^k(n)$，从当前阶段 $n$ 改变到下一阶段 $n + 1$。

如果应用 DP 算法来寻找最优路径，则 Bellman 优化准则将化为下面的形式："从 A 到 C 且经过节点 B 的最优路径必须包含从 A 到 B 的最优路径，以及从 B 到 C 的最优路径。"这个优化准则的推论是很有意义的。也就是说，为了找到从节点 A 通过一个"前提"的节点 B 到 C 的最优路径，并没有必要去重新考虑所有可能的从 A 到 B 的局部路径。相比于穷尽式的搜索方法，显著地减少了路径搜索消耗。当不能确认前提节点 B 是否在最优路径上时，许多候选的节点将被一一衡量，由此最终通过 DP 算法的回溯步骤能够最终决定。Bellman 优化准则是下面将讨论的这种用于 HMM 语音处理上非常流行的优化算法的基本点。

### 3.5.2 用于解码 HMM 状态的动态规划算法

关于前面讨论的 HMM，需要解决的一个基本运算问题就是，在给定一组观察序列 $\mathbf{o}_1^T = \mathbf{o}_1, \mathbf{o}_2, \cdots, \mathbf{o}_T$ 的情况下，如何高效地找到最优的 HMM 状态序列。这是一个复杂的 $T$ 阶路径寻找优化问题，并直接适合于使用 DP 算法来求解。DP 算法应用于这样的求解目标时，也被称为维特比（Viterbi）算法，该算法一开始是开发用来解决数字通信中的信道最优卷积编码问题的。

为了说明作为一种最优路径搜索技术的维特比算法，我们可以使用二维梯度（或称为格子图）来刻画一个从左向右传播的 HMM。图中的一个节点表示在横轴时间为 $t$ 帧而在纵轴为第 $i$ 个 HMM 状态。

对一个状态转移概率 $a_{ij}$ 给定的 HMM，设状态输出概率分布为 $b_i(\mathbf{o}_t)$，令 $\delta_i(t)$ 表示部分观察序列 $\mathbf{o}_1^t$ 到达时间 $t$，同时相应的 HMM 状态序列在该时间处在状态 $i$ 时的联合似然度的最大值：

$$\delta_i(t) = \max_{q_1, q_2, \ldots, q_{t-1}} P(\mathbf{o}_1^t, q_1^{t-1}, q_t = i) \tag{3.49}$$

注意到每一个给定的 $\delta_i(t)$ 都对应一个格子图中的节点。每一个新增的时间对应于在 DP 算法中去向一个新的阶段。在最终的阶段 $t = T$，我们有最优函数 $\delta_i(T)$，这个最优函数通过计算所有 $t \leqslant T - 1$ 的阶段来得到。基于 DP 最优准则，对公式3.50在当前处理的 $t + 1$ 阶段的局部最优似然度，可以使用下面的函数等式来进行递归得到：

$$\delta_j(t + 1) = \max_i \delta_i(t) a_{ij} b_j(\mathbf{o}_{t+1}) \tag{3.50}$$

对每一个状态 $j$。每一个正在处理阶段的状态是一个在全局最优路径中的假设为先导的节点。所有这样的节点在经过回溯操作之后，除最终的一个外，都将被淘汰掉。这里使用的 DP 算法的基本点是，作为一个在格子图中的独立节点，我们只需要计算 $\delta_j(t + 1)$ 的大小，这样就避免了需要保存大量从初始阶段到当前 $t + 1$ 阶段的局部路径的需求，也就避免了这些额外的搜索消耗。使用 DP 优化准则能够在线性计算复杂度的情况下保证其最优化结果，而避免了随着观测数据序列长度 $T$ 增长而带来的大量计算量增加。

除了公式3.50中的最主要递归流程，完整的维特比算法要求额外的递归初始化、递归终止条件和路线回溯。完整的算法在算法 3.2 中给出，其中初始状态概率为 $\pi_i$。维特比算法的结果包含最大联合似然度观察和状态序列 $P^*$，以及相应的状态转移路径 $q^*(t)$。

---

**算法 3.2** HMM 状态序列解码的维特比算法

1: **procedure** 维特比解码算法 $(A = [a_{ij}], \pi, b_j(\mathbf{o}_t))$
                                                                         $\triangleright$ $A$ 是转移概率矩阵
                                                                       $\triangleright$ $\pi$ 是状态初始概率
                     $\triangleright$ $b_j(\mathbf{o}_t)$ 是给定 HMM 状态 $j$ 和观察数据 $\mathbf{o}_t$ 的似然度
2:    $\delta_i(1) \leftarrow \pi_i b_i(\mathbf{o}_1)$                               $\triangleright$ $t = 1$ 时的初始化
3:    $\psi_i(1) \leftarrow 0$                                          $\triangleright$ $t = 1$ 时的初始化
4:    **for** $t \leftarrow 2; t \leqslant T; t \leftarrow t + 1$ **do**                 $\triangleright$ 前向递归
5:        $\delta_j(t) \leftarrow \max_i \delta_i(t - 1) a_{ij} b_j(\mathbf{o}_t)$
6:        $\psi_j(t) \leftarrow \arg \max_{1 \leqslant i \leqslant N} \delta_i(t - 1) a_{ij}$
7:    **end for**
8:    $P^* \leftarrow \max_{1 \leqslant i \leqslant N} [\delta_i(T)]$
9:    $q(T) \leftarrow \max_{1 \leqslant i \leqslant N} [\delta_i(T)]$                 $\triangleright$ 初始化反向回溯
10:   **for** $t \leftarrow T - 1; t \geqslant 1; t \leftarrow t - 1$ **do**          $\triangleright$ 反向状态回溯
11:        $q^*(t) \leftarrow \psi_{q^*(t+1)}(t + 1)$
12:   **end for**
     返回最优的 HMM 状态路径 $q^*(t)$, $1 \leqslant t \leqslant T$
13: **end procedure**

上面使用的维特比算法所找到的针对一个从左到右传播的 HMM 的最佳状态转移路径等价于确定最优 HMM 状态分割所需要的信息。状态分割的概念在语音建模和识别中最常用于从左到右传播的 HMM，其中每个 HMM 状态通常与较大数量的连续帧数的观察向量序列相对应。这是因为观察值不能被简单地对应回早先的状态，因为从左向右传播的限制，同时因为从左到右的 HMM 中，最后一帧需要对应最右边的状态。

注意，相同的维特比算法也可以被应用到单高斯 HMM，有关 GMM-HMM 和 DNN-HMM 的情况，我们将在第6章中详细讨论。

## 3.6 隐马尔可夫模型和生成语音识别模型的变体

隐马尔可夫模型在语音识别中的流行来自其作为语音声学特征的生成序列模型的能力。参看 HMM 用于语音建模和识别应用的若干非常好的综述文章[20, 21, 218, 327–329]。在语音建模和相关语音识别应用中一个最有趣且特别的问题就是声学特征序列的长度可变性。语音的这个独特性质首先取决于它的时序相关性，即语音特征的实际值与时间维度的伸缩性相关。因此，即使两个单词序列相同，语音特征的声学数据也通常有不同的长度。例如，由于语音的产生方式以及说话的速度不同，对应相同句子内容的不同声学特征通常在时间维度上是不同的。进一步讲，语音中不同类别的判别线索通常分散在一个相当长的时间跨度上，它经常跨越相邻的语音单元。语音的另一个特殊方面是声学线索与发音单元的类别相关。这些声学线索通常在多种时间跨度上，语音分析中不同长度的分析窗和特征提取就是为了反映这种性质。

传统地认为，图像和视频是高维信号，相比之下，语音是一维时间信号。这种观点过于简单，并且没有抓住语音识别问题的本质和困难。语音其实应被视为二维信号，其中空间（即频率或音位）和时间维度有很不一样的性质，相比之下图像的两个空间维度性质相似。语音中的"空间"维度与频率分布和特征提取的数学变换相联系，它包含多重声学上的变化属性，例如，来自环境的因素、说话人、口音、说话方式和速率等。环境因素包括麦克风特性、语音传输信道、环境噪声和室内混响，后几种因素则包括空间和时间维度的相关性。

语音的时间维度，尤其是它与语音的空间或频域的相关性构成了语音识别中一个独特的挑战。隐马尔可夫模型在有限的程度上解决了这个挑战。本节作为各种隐马尔可夫模型的扩展，我们将介绍一些高级生成模型。其中贝叶斯方法将用于提供时序方面的约束，以反映人类语音产生的物理过程的先验知识。

### 3.6.1 用于语音识别的 GMM-HMM 模型

在语音识别中，最通用的算法是基于混合高斯模型的隐马尔可夫模型，或 GMM-HMM（[38, 101, 223, 327, 329]）。正如前面讨论的，GMM-HMM 是一个统计模型，它描述了两个相互依赖的随机过程，一个是可观察的过程，另一个是隐藏的马尔可夫过程。观察序列被假设是由每一个隐藏状态根据混合高斯分布所生成的。一个 GMM-HMM 模型的参数集合由一个状态先验概率向量、一个状态转移概率矩阵和一个状态相关的混合高斯模型参数组成。在语音建模中，GMM-HMM 中的一个状态通常与语音中一个音素的子段关联。在隐马尔可夫模型应用于语音识别的历史上，一个重要创新是引入"上下文依赖状态"（[103, 207]），主要目的是希望每个状态的语音特征向量的统计特性更相似，这个思想也是"细节性"生成模型的普遍策略。使用上下文依赖的一个结果是隐马尔可夫模型状态空间变得非常巨大，幸运的是，可以用正则化方法（如状态捆绑、控制等）来控制复杂度。上下文依赖在本书后面将讨论的语音识别的鉴别性深度学习[60, 70, 71, 359, 423] 中也会发挥重要作用。

20 世纪 70 年代中期，如 [21, 22] 中讨论和分析的，在语音识别领域引入隐马尔可夫模型和相关统计模型[20, 218] 被视为是这个领域中最重要的范式转变。一个早期成功的主要原因是 EM 算法[23] 的高效性，我们在本章前面已经讨论过。这种最大似然方式被称为 Baum-Welch 算法，它已经成为 2002 年以前最重要的训练隐马尔可夫模型的语音识别系统的方法，而且它现在仍然是训练这些系统时的主要步骤。有趣的是，作为一个成功范例，Baum-Welch 算法激发了更一般的 EM 算法[78] 在后续研究中被使用。最大似然准则或 EM 算法在训练 GMM-HMM 语音识别系统中的目标是最小化联合概率意义下的经验风险，这涉及语言标签序列和通常在帧级别提取的语音声学特征序列。在大词汇语音识别系统中，通常给出词级别的标签，而非状态级别的标签。在训练基于 GMM-HMM 的语音识别系统时，参数绑定通常被当作一种标准化的手段使用。例如，三音素中相似的声学状态可以共享相同的混合高斯模型。

采用 HMM 作为生成模型描述（分段平稳的）动态语音模式，以及使用 EM 算法训练绑定的 HMM 参数，构成了语音识别中生成学习算法应用的一个成功范例。事实上，HMM 不仅已经在语音识别领域，而且也在机器学习及其相关领域（如生物信息学和自然语言处理）中成了标准工具。对很多机器学习和语音识别的研究者来说，因为 HMM 在描述语音动态特性时有众所周知的弱点，它在语音识别中的成功有一点令人吃惊。后面将介绍用于语音建模和识别的更多的高级动态生成模型。

### 3.6.2 基于轨迹和隐藏动态模型的语音建模和识别

尽管 GMM-HMM 在语音建模和识别中取得了巨大成功，但它们的弱点已经在语音建模和识别的应用中众所周知，比如条件独立和分段平稳假设[51, 79, 80, 89, 112, 122, 307, 309]。20 世纪 90 年代早期，语音识别领域的研究者开始开发可以捕捉更多现实的语音在时域中的动态属性的统计模型。这类扩展的 HMM 模型有各种名称，随机分段模型（stochastic segment model）[307, 309]、趋势或非平稳状态隐马尔可夫模型（trended or nonstationary-state HMM）[62, 79, 89]、轨迹分段模型（trajectory segmental model）[200, 307]、轨迹隐马尔可夫模型（trajectory HMM）[441, 444]、随机轨迹模型（stochastic trajectory model）[159]、隐藏动态模型（hidden dynamic model）[51, 81, 85, 110, 273, 275, 276, 317, 338]、掩埋马尔可夫模型（buried Markov model）[37, 39, 40]、结构化语音模型（structured speech model）和隐藏轨迹模型（hidden trajectory model）[85, 119, 122, 123, 419, 421, 448]，它们依赖于对语音时序相关结构不同的"先验知识"简化假设。所有这些 HMM 模型的变体的共同之处在于模型中都包含了时间的动态结构。根据这种结构的特点，我们可以把这些模型分为两类。第一类模型关注"表层"声学级别的时间相关结构。第二类由较深的隐藏的动态结构组成，其中底层的语音产生机制被用作一种先验知识来表示描述可观察的语音模式的时间结构。当从隐藏动态层到可见层的映射被限制为线性和确定的时，第二种类型中的生成性隐藏动态模型则退化为第一种类型。

在上面提到的很多生成性动态/轨迹模型中，时间跨度通常由一系列语言标签决定，它们将整句从左到右地分成多个段。因此是分段模型。

一般而言，轨迹和隐藏动态的分段模型都利用了状态空间转换的思想，文献 [84, 126, 138, 152, 252, 285, 336] 中有很好的研究。这些模型利用时间的递归来定义隐藏动态特性 $\mathbf{z}(k)$，它可能对应人类语音产生过程中的发音动作。这些动态特性的每个离散的区域或分段 $s$ 由与 $s$ 相关的参数集合 $\boldsymbol{\Lambda}_s$ 描述，其中"状态噪声"标记为 $\mathbf{w}_s(k)$。无记忆的非线性映射函数用于描述隐藏动态向量 $\mathbf{z}(k)$ 和观察到的声学特征向量 $\mathbf{o}(k)$ 之间的关系，其中"观察噪声"被标记为 $\mathbf{v}_s(k)$。下面这部分"状态等式"和"观察等式"组成了一个一般的基于状态空间转换的非线性动态系统模型：

$$\mathbf{z}(k) = q_k[\mathbf{z}(k-1), \boldsymbol{\Lambda}_s] + \mathbf{w}_s(k-1) \tag{3.51}$$

$$\mathbf{o}(k') = r_{k'}[\mathbf{z}(k'), \boldsymbol{\Omega}_{s'}] + \mathbf{v}_{s'}(k') \tag{3.52}$$

其中，脚标 $k$ 和 $k'$ 表示函数 $q[.]$ 和 $r[.]$ 是随时间变化的，并且可能彼此异步。同时，$s$ 或 $s'$ 表示离散的与语言学类别相关的动态区域，这些离散语言区域要么对应音位变体〔就像在标准的 GMM-HMM 系统（[103, 207, 327]）中一样〕，要么对应基于发音动作的音韵学特征的基本单元（[82, 114, 145, 233, 270, 376]）。

语音识别文献已经报告了很多开关式非线性状态空间模型的研究，有理论的，也有实验的。函数 $q_k[\mathbf{z}(k-1), \boldsymbol{\Lambda}_s]$ 和 $r_{k'}[\mathbf{z}(k'), \boldsymbol{\Omega}_{s'}]$ 的具体形式以及它们的参数是由语音时序方面的先验知识决定的。特别地，状态等式3.51考虑了自发语音的时间伸缩性和在隐藏语音动态（如发音位置或声道共振频率）中的"空间"属性的相关性。例如，这些隐藏变量不会在音素边界时间区域中振荡，并且观察公式3.52中包含了从发音到声学的非线性映射的知识，这是一个在语音产生和语音分析研究中被密切关注的研究主题[90, 91, 93, 229]。

当非线性函数 $q_k[\mathbf{z}(k-1), \boldsymbol{\Lambda}_s]$ 和 $r_{k'}[\mathbf{z}(k'), \boldsymbol{\Omega}_{s'}]$ 退化为线性函数时（并且当这两个等式的同步性被消除后），开关式非线性动态系统模型退化为它的线性等价物，即开关式线性动态系统。这种简化系统可以被看作标准 HMM 和线性动态系统的综合体，它关联每一个 HMM 状态。其一般数学表述写为

$$\mathbf{z}(k) = \mathbf{A}_s \mathbf{z}(k-1) + \mathbf{B}_s \mathbf{w}_s(k) \tag{3.53}$$

$$\mathbf{o}(k) = \mathbf{C}_s \mathbf{z}(k) + \mathbf{v}_s(k) \tag{3.54}$$

其中，脚标 $s$ 表示从左到右的 HMM状态或在线性动态中转换状态的区域。在语音识别中有一系列关于开关式线性动态系统的有趣工作。早期的研究[307, 309]是对生成语音建模和语音识别的应用。更多最近的研究[126, 285]在噪声鲁棒语音识别上应用开关式线性动态系统，并且探索了几种近似推理的技术。在文献 [336] 中，应用了另一种近似推理技术（一种特殊的吉布斯采样方法）去解决语音识别问题。

### 3.6.3　使用生成模型 HMM 及其变体解决语音识别问题

在本章的结尾，让我们来关注生成模型相关的讨论，比如使用标准的隐马尔可夫模型和刚刚介绍的它的扩展版本，去解决判别分类问题（如语音识别）。更多关于这个重要话题的细节讨论可以在 [105, 141, 446] 中找到。特别是在本章中忽略了 HMM 生成模型的鉴别性学习的话题，这是在基于 GMM-HMM 和相关结构的自动语音识别系统的开发中非常重要的部分。大量关于这个话题的文献可以在 [19, 35, 61, 62, 117, 140, 175–177, 179, 181, 222, 278, 279, 321–324, 354, 379, 404, 405, 426, 427, 429, 442] 中找到。本章另一个我们省略的重要话题是在自动语音识别中使用生成性的基于 GMM-HMM 的模型做各类噪声模型的整合。完成多种模型整合的能力自然是 GMM 和 HMM 这类统计生成模型的强项之一，关于这个话题，我们也留了大量综述文章给读者阅读[7, 86, 88, 94–96, 117, 118, 139, 142, 149, 224, 225, 258, 260, 261, 268, 285, 399]。

　　输入数据和它们对应标签的联合概率是生成性统计模型的特征，联合概率可以被分解为标签（如语音类别标签）的先验概率和数据（如语音的声学特征）的条件概率。通过贝叶斯定理，给定观察数据后，类别标签的后验概率可以很容易得到，并且作为分类决策的基础。这种生成模型的方法在分类任务中成功的一个关键因素是模型对数据真实分布估计的好坏。HMM 被证明是一种相当好的可以估计语音声学序列数据的统计学分布的模型，尤其是声学数据的时间特征。因此，自从 20 世纪 80 年代中期，HMM 在语音识别领域中已经成为一种流行的模型。

　　但是，作为语音的生成模型，标准 HMM 有几个缺点已经众所周知，例如，每个HMM 状态上的语音数据的时间独立性假设，缺少声学特征和语音产生方式（如说话速度和风格）之间的严格相关等。这些缺点促进了 HMM 的多种扩展模型的研究，本节讨论了其中一些。这些扩展的主线是用更真实的、时间相关的动态系统或非平稳的轨迹模型替代每个 HMM 状态上的独立同分布的高斯或类高斯，所有的方法都引入了基于隐藏的连续值域的动态结构。

　　在开发这些用于语音识别的隐藏轨迹和隐藏动态模型时，很多机器学习技术，尤其是近似变分推理和学习技术[152, 252, 315, 408]，被改进后采用，以适应特定的语音属性和语音识别应用。但是，多数情况下，只有小型任务能够获得成功。将这些生成模型成功地应用于大规模语音识别的困难（和新机会）有四个主要方面。第一，关于可能的发声语音动态和它更深层次的发声控制机制的精确本质的科学知识还很不完整。由于语音识别应用对训练和解码时高效计算的需求，这类知识被强制再次简化，导致模型的能力和精确性进一步降低。第二，这个领域的多数工作采用生成学习方法，由于上下文依赖和协同发音，这些方法的目标往往是使用少量（小的参数集合）的语音变量。相反，本书的重点（深度学习）则将生成性和鉴别性学习统一在一起，并且可以采用大量参数，而不是少量参数。这也使得协同研究有了很大的可能性，尤其是变分推理的最近进展，有望提升深度生成模型和学习的质量[29, 74, 199, 235, 293]。第三，多数隐藏轨迹或隐藏动态模型仅仅关注人类发声机制深层的语音动态特性的某些孤立方面，并且使用相对简单和标准的动态系统，特别是在推理阶段，没有足够的结构和有效的学习方法避免未知的近似错误。第四，缺乏刚才讨论过的改进的变分学习方法。

　　从功能上说，语音识别是一个从序列的声学数据到单词或另一种语言标签序列的转换过程。技术上，这个转换过程要求很多子过程，包括使用离散时间戳（通常称作帧）来特征化语音波形或声学数据、使用分类的标签（如单词、音素等）来索引声学数据序列。语音识别中的基本问题在于这些标签和数据的本质。清楚地了解语音识别的独特属性非常重要，就输入数据和输出标签而言，从输出的视角看，自动语音识别产生包含个数不定的单词的句子。因此，至少在原则上，分类的可能类别（句子）的数量非常大，以至于不可能不使用一定的结构化模型来描述完整句子。从输入的观点看，声学数据也是一个变长的序列，输入数据的长度通常不同于输出标签的长度，这引起了分段或对齐的特殊问题，这是机器学习中的"静态"分类问题没有遇到的。综合输入和输出的观点，我们认为，语音识别的基本问题是一个结构化的序列分类任务，其中一个（相对长的）声学数据序列被用于推断另一个（相对短的）语言单元序列，如单词序列。对于这类结构化的模式识别，标准的 HMM 和本章讨论的它的变体都可以捕捉到一些语音问题的主要属性，尤其是在时间建模方面，它们在实际的语音识别中有一定程度的成功。但是，这个问题的其他关键属性难以被本章讨论的多种类型的模型所捕捉。本书剩余章节将致力于解决这个不足。

作为本节的总结，我们将生成性统计模型 HMM 与实际的语音问题建立了联系，讨论了它的建模和分类/识别之间的关系。我们指出了标准 HMM 的缺点，它促进了 HMM 的各种扩展变体的产生，每个 HMM 状态上的语音数据的时间独立性被使用了隐藏结构的、更真实的、时间相关的动态系统所替代。非线性动态系统模型的状态空间思想提供了一个有趣的架构，与循环神经网络产生了联系，我们将在第13章详细讨论循环神经网络。

# 第二部分

# 深度神经网络

# 4

# 深度神经网络

**摘要** 本章介绍深度神经网络（deep neural network，DNN）——多隐层的多层感知器。DNN 在现代语音识别系统中扮演着重要的角色，并且是本书的重点。我们将描述 DNN 的框架、常用的激活函数和训练准则，以及著名的 DNN 模型参数训练的误差反向传播算法，并且介绍使得训练过程鲁棒的一些实践技巧。

## 4.1 深度神经网络框架

深度神经网络（DNN）[1]是一个有很多（超过两个）隐层的传统多层感知器（MLP）。文献 [190] 给出了 DNN 在语音识别系统作为声学模型使用的一个综述。图 4.1 绘制了一个共五层的 DNN，包括输入层、隐层和输出层。为了简化符号，对一个 $L+1$ 层的 DNN，我们将输入层写作层 0，将输出层写作层 $L$。

在开始的 $L$ 层中：

$$\mathbf{v}^\ell = f\left(\mathbf{z}^\ell\right) = f\left(\mathbf{W}^\ell \mathbf{v}^{\ell-1} + \mathbf{b}^\ell\right), \ 0 < \ell < L \tag{4.1}$$

其中，$\mathbf{z}^\ell = \mathbf{W}^\ell \mathbf{v}^{\ell-1} + \mathbf{b}^\ell \in \mathbb{R}^{N_\ell \times 1}$，$\mathbf{v}^\ell \in \mathbb{R}^{N_\ell \times 1}$，$\mathbf{W}^\ell \in \mathbb{R}^{N_\ell \times N_{\ell-1}}$，$\mathbf{b}^\ell \in \mathbb{R}^{N_\ell \times 1}$，$N_\ell \in \mathbb{R}$，分别是激励向量、激活向量、权重矩阵、偏差系数矩阵和 $\ell$ 层的神经元个数。$\mathbf{v}^0 = \mathbf{o} \in \mathbb{R}^{N_0 \times 1}$ 是输入特征向量，$N_0 = D$ 是特征的维数，接着 $f(\cdot): \mathbb{R}^{N_\ell \times 1} \rightarrow \mathbb{R}^{N_\ell \times 1}$

---

[1]深度神经网络这个术语首次在语音识别中的出现是在 [359] 中。在文献 [73] 中，早期使用的术语"深度置信网络"（deep belief network）被更加合适的术语"深度神经网络"（deep neural network）所代替。深度神经网络这个术语最开始是用来指代多隐层感知器的，然后被延伸成有深层结构的任意神经网络。

是对激励向量进行元素级计算的激活函数。在大多数情况下，sigmoid 函数

$$\sigma\left(z\right) = \frac{1}{1+e^{-z}} \tag{4.2}$$

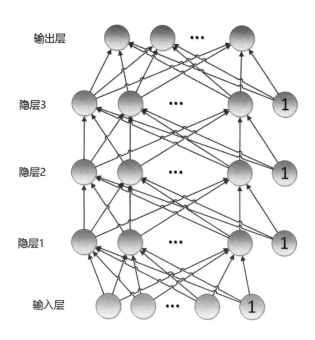

图 4.1　一个有输入层、三个隐层、一个输出层的深度神经网络示例

或者双曲正切函数

$$\tanh\left(z\right) = \frac{e^z - e^{-z}}{e^z + e^{-z}} \tag{4.3}$$

会被用作激活函数。因为 $\tanh\left(z\right)$ 函数是 sigmoid 函数一个调节过的版本，这两个激活函数有相同的建模能力。$\sigma\left(z\right)$ 的输出范围是 $(0,1)$，这有助于得到稀疏化的表达，但却使激活值具有不对称性。另一方面，$\tanh\left(z\right)$ 的输出范围是 $(-1,+1)$，因此是对称的，这会对训练有帮助[247]。另外一个广泛使用的激活函数是整流线性单元（ReLU）

$$\mathrm{ReLU}\left(z\right) = \max\left(0, z\right) \tag{4.4}$$

它强制了具有稀疏性质的激活值[2][155]，而且有简单导数（在4.2节讨论）。由于 sigmoid 函数在从业者中被应用得最广泛，在下面的讨论中除非另外标明，我们假定都使用了 sigmoid 函数。

---

[2]sigmoid 函数的输出可以非常接近 0，但达不到 0，ReLU 函数的输出可以是 0。

输出层根据任务选定。对于回归的任务，一个线性层

$$\mathbf{v}^L = \mathbf{z}^L = \mathbf{W}^L \mathbf{v}^{L-1} + \mathbf{b}^L \tag{4.5}$$

用来产生输出向量 $\mathbf{v}^L \in \mathbb{R}^{N_L}$，其中 $N_L$ 是输出的维度。

对于多分类的任务，每个输出层神经元代表一类 $i \in \{1, \cdots, C\}$，其中 $C = N_L$ 是类的个数。第 $i$ 个输出神经元的值 $v_i^L$ 代表特征向量 $\mathbf{o}$ 属于类 $i$ 的概率 $P_{\text{dnn}}(i|\mathbf{o})$。因为是一个多项式分布，输出向量 $\mathbf{v}^L$ 需要满足 $v_i^L \geqslant 0$ 和 $\sum_{i=1}^{C} v_i^L = 1$。我们用一个 softmax 函数来进行归一化

$$v_i^L = P_{\text{dnn}}(i|\mathbf{o}) = \text{softmax}_i\left(\mathbf{z}^L\right) - \frac{e^{z_i^L}}{\sum_{j=1}^{C} e^{z_j^L}} \tag{4.6}$$

其中，$z_i^L$ 是激励向量 $\mathbf{z}^L$ 的第 $i$ 个元素。

给定一个特征向量 $\mathbf{o}$，DNN 的输出由模型系数 $\{\mathbf{W}, \mathbf{b}\} = \{\mathbf{W}^\ell, \mathbf{b}^\ell | 0 < \ell \leqslant L\}$ 决定，用公式4.1计算从第 1 层到第 $L-1$ 层的激活向量，接着使用公式4.5（回归）或者公式4.6（分类）计算 DNN 的输出。这个过程往往被称为前向计算，在算法 4.1中被总结出来。

---

**算法 4.1** DNN 前向计算

| | |
|---|---|
| 1: **procedure** 前向计算 (**O**) | ▷ **O** 的每一列是一个观察向量 |
| 2:      $\mathbf{V}^0 \leftarrow \mathbf{O}$ | |
| 3:      **for** $\ell \leftarrow 1; \ell < L; \ell \leftarrow \ell + 1$ **do** | ▷ $L$ 是总层数 |
| 4:          $\mathbf{Z}^\ell \leftarrow \mathbf{W}^\ell \mathbf{V}^{\ell-1} + \mathbf{B}^\ell$ | ▷ $\mathbf{B}^\ell$ 的每一列是 $\mathbf{b}^\ell$ |
| 5:          $\mathbf{V}^\ell \leftarrow f\left(\mathbf{Z}^\ell\right)$ | ▷ $f(.)$ 可以是 sigmoid、tanh、ReLU 或者其他函数 |
| 6:      **end for** | |
| 7:      $\mathbf{Z}^L \leftarrow \mathbf{W}^L \mathbf{V}^{L-1} + \mathbf{B}^L$ | |
| 8:      **if** 回归 **then** | ▷ 回归任务 |
| 9:          $\mathbf{V}^L \leftarrow \mathbf{Z}^L$ | |
| 10:     **else** | ▷ 分类任务 |
| 11:         $\mathbf{V}^L \leftarrow \text{softmax}\left(\mathbf{Z}^L\right)$ | ▷ 对每个元素进行 softmax 函数计算 |
| 12:     **end if** | |
| 13:     Return $\mathbf{V}^L$ | |
| 14: **end procedure** | |

## 4.2 使用误差反向传播来进行参数训练

从 20 世纪 80 年代开始，人们知道了有着足够大隐层的多层感知器（Multi-Layer Perceptron，MLP）是一个通用的近似算子（universal approximator）[202]。换句话说，有足够大隐层的 MLP 可以近似任意一个从输入空间 $\mathbb{R}^D$ 到输出空间 $\mathbb{R}^C$ 的映射 $g$：$\mathbb{R}^D \to \mathbb{R}^C$。显然，既然 DNN 是多隐层的 MLP，那么它自然可以作为一个通用近似算子。

DNN 的模型参数 $\{\mathbf{W}, \mathbf{b}\}$ 需要通过每个任务的训练样本 $\mathbb{S} = \{(\mathbf{o}^m, \mathbf{y}^m) | 0 \leqslant m < M\}$ 来训练得到，其中 $M$ 是训练样本个数，$\mathbf{o}^m$ 是第 $m$ 个观察向量，$\mathbf{y}^m$ 是对应的输出向量。这个过程被称为训练过程或者参数估计过程，需要给定一个训练准则和学习算法。

### 4.2.1 训练准则

训练准则应该能够被简单地计算，并且与任务有很高的相关性，准则上的提升最后应该能体现到任务的完成水准上。理想情况下，模型参数的训练应该最小化期望损失函数

$$J_{\text{EL}} = \mathbb{E}\left(J\left(\mathbf{W}, \mathbf{b}; \mathbf{o}, \mathbf{y}\right)\right) = \int_{\mathbf{o}} J\left(\mathbf{W}, \mathbf{b}; \mathbf{o}, \mathbf{y}\right) p\left(\mathbf{o}\right) \mathrm{d}\left(\mathbf{o}\right) \tag{4.7}$$

其中，$J\left(\mathbf{W}, \mathbf{b}; \mathbf{o}, \mathbf{y}\right)$ 是损失函数，$\{\mathbf{W}, \mathbf{b}\}$ 是模型参数，$\mathbf{o}$ 为观察向量，$\mathbf{y}$ 是相应的输出向量，$p\left(\mathbf{o}\right)$ 是概率密度函数。不幸的是，$p\left(\mathbf{o}\right)$ 需要从训练集中估计，对训练集中没有出现的样本 $J\left(\mathbf{W}, \mathbf{b}; \mathbf{o}, \mathbf{y}\right)$ 也没有被很好地定义（集外样本的标注是未知的）。因此，DNN 往往采用经验性准则来训练。

在 DNN 训练中有两个常用的训练准则。对于回归任务，均方误差（mean square error，MSE）准则

$$J_{\text{MSE}}\left(\mathbf{W}, \mathbf{b}; \mathbb{S}\right) = \frac{1}{M} \sum_{m=1}^{M} J_{\text{MSE}}\left(\mathbf{W}, \mathbf{b}; \mathbf{o}^m, \mathbf{y}^m\right) \tag{4.8}$$

经常被使用，其中

$$J_{\text{MSE}}\left(\mathbf{W}, \mathbf{b}; \mathbf{o}, \mathbf{y}\right) = \frac{1}{2} \left\|\mathbf{v}^L - \mathbf{y}\right\|^2 = \frac{1}{2} \left(\mathbf{v}^L - \mathbf{y}\right)^{\top} \left(\mathbf{v}^L - \mathbf{y}\right) \tag{4.9}$$

对分类任务来说，设 $\mathbf{y}$ 是一个概率分布，那么交叉熵（cross entropy，CE）准则

$$J_{CE}(\mathbf{W}, \mathbf{b}; \mathbb{S}) = \frac{1}{M} \sum_{m=1}^{M} J_{CE}(\mathbf{W}, \mathbf{b}; \mathbf{o}^m, \mathbf{y}^m) \tag{4.10}$$

经常被使用，其中

$$J_{CE}(\mathbf{W}, \mathbf{b}; \mathbf{o}, \mathbf{y}) = -\sum_{i=1}^{C} y_i \log v_i^L \tag{4.11}$$

$y_i = P_{emp}(i|\mathbf{o})$ 是观察 $\mathbf{o}$ 属于类 $i$ 的经验概率分布（从训练数据的标注中来），$v_i^L = P_{dnn}(i|\mathbf{o})$ 是采用 DNN 估计的概率。最小化交叉熵准则等价于最小化经验分布和 DNN 估计分布的 KL 距离（Kullback-Leibler divergence，KLD）。一般来说，人们通常使用硬标注来描述经验概率分布，即 $y_i = \mathbb{I}(c = i)$，其中

$$\mathbb{I}(x) = \begin{cases} 1, & \text{如果} x \text{为真} \\ 0, & \text{其他} \end{cases} \tag{4.12}$$

是指示函数，$c$ 是训练集对于观察 $\mathbf{o}$ 的标注类别。在大部分情况下，公式4.11下的 CE 准则退化为负的对数似然准则（negative log-likelihood，NLL）

$$J_{NLL}(\mathbf{W}, \mathbf{b}; \mathbf{o}, \mathbf{y}) = -\log v_c^L \tag{4.13}$$

### 4.2.2 训练算法

给定训练准则，模型参数 $\{\mathbf{W}, \mathbf{b}\}$ 可以使用著名的误差反向传播（error backpropagation，BP）算法[337] 来学习，可以使用链式法则来进行推导。[3]

在其最简单的形式下，模型参数使用一阶导数信息按照如下公式来优化

$$\mathbf{W}_{t+1}^\ell \leftarrow \mathbf{W}_t^\ell - \varepsilon \triangle \mathbf{W}_t^\ell \tag{4.14}$$

$$\mathbf{b}_{t+1}^\ell \leftarrow \mathbf{b}_t^\ell - \varepsilon \triangle \mathbf{b}_t^\ell \tag{4.15}$$

其中，$\mathbf{W}_t^\ell$ 和 $\mathbf{b}_t^\ell$ 分别是在第 $t$ 次迭代更新之后 $\ell$ 层的权重矩阵（weight matrix）和偏置向量（bias vector）。

---

[3]虽然反向传播这个术语是在 1986 年的文献 [337] 中才被确定，作为一个多阶段动态系统最优化方法，这个算法的产生其实可以追溯到 1969 年的文献 [130]。

$$\triangle \mathbf{W}_t^\ell = \frac{1}{M_b} \sum_{m=1}^{M_b} \nabla_{\mathbf{W}_t^\ell} J\left(\mathbf{W}, \mathbf{b}; \mathbf{o}^m, \mathbf{y}^m\right) \qquad (4.16)$$

$$\triangle \mathbf{b}_t^\ell = \frac{1}{M_b} \sum_{m=1}^{M_b} \nabla_{\mathbf{b}_t^\ell} J\left(\mathbf{W}, \mathbf{b}; \mathbf{o}^m, \mathbf{y}^m\right) \qquad (4.17)$$

以上分别是在第 $t$ 次迭代时得到的平均权重矩阵梯度和平均偏置向量梯度，这些是使用 $M_b$ 个训练想本得到的，$\varepsilon$ 是学习率，$\nabla_{\mathbf{x}} J$ 是 $J$ 相对 $\mathbf{x}$ 的梯度。

顶层权重矩阵相对于训练准则的梯度取决于训练准则。对于回归问题，当 MSE 训练准则（公式4.9）和线性输出层（公式4.5）被使用时，输出层权重矩阵的梯度是

$$\begin{aligned}
\nabla_{\mathbf{W}_t^L} J_{\mathrm{MSE}}\left(\mathbf{W}, \mathbf{b}; \mathbf{o}, \mathbf{y}\right) &= \nabla_{\mathbf{z}_t^L} J_{\mathrm{MSE}}\left(\mathbf{W}, \mathbf{b}; \mathbf{o}, \mathbf{y}\right) \frac{\partial \mathbf{z}_t^L}{\partial \mathbf{W}_t^L} \\
&= \mathbf{e}_t^L \frac{\partial \left(\mathbf{W}_t^L \mathbf{v}_t^{L-1} + \mathbf{b}_t^L\right)}{\partial \mathbf{W}_t^L} \\
&= \mathbf{e}_t^L \left(\mathbf{v}_t^{L-1}\right)^{\mathrm{T}} \\
&= \left(\mathbf{v}_t^L - \mathbf{y}\right) \left(\mathbf{v}_t^{L-1}\right)^{\mathrm{T}}
\end{aligned} \qquad (4.18)$$

我们定义输出层的误差信号为

$$\begin{aligned}
\mathbf{e}_t^L &\triangleq \nabla_{\mathbf{z}_t^L} J_{\mathrm{MSE}}\left(\mathbf{W}, \mathbf{b}; \mathbf{o}, \mathbf{y}\right) \\
&= \frac{1}{2} \frac{\partial \left(\mathbf{z}_t^L - \mathbf{y}\right)^T \left(\mathbf{z}_t^L - \mathbf{y}\right)}{\partial \mathbf{z}_t^L} \\
&= \left(\mathbf{v}_t^L - \mathbf{y}\right)
\end{aligned} \qquad (4.19)$$

类似的

$$\nabla_{\mathbf{b}_t^L} J_{\mathrm{MSE}}\left(\mathbf{W}, \mathbf{b}; \mathbf{o}, \mathbf{y}\right) = \left(\mathbf{v}_t^L - \mathbf{y}\right) \qquad (4.20)$$

对于分类任务，CE 训练准则（公式4.11）和 softmax 输出层（公式4.6）被使用，输出层权重矩阵的梯度为

$$\begin{aligned}
\nabla_{\mathbf{W}_t^L} J_{\mathrm{CE}}\left(\mathbf{W}, \mathbf{b}; \mathbf{o}, \mathbf{y}\right) &= \nabla_{\mathbf{z}_t^L} J_{\mathrm{CE}}\left(\mathbf{W}, \mathbf{b}; \mathbf{o}, \mathbf{y}\right) \frac{\partial \mathbf{z}_t^L}{\partial \mathbf{W}_t^L} \\
&= \mathbf{e}_t^L \frac{\partial \left(\mathbf{W}_t^L \mathbf{v}_t^{L-1} + \mathbf{b}_t^L\right)}{\partial \mathbf{W}_t^L}
\end{aligned}$$

$$= \mathbf{e}_t^L \left(\mathbf{v}_t^{L-1}\right)^{\mathrm{T}}$$
$$= \left(\mathbf{v}_t^L - \mathbf{y}\right) \left(\mathbf{v}_t^{L-1}\right)^{\mathrm{T}} \tag{4.21}$$

类似的，我们定义输出层的误差信号为

$$\mathbf{e}_t^L \triangleq \nabla_{\mathbf{z}_t^L} J_{\mathrm{CE}}\left(\mathbf{W}, \mathbf{b}; \mathbf{o}, \mathbf{y}\right)$$

$$= -\frac{\partial \sum_{i=1}^C y_i \log \mathrm{softmax}_i\left(\mathbf{z}_t^L\right)}{\partial \mathbf{z}_t^L}$$

$$= \frac{\partial \sum_{i=1}^C y_i \log \sum_{j=1}^C e^{z_j^L}}{\partial \mathbf{z}_t^L} - \frac{\partial \sum_{i=1}^C y_i \log e^{z_i^L}}{\partial \mathbf{z}_t^L}$$

$$= \frac{\partial \log \sum_{j=1}^C e^{z_j^L}}{\partial \mathbf{z}_t^L} - \frac{\partial \sum_{i=1}^C y_i z_i^L}{\partial \mathbf{z}_t^L}$$

$$= \begin{bmatrix} \frac{e^{z_1^L}}{\sum_{j=1}^C e^{z_j^L}} \\ \vdots \\ \frac{e^{z_i^L}}{\sum_{j=1}^C e^{z_j^L}} \\ \vdots \\ \frac{e^{z_C^L}}{\sum_{j=1}^C e^{z_j^L}} \end{bmatrix} - \begin{bmatrix} y_1 \\ \vdots \\ y_i \\ \vdots \\ y_C \end{bmatrix}$$

$$= \left(\mathbf{v}_t^L - \mathbf{y}\right)$$

类似的

$$\nabla_{\mathbf{b}_t^L} J_{\mathrm{CE}}\left(\mathbf{W}, \mathbf{b}; \mathbf{o}, \mathbf{y}\right) = \left(\mathbf{v}_t^L - \mathbf{y}\right) \tag{4.22}$$

注意，$\nabla_{\mathbf{W}_t^L} J_{\mathrm{CE}}\left(\mathbf{W}, \mathbf{b}; \mathbf{o}, \mathbf{y}\right)$（公式4.21）看上去与 $\nabla_{\mathbf{W}_t^L} J_{\mathrm{MSE}}\left(\mathbf{W}, \mathbf{b}; \mathbf{o}, \mathbf{y}\right)$ 有相同的形式（公式4.18）。不过，因为做回归时 $\mathbf{v}_t^L = \mathbf{z}_t^L$，而做分类时 $\mathbf{v}_t^L = \mathrm{softmax}\left(\mathbf{z}_t^L\right)$，它们其实是不同的。

对于 $0 < \ell < L$，则有

$$\nabla_{\mathbf{W}_t^\ell} J\left(\mathbf{W}, \mathbf{b}; \mathbf{o}, \mathbf{y}\right) = \nabla_{\mathbf{v}_t^\ell} J\left(\mathbf{W}, \mathbf{b}; \mathbf{o}, \mathbf{y}\right) \frac{\partial \mathbf{v}_t^\ell}{\partial \mathbf{W}_t^\ell}$$

$$= \mathrm{diag}\left(f'\left(\mathbf{z}_t^\ell\right)\right) \mathbf{e}_t^\ell \frac{\partial \left(\mathbf{W}_t^\ell \mathbf{v}_t^{\ell-1} + \mathbf{b}_t^\ell\right)}{\partial \mathbf{W}_t^\ell}$$

$$= \mathrm{diag}\left(f'\left(\mathbf{z}_t^\ell\right)\right) \mathbf{e}_t^\ell \left(\mathbf{v}_t^{\ell-1}\right)^{\mathrm{T}}$$

$$= \left[f'\left(\mathbf{z}_t^\ell\right) \bullet \mathbf{e}_t^\ell\right] \left(\mathbf{v}_t^{\ell-1}\right)^{\mathrm{T}} \tag{4.23}$$

$$\nabla_{\mathbf{b}_t^\ell} J\left(\mathbf{W}, \mathbf{b}; \mathbf{o}, \mathbf{y}\right) = \nabla_{\mathbf{v}_t^\ell} J\left(\mathbf{W}, \mathbf{b}; \mathbf{o}, \mathbf{y}\right) \frac{\partial \mathbf{v}_t^\ell}{\partial \mathbf{b}_t^\ell}$$

$$= \operatorname{diag}\left(f'\left(\mathbf{z}_t^\ell\right)\right) \mathbf{e}_t^\ell \frac{\partial \left(\mathbf{W}_t^\ell \mathbf{v}_t^{\ell-1} + \mathbf{b}_t^\ell\right)}{\partial \mathbf{b}_t^\ell}$$

$$= \operatorname{diag}\left(f'\left(\mathbf{z}_t^\ell\right)\right) \mathbf{e}_t^\ell$$

$$= f'\left(\mathbf{z}_t^\ell\right) \bullet \mathbf{e}_t^\ell \tag{4.24}$$

其中，$\mathbf{e}_t^\ell \triangleq \nabla_{\mathbf{v}_t^\ell} J\left(\mathbf{W}, \mathbf{b}; \mathbf{o}, \mathbf{y}\right)$ 是层 $\ell$ 的误差信号，$\bullet$ 是元素级相乘，$\operatorname{diag}(\mathbf{x})$ 是一个对角线为 $\mathbf{x}$ 的方矩形，$f'\left(\mathbf{z}_t^\ell\right)$ 是激活函数的元素级导数。对于 sigmoid 激活函数来说，则有

$$\sigma'\left(\mathbf{z}_t^\ell\right) = \left(1 - \sigma\left(\mathbf{z}_t^\ell\right)\right) \bullet \sigma\left(\mathbf{z}_t^\ell\right) = \left(1 - \mathbf{v}_t^\ell\right) \bullet \mathbf{v}_t^\ell \tag{4.25}$$

类似的，tanh 激活函数的导数为

$$\tanh'\left(z_{t,i}^\ell\right) = 1 - \left[\tanh\left(z_{t,i}^\ell\right)\right]^2 = 1 - \left[v_{t,i}^\ell\right]^2 \tag{4.26}$$

或者

$$\tanh'\left(\mathbf{z}_t^\ell\right) = 1 - \mathbf{v}_t^\ell \bullet \mathbf{v}_t^\ell \tag{4.27}$$

ReLU 激活函数的导数为

$$\operatorname{ReLU}'\left(z_{t,i}^\ell\right) = \begin{cases} 1, & z_{t,i}^\ell > 0 \\ 0, & \text{其他} \end{cases} \tag{4.28}$$

或者

$$\operatorname{ReLU}'\left(\mathbf{z}_t^\ell\right) = \max\left(0, \operatorname{sgn}\left(\mathbf{z}_t^\ell\right)\right) \tag{4.29}$$

其中，$\operatorname{sgn}\left(\mathbf{z}_t^\ell\right)$ 是 $\mathbf{z}_t^\ell$ 每个元素的符号。误差信号能从顶层向下反向传播

$$\mathbf{e}_t^{L-1} = \nabla_{\mathbf{v}_t^{L-1}} J\left(\mathbf{W}, \mathbf{b}; \mathbf{o}, \mathbf{y}\right)$$

$$= \frac{\partial \mathbf{z}_t^L}{\partial \mathbf{v}_t^{L-1}} \nabla_{\mathbf{z}_t^L} J\left(\mathbf{W}, \mathbf{b}; \mathbf{o}, \mathbf{y}\right)$$

$$= \frac{\partial \left(\mathbf{W}_t^L \mathbf{v}_t^{L-1} + \mathbf{b}_t^L\right)}{\partial \mathbf{v}_t^{L-1}} \mathbf{e}_t^L$$

$$= \left(\mathbf{W}_t^L\right)^{\mathsf{T}} \mathbf{e}_t^L \tag{4.30}$$

对于 $\ell < L$，则有

$$
\begin{aligned}
\mathbf{e}_t^{\ell-1} &= \nabla_{\mathbf{v}_t^{\ell-1}} J\left(\mathbf{W}, \mathbf{b}; \mathbf{o}, \mathbf{y}\right) \\
&= \frac{\partial \mathbf{v}_t^\ell}{\partial \mathbf{v}_t^{\ell-1}} \nabla_{\mathbf{v}_t^\ell} J\left(\mathbf{W}, \mathbf{b}; \mathbf{o}, \mathbf{y}\right) \\
&= \frac{\partial \left(\mathbf{W}_t^\ell \mathbf{v}_t^{\ell-1} + \mathbf{b}_t^\ell\right)}{\partial \mathbf{v}_t^{\ell-1}} \mathrm{diag}\left(f'\left(\mathbf{z}_t^\ell\right)\right) \mathbf{e}_t^\ell \\
&= \left(\mathbf{W}_t^\ell\right)^{\mathrm{T}}\left[f'\left(\mathbf{z}_t^\ell\right) \bullet \mathbf{e}_t^\ell\right]
\end{aligned}
\tag{4.31}
$$

反向传播算法的关键步骤在算法 4.2 中进行了总结。

---

**算法 4.2 反向传播算法**

---

1: **procedure** 反向传播 ($\mathbb{S} = \{(\mathbf{o}^m, \mathbf{y}^m) \mid 0 \leqslant m < M\}$)
$\qquad\qquad\qquad\qquad\qquad\qquad\qquad\qquad\qquad$ ▷ $\mathbb{S}$ 是 $M$ 个样本组成的训练集
2: $\qquad$ 随机初始化 $\left\{\mathbf{W}_0^\ell, \mathbf{b}_0^\ell\right\}, 0 < \ell \leqslant L$ $\qquad\qquad\qquad\qquad$ ▷ $L$ 是总层数
3: $\qquad$ **while** 尚未满足停止准则 **do**
$\qquad\qquad\qquad\qquad$ ▷ 达到最大迭代次数或者准则提升已经很小时停止训练
4: $\qquad\qquad$ 从 $\mathbf{O}$、$\mathbf{Y}$ 中随机选取 $M_b$ 个训练样本
5: $\qquad\qquad$ 调用前向计算 ($\mathbf{O}$)
6: $\qquad\qquad$ $\mathbf{E}_t^L \leftarrow \mathbf{V}_t^L - \mathbf{Y}$ $\qquad\qquad\qquad\qquad\qquad\qquad$ ▷ $\mathbf{E}_t^L$ 的每一列是 $\mathbf{e}_t^L$
7: $\qquad\qquad$ $\mathbf{G}_t^L \leftarrow \mathbf{E}_t^L$
8: $\qquad\qquad$ **for** $\ell \leftarrow L; \ell > 0; \ell \leftarrow \ell - 1$ **do**
9: $\qquad\qquad\qquad$ $\nabla_{\mathbf{W}_t^\ell} \leftarrow \mathbf{G}_t^\ell \left(\mathbf{v}_t^{\ell-1}\right)^{\mathrm{T}}$
10: $\qquad\qquad\qquad$ $\nabla_{\mathbf{b}_t^\ell} \leftarrow \mathbf{G}_t^\ell$
11: $\qquad\qquad\qquad$ $\mathbf{W}_{t+1}^\ell \leftarrow \mathbf{W}_t^\ell - \frac{\varepsilon}{M_b} \nabla_{\mathbf{W}_t^\ell}$ $\qquad\qquad\qquad\qquad$ ▷ 更新 $\mathbf{W}$
12: $\qquad\qquad\qquad$ $\mathbf{b}_{t+1}^\ell \leftarrow \mathbf{b}_t^\ell - \frac{\varepsilon}{M_b} \nabla_{\mathbf{b}_t^\ell}$ $\qquad\qquad\qquad\qquad$ ▷ 更新 $\mathbf{b}$
13: $\qquad\qquad\qquad$ $\mathbf{E}_t^{\ell-1} \leftarrow \left(\mathbf{W}_t^\ell\right)^{\mathrm{T}} \mathbf{G}_t^\ell$ $\qquad\qquad\qquad\qquad$ ▷ 误差反向传播
14: $\qquad\qquad\qquad$ **if** $\ell > 1$ **then**
15: $\qquad\qquad\qquad\qquad$ $\mathbf{G}_t^{\ell-1} \leftarrow f'\left(\mathbf{Z}_t^{\ell-1}\right) \bullet \mathbf{E}_t^{\ell-1}$
16: $\qquad\qquad\qquad$ **end if**
17: $\qquad\qquad$ **end for**
18: $\qquad$ **end while**
19: $\qquad$ Return $dnn = \left\{\mathbf{W}^\ell, \mathbf{b}^\ell\right\}, 0 < \ell \leqslant L$
20: **end procedure**

---

# 4.3　实际应用

4.2 节中讲述的反向传播算法理论上比较简单，但是要高效地学习一个有用的模型，还需要考虑许多实际的问题[28, 247]。

### 4.3.1 数据预处理

数据预处理在许多机器学习算法中都扮演着重要的角色。最常用的两种数据预处理技术是样本特征归一化和全局特征标准化。

如果每个样本均值的变化与处理的问题无关，就应该将特征均值归零，减小特征相对于深度神经网络模型的变化。例如，减去一张图片的强度均值，可以减弱亮度引起的变化。在手写字符识别任务中，规整图片的中心可以减弱字符位置引起的变化。在语音识别中，倒谱均值归一化（CMN）[268] 是在句子内减去梅尔倒谱系数（MFCC）特征的均值，可以减弱声学信道扭曲带来的影响。以 CMN 为列，对于每个句子，样本归一化首先要用该句子所有的帧特征估算每维 $i$ 的均值

$$\bar{\mu}_i = \frac{1}{T} \sum_{t=1}^{T} o_i^t \tag{4.32}$$

其中，$T$ 表示该句子中特征帧的个数，然后该句中的所有特征帧减去该均值

$$\bar{o}_i^t = o_i^t - \bar{\mu}_i \tag{4.33}$$

全局特征标准化的目标是使用全局转换缩放每维数据，使得最终的特征向量处于相似的动态范围内。例如，在图像处理中，经常将 $[0, 255]$ 范围内的像素值缩放到 $[0, 1]$ 范围内。在语音识别任务中，对于实数特征，例如 MFCC 和 FBANK，通常会使用一个全局转换将每维特征归一化为均值为 0，方差为 1（例如，在文献 [73] 中）。两种数据预处理方法中的全局转换都只采用训练数据估算，然后直接应用到训练数据集和测试数据集。给定训练数据集 $\mathbb{S} = \{(\mathbf{o}^m, \mathbf{y}^m) | 0 \leqslant m < M\}$（可能已经使用样本特征归一化处理），对每维特征 $i$，计算均值

$$\mu_i = \frac{1}{M} \sum_{m=1}^{M} o_i^m \tag{4.34}$$

和标准差

$$\sigma_i = \sqrt{\frac{1}{M} \sum_{m=1}^{M} (o_i^m - \mu_i)^2} \tag{4.35}$$

然后训练和测试数据中的所有数据可以使用如公式4.36所示的方式标准化

$$\tilde{o}_i^m = \frac{o_i^m - \mu_i}{\sigma_i} \tag{4.36}$$

当每维特征被缩放到相似的数值范围时，后续的处理过程通常能取得较好的结果，所以全局特征标准化是有效的[247]。例如，在 DNN 训练中，通过归一化特征，在所有的权重矩阵维度上使用相同的学习率仍然能得到好的模型。如果不做特征归一化，能量维或者 MFCC 特征第一维 $c_0$ 会遮蔽其他维度特征；如果不使用类似 AdaGrad[127] 的学习率自动调整算法，这些特征维度会在模型参数调整过程中主导学习过程。

### 4.3.2　模型初始化

4.2节讲述的学习算法都始于一个初始模型。因为 DNN 是一个高度非线性模型，并且相对于模型参数来说，训练准则是非凸函数，所以初始模型会极大地影响最终模型的性能。

通常有很多启发式方法来初始化 DNN 模型。这些方法的大部分都从以下两方面出发：首先，初始化的权重必须使得隐层神经元节点在 sigmoid 函数的线性范围内活动。如果权重过大，许多隐层神经元节点的输出会趋近于 1 或者 0，并且根据公式4.25可知，梯度往往会非常小。相反，如果隐层神经元节点在线性范围内活动，就可以得到足够大的梯度（趋近于最大值 0.25），使得模型学习的过程更加有效。注意，隐层节点输出的激发值依赖于输入值和权重，当输入特征如4.3.1节所述的被归一化，这里就可以更加简单地初始化权重。其次，随机初始化参数也很关键。这是因为 DNN 中的隐层神经元节点是对称和可互换的。如果所有的模型参数都有相同的值，所有的隐层神经元节点将有相同的输出，并且在 DNN 的低层会检测相同的特征模式。随机初始化的目的就是为了打破对称性。

LeCun 和 Bottou[247] 建议从一个均值为 0、标准差为 $\sigma_{\mathbf{w}^{\ell+1}} = \frac{1}{\sqrt{N_\ell}}$ 的分布中随机取值初始化公式4.1中定义的 $\ell$ 隐层权重，其中 $N_\ell$ 为与权重连接的输出节点的个数。对于语音识别系统中的 DNN，通常每个隐层有 1000～2000 个隐层神经元节点，通常使用 $\mathcal{N}(\mathrm{w}; 0, 0.05)$ 高斯分布或者一个取值范围在 $[-0.05, 0.05]$ 之间的正态分布随机初始化权重矩阵；偏差系数 $\mathbf{b}^\ell$ 通常初始化为 0。

### 4.3.3　权重衰减

和很多机器学习算法类似，过拟合是模型训练过程中通常会遇到的问题。因为 DNN 模型与其他机器学习算法相比有更多的模型参数，该问题尤为严峻。过拟合问题主要是因为通常希望最小化期望损失（4.7），但是实际中最小化的是训练集合上定义的经验损失。

缓和过拟合问题最简单的方法就是正则化训练准则，这样可以使模型参数不过分

地拟合训练数据，最常用的正则项包括基于 $L_1$ 范数的正则项

$$R_1(\mathbf{W}) = \|\text{vec}(\mathbf{W})\|_1 = \sum_{\ell=1}^{L} \|\text{vec}(\mathbf{W}^\ell)\|_1 = \sum_{\ell=1}^{L} \sum_{i=1}^{N_\ell} \sum_{j=1}^{N_{\ell-1}} |\mathbf{W}_{ij}^\ell| \tag{4.37}$$

和基于 $L_2$ 范数的正则项

$$R_2(\mathbf{W}) = \|\text{vec}(\mathbf{W})\|_2^2 = \sum_{\ell=1}^{L} \|\text{vec}(\mathbf{W}^\ell)\|_2^2 = \sum_{\ell=1}^{L} \sum_{i=1}^{N_\ell} \sum_{j=1}^{N_{\ell-1}} (\mathbf{W}_{ij}^\ell)^2 \tag{4.38}$$

其中，$\mathbf{W}_{ij}$ 是矩阵 $\mathbf{W}$ 中第 $i$ 行 $j$ 列的值；$\text{vec}(\mathbf{W}^\ell) \in \mathbb{R}^{[N_\ell \times N_{\ell-1}] \times 1}$ 是将矩阵 $\mathbf{W}^\ell$ 中的所有列串联起来得到的向量。另外，$\|\text{vec}(\mathbf{W}^\ell)\|_2$ 等于 $\|\mathbf{W}^\ell\|_F$——矩阵 $\mathbf{W}^\ell$ 的 Frobenious 范数。在神经网络文献中，这些正则项通常被称为权重衰减（weight decay）。

当包含正则项时，训练准则公式如下

$$\ddot{J}(\mathbf{W}, \mathbf{b}; \mathbb{S}) = J(\mathbf{W}, \mathbf{b}; \mathbb{S}) + \lambda R(\mathbf{W}) \tag{4.39}$$

其中，$J(\mathbf{W}, \mathbf{b}; \mathbb{S})$ 是在训练集 $\mathbb{S}$ 上优化的经验损失 $J_{\text{MSE}}(\mathbf{W}, \mathbf{b}; \mathbb{S})$ 或者 $J_{\text{CE}}(\mathbf{W}, \mathbf{b}; \mathbb{S})$，$R(\mathbf{W})$ 是前面所述的 $R_1(\mathbf{W})$ 或者 $R_2(\mathbf{W})$，$\lambda$ 是插值权重或者称作正则化权重。另外

$$\nabla_{\mathbf{W}_t^\ell} \ddot{J}(\mathbf{W}, \mathbf{b}; \mathbf{o}, \mathbf{y}) = \nabla_{\mathbf{W}_t^\ell} J(\mathbf{W}, \mathbf{b}; \mathbf{o}, \mathbf{y}) + \lambda \nabla_{\mathbf{W}_t^\ell} R(\mathbf{W}) \tag{4.40}$$

$$\nabla_{\mathbf{b}_t^\ell} \ddot{J}(\mathbf{W}, \mathbf{b}; \mathbf{o}, \mathbf{y}) = \nabla_{\mathbf{b}_t^\ell} J(\mathbf{W}, \mathbf{b}; \mathbf{o}, \mathbf{y}) \tag{4.41}$$

其中

$$\nabla_{\mathbf{W}_t^\ell} R_1(\mathbf{W}) = \text{sgn}(\mathbf{W}_t^\ell) \tag{4.42}$$

且

$$\nabla_{\mathbf{W}_t^\ell} R_2(\mathbf{W}) = 2\mathbf{W}_t^\ell \tag{4.43}$$

当训练集的大小相对于 DNN 模型中的参数量较小时，权重衰减法往往是很有效的。因为在语音识别任务中使用的 DNN 模型通常有超过 1 百万的参数，插值系数 $\lambda$ 应该较小（通常在 $10^{-4}$ 范围），甚至当训练数据量较大时设置为 0。

## 4.3.4 丢弃法

控制过拟合的一种方法是前面所述的权重衰减法（weight decay）。而应用"丢弃法"（dropout）[197] 是另一种流行的做法。dropout 基本的想法是在训练过程中随机丢

弃每一个隐层中一定比例（称为丢弃比例，用 $\alpha$ 表示）的神经元。这意味着即使在训练过程中有一些神经元被丢弃掉，剩下的 $(1 - \alpha)$ 的隐层神经元依然需要在每一种随机组合中有好的表现。这就需要每一个神经元在检测模式的时候能够更少地依赖其他神经元。

我们也可以将 dropout 认为是一种将随机噪声加入训练数据的手段。因为每一个较高层的神经元都会从较低层中神经元的某种随机组合那里接收输入。因此，即使送进深度神经网络的输入相同，每一个神经元接收到的激励也是不同的。在应用 dropout 后，深度神经网络需要浪费一些权重来消除引入的随机噪声产生的影响。或者说事实上，dropout 通过牺牲深度神经网络的容量（capacity）来得到更一般化的模型结果。

当一个隐层神经元被丢弃时，它的激活值被设置成 0，所以误差信号不会经过它。这意味着除了随机的 dropout 操作外，对训练算法不需要进行任何改变就可以实现 dropout。然而，在测试阶段，我们并不会去随机生成每一个隐层神经元的组合，而是使用所有组合的平均情况。我们只需要简单地在与 dropout 训练有关的所有权重上乘以 $(1 - \alpha)$，就可以像使用一个正常的深度神经网络模型（即没有应用 dropout 时的模型）一样使用新的模型。所以，dropout 可以被解读成为一种在深度神经网络框架下有效进行模型（几何（geometric））平均的方式（与 bagging 类似）。

另一种稍微不一样的实现方式是在训练过程中，在神经元被丢弃之前将每一个激活值除以 $(1 - \alpha)$。这样，权重就自动乘以 $(1 - \alpha)$。因此，模型在测试阶段便不再需要进行权重补偿。应用这种方法的另一个好处是我们可以在不同训练的轮次中使用不同的丢弃比例（dropout rate）。经验表明，通常在取丢弃比例为 0.1 ~ 0.2 时，识别率会有提升。而如果使用将初始的丢弃比例设置得比较大（例如 0.5），然后渐渐减小丢弃比例的更智能的训练流程的话，识别的表现可以得到更进一步的提高。原因在于使用较大的丢弃比例训练出的模型，可以被看成使用较小丢弃比例的模型的种子模型。既然结合较大丢弃比例的目标函数更平滑，那么它就更不可能陷入一个非常坏的局部最优解中。

在 dropout 训练阶段，我们需要重复对每一层激活取样得到一个随机的子集。这必将拖慢严重训练过程。为此，随机数生成和取样代码的运行速度成为缩减训练时间的决定性因素。当然，也可以选择 [398] 中提出的一个快速丢弃训练算法。这个算法的核心思想是从近似的高斯模型中进行采样或直接积分，而不是进行蒙特卡罗采样。这种近似方法可由中心极限法则和实际经验证明其有效性，它可以带来显著的速度提升和更好的稳定性。该方法也可以扩展到其他类型的噪声和变换。

## 4.3.5 批量块大小的选择

参数更新公式4.14和公式4.15需要从训练样本的一个批量集合（batch）中进行经验的梯度计算。而对批量大小的选择同时会影响收敛速度和模型结果。

最简单的批量选择是使用整个训练集。如果我们的唯一目标就是最小化训练集上的损失，利用整个训练集的梯度估计得到的将是真实的梯度（也就是说方差为0）。即使我们的目标是优化期望的损失，利用整个训练集进行梯度估计仍然比利用任何其子集得到的方差要小。这种方法经常被称为批量训练（batch training）。它有如下优势：首先，批量训练的收敛性是众所周知的。其次，如共轭梯度[187] 和 L-BFGS[267] 等很多加速技术在批量训练中表现最好。最后，批量训练可以很容易地在多个计算机间并行。但是，批量训练需要在模型参数更新前遍历整个数据集，这对很多大规模的问题来说，即使可以应用并行技术，也是很低效的。

作为另一种选择，我们可以使用随机梯度下降（Stoachstic gradient decent，SGD）[44] 的技术，这在机器学习领域中也被称为在线学习。SGD 根据从单个训练样本估计得到的梯度来更新模型参数。如果样本点是独立同分布的（这一点很容易保证，只要从训练集中按照均匀分布抽取样本即可），则可以证明

$$\mathbb{E}\left(\nabla J_t\left(\mathbf{W}, \mathbf{b}; \mathbf{o}, \mathbf{y}\right)\right) = \frac{1}{M}\sum_{m=1}^{M} \nabla J\left(\mathbf{W}, \mathbf{b}; \mathbf{o}^m, \mathbf{y}^m\right). \tag{4.44}$$

换句话说，从单个样本点进行的梯度估计是一个对整个训练集的无偏估计。然而，估计的方差为

$$\begin{aligned}
\mathbb{V}\left(\nabla J_t\left(\mathbf{W}, \mathbf{b}; \mathbf{o}, \mathbf{y}\right)\right) &= \mathbb{E}\left[\left(\mathbf{x} - \mathbb{E}\left(\mathbf{x}\right)\right)\left(\mathbf{x} - \mathbb{E}\left(\mathbf{x}\right)\right)^{\mathsf{T}}\right] \\
&= \mathbb{E}\left(\mathbf{x}\mathbf{x}^{\mathsf{T}}\right) - \mathbb{E}\left(\mathbf{x}\right)\mathbb{E}\left(\mathbf{x}\right)^T \\
&= \frac{1}{M}\sum_{m=1}^{M} \mathbf{x}_m\mathbf{x}_m^{\mathsf{T}} - \mathbb{E}\left(\mathbf{x}\right)\mathbb{E}\left(\mathbf{x}\right)^T
\end{aligned} \tag{4.45}$$

除非所有的样本都是相同的，也即 $\nabla J_t\left(\mathbf{W}, \mathbf{b}; \mathbf{o}, \mathbf{y}\right) = \mathbb{E}\left(\nabla J_t\left(\mathbf{W}, \mathbf{b}; \mathbf{o}, \mathbf{y}\right)\right)$（为简单起见，我们定义 $\mathbf{x} \triangleq \nabla J_t\left(\mathbf{W}, \mathbf{b}; \mathbf{o}, \mathbf{y}\right)$，否则上式取值总是非零的）。因为上述算子对梯度的估计是有噪声的，所以模型参数可能不会在每轮迭代都严格按照梯度变化。这看起来是不利之处，实则是 SGD 算法与批量训练算法相比的一个重要优势。这是因为DNN 是高度非线性的，并且是非凸的，目标函数包含很多局部最优，其中不乏很糟的情况。在批量训练中，无论模型参数初始化在哪一个盆地（basin）里，都将找到其最低点。这会导致最终模型估计将高度依赖初始模型。然而由于 SGD 算法的梯度估计

带噪声，使它可以跳出不好的局部最优，进入一个更好的盆地（basin）里。这个性质类似于模拟退火[238]中让模型参数可以向局部次优而全局较优的方向移动的做法。

SGD 通常比批量训练快得多，尤其表现在大数据集上。这是以下原因导致的。首先，通常在大数据集中，样例有很多是相似或重复的，用整个数据集估计梯度会造成计算力的浪费。其次，也是更重要的一点是，在 SGD 训练中，每看到一个样本就可以迅速更新参数，新的梯度不会依然基于旧的模型，而是基于新的模型估计得到。这使得我们能够更快速地继续寻找最优模型。

然而，即使在同一台计算机上，SGD 算法也是难以并行化的。而且，由于对梯度的估计存在噪声，它不能完全收敛至局部最低点，而是在最低点附近浮动。浮动的程度取决于学习率和梯度估计方差的大小。即使这样的浮动有时可以减小过拟合的程度，也并不是在各种情况下都令人满意。

一个基于批量训练和 SGD 算法的折中方案是"小批量"（minibatch）训练。小批量训练会从训练样本中抽出一小组数据并基于此估计梯度。很容易证明，小批量的梯度估计也是无偏的，而且其估计的方差比 SGD 算法要小。小批量训练允许我们比较容易地在批量内部进行并行计算，使得它可以比 SGD 更快地收敛。既然我们在训练的早期阶段比较倾向于较大的梯度估计方差来快速跳出不好的局部最优，在训练的后期使用较小的方差来落在最低点，那么我们可以最初选用较小的批量数目，然后换用较大的批量数目。在语音识别任务中，如果我们在早期使用 64 到 256 个样本大小，而在后期换用 1024 到 8096 的样本大小，可以学习得到一个更好的模型。而在训练一个更深的网络时，在最初阶段选用一个更小的批量数目可以得到更好的结果。批量的大小可以根据梯度估计方差自动决定，也可以在每一轮通过搜索样本的一个小子集来决定[169, 357]。

### 4.3.6　取样随机化

取样随机化（sample randomization）与批量训练是无关的，因为所有的样本都会被用来估计梯度。而在随机梯度下降和小批量训练中，取样随机化是十分重要的。这是由于为了得到对梯度的无偏估计，样本必须是独立同分布的。如果训练过程中连续的一些样本不是随机从训练集中取出的（例如，所有都是来自同一个说话人），模型的参数将可能会沿着一个方向偏移得太多。

假设整个训练集都可以被加载进内存，取样随机化将变得很容易。只需要对索引数组进行排列，然后根据排列后的索引数组一个一个地抽取样本即可。索引数组一般比特征要小得多，所以这样做会比排列特征向量本身要轻量得多。这在每一轮次的完整数据训练都需要随机顺序不同的情况下尤甚。这样做也保证了每个样本在每一轮次的完整数据训练中只送到训练算法中一次，而不会影响到数据分布。这样的性质可以进一步保证学习出的模型的一致性。

如果我们使用语音识别领域中那样较大规模的训练集，整个训练集将不可能被载入内存。在这种情况下，我们采用滚动窗的方式每次加载一大块数据（通常为 24 ~ 48 小时的语音或者 8.6M 到 17.2M 个样本）进内存，然后在窗内随机取样。如果训练数据的来源不同（例如来自不同的语言），可以在将数据送进深度神经网络训练工具之前先对音频样本列表文件进行随机化。

### 4.3.7 惯性系数

众所周知，如果模型更新是基于之前的所有梯度（更加全局的视野），而不是仅基于当前的梯度（局部视野），收敛速度是可以提升的。使用这个结论的一个例子是 Nesterov 加速梯度算法（Nesterov's accelerated gradient algorithm）[303]，它已经被证明在满足凸条件下是最优的。在 DNN 训练中，这样的效果通常采用一个简单的技巧——惯性系数来达到。当应用惯性系数时，公式4.16和公式4.17变成

$$\triangle \mathbf{W}_t^\ell = \rho \triangle \mathbf{W}_{t-1}^\ell + (1 - \rho) \frac{1}{M_b} \sum_{m=1}^{M_b} \nabla_{\mathbf{W}_t^\ell} \ddot{J}\left(\mathbf{W}, \mathbf{b}; \mathbf{o}^m, \mathbf{y}^m\right) \tag{4.46}$$

和

$$\triangle \mathbf{b}_t^\ell = \rho \triangle \mathbf{b}_{t-1}^\ell + (1 - \rho) \frac{1}{M_b} \sum_{m=1}^{M_b} \nabla_{\mathbf{b}_t^\ell} \ddot{J}\left(\mathbf{W}, \mathbf{b}; \mathbf{o}^m, \mathbf{y}^m\right) \tag{4.47}$$

其中，$\rho$ 是惯性系数，在应用 SGD 或者小批量训练的条件下，取值通常为 0.9 ~ 0.99[4]。惯性系数会使参数更新变得平滑，还能减少梯度估计的方差。实践中，反向传播算法在误差表面（error surface）上有一个非常窄的极小点的时候，通常会出现参数估计不断摆动的问题，而惯性系数的使用可以有效地缓解此问题，并因此加速训练。

上述惯性系数的定义在批量大小相同时可以表现得很好。而有的时候我们会想要使用可变的批量大小。例如，我们会希望类似在4.3.5节中讨论的那样，最初使用较小的批量，而在后面使用较大的。在第8章将要讨论的序列鉴别性训练中，每一个批量可能因为文本长度不同的原因而使用不同的大小。在这些情况下，上述对惯性系数的定义便不再可用。既然惯性系数可以被考虑成一种有限脉冲响应（finite impulse response，FIR）滤波器，我们可以定义在相同层面下的惯性系数为 $\rho_s$，并推出在不同

---

[4]在实践中，我们发现如果在第一轮之后再应用惯性系数，可以得到更好的结果。

批量大小 $M_b$ 的条件下的惯性系数取值为

$$\rho = \exp\left(M_b \rho_s\right) \tag{4.48}$$

### 4.3.8 学习率和停止准则

训练 DNN 中的一个难点是选择合适的学习策略。理论显示，当学习率按照如下公式设置时，SGD 能够渐进收敛[44]：

$$\epsilon = \frac{c}{t} \tag{4.49}$$

其中，$t$ 是当前样本的数量，$c$ 是一个常量。实际上，这种学习率将很快变得很小，导致这种衰减策略收敛很慢。

请注意，学习率和批量大小的综合作用会最终影响学习行为。像我们在4.3.5节讨论的那样，我们在开始几次完整的数据迭代中用更小的批量数目，在后面的数据经过中使用更大的批量数目。既然批量大小是一个变量，我们可以定义每一帧的学习率为

$$\epsilon_s = \frac{\epsilon}{M_b} \tag{4.50}$$

并将模型更新公式变为

$$\mathbf{W}_{t+1}^{\ell} \leftarrow \mathbf{W}_{\mathbf{t}}^{\ell} - \varepsilon_s \triangle \widetilde{\mathbf{W}}_t^{\ell} \tag{4.51}$$

$$\mathbf{b}_{t+1}^{\ell} \leftarrow \mathbf{b}_{\mathbf{t}}^{\ell} - \varepsilon_s \triangle \widetilde{\mathbf{b}}_t^{\ell} \tag{4.52}$$

其中

$$\triangle \widetilde{\mathbf{W}}_t^{\ell} = \rho \triangle \mathbf{W}_{t-1}^{\ell} + (1-\rho) \sum_{m=1}^{M_b} \nabla_{\mathbf{W}_t^{\ell}} \ddot{J}\left(\mathbf{W}, \mathbf{b}; \mathbf{o}^m, \mathbf{y}^m\right) \tag{4.53}$$

以及

$$\triangle \widetilde{\mathbf{b}}_t^{\ell} = \rho \triangle \mathbf{b}_{t-1}^{\ell} + (1-\rho) \sum_{m=1}^{M_b} \nabla_{\mathbf{b}_t^{\ell}} \ddot{J}\left(\mathbf{W}, \mathbf{b}; \mathbf{o}^m, \mathbf{y}^m\right) \tag{4.54}$$

与原始的学习率定义相比，上述改变也减少了一次矩阵除法。

使用这个新的更新公式时，我们可以凭经验确定学习策略。首先确定批量大小以及一个大的学习率。然后训练数百个小批量数据组，这在多核 CPU 或 GPU 上通常要

花费数分钟，我们在这些小批量上监视训练准则变化，然后减少批量中的数据数目、学习率或者两个同时减小，以使 $\epsilon_s M_b$ 结果减半，直到训练准则获得明显的改善。然后把学习率除以二作为下一个完整数据迭代轮次的初始学习率。我们会运行一个较大的训练数据子集，把 $\epsilon_s M_b$ 的值增加四到八倍。请注意，在这个阶段的模型参数已经被调整到一个相对好的位置，因此增加 $\epsilon_s M_b$ 将不会导致发散，而会提高训练速度。这个调整过程在 [169] 中已经可以自动进行。

我们发现两个有用的确定其余学习率的策略。第一个策略是如果观察到训练准则在大的训练子集或开发集上有波动的情况，就把批量大小加倍，并将学习率减少 1/4，同时，在学习率小于一个阈值或者整体数据的训练迭代次数已经达到预设次数的时候停止训练。第二个策略是在训练准则波动时减少学习率到一个很小的数，并在训练集或开发集上再次出现训练准则波动时停止训练。对于从头开始训练的语音识别任务，我们发现在实际中，$\epsilon_s$ 对深层和浅层网络分别取值 $0.8e^{-4}$ 和 $0.3e^{-3}$，在第二阶段取值 $1.25e^{-2}$，在第三阶段取值 $0.8e^{-6}$，效果很好。超参数的搜索也可以自动使用随机搜索技术[28]或者贝叶斯优化技术[368]。

### 4.3.9　网络结构

网络结构可以被认为是另外需要确定的参数。既然每层可以被认为是前一层的特征抽取器，每层节点的数量应该足够大以获取本质的模式。这在模型低层是特别重要的，因为开始层的特征变化更大，它需要比其他层更多的节点来模拟特征模式。然而，如果每层节点太大，它容易在训练数据上过拟合。一般来说，宽且浅的模型容易过拟合，深且窄的模型容易欠拟合。事实上，如果有一层很小（通常称为瓶颈），模型性能将有重大的下降，特别是瓶颈层接近输入层。如果每层有相同数量的节点，添加更多的层可能把模型从过拟合转为欠拟合。这是因为附加的层对模型参数施加了额外的限制。由这个现象，我们可以先在只有一个隐层的神经网络上优化每层的节点个数，然后再叠加更多的相同节点个数的隐层。在语音识别任务中，我们发现拥有 5~7 层，每层拥有 1000~3000 个节点的 DNN 效果很好。相对一个窄且浅的模型，通常在一个宽且深的模型上更容易找到一个好的配置。这是因为在宽且深的模型上有更多好的性能相似的局部最优点。

### 4.3.10　可复现性与可重启性

在 DNN 训练中，模型参数都是随机初始化，而且模型样本都是以随机的顺序进入训练器的。这不可避免地增加了我们对训练结果可复现性的担心。如果我们的目标是对比两个算法或者模型，我们可以多次运行实验，每次用一个新的随机种子并记录平均的结果以及标准的误差。但在一些其他情况下，我们可能要求在运行两次训练后获得恰好完全一样的模型以及测试结果。这可以通过在模型初始化以及训练样本随机化时使用相同的随机种子来实现。

当训练集很大的时候，通常需要在中间停止训练并在最后的检查点继续训练。这时，我们需要在训练工具中嵌入一些机制，来保证从检查点重新开始将产生和训练没有中断时完全一样的结果。一个简单的诀窍是在检查点文件中保存所有必要的信息，包括模型参数、当前随机数、参数梯度、惯性系数等。另一个需要保存更少数据的有效方法是在每次检查点都重置所有的学习参数。

# 5

# 高级模型初始化技术

**摘要**　在本章中，我们介绍了几种高级深度神经网络（deep neural network，DNN）的初始化技术（预训练技术）。这些技术在深度学习研究的早期发挥了非常重要的作用，并且在一些条件下持续发挥着作用。我们集中讨论关于预训练 DNN 的几个话题：受限玻尔兹曼机（restricted Boltzmann machine，RBM），它本身就是一种有趣的生成模型；深度置信网络（deep belief network，DBN）；降噪自动编码器（denoising auto-encoder）以及鉴别性预训练（discriminative pretraining）。

## 5.1　受限玻尔兹曼机

受限玻尔兹曼机（restricted Boltzmann machine，RBM）[367] 是一种具有随机性的生成型神经网络。就像它名字所暗示的那样，它是玻尔兹曼机（Boltzmann machine）的一个变种。它本质上是一种由具有随机性的一层可见神经元和一层隐藏神经元所构成的无向图模型。可见层神经元之间以及隐藏层神经元之间没有连接（如图 5.1 所示），因此，它的可见层神经元和隐藏层神经元构成一个二分图。隐含层神经元通常取二进制值并服从伯努利分布。可见层神经元可以根据输入的类型取二进制或实数值。

一个 RBM 给每一个可见层向量 **v** 和隐藏层向量 **h** 的配置赋予了一个能量值。对伯努利–伯努利 RBM 而言，其中的 $\mathbf{v} \in \{0,1\}^{N_v \times 1}$ 和 $\mathbf{h} \in \{0,1\}^{N_h \times 1}$，其能量值是

$$E(\mathbf{v}, \mathbf{h}) = -\mathbf{a}^\mathrm{T}\mathbf{v} - \mathbf{b}^\mathrm{T}\mathbf{h} - \mathbf{h}^\mathrm{T}\mathbf{W}\mathbf{v} \tag{5.1}$$

这里 $N_v$ 和 $N_h$ 分别是可见层和隐藏层神经元的个数。$\mathbf{W} \in \mathbb{R}^{N_h \times N_v}$ 是连接可见层和隐

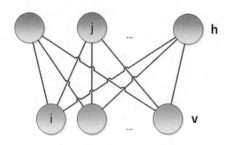

图 5.1 一个受限玻尔兹曼机的例子

藏层神经元的权重矩阵，而 $\mathbf{a} \in \mathbb{R}^{N_v \times 1}$ 和 $\mathbf{b} \in \mathbb{R}^{N_h \times 1}$ 分别是可见层和隐藏层的偏置向量。如果可见层取实数值，即 $\mathbf{v} \in \mathbb{R}^{N_v \times 1}$，这个 RBM 通常被称为高斯–伯努利 RBM，它给每一个配置 $(\mathbf{v}, \mathbf{h})$ 赋予了一个能量值

$$E(\mathbf{v}, \mathbf{h}) = \frac{1}{2}(\mathbf{v} - \mathbf{a})^{\mathsf{T}}(\mathbf{v} - \mathbf{a}) - \mathbf{b}^{\mathsf{T}}\mathbf{h} - \mathbf{h}^{\mathsf{T}}\mathbf{W}\mathbf{v} \tag{5.2}$$

每个配置同时与一个概率相关

$$P(\mathbf{v}, \mathbf{h}) = \frac{e^{-E(\mathbf{v}, \mathbf{h})}}{Z} \tag{5.3}$$

这个概率是通过能量值定义的，在这里正规化因子 $Z = \sum_{\mathbf{v}, \mathbf{h}} e^{-E(\mathbf{v}, \mathbf{h})}$ 作为配分函数（partition function）而被熟知。

在 RBM 中，后验概率 $P(\mathbf{v}|\mathbf{h})$ 和 $P(\mathbf{h}|\mathbf{v})$ 能够被有效地计算，这得益于可见层和隐藏层神经元之间没有连接。举例来说，对于伯努利–伯努利 RBM，有

$$\begin{aligned}
P(\mathbf{h}|\mathbf{v}) &= \frac{e^{-E(\mathbf{v}, \mathbf{h})}}{\sum_{\tilde{\mathbf{h}}} e^{-E(\mathbf{v}, \tilde{\mathbf{h}})}} \\
&= \frac{e^{\mathbf{a}^{\mathsf{T}}\mathbf{v} + \mathbf{b}^{\mathsf{T}}\mathbf{h} + \mathbf{h}^{\mathsf{T}}\mathbf{W}\mathbf{v}}}{\sum_{\tilde{\mathbf{h}}} e^{\mathbf{a}^{\mathsf{T}}\mathbf{v} + \mathbf{b}^{\mathsf{T}}\tilde{\mathbf{h}} + \tilde{\mathbf{h}}^{\mathsf{T}}\mathbf{W}\mathbf{v}}} \\
&= \frac{\prod_i e^{b_i h_i + h_i \mathbf{W}_{i,*}\mathbf{v}}}{\sum_{\tilde{h}_1} \cdots \sum_{\tilde{h}_N} \prod_i e^{b_i \tilde{h}_i + \tilde{h}_i \mathbf{W}_{i,*} v}} \\
&= \frac{\prod_i e^{b_i h_i + h_i \mathbf{W}_{i,*}\mathbf{v}}}{\prod_i \sum_{\tilde{h}_i} e^{b_i \tilde{h}_i + \tilde{h}_i \mathbf{W}_{i,*} v}} \\
&= \prod_i \frac{e^{b_i h_i + h_i \mathbf{W}_{i,*}\mathbf{v}}}{\sum_{\tilde{h}_i} e^{b_i \tilde{h}_i + \tilde{h}_i \mathbf{W}_{i,*} v}} \\
&= \prod_i P(h_i|\mathbf{v})
\end{aligned} \tag{5.4}$$

其中，$\mathbf{W}_{i,*}$ 指示 $\mathbf{W}$ 的第 $i$ 行。公式5.4表明给定可见层向量的情况下，隐藏层神经元彼此条件独立于给定的可见层向量。因为 $h_i \in \{0,1\}$ 只取二进制值

$$P(h_i = 1|\mathbf{v}) = \frac{e^{b_i 1 + 1\mathbf{W}_{i,*}\mathbf{v}}}{e^{b_i 1 + 1\mathbf{W}_{i,*}\mathbf{v}} + e^{b_i 0 + 0\mathbf{W}_{i,*}\mathbf{v}}} = \sigma(b_i + \mathbf{W}_{i,*}v) \tag{5.5}$$

或者

$$P(\mathbf{h} = \mathbf{1}|\mathbf{v}) = \sigma(\mathbf{Wv} + \mathbf{b}) \tag{5.6}$$

其中，$\sigma(x) = (1 + e^{-x})^{-1}$ 是元素级逻辑 sigmoid 函数。对二进制可见层神经元，我们可以通过完全对称的推导得到以下公式

$$P(\mathbf{v} = \mathbf{1}|\mathbf{h}) = \sigma(\mathbf{W}^{\mathrm{T}}\mathbf{h} + \mathbf{a}) \tag{5.7}$$

对高斯可见层神经元，条件概率 $P(\mathbf{h} = \mathbf{1}|\mathbf{v})$ 和公式5.6相同，然而，$P(\mathbf{v}|\mathbf{h})$ 则由以下公式估计

$$P(\mathbf{v}|\mathbf{h}) = \mathcal{N}(\mathbf{v}; \mathbf{W}^{\mathrm{T}}\mathbf{h} + \mathbf{a}, I) \tag{5.8}$$

这里 $I$ 是一个合适大小的单位矩阵。

注意到公式5.6和公式4.1有着相同的形式，而与所用输入是二进制值还是实数值无关。这允许我们使用 RBM 的权重来初始化一个使用 sigmoid 隐藏层单元的前馈神经网络，因为 RBM 隐藏层单元的计算和深度神经网络（deep neural network，DNN）的前向计算等价。

### 5.1.1  受限玻尔兹曼机的属性

一个 RBM 可以用来学习输入集合的概率分布。在讨论 RBM 中可见层向量的概率表达式之前，为了方便起见，首先定义一个被称为自由能量（free energy）的量

$$F(\mathbf{v}) = -\log\left(\sum_{\mathbf{h}} e^{-E(\mathbf{v},\mathbf{h})}\right) \tag{5.9}$$

使用 $F(\mathbf{v})$，我们可以把边缘概率 $P(\mathbf{v})$ 写成

$$P(\mathbf{v}) = \sum_{\mathbf{h}} P(\mathbf{v},\mathbf{h})$$
$$= \sum_{\mathbf{h}} \frac{e^{-E(\mathbf{v},\mathbf{h})}}{Z}$$

$$
\begin{aligned}
&= \frac{\sum_{\mathbf{h}} e^{-E(\mathbf{v},\mathbf{h})}}{Z} \\
&= \frac{e^{-F(\mathbf{v})}}{\sum_{\nu} e^{-F(\nu)}}
\end{aligned}
\tag{5.10}
$$

如果可见层神经元取实数值，边缘概率密度函数是

$$
p_0(\mathbf{v}) = \frac{e^{-\frac{1}{2}(\mathbf{v}-\mathbf{a})^{\mathrm{T}}(\mathbf{v}-\mathbf{a})}}{Z_0}
\tag{5.11}
$$

当 RBM 不包含隐藏层神经元时。这是一个均值为 $\mathbf{a}$、方差为 1（unit variance）的高斯分布，如图 5.2a 所示。注意到

$$
\begin{aligned}
p_n(\mathbf{v}) &= \frac{\sum_{\mathbf{h}} e^{-E_n(\mathbf{v},\mathbf{h})}}{Z_n} \\
&= \frac{\prod_{i=1}^{n} \sum_{h_i=0}^{1} e^{b_i h_i + h_i \mathbf{W}_{i,*}\mathbf{v}}}{Z_n} \\
&= \frac{\prod_{i=1}^{n-1} \sum_{h_i=0}^{1} e^{b_i h_i + h_i \mathbf{W}_{i,*}\mathbf{v}} \left(1 + e^{b_n + \mathbf{W}_{n,*}\mathbf{v}}\right)}{Z_n} \\
&= p_{n-1}(\mathbf{v}) \frac{Z_{n-1}}{Z_n} \left(1 + e^{b_n + \mathbf{W}_{n,*}\mathbf{v}}\right) \\
&= p_{n-1}(\mathbf{v}) \frac{Z_{n-1}}{Z_n} + P_{n-1}(\mathbf{v}) \frac{Z_{n-1}}{Z_n} e^{b_n + \mathbf{W}_{n,*}\mathbf{v}}
\end{aligned}
\tag{5.12}
$$

这里 $n$ 是隐藏层神经元的数量。这意味着当新的隐藏层神经元加入而模型的其他参数都固定的情况下，原始分布发生尺度变化而相同分布的一个副本被放置在了由 $\mathbf{W}_{n,*}$ 决定的方向上。图 5.2b 至图 5.2d 显示的是具有 1 到 3 个隐藏层神经元时的边缘概率密度分布。显然，RBM 把可见层输入表示成了一个由多个方差为一的高斯分量组成的混合高斯模型，这些高斯分量的个数是指数级的。与传统的混合高斯模型（GMMs）相比，RBM 使用了更多的混合分量。然而，传统的混合高斯模型可以为不同的高斯分量使用不同的方差来表示这个分布。既然高斯–伯努利 RBM 可以像混合高斯模型一样表示实值数据的分布，RBM 可以作为替换混合高斯模型的生成模型。举例来说，RBM 已经被成功应用在了近期的一些语音合成（text-to-speech，TTS）系统中[266]。

给定由可见层神经元表示的训练样本，RBM 可以学习特征不同维度间的相关性。举例来说，如果可见层神经元表示的是一篇文章中出现的单词，如图 5.3 所示，在经过训练之后，隐藏层神经元会表示主题。每个隐藏层神经元把同一篇文章中同时出现的一些词分成一组，这些词会在特定主题的文章中出现。可见层神经元之间的关系得以通过与它们相连的隐藏层神经元表示出来。一个利用了这个性质的高级主题模型可以

在文章 [196] 中找到。隐藏层神经元可以看作对原始特征的一种新的表示，它与可见层的对原始特征的表示是不同的，因此，RBM 同样可以用来学习不同的特征表示[68]。

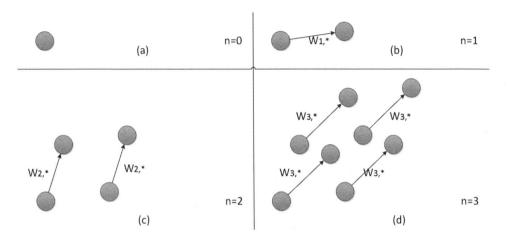

图 5.2　由高斯--伯努利受限玻尔兹曼机表示的边缘概率密度分布

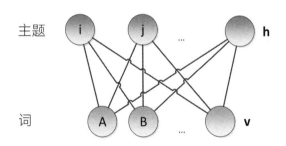

图 5.3　使用受限玻尔兹曼机来学习词之间的相关性。每个可见层神经元表示一个词，如果这个词在文章中已出现，这个神经元的值取 1，否则取 0。经过学习，每个隐藏层神经元表示一个主题

　　尽管在我们的描述中，神经元被区分成了可见层神经元和隐藏层神经元，但在一些应用中，可见层神经元也许不可见，而隐藏层神经元却可以被观察到。举例来说，如果可见层神经元表示用户，隐藏层神经元表示电影，可见层神经元 $A$ 和隐藏层神经元 $i$ 之间的连接可能表示"用户 $A$ 喜欢电影 $i$"。在很多应用中，例如，在协作式过滤中[351]，一些连接可见，而另一些不可见。通过训练数据集学习的 RBM 可以被用来预测那些不可见的连接，并用来向用户推荐电影。

### 5.1.2 受限玻尔兹曼机参数学习

为了训练 RBM，我们使用随机梯度下降算法（stochastic gradient descent，SGD）[44] 来极小化负对数似然度（negative log likelihood，NLL）

$$J_{\text{NLL}}\left(\mathbf{W}, \mathbf{a}, \mathbf{b}; \mathbf{v}\right) = -\log P(\mathbf{v}) = F(\mathbf{v}) + \log \sum_{\nu} e^{-F(\nu)} \tag{5.13}$$

并通过下面的公式更新参数

$$\mathbf{W}_{t+1} \leftarrow \mathbf{W}_t - \varepsilon \triangle \mathbf{W}_t \tag{5.14}$$

$$\mathbf{a}_{t+1} \leftarrow \mathbf{a}_t - \varepsilon \triangle \mathbf{a}_t \tag{5.15}$$

$$\mathbf{b}_{t+1} \leftarrow \mathbf{b}_t - \varepsilon \triangle \mathbf{b}_t \tag{5.16}$$

这里 $\varepsilon$ 是学习率，并且

$$\triangle \mathbf{W}_t = \rho \triangle \mathbf{W}_{t-1} + (1-\rho)\frac{1}{M_b}\sum_{m=1}^{M_b}\nabla_{\mathbf{W}_t} J_{\text{NLL}}\left(\mathbf{W}, \mathbf{a}, \mathbf{b}; \mathbf{v}^m\right) \tag{5.17}$$

$$\triangle \mathbf{a}_t = \rho \triangle \mathbf{a}_{t-1} + (1-\rho)\frac{1}{M_b}\sum_{m=1}^{M_b}\nabla_{\mathbf{a}_t} J_{\text{NLL}}\left(\mathbf{W}, \mathbf{a}, \mathbf{b}; \mathbf{v}^m\right) \tag{5.18}$$

$$\triangle \mathbf{b}_t = \rho \triangle \mathbf{b}_{t-1} + (1-\rho)\frac{1}{M_b}\sum_{m=1}^{M_b}\nabla_{\mathbf{b}_t} J_{\text{NLL}}\left(\mathbf{W}, \mathbf{a}, \mathbf{b}; \mathbf{v}^m\right) \tag{5.19}$$

这里 $\rho$ 是惯性系数（momentum），$M_b$ 是批量（minibatch）的大小，而 $\nabla_{\mathbf{W}_t} J_{\text{NLL}}\left(\mathbf{W}, \mathbf{a}, \mathbf{b}; \mathbf{v}^m\right)$、$\nabla_{\mathbf{a}_t} J_{\text{NLL}}\left(\mathbf{W}, \mathbf{a}, \mathbf{b}; \mathbf{v}^m\right)$ 和 $\nabla_{\mathbf{b}_t} J_{\text{NLL}}\left(\mathbf{W}, \mathbf{a}, \mathbf{b}; \mathbf{v}^m\right)$ 是负对数似然度准则下参数 $\mathbf{W}$、$\mathbf{a}$ 和 $\mathbf{b}$ 的梯度。

与 DNN 不同，在 RBM 中对数似然度的梯度并不适于精确计算。负对数似然度关于任意一个模型参数的导数的一般形式是

$$\nabla_{\theta} J_{\text{NLL}}\left(\mathbf{W}, \mathbf{a}, \mathbf{b}; \mathbf{v}\right) = -\left[\langle\frac{\partial E(\mathbf{v}, \mathbf{h})}{\partial \theta}\rangle_{\text{data}} - \langle\frac{\partial E(\mathbf{v}, \mathbf{h})}{\partial \theta}\rangle_{\text{model}}\right] \tag{5.20}$$

这里 $\theta$ 是某个模型参数，而 $\langle x \rangle_{\text{data}}$ 和 $\langle x \rangle_{\text{model}}$ 是分别从数据和最终模型中估计 $x$ 的期望值。特别地，对于可见层神经元 – 隐藏层神经元的权重，我们有

$$\nabla_{w_{ji}} J_{\text{NLL}}\left(\mathbf{W}, \mathbf{a}, \mathbf{b}; \mathbf{v}\right) = -\left[\langle v_i h_j \rangle_{\text{data}} - \langle v_i h_j \rangle_{\text{model}}\right] \tag{5.21}$$

第一个期望 $\langle v_i h_j \rangle_{\text{data}}$ 是训练数据中可见层神经元 $v_i$ 和隐藏层神经元 $h_j$ 同时取 1 的频率，而 $\langle v_i h_j \rangle_{\text{model}}$ 是类似的期望值，只是这个期望值是以最终模型定义的分布来求得的。不幸的是，当隐藏层神经元的值未知时，$\langle . \rangle_{\text{model}}$ 这一项需要花费指数时间来精确计算，因此，我们不得不使用近似方法。

RBM 训练中使用最广的有效近似学习算法是在 [194] 中描述的对比散度算法（contrastive divergence，CD）。对可见层神经元–隐藏层神经元权重的梯度的一步对比散度近似是

$$\nabla_{w_{ji}} J_{NLL}(\mathbf{W}, \mathbf{a}, \mathbf{b}; \mathbf{v}) = -\left[\langle v_i h_j \rangle_{\text{data}} - \langle v_i h_j \rangle_\infty\right]$$
$$\approx -\left[\langle v_i h_j \rangle_{\text{data}} - \langle v_i h_j \rangle_1\right] \tag{5.22}$$

这里 $\langle . \rangle_\infty$ 和 $\langle . \rangle_1$ 分别表示在吉布斯采样器运行了无穷次和一次之后得到的采样上估计的期望。$\langle v_i h_j \rangle_{\text{data}}$ 和 $\langle v_i h_j \rangle_1$ 的计算过程分别被称为正阶段和负阶段。

图 5.4 阐明了采样过程和对比散度算法。在第一步中，吉布斯采样器通过一个数据样本初始化。接着，它依据公式5.6定义的后验概率 $P(\mathbf{h}|\mathbf{v})$ 由可见层采样生成一个隐藏层采样。根据 RBM 的类型是伯努利–伯努利 RBM 或高斯–伯努利 RBM，使用不同的公式（公式5.7或公式5.8）定义的后验概率 $P(\mathbf{v}|\mathbf{h})$，基于这个隐藏层采样继续生成一个可见层采样。这个过程可能持续多次。如果吉布斯采样器运行无穷次，则真实期望 $\langle v_i h_j \rangle_{\text{model}}$ 可以从老化（burn-in）阶段之后生成的采样中估计

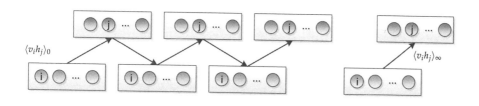

图 5.4  对比散度算法图示

$$\langle v_i h_j \rangle_{\text{model}} \approx \frac{1}{N} \sum_{n=N_{\text{burn}}+1}^{N_{\text{burn}}+N} v_i^n h_j^n \tag{5.23}$$

这里 $N_{\text{burn}}$ 是达到老化阶段所需的步数，而 $N$ 是老化阶段之后生成的采样次数（可能是巨大的）。然而，运行很多步吉布斯采样器是低效的。我们可以只运行一次吉布斯

采样器，用一个非常粗略的近似 $\langle v_i h_j \rangle_1$ 来估计 $\langle v_i h_j \rangle_{\text{model}}$

$$\langle v_i h_j \rangle_{\text{model}} \approx \langle v_i h_j \rangle_1 = v_i^1 h_j^1 \tag{5.24}$$

然而，$\langle v_i h_j \rangle_1$ 具有很大的方差。为了减小方差，我们可以基于以下公式估计 $\langle v_i h_j \rangle_{\text{model}}$

$$\mathbf{h}^0 \sim P(\mathbf{h}|\mathbf{v}^0) \tag{5.25}$$

$$\mathbf{v}^1 = \mathbb{E}(\mathbf{v}|\mathbf{h}^0) = P(\mathbf{v}|\mathbf{h}^0) \tag{5.26}$$

$$\mathbf{h}^1 = \mathbb{E}(\mathbf{h}|\mathbf{v}^1) = P(\mathbf{h}|\mathbf{v}^1) \tag{5.27}$$

这里 $\sim$ 表示从中采样，$\mathbf{v}_0$ 是训练数据集的一个采样，期望运算符是元素级运算。不同于朴素方法中根据 $P(\mathbf{v}|\mathbf{h}^0)$ 和 $P(\mathbf{h}|\mathbf{v}^1)$ 进行采样，我们采用平均场逼近（mean-field approximation）方法直接生成采样 $\mathbf{v}^1$ 和 $\mathbf{h}^1$。换句话说，这些采样现在不限于二进制值，而是可以取实数值。同样的技巧也可以应用在

$$\langle v_i h_j \rangle_{\text{data}} \approx \langle v_i h_j \rangle_0 = v_i^0 \mathbb{E}_j(\mathbf{h}|\mathbf{v}^0) = v_i^0 P_j(\mathbf{h}|\mathbf{v}^0) \tag{5.28}$$

如果使用了 $N$（通常是一个比较小的数）步对比散度，生成可见层向量的时候都可以使用期望值，需要隐藏层向量时都可以使用采样技术，除了最后一次使用的是期望向量。

在伯努利–伯努利 RBM 中，模型参数 $\mathbf{a}$ 和 $\mathbf{b}$ 的更新规则可以简单地通过把公式（5.20）中的 $\frac{\partial E(\mathbf{v},\mathbf{h})}{\partial \theta}$ 替换为合适的梯度导出。完整的梯度估计写成矩阵形式是

$$\nabla_{\mathbf{W}} J_{\text{NLL}}(\mathbf{W}, \mathbf{a}, \mathbf{b}; \mathbf{v}) = -\left[\langle \mathbf{h}\mathbf{v}^{\mathrm{T}} \rangle_{\text{data}} - \langle \mathbf{h}\mathbf{v}^{\mathrm{T}} \rangle_{\text{model}}\right] \tag{5.29}$$

$$\nabla_{\mathbf{a}} J_{\text{NLL}}(\mathbf{W}, \mathbf{a}, \mathbf{b}; \mathbf{v}) = -\left[\langle \mathbf{v} \rangle_{\text{data}} - \langle \mathbf{v} \rangle_{\text{model}}\right] \tag{5.30}$$

$$\nabla_{\mathbf{b}} J_{\text{NLL}}(\mathbf{W}, \mathbf{a}, \mathbf{b}; \mathbf{v}) = -\left[\langle \mathbf{h} \rangle_{\text{data}} - \langle \mathbf{h} \rangle_{\text{model}}\right] \tag{5.31}$$

CD 算法也可以用来训练高斯–伯努利 RBM。唯一的区别是，在高斯–伯努利 RBM 中，我们使用公式 5.8 来估计后验分布的期望值 $\mathbb{E}(\mathbf{v}|\mathbf{h})$。算法 5.1 总结了应用对比散度算法训练 RBMs 的关键步骤。

与 DNN 训练类似，有效的 RBM 训练也需要考虑一些实际问题。很多在 4.3 节中进行的讨论都能应用到 RBM 训练中。一份训练 RBM 的综合性实践指南可以在文献 [188] 中找到。

**算法 5.1** 使用对比散度算法训练 RBM
___

1:　**procedure** TRAINRBMWITHCD($\mathbb{S} = \{\mathbf{o}^m | 0 \leqslant m < M\}, N$)

　　　　　　　　　　　　　　　　▷ $\mathbb{S}$ 是 $M$ 个样本的训练集，$N$ 是 CD 次数

2:　　　随机初始化 $\{\mathbf{W}_0, \mathbf{a}_0, \mathbf{b}_0\}$

3:　　　**while** 停止准则未达到 **do**

　　　　　　　　　　　　　　▷ 达到最大迭代次数或训练准则提升很小就停止

4:　　　　　随机选择一个 $M_b$ 个样本的小批量 $\mathbf{O}$

5:　　　　　$\mathbf{V}^0 \leftarrow \mathbf{O}$　　　　　　　　　　　　　　　　　▷ 正阶段

6:　　　　　$\mathbf{H}^0 \leftarrow P(\mathbf{H}|\mathbf{V}^0)$　　　　　　　　　　　　　　▷ 逐列应用

7:　　　　　$\nabla_{\mathbf{W}} J \leftarrow \mathbf{H}^0 (\mathbf{V}^0)^{\mathrm{T}}$

8:　　　　　$\nabla_{\mathbf{a}} J \leftarrow \text{sumrow}(\mathbf{V}^0)$　　　　　　　　　　　▷ 各行相加

9:　　　　　$\nabla_{\mathbf{b}} J \leftarrow \text{sumrow}(\mathbf{H}^0)$

10:　　　　　**for** $n \leftarrow 0; n < N; n \leftarrow n+1$ **do**　　　　　　▷ 负阶段

11:　　　　　　　$\mathbf{H}^n \leftarrow \mathbb{I}(\mathbf{H}^n > \text{rand}(0,1))$　　▷ 采样，$\mathbb{I}(\bullet)$ 是指示函数

12:　　　　　　　$\mathbf{V}^{n+1} \leftarrow P(\mathbf{V}|\mathbf{H}^n)$

13:　　　　　　　$\mathbf{H}^{n+1} \leftarrow P(\mathbf{H}|\mathbf{V}^{n+1})$

14:　　　　　**end for**

15:　　　　　$\nabla_{\mathbf{W}} J \leftarrow \nabla_{\mathbf{W}} J - \mathbf{H}^N (\mathbf{V}^N)^{\mathrm{T}}$　　　　　▷ 减掉负统计量

16:　　　　　$\nabla_{\mathbf{a}} J \leftarrow \nabla_{\mathbf{a}} J - \text{sumrow}(\mathbf{V}^0)$

17:　　　　　$\nabla_{\mathbf{b}} J \leftarrow \nabla_{\mathbf{b}} J - \text{sumrow}(\mathbf{H}^0)$

18:　　　　　$\mathbf{W}_{t+1} \leftarrow \mathbf{W}_t + \frac{\varepsilon}{M_b} \triangle \mathbf{W}_t$　　　　　　　▷ 更新 $\mathbf{W}$

19:　　　　　$\mathbf{a}_{t+1} \leftarrow \mathbf{a}_t + \frac{\varepsilon}{M_b} \triangle \mathbf{a}_t$　　　　　　　　▷ 更新 $\mathbf{a}$

20:　　　　　$\mathbf{b}_{t+1} \leftarrow \mathbf{b}_t + \frac{\varepsilon}{M_b} \triangle \mathbf{b}_t$　　　　　　　　▷ 更新 $\mathbf{b}$

21:　　　**end while**

22:　　　返回 $rbm = \{\mathbf{W}, \mathbf{a}, \mathbf{b}\}$

23: **end procedure**
___

## 5.2　深度置信网络预训练

　　一个 RBM 可以被视为一个具有无限层的生成模型，所有层共享相同的权重矩阵，如图 5.5a 和图 5.5b 所示。如果我们从图 5.5b 所示的深度生成模型中分离出底层，剩余的层次就构成了另一个同样具有无限层且共享权重矩阵的生成模型。这些剩余层次等价于另一个 RBM，这个 RBM 的可见层神经元和隐藏层神经元转换成了如图 5.5c 所示的结构。这个模型是一种生成模型，叫作深度置信网络（deep belief network，DBN），在这个网络中，顶层是一个无向图 RBM，而下面的层次构成了一个有向图生成模型。我们把同样的理由应用到图 5.5c 可以发现它等价于图 5.5d 所示的 DBN。

　　RBM 和 DBN 的关系暗示了一种逐层训练非常深层次的生成模型的方法[192]。一旦我们训练了一个 RBM，就可以用这个 RBM 重新表示数据。对每个数据向量 $\mathbf{v}$，我们计算一个隐藏层神经元期望激活值的向量（它等价于概率）$\mathbf{h}$。我们把这些隐藏层

期望值作为训练数据来训练一个新的 RBM。这样，每个 RBM 的权重都可以用来从前一层的输出中提取特征。一旦我们停止训练 RBM，我们就拥有了一个 DBN 所有隐藏层权重的初始值，而这个 DBN 隐藏层的层数刚好等于我们训练的 RBM 的数量。这个 DBN 可以进一步通过 wake-sleep 算法[195] 模型精细调整。

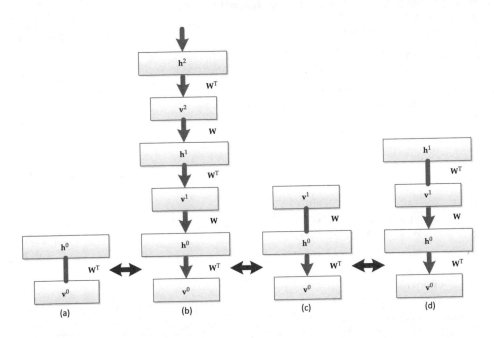

图 5.5　一个 RBM(a) 等价于一个无限层生成模型 (b)，其中所有的层共享权重矩阵。通过把最上面两层更换成 RBM，(b) 等价于 DBN(c) 和 (d)

在上面的步骤中，我们假设 RBM 的维数是固定的。在这种配置下，如果这个 RBM 经过了完美的训练，DBN 将与 RBM 表现得完全相同。然而，这个假设并不是必要的，我们可以堆叠不同维度的 RBM。这允许了 DBN 架构的灵活性，并且堆叠额外的层次能潜在地提高似然度的上界。

DBN 的权重可以作为由 sigmoid 神经元构成的 DNN 的初始权重。这是因为条件概率 $P(\mathbf{h}|\mathbf{v})$ 在 RBM 中与在 DNN 中具有相同的形式，如果 DNN 使用的是 sigmoid 非线性激活函数。可以把第4章中描述的 DNN 视为一种统计图模型，其中每个隐藏层 $0 < \ell < L$ 对条件独立于给定输入向量 $\mathbf{v}^{\ell-1}$ 的隐藏层二进制值神经元 $\mathbf{h}^{\ell}$ 的后验概率进行建模，使其服从伯努利分布

$$P\left(\mathbf{h}^{\ell}|\mathbf{v}^{\ell-1}\right) = \sigma\left(\mathbf{z}^{\ell}\right) = \sigma\left(\mathbf{W}^{\ell}\mathbf{v}^{\ell-1} + \mathbf{b}^{\ell}\right) \tag{5.32}$$

而输出层则采用多项式概率分布来近似正确的标注 **y**

$$P\left(\mathbf{y}|\mathbf{v}^{L-1}\right) = \text{softmax}\left(\mathbf{z}^L\right) = \text{softmax}\left(\mathbf{W}^L\mathbf{v}^{L-1} + \mathbf{b}^L\right) \tag{5.33}$$

给定观察到的特征 **o** 和标注 **y**，$P(\mathbf{y}|\mathbf{o})$ 的精确建模需要整合所有层 **h** 的所有可能取值，而这是难以实现的。一种有效的实践技巧是用平均场逼近[353] 替换边缘分布。换句话说，我们定义

$$\mathbf{v}^\ell = \mathbb{E}(\mathbf{h}^\ell|\mathbf{v}^{\ell-1}) = P\left(\mathbf{h}^\ell|\mathbf{v}^{\ell-1}\right) = \sigma\left(\mathbf{W}^\ell\mathbf{v}^{\ell-1} + \mathbf{b}^\ell\right) \tag{5.34}$$

于是我们得到了第4章中讨论的传统的 DNN 的非随机描述。

从这种视角看由 sigmoid 神经元构成的 DNN，我们发现 DBN 的权重可以用作 DNN 的初始权重。DBN 和 DNN 之间的唯一区别是在 DNN 中使用了标注。基于此，在 DNN 中，当预训练结束后，我们会添加一个随机初始化的 softmax 输出层，并用反向传播算法鉴别性地精细调整网络中的所有权重。

通过生成性的预训练初始化 DNN 的权重可能潜在地提升 DNN 在测试数据集上的性能。这归因于以下三点。第一，DNN 是高度非线性且非凸的。特别是在使用批量模式训练算法的时候，初始化点可能很大程度地影响最终模型。第二，预训练阶段使用的生成性准则与反向传播阶段使用的鉴别性准则不同。在生成性预训练得到的模型的基础上开始 BP 训练隐式地对模型进行了正则化。第三，既然只有监督式的模型精细调整阶段需要有标注的数据，我们可以在预训练的过程中潜在地利用大量无标注的数据。试验已经证明，除预训练需要额外的时间以外，生成性预训练通常有帮助，而且绝不会有损 DNN 的训练。生成性预训练在训练数据集很小的时候格外有效。

如果只使用一个隐藏层，DBN 的预训练并不重要，预训练在有两个隐藏层的时候最有效[358, 359]。随着隐藏层数量的增加，预训练的效果通常会减弱。这是因为 DBN 的预训练使用了两个近似。第一，在训练下一层的时候使用了平均场逼近来生成目标。第二，学习模型参数的时候使用了近似的对比散度算法。这两个近似为每一个额外的层引入了模型误差。随着层数的增加，总体误差增大，而 DBN 预训练的效果减弱。显然，尽管我们仍然可以使用 DBN 预训练的模型作为使用了线性修正单元的 DNN 的初始模型，但由于两者之间没有直接关联，效果将大打折扣。

## 5.3　降噪自动编码器预训练

在逐层生成的 DBN 预训练中，我们使用 RBM 作为积木组件。然而，RBM 不是唯一可以用来生成性地预训练模型的技术。如图 5.6所示，一个同样有效的方法是降噪自动

编码器。在自动编码器中，目标是基于没有标注的训练数据集 $\mathbb{S} = \{(\mathbf{v}^m) \,|\, 1 \leqslant m \leqslant M\}$。找到一个 $N_h$ 维隐藏层表示 $\mathbf{h} = \mathbf{f}(\mathbf{v}) \in \mathbb{R}^{N_h \times 1}$，通过它可以使用最小均方误差（MSE）把初始的 $N_v$ 维信号 $\mathbf{v}$ 重建为 $\tilde{\mathbf{v}} = g(\mathbf{h})$

$$J_{\mathrm{MSE}}(\mathbf{W}, \mathbf{b}; \mathbb{S}) = \frac{1}{M} \sum_{m=1}^{M} \frac{1}{2} \left\| \tilde{\mathbf{v}}^m - \mathbf{v}^m \right\|^2 \tag{5.35}$$

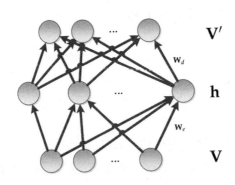

图 5.6 降噪自动编码器：目标是训练一个隐藏层表示，可以使用这个隐藏层表示从随机损坏的版本重建原始输入

理论上，确定的编码函数 $f(\mathbf{v})$ 以及确定的解码函数 $g(\mathbf{h})$ 可以是任意函数。在实践中，通常选择一些特定形式的函数来降低优化问题的复杂度。

最简单的一个线性隐藏层可以用来表示输入信号。在这个条件下，隐藏层神经元采用数据的前 $N_h$ 个主成分来表达输入。而在通常情况下，隐藏层是非线性的，这时自动编码器和主成分分析（PCA）的表现就不一样，它有获取输入分布的多重模态属性的潜力。

既然我们这里感兴趣的是使用自动编码器来初始化由 sigmoid 单元构成的 DNN 中的权重。我们选择

$$\mathbf{h} = f(\mathbf{v}) = \sigma(\mathbf{W}_e \mathbf{v} + \mathbf{b}) \tag{5.36}$$

其中，$\mathbf{W}_e \in \mathbb{R}^{N_h \times N_v}$ 是编码矩阵，$\mathbf{b} \in \mathbb{R}^{N_h \times 1}$ 是隐藏层偏置向量。如果输入特征 $\mathbf{v} \in \{0,1\}^{N_v \times 1}$ 取二进制值，则可以选择

$$\tilde{\mathbf{v}} = g(\mathbf{h}) = \sigma(\mathbf{W}_d \mathbf{h} + \mathbf{a}) \tag{5.37}$$

其中，$\mathbf{a} \in \mathbb{R}^{N_v \times 1}$ 是重建层偏置向量。如果输入特征 $\mathbf{v} \in \mathbb{R}^{N_v \times 1}$ 取实数值，我们

可以选择

$$\tilde{\mathbf{v}} = g(\mathbf{h}) = \mathbf{W}_d \mathbf{h} + \mathbf{a} \tag{5.38}$$

注意到与 RBM 中不同，在自动编码器中，尽管它们通常绑定为 $\mathbf{W}_e = \mathbf{W}$ 和 $\mathbf{W}_d = \mathbf{W}^T$，一般意义下，权重矩阵 $\mathbf{W}_e$ 和 $\mathbf{W}_d$ 可能是不同的。无论输入特征是二进制还是实数，无论使用何种编码和解码函数，在第4章中描述的反向传播算法都能够用来学习自动编码器中的参数。

在自动编码器中，我们希望分布式的隐藏层表示 $\mathbf{h}$ 可以捕捉训练数据中的主要变化因素。既然自动编码器的训练准则是最小化训练数据集上的重建误差，它对与训练样本同分布的测试样本通常可以给出较低的重建误差，但对其他样本给出相对较高的重建误差。

当隐藏层表示的维度高于输入特征的维度时，自动编码器就存在一个潜在的问题。如果除了最小化重建误差以外没有其他限制，自动编码器可能只学习到恒等函数，而没有提取出任何训练数据集中出现的统计规律。

这个问题可以有多种途径解决。例如，我们可以给隐藏层添加一个稀疏性限制，从而强制隐藏层大部分节点为零。或者，我们可以在学习过程中添加随机扰动。在降噪自动编码器[32] 中使用了这种方法，它强制隐藏层去发掘更多的鲁棒特征[395]，以及通过从一个损坏的版本重建输入以阻止它只学习到恒等函数。

存在很多方式损坏输入，最简单的机制是随机选择输入条目（一半条目）把它们设置为零。一个降噪自动编码器做了两件事情：保存输入中的信息，并撤销随机损坏过程的影响。其中后者只能通过捕捉输入中的统计依赖性得以实现。注意到在 RBM 的对比散度训练过程中，采样步骤本质上执行的就是对输入的随机损坏过程。

类似于使用 RBM，我们可以使用降噪自动编码器来预训练一个 DNN[32]。首先训练一个降噪自动编码器，使用其编码权重矩阵作为第一个隐藏层的权重矩阵。然后，把隐藏层的表示作为第二个降噪自动编码器输入，训练结束后，把第二个降噪自动编码器的编码权重矩阵作为 DNN 第二个隐藏层的权重矩阵。可以继续这个过程，直到达到所需要的隐藏层数。

基于自降噪编码器预训练和 DBN（RBM）预训练过程有相似的属性。这是一个生成过程，不需要有标注的数据。这样，可以把 DNN 权重调整到一个较好的初始点，并潜在地使用生成性预训练准则正则化 DNN 训练过程。

## 5.4　鉴别性预训练

　　基于 DBN 以及降噪自动编码器的预训练都是生成性预训练技术。另一种选择是，DNN 参数完全可以使用鉴别性预训练（discriminative pretraing，DPT）来鉴别性地初始化。明显的一种方法如图 5.7 所示，即逐层 BP（LBP）。通过逐层 BP，我们首先使用标注鉴别性训练一个单隐藏层的 DNN（如图 5.7a 所示），直到全部收敛。接着在 $\mathbf{v}_1$ 层和输出层之间插入一个新的（如图 5.7b 中的虚线框所示）随机初始化的隐藏层（如图 5.7b 中实心箭头所示），再次，鉴别性训练整个网络到完全收敛，这样继续直到得到所需数量的隐藏层。这和逐层贪心训练[32] 相似，但是不同的是逐层贪心训练只是更新新添加的隐藏层，而在逐层 BP 中，每次新的隐藏层加入时所有的层都联合更新。因为这个原因，在绝大多数条件下逐层 BP 性能都优于逐层贪心训练，因为在后者中低层权重在学习时对上层权重一无所知。然而，逐层 BP 有一个缺点，一些隐藏层节点可能在训练收敛后会处于饱和状态，因此当新的隐藏层加入时很难对其进行进一步更新。这个限制可以通过每次新的隐藏层加入时，不让模型训练到收敛来缓解。一个典型的启发式方法是我们只使用要达到收敛所用数据的 $\frac{1}{L}$ 来执行 DPT，其中 $L$ 是最终模型的总层数。在 DPT 中，其目标是调整权重使其接近一个较好的局部最优点。它不具有生成性 DBN 预训练中的正则化效果。因此，DPT 最好在可获得大量训练数据的时候使用。

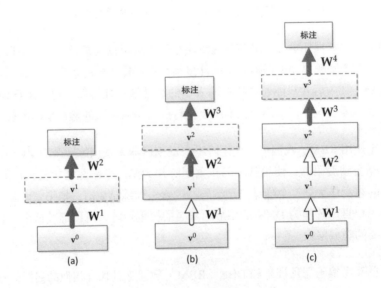

图 5.7　DNN 的鉴别性预训练

## 5.5 混合预训练

无论是生成性还是鉴别性预训练，都各具缺点。生成性预训练没有和任务特定的目标函数绑定。它有助于减轻过拟合但并不保证有助于鉴别性的模型精细化调整（即BP）。鉴别性预训练直接最小化目标函数（例如交叉熵），然而，如果训练没有规划好，低层权重可能向最终目标调整得过多，而没有考虑到接下来添加的隐藏层。为了缓解这些问题，我们可以采用一种混合预训练方法，其中对生成性以及鉴别性准则进行加权优化[339]。一个典型的混合预训练准则是

$$J_{\text{HYB}}(\mathbf{W}, \mathbf{b}; \mathbb{S}) = J_{\text{DISC}}(\mathbf{W}, \mathbf{b}; \mathbb{S}) + \alpha J_{\text{GEN}}(\mathbf{W}, \mathbf{b}; \mathbb{S}) \tag{5.39}$$

其中，$\alpha$ 是鉴别性准则 $J_{\text{DISC}}(\mathbf{W}, \mathbf{b}; \mathbb{S})$ 以及生成性准则 $J_{\text{GEN}}(\mathbf{W}, \mathbf{b}; \mathbb{S})$ 的一个插值权重。对于分类任务，鉴别性准则可以是交叉熵，对于回归任务，鉴别性准则可以是最小均方误差。对于 RBM，生成性准则可以是负对数似然度，对于自动编码器，生成性准则可以是重建误差。直观地看，生成性组件扮演了鉴别性组件的一种数据相关的正则化器的作用[244]。很明显，这种混合准则不仅可以用于预训练环节，还可以用于模型精细调整环节，在这种情况下被称为 HDRBM[244]。

已经证明生成性预训练通常有助于训练深层结构[73, 131, 132, 359]。然而，随着模型加深，鉴别性预训练同样可以表现得很好，甚至比生成性预训练更好[358]。混合预训练则同时优于生成性和鉴别性预训练[339]。我们已经注意到，当训练数据集足够大的时候，预训练就变得没那么重要[358, 424]。然而，即使在这种条件下，预训练可能仍然有助于使训练过程相对于不同的随机数种子更加鲁棒。

## 5.6 采用丢弃法的预训练

在 4.3.4 节中介绍了丢弃法（dropout）[197] 可作为一种改善 DNN 泛化能力的技术。我们提到可以把 dropout 视为一种通过随机丢弃神经元来减小 DNN 容量的方法。从另一个角度，正如 Hinton 等人在 [197] 中所指出的一样，也可以把 dropout 视为一种打包技术，它可以对大量绑定参数的模型做平均。换句话说，与不使用 dropout 的 DNN相比，dropout 能够生成更平滑的目标平面。由于与一个更加陡峭的目标平面相比，一个更加平滑的目标平面具有较少的劣性局部最优点，这样较不容易陷入一个非常差的局部最优点。这启发我们可以使用 dropout 预训练快速找到一个较好的起始点，然后不使用 dropout 模型来精细调整 DNN。

这正是 Zhang 等人在 [445] 中所提出的，使用 0.3 到 0.5 的 dropout 率，然后通过

10 到 20 轮训练数据来预训练一个 DNN，接着把 dropout 率设置为 0 继续训练 DNN。这样初始化的 DNN 的错误率比 RBM 预训练的 DNN 相对降低了 3%。内部实验表明，我们可以在其他任务上实现类似的改善。注意到 dropout 预训练也要有标注的训练数据，并能实现与在5.4节中讨论的鉴别性预训练相近的性能，但是它相比 DPT 更容易实现和控制。

# 第三部分

# 语音识别中的深度神经网络–隐马尔可夫混合模型

# 6

# 深度神经网络–隐马尔可夫模型混合系统

**摘要**　本章讲述在自动语音识别系统中应用深度神经网络（DNN）的若干方式的一种——深度神经网络–隐马尔可夫模型（DNN-HMM）混合系统。DNN-HMM 混合系统利用 DNN 很强的表现学习能力以及 HMM 的序列化建模能力，在很多大规模连续语音识别任务中，其性能都远优于传统的混合高斯模型（GMM）-HMM 系统。我们将阐述 DNN-HMM 结构框架以及其训练过程，并通过比较指出这类系统的关键部分。

## 6.1　DNN-HMM 混合系统

### 6.1.1　结构

在第4章中描述的 DNN 不能直接为语音信号建模，因为语音数字信号是时序连续信号，而 DNN 需要固定大小的输入。为了在语音识别中利用 DNN 的强分类能力，我们需要找到一种方法来处理语音信号长度变化的问题。

在 ASR 中结合人工神经网络（ANN）和 HMM 的方法始于 20 世纪 80 年代末和 20 世纪 90 年代初。那时提出了各种各样不同的结构以及训练算法（参见文献 [387]）。最近随着 DNN 很强的表现学习能力被广泛熟知，这类研究正在慢慢复苏。

其中一种方法的有效性已经被广泛证实。它就是如图 6.1所示的 DNN-HMM 混合系统。在这个框架中，HMM 用来描述语音信号的动态变化，而观察特征的概率则通过 DNN 来估计。在给定声学观察特征的条件下，我们用 DNN 的每个输出节点来估计连续密度 HMM 的某个状态的后验概率。除了 DNN 内在的鉴别性属性，DNN-HMM 还有两个额外的好处：训练过程可以使用维特比算法，解码通常也非常高效。

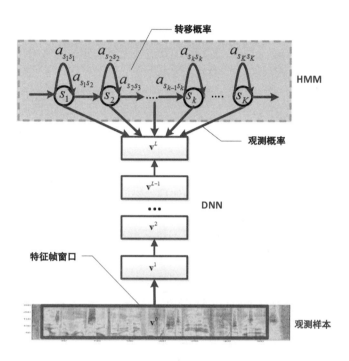

图 6.1    混合系统的结构。HMM 对语音信号的序列特性进行建模，DNN 对所有聚类后的状态（聚类后的三音素状态）的似然度进行建模[212]。这里对时间上的不同点采用同样的 DNN

在 20 世纪 90 年代中叶，这种混合模型就已被提出，在大词汇连续语音识别系统中，它被认为是一种非常有前景的技术。在文献 [47, 301, 302] 中，它被称为 ANN-HMM 混合模型。在早期基于混合模型方法的研究中，通常使用上下文无关的音素状态作为 ANN 训练的标注信息，并且只用于小词汇任务。ANN-HMM 随后被扩展到了上下文相关的音素建模[46]，以及用于中型和大词表的自动语音识别任务[335]。ANN-HMM 的应用中也包括循环神经网络的架构。

然而，在早期基于上下文相关的 ANN-HMM 混合构架[46] 研究中，对上下文相关因素的后验概率建模为

$$p(s_i, c_j | \mathbf{x}_t) = p(s_i | \mathbf{x}_t) p(c_i | s_j, \mathbf{x}_t) \tag{6.1}$$

或者

$$p(s_i, c_j | \mathbf{x}_t) = p(c_i | \mathbf{x}_t) p(s_i | c_j, \mathbf{x}_t) \tag{6.2}$$

其中，$\mathbf{x}_t$ 是在 $t$ 时刻的声学观察值，$c_j$ 是聚类后的上下文种类 $\{c_1, \cdots, c_J\}$ 中的一种，$s_i$ 是一个上下文无关的音素或音素中的状态。ANN 用来估计 $p(s_i | \mathbf{x}_t)$ 和 $p(c_i | s_j, \mathbf{x}_t)$（或者可以说是 $p(c_i | \mathbf{x}_t)$ 及 $p(s_i | c_j, \mathbf{x}_t)$）。尽管这些上下文相关的 ANN-HMM 模型在一些任务中性能优于 GMM-HMM，但其改善并不大。

这些早期的混合模型有一些重要的局限性。例如，由于计算能力的限制，人们很少使用拥有两层隐层以上的 ANN 模型，而且上述的上下文相关模型不能够利用很多在 GMM-HMM 框架下很有效的技术。

最近的技术发展[72, 73, 190, 215, 237, 359, 424] 则说明，如下几个改变可以使我们获得重大的识别性能提升：首先，我们把传统的浅层神经网络替换成深层（可选择的预训练）神经网络。其次，使用聚类后的状态（绑定后的三音素状态）代替单音素状态作为神经网络的输出单元。这种改善后的 ANN-HMM 混合模型称为 CD-DNN-HMM[73]。直接为聚类后的状态建模同时也带来其他两个好处：首先，在实现一个 CD-DNN-HMM 系统的时候，对已存在的 CD-GMM-HMM 系统修改最小。其次，既然 DNN 输出单元可以直接反映性能的改善，任何在 CD-GMM-HMM 系统中模型单元的改善（例如：跨词三音素模型）同样可以适用于 CD-DNN-HMM 系统。

在 CD-DNN-HMM 中，对于所有的状态 $s \in [1, S]$，我们只训练一个完整的 DNN 来估计状态的后验概率 $p(q_t = s | \mathbf{x}_t)$。这和传统的 GMM 是不同的，因为 GMM 框架下，我们会使用其多个不同的 GMM 对不同的状态建模。除此之外，典型的 DNN 输入不是单一的一帧，而是一个 $2\varpi + 1$（如 9～13）帧大小的窗口特征 $\mathbf{x}_t = \begin{bmatrix} \mathbf{o}_{\max(0, t-\varpi)} \cdots \mathbf{o}_t \cdots \mathbf{o}_{\min(T, t+\varpi)} \end{bmatrix}$，这使得相邻帧的信息可以被有效地利用。

### 6.1.2 用 CD-DNN-HMM 解码

在解码过程中，既然 HMM 需要似然度 $p(\mathbf{x}_t | q_t)$，而不是后验概率，我们就需要把后验概率转为似然度：

$$p(\mathbf{x}_t | q_t = s) = p(q_t = s | \mathbf{x}_t) p(\mathbf{x}_t) / p(s) \tag{6.3}$$

其中，$p(s) = \frac{T_s}{T}$ 是从训练集中统计的每个状态（聚类后的状态）的先验概率，$T_s$ 是标记属于状态 $s$ 的帧数，$T$ 是总帧数。$p(\mathbf{x}_t)$ 是与字词序列无关的，计算时可以忽略，这样就得到了一个经过缩放的似然度 $\bar{p}(\mathbf{x}_t | q_t) = p(q_t = s | \mathbf{x}_t) / p(s)$[302]。尽管在一些条

件下除以先验概率 $p(s)$ 可能不能改善识别率，但是它在缓解标注不平衡问题中是非常重要的，特别是训练语句中包含很长的静音段时就更是如此。

总之，在 CD-DNN-HMM 解码出的字词序列 $\hat{w}$ 由以下公式确定

$$\hat{w} = \arg \max_w p(w|\mathbf{x}) = \arg \max_w p(\mathbf{x}|w)p(w)/p(\mathbf{x})$$
$$= \arg \max_w p(\mathbf{x}|w)p(w) \tag{6.4}$$

其中，$p(w)$ 是语言模型（LM）概率，以及

$$p(\mathbf{x}|w) = \sum_q p(\mathbf{x}, q|w)p(q|w) \tag{6.5}$$

$$\approx \max \pi(q_0) \prod_{t=1}^{T} a_{q_{t-1}q_t} \prod_{t=0}^{T} p(q_t|\mathbf{x}_t)/p(q_t) \tag{6.6}$$

是声学模型（AM）概率，其中，$p(q_t|\mathbf{x}_t)$ 由 DNN 计算得出，$p(q_t)$ 是状态先验概率，$\pi(q_0)$ 和 $a_{q_{t-1}q_t}$ 分别是初始状态概率和状态转移概率，各自都由 HMM 决定。和 GMM-HMM 中的类似，语言模型权重系数λ 通常被用于平衡声学和语言模型得分。最终的解码路径由以下公式确定

$$\hat{w} = \arg \max_w [\log p(\mathbf{x}|w) + \lambda \log p(w)] \tag{6.7}$$

### 6.1.3 CD-DNN-HMM 训练过程

我们可以使用嵌入的维特比算法来训练 CD-DNN-HMM，主要的步骤总结见算法 6.1。

CD-DNN-HMM 包含三个组成部分，一个深度神经网络 *dnn*、一个隐马尔可夫模型 *hmm*，以及一个状态先验概率分布 *prior*。由于 CD-DNN-HMM 系统和 GMM-HMM 系统共享音素绑定结构，训练 CD-DNN-HMM 的第一步就是使用训练数据训练一个 GMM-HMM 系统。因为 DNN 训练标注是由 GMM-HMM 系统采用维特比算法产生得到的，而且标注的质量会影响 DNN 系统的性能。因此，训练一个好的 GMM-HMM 系统作为初始模型就非常重要。

一旦训练好 GMM-HMM 模型 *hmm0*，我们就可以创建一个从状态名字到 *senoneID* 的映射。这个从状态到 senoneID 的映射（*stateTosenoneIDMap*）的建立并不简单。这是因为每个逻辑三音素HMM 是由经过聚类后的一系列物理三音素HMM 代表的。换

句话说，若干个逻辑三音素可能映射到相同的物理三音素，每个物理三音素拥有若干个（例如 3）绑定的状态（用 senones 表示）。

---

**算法 6.1** 训练 CD-DNN-HMM 时的主要步骤

---

1: **procedure** 训练 CD-DNN-HMM($\mathbb{S}$)                      $\triangleright$ $\mathbb{S}$ 是训练集合

2:     $hmm0 \leftarrow$ 训练 CD-GMM-HMM($\mathbb{S}$);           $\triangleright$ $hmm0$ 在 GMM 系统中使用

3:     $stateAlignment \leftarrow$ 采用 GMM-HMM($\mathbb{S}, hmm0$) 进行强制对齐;

4:     $stateToSenoneIDMap \leftarrow$ 生成状态到 senone 的映射 $StateTosenoneIDMap$ ($hmm0$);

5:     $featureSenoneIDPairs \leftarrow$ 生成 DNN 训练集合的数据对 ($stateToSenone$-$IDMap, stateAlignment$);

6:     $ptdnn \leftarrow$ 预训练 DNN($\mathbb{S}$);                         $\triangleright$ 此步骤可选

7:     $hmm \leftarrow$ 将 GMM-HMM 转换为 DNN-HMM($hmm0, stateToSenoneIDMap$);
                                                   $\triangleright$ $hmm$ 在 DNN 系统中使用

8:     $prior \leftarrow$ 估计先验概率 ($featureSenoneIDPairs$)

9:     $dnn \leftarrow$ 反向传播 ($ptdnn, featureSenoneIDPairs$);

10:    返回 $dnnhmm = \{dnn, hmm, prior\}$

11: **end procedure**

---

使用已经训练好的 GMM-HMM 模型 $hmm0$，我们可以在训练数据上采用维特比算法生成一个状态层面的强制对齐，利用 $stateTosenoneIDMap$，我们能够把其中的状态名转变为 $senoneID$s。然后可以生成从特征到 $senoneID$ 的映射对（$featuresenoneIDPairs$）来训练 DNN。相同的 $featuresenoneIDPairs$ 也被用来估计 $senone$ 先验概率。

利用 GMM-HMM 模型 $hmm0$，我们也可以生成一个新的隐马尔可夫模型 $hmm$，其中包含和 hmm0 相同的状态转移概率，以便在 DNN-HMM 系统中使用。一个简单的方法是把 $hmm0$ 中的每个 GMM（即每个 $senone$ 的模型）用一个（假的）一维单高斯代替。高斯模型的方差（或者说精度）是无所谓的，它可以设置成任意的正整数（例如，总是设置成 1），均值被设置为其对应的 $senoneID$。应用这个技巧之后，计算每个 $senone$ 的后验概率就等价于从 DNN 的输出向量中查表，找到索引是 $senoneID$ 的输出项（对数概率）。

在这个过程中，我们假定一个 CD-GMM-HMM 存在，并被用于生成 senone 对齐。在这种情况下，用于对三音素状态聚类的决策树也是在 GMM-HMM 训练的过程中构建的。但其实不是必需的，如果我们想完全去除图中的 GMM-HMM 步骤，可以通过均匀地把每个句子分段（称为 flat-start）来构建一个单高斯模型，并使用这个信息作为训练标注。这可以形成一个单音素 DNN-HMM，我们可以用它重新对句子进行对齐。然后可以对每个单音素估计一个单高斯模型，并采用传统方法构建决策树。事实上，这种无须 GMM 的 CD-DNN-HMM 是能够成功训练的，这一成果最近发表在文献 [363] 中。

对含有 $T$ 帧的句子，嵌入的维特比训练算法最小化交叉熵的平均值，其等价于负的对数似然

$$J_{\text{NLL}}\left(\mathbf{W}, \mathbf{b}; \mathbf{x}, \mathbf{q}\right) = -\sum_{t=1}^{T} \log p\left(q_t | \mathbf{x}_t; \mathbf{W}, \mathbf{b}\right) \tag{6.8}$$

如果新模型 $\left(\mathbf{W}', \mathbf{b}'\right)$ 相比于旧模型 $(\mathbf{W}, \mathbf{b})$ 在训练准则上有改进，我们有

$$-\sum_{t=1}^{T} \log p\left(q_t | \mathbf{x}_t; \mathbf{W}', \mathbf{b}'\right) < -\sum_{t=1}^{T} \log p\left(q_t | \mathbf{x}_t; \mathbf{W}, \mathbf{b}\right)$$

对每个对齐后的句子的分数为

$$\begin{aligned}
\log p(\mathbf{x}|w; \mathbf{W}', \mathbf{b}') &= \log \pi(q_0) + \sum_{t=1}^{T} \log\left(a_{q_{t-1}q_t}\right) + \sum_{t=1}^{T} \left[\log p\left(q_t | \mathbf{x}_t; \mathbf{W}', \mathbf{b}'\right) - \log p(q_t)\right] \\
&> \log \pi(q_0) + \sum_{t=1}^{T} \log\left(a_{q_{t-1}q_t}\right) + \sum_{t=1}^{T} \left[\log p\left(q_t | \mathbf{x}_t; \mathbf{W}, \mathbf{b}\right) - \log p(q_t)\right] \\
&= \log p(\mathbf{x}|w; \mathbf{W}, \mathbf{b}) \tag{6.9}
\end{aligned}$$

换句话讲，新的模型不仅能提高帧一级的交叉熵，而且能够提高给定字词序列的句子似然分数。这里证明了嵌入式的维特比训练算法的正确性。[182] 中给出了另一个不同的验证嵌入式维特比训练算法有效性的说明。值得一提的是，在这个训练过程中，尽管所有竞争词的分数和总体上是下降的，但并不保证每个竞争词的分数都会下降。而且，上述说法（提高句子似然度）一般来说虽然是正确的，但并不保证对每个单独的句子都正确。如果平均的交叉熵改善很小，尤其是当这个很小的改善来自对静音段更好的建模的时候，识别准确度可能降低。一个原理上更合理的训练 CD-DNN-HMM 方法是使用"序列鉴别性训练准则"，我们将在第8章讨论这个方法。

## 6.1.4　上下文窗口的影响

如我们在6.1.1节提到的，使用一个窗（典型的是 9 到 13）包含的全部帧特征作为 CD-DNN-HMM 的输入可以实现优异的性能。显然，使用一个长的窗口帧，DNN 模型可以利用相邻帧信息。引入相邻帧，DNN 也可以对不同特征帧之间的相互关系进行建模，这样部分缓和了传统的 HMM 无法满足观察值独立性假设的问题。

每个字词序列的分数通过以下公式得到

$$\log p(\mathbf{x}|w) = \log \pi(q_0) + \sum_{t=1}^{T} \log\left(a_{q_{t-1}q_t}\right) + \sum_{n=1}^{N} \left[\log p\left(\mathbf{o}_{t_n}, \cdots, \mathbf{o}_{t_{n+1}-1}|s_n\right)\right] \quad (6.10)$$

其中，$T$ 是特征的长度，$N \leqslant T$ 是状态序列的长度，$s_n$ 是状态序列中第 $n$ 个状态，$q_t$ 是在 $t$ 时刻的状态，$t_n$ 是第 $n$ 个状态的起始时间。这里假设状态时长可以用一个马尔科夫链[1]来模拟。注意，观察值分数 $\log p\left(\mathbf{o}_{t_n}, \cdots, \mathbf{o}_{t_{n+1}-1}|s_n\right)$ 表示在给定状态 $s_n$ 的情况下，观察到的特征段的对数似然概率，它可被用于基于分段的模型[308]。在 HMM 中，每个特征帧都假设与其他特征帧条件独立，因此

$$\log p\left(\mathbf{o}_{t_n}, \cdots, \mathbf{o}_{t_{n+1}-1}|s_n\right) \simeq \sum_{t=t_n}^{t_{n+1}-1} \left[\log p\left(\mathbf{o}_t|s_n\right)\right] \quad (6.11)$$

我们知道这个假设在真实世界中是不成立的，对给定相同的状态，既然相邻的帧是互相关的[2]，为了对帧之间的相关性建模，段的分数应该估计为

$$\log p\left(\mathbf{o}_{t_n}, \cdots, \mathbf{o}_{t_{n+1}-1}|s_n\right) = \sum_{t=t_n}^{t_{n+1}-1} \left[\log p\left(\mathbf{o}_t|s_n, \mathbf{o}_{t_n}, \cdots, \mathbf{o}_{t-1}\right)\right] \quad (6.12)$$

我们知道，如果两帧相隔太远（例如超过 $M$ 帧），它们可以被认为不相关。在这个条件下，以上分数能够近似地表示为

$$\begin{aligned}
\log p\left(\mathbf{o}_{t_n}, \cdots, \mathbf{o}_{t_{n+1}-1}|s_n\right) &\simeq \sum_{t=t_n}^{t_{n+1}-1} \left[\log p\left(\mathbf{o}_t|s_n, \mathbf{o}_{t-M}, \cdots, \mathbf{o}_{t-1}\right)\right] \\
&= \sum_{t=t_n}^{t_{n+1}-1} \left[\log p\left(s_n|\mathbf{x}_t^M\right) - \log p\left(s_n|\mathbf{x}_{t-1}^{M-1}\right)\right] + c \\
&\simeq \sum_{t=t_n}^{t_{n+1}-1} \left[\log p\left(s_n|\mathbf{x}_t^M\right) - \log p\left(s_n\right)\right] + c
\end{aligned} \quad (6.13)$$

其中，$c$ 是一个与 $s_n$ 不相关的常量，$\mathbf{x}_t^M = \{\mathbf{o}_{t-M}, \cdots, \mathbf{o}_{t-1}, \mathbf{o}_t\}$ 是 $M$ 帧拼接而成的特征向量。我们假设状态先验概率和观察值不相关。可以看到在 DNN 模型中引入邻接帧（例如：估计 $p\left(s_n|\mathbf{x}_t^M\right)$），我们可以更加准确地估计段分数，同时还可以有

---

[1]对理想的分割模型而言，这个时长模型非常粗糙。

[2]HMM 中的独立性假设是为什么需要语言模型权重的原因之一。假设有人通过从每 5ms 而不是 10ms 来提取一个特征并使特征数目加倍，那么声学模型的分数数量会加倍，于是语言模型的权重也同样会加倍。

效地利用 HMM 中独立的假设。

## 6.2 CD-DNN-HMM 的关键模块及分析

在许多大词汇连续语音识别任务中，CD-DNN-HMM 比 GMM-HMM 表现更好，因此，了解哪些模块或者过程对此做了贡献是很重要的。本节将会讨论哪些决策会影响识别准确度。特别地，我们会在实验上比较以下几种决策的表现差别：单音素对齐和三音素对齐，单音素状态集和三音素状态集，使用浅层和深层神经网络，调整 HMM 的转移概率或是不调。一系列研究的实验成果[72, 73, 359, 374, 424] 表明，带来性能提升的三大关键因素是：（1）使用足够深的深度神经网络，（2）使用一长段的帧作为输入，（3）直接对三音素进行建模。在所有的实验中，来自 CD-DNN-HMM 的多层感知器模型（即 DNN）的后验概率替代了混合高斯模型，但其他都保持不变。

### 6.2.1 进行比较和分析的数据集和实验

#### 必应（Bing）移动语音搜索数据集

必应（Bing）移动语音搜索（voice search，VS）应用让用户在自己的移动手机上做全美的商业和网页搜索。用在实验中的这个商业搜索数据集采集于 2008 年的真实使用场景，当时这个应用被限制在位置和业务查询[435]。所有的音频文件的采样率为 8kHz，并用 GSM 编码器编码。这个数据集具有挑战性，因为它包括多种变化：噪声、音乐、旁人说话、口音、错误的发音、犹豫、重复、打断和不同的音频信道。

数据集被分成了训练集、开发集和测试集。数据集根据查询的时间戳进行分割，这是为了模拟真实数据采集和训练过程，并避免三个集合之间的重叠。训练集的所有查询比开发集的查询早，后者比测试集的查询早。我们使用了卡内基-梅隆大学的公开词典。在测试中使用了一个包含了 65K 个一元词组、320 万个二元词组和 150 万个三元词组的归一化的全国范围的语言模型，是用数据和查询日志训练的，混淆度为 117。

表 6.1 总结了音频样本的个数和训练集、开发集、测试集的总时长（小时）。所有 24 小时的训练集数据都是人工转录的。

表 6.1　必应移动搜索数据集

| | 小时数 | 音频样本数 |
|---|---|---|
| 训练集 | 24 | 32057 |
| 开发集 | 6.5 | 8777 |
| 测试集 | 9.5 | 12758 |

我们用句子错误率（SER），而不是词错误率（WER）来衡量系统在这个任务上的表现。平均句长为 2.1 个词，因此句子一般来说比较短。另外，用户最关心的是他们能否用最少的尝试次数来找到事物或者地点。他们一般会重复识别错误的词。另外，在拼写中有巨大的不一致，因此用句子错误率更加方便：如，"Mc-Donalds"有时拼写成"McDonalds"，"Walmart"有时拼写成"Wal-mart"，"7-eleven"有时拼写成"7 eleven"或者"seven-eleven"。在使用这个 65K 大词表的语言模型中，开发集和测试集在句子层面的未登录词（Out-of-vocabulary words）比率都为 6%。也就是说，在这个配置下最好的可能的句子错误率就是 6%。

GMM-HMM 采用了状态聚类后的跨词三音素模型，训练采用的准则是最大似然（maximum likelihood，ML）、最大相互信息（maximum mutual information，MMI）[18, 226, 320] 和最小音素错误（minimum phone error，MPE）[320, 323] 准则。实验中采用 39 维的音频特征，其中有 13 维是静态梅尔倒谱系数（Mel-frequency cepstral coefficient，MFCC）（C0 被能量替代），以及其一阶和二阶导数。这些特征采用频谱均值归一化（cepstral mean normalization，CMN）算法进行了预处理。

基线系统在开发集上调试了如下参数：状态聚类的结构、三音素的数量，以及高斯分裂的策略。最后所有的系统有 53K 个逻辑三音素和 2K 个物理三音素，761 个共享的状态（三音素），每个状态是 24 个高斯的 GMM 模型。GMM-HMM 基线的结果在表 6.2中展示。

表 6.2　CD-GMM-HMM 系统在移动搜索数据集上的句子错误率（sentence error rate，SER）（总结自 Dahl 等人[73]）

| 准则 | 开发集句错误率 | 测试集句错误率 |
| --- | --- | --- |
| ML | 37.1% | 39.6% |
| MMI | 34.9% | 37.2% |
| MPE | 34.5% | 36.2% |

对 VS 数据集上的所有 CD-DNN-HMM 实验，DNN 的输入特征是 11 帧（5-1-5）的 MFCC 特征。在 DNN 预训练时，所有的层对每个采样都采用了 $1.5e^{-4}$ 的学习率。在训练中，在前六次迭代中，学习率为 $3e^{-3}$ 每帧，在最后 6 次迭代中是 $8e^{-5}$。在所有的实验中，minibatch 的大小设为 256，惯性系数设为 0.9。这些参数都是手动设定的，他们基于单隐层神经网络的前期实验，如果尝试更多超参数的设置，可能得到的效果会更好。

**Switchboard 数据集**

Switchboard（SWB）数据集[156, 157]是一个交谈式电话语音数据集。它有三个配置，训练集分别为 30 小时（Switchboard-I 训练集的一个随机子集）、309 小时（Switchboard-I 训练集的全部）和 2000 小时（加上 Fisher 训练集）。在所有的配置下，NIST 2000 Hub5 测试集 1831 段的 SWB 部分和 NIST 2003 春季丰富语音标注集（RT03S，6.3 小时）的 FSH 部分被用作了测试集。系统使用 13 维 PLP 特征（包括三阶差分），做了滑动窗的均值-方差归一化，然后使用异方差线性判别分析（heteroscedastic linear discriminant analysis, HLDA[241]）降到了 39 维。在 30 小时、309 小时和 2000 小时三个配置下，说话人无关的跨词三音素模型分别使用了 1504（40 高斯）、9304（40 高斯）和 18804（72 高斯）的共享状态（GMM-HMM 系统）。三元词组语言模型使用 2000 小时的 Fisher 标注数据训练，然后与一个基于书面语文本数据的三元词组语言模型进行了插值。当使用 58K 词典时，测试集的混淆度为 84。

DNN 系统使用随机梯度下降及小批量（mini-batch）训练。除了第一次迭代的 mini-batch 用了 256 帧，其余 mini-batch 的大小都设置为 1024 帧。在深度置信网络预训练的时候，mini-batch 大小为 256。

对于预训练，对每个样本的学习率设为 $1.5e^{-4}$。对于前 24 个小时的训练数据，每帧的学习率设为 $3e^{-3}$，三次迭代之后改为 $8e^{-5}$，惯性系数设为 0.9。这些参数设置跟语音搜索数据集（VS）相同。

## 6.2.2 对单音素或者三音素的状态进行建模

就像我们在开头说的那样，在 CD-DNN-HMM 系统中有三个关键因素。对上下文相关的音素（如三音素）的直接建模就是其中之一。对三音素的直接建模让我们可以从细致的标注中获得益处，并且能缓和过拟合。虽然增加 DNN 的输出层结点数会降低帧的分类正确率，它减少了 HMM 中令人困惑的状态转移，因此降低了解码中的二义性。在表 6.3 中展示了对三音素，而不是单音素进行建模的优势，在 VS 开发集上有 15% 的句子错误率相对降低（使用了一个 3 隐层的 DNN，每层 2K 个神经元）。表 6.4 展示了 309 小时 SWB 任务中得到的 50% 的相对词错误率降低，这里使用了一个 7 隐层的 DNN，每层 2K 个神经元（7×2K 配置）。这些相对提升的不同部分是由于在 SWB 中更多的三音素被使用了。在我们的分析中，使用三音素是我们得到性能提升的最大单一来源。

表 6.3　在 VS 开发集上的句子错误率（SER），使用上下文无关的单音素和上下文相关的三音素（总结自 Dahl 等人[73]）

| 模型 | 单音素 | 三音素（761） |
| --- | --- | --- |
| CD-GMM-HMM (MPE) | - | 34.5% |
| DNN-HMM (3×2K) | 35.8% | 30.4% |

表 6.4　使用最大似然对齐，训练集为 309 小时，在 Hub5'00-SWB 上的词错误率（WER）使用上下文无关的单音素和上下文相关的三音素（总结自 Seide 等人[359]）

| 模型 | 单音素 | 三音素（9304） |
| --- | --- | --- |
| CD-GMM-HMM (BMMI) | - | 23.6% |
| DNN-HMM (7×2K) | 34.9% | 17.1% |

### 6.2.3　越深越好

在 CD-DNN-HMM 中，另一个关键部分就是使用 DNN，而不是浅的 MLP。表 6.5 展现了当 CD-DNN-HMM 的层数变多时，句子错误率的下降。如果只使用一个隐层，句子错误率是 31.9%。当使用了三层隐层时，错误率降低到 30.4%。四层的错误率降低到 29.8%，5 层的错误率降低到 29.7%。总的来说，相比单隐层模型，5 层网络模型带来了 2.2% 的句子错误率降低，使用的是同一个对齐。

为了展示深度神经网络带来的效益，单隐层 16K 神经元的结果也显示在了表 6.5 中。因为输出层有 761 个神经元，这个浅层模型比 5 隐层 2K 神经元的网络需要多一点的空间。这个很宽的浅模型的开发集句子错误率为 31.4%，比单隐层 2K 神经元的 31.9% 稍好，但比双隐层的 30.5% 要差（更不用说 5 隐层模型得到的 29.7%）。

表 6.5　越深越好。在 VS 数据集上不同隐层数 DNN 的句子错误率。所有的实验都使用了最大似然对齐和深度置信网络预训练。（总结自 Dahl 等人[73]）

| L×N | DBN-PT | 1×N | DBN-PT |
| --- | --- | --- | --- |
| 1×2k | 31.9% | | |
| 2×2k | 30.5% | | |
| 3×2k | 30.4% | | |
| 4×2k | 29.8% | | |
| 5×2k | 29.7% | 1×16K | 31.4% |

表 6.6总结了使用 309 小时训练数据时在 SWB Hub5'00-SWB 测试集上的词错误率结果，三音素对齐出自 ML 训练的 GMM 系统。从表 6.6 中能做出一些观察。首先，深层的网络比浅层网络的表现更好。也就是说，深层的模型比浅层模型有更强的区分能力。在我们加大深度时，词错误率保持了持续的降低。更加有趣的是，如果比

较 5×2K 和 1×3772 的配置，或者比较 7×2K 和 1×4634 的配置（它们有相同数量的参数），那么深层模型比浅层模型表现更好。即使我们把单隐层 MLP 的神经元数量加大到 16K，也只能得到 22.1% 的词错误率，比相同条件下 7×2K 的 DNN 得到的 17.1% 要差得多。如果我们继续加大层数，那么性能提升会变少，到 9 层时饱和。在实际中，我们需要在词错误率提升和训练解码代价提升之间做出权衡。

表 6.6    越深越好。这是不同隐层数量的 DNN 在 Hub5'00-SWB 上的结果。使用的是 309 小时 SWB 训练集、最大似然对齐和深度置信网络预训练。（总结自 Seide 等人[359]）

| L×N | DBN-PT | 1×N | DBN-PT |
|------|--------|---------|--------|
| 1x2k | 24.2% | | |
| 2×2k | 20.4% | | |
| 3×2k | 18.4% | | |
| 4×2k | 17.8% | | |
| 5×2k | 17.2% | 1×3772 | 22.5% |
| 7×2k | 17.1% | 1×4634 | 22.6% |
| | | 1×16K | 22.1% |

### 6.2.4    利用相邻的语音帧

表 6.7对比了 309 小时 SWB 任务中使用和不使用相邻语音帧的结果。可以很明显地看出，无论使用的是浅层还是深层网络，使用相邻帧的信息都显著地提高了准确度。不过，深度神经网络获得了更多的提高，它有 24% 的相对词错误率提升，而浅层模型只有 14% 的相对词错误率提升，它们都有同样数量的参数。另外，我们发现如果只使用单帧，DNN 系统比 BMMI[321] 训练的 GMM 系统好了一点点（23.2% 比 23.6%）。但是注意，DNN 系统的表现还可以通过类似 BMMI 的序列鉴别性训练[374] 来进一步提升。为了在 GMM 系统中使用相邻的帧，需要使用复杂的技术，如 fMPE[322]、HLDA[241]、基于区域的转换[442] 或者 tandem 结构[185, 451]。这是因为要在 GMM 中使用对角的协方差矩阵，特征各个维度之间需要是统计不相关的。DNN 则是一个鉴别性模型，无论相关还是不相关的特征都可以接受。

表 6.7    对使用相邻帧的比较。训练集为 309 小时，最大似然对齐，Hub5'00-SWB 上的词错误率。BMMI 训练的 GMM-HMM 基线是 23.6%。（总结自 Seide 等人[359]）

| 模型 | 1 帧 | 11 帧 |
|------|------|-------|
| CD-DNN-HMM 1×4634 | 26.0% | 22.4% |
| CD-DNN-HMM 7×2k | 23.2% | 17.1% |

### 6.2.5 预训练

2011 年之前，人们相信预训练对训练深度神经网络来说是必要的。之后，研究者发现预训练虽然有时能带来更多的提升，但不是关键的。这可以从表 6.8 中看出。表 6.8 说明不依靠标注的深度新年网络（DBN）预训练，当隐层数小于 5 时，确实比没有任何预训练的模型来说提升都显著。但是，当隐层数量增加时，提升变小了，并且最终消失。这跟使用预训练的初衷是违背的。研究者曾经猜测，当隐层数量增加时，我们应该看到更多的提升，而不是更少。这个表现可以部分说明，随机梯度下降有能力跳出局部极小值。另外，当大量数据被使用时，预训练所规避的过拟合问题也不再是一个严重问题。

表 6.8　不同预训练的性能对比。测试为在 Hub5'00-SWB 上的词错误率，使用了 309 小时的训练集和最大似然对齐。NOPT：没有预训练；DBN-PT：深度置信网络预训练；DPT：鉴别性预训练。（总结自 Seide 等人[359]）

| L×N | NOPT | DBN-PT | DPT |
|-----|------|--------|-----|
| 1×2k | 24.3% | 24.2% | 24.1% |
| 2×2k | 22.2% | 20.4% | 20.4% |
| 3×2k | 20.0% | 18.4% | 18.6% |
| 4×2k | 18.7% | 17.8% | 17.8% |
| 5×2k | 18.2% | 17.2% | 17.1% |
| 7×2k | 17.4% | 17.1% | 16.8% |

另一方面，当层数变多时，生成性预训练的好处也会降低。这是因为深度置信网络预训练使用了两个近似。第一，在训练下一层的时候，使用了平均场逼近的方法。第二，采用对比发散算法（contrastive divergence）来训练模型参数。这两个近似对每个新增的层都会引入误差。随着层数变多，误差也累积变大，那么深度置信网络预训练的有效性就降低了。鉴别性预训练（discriminative pretraining，DPT）是另一种预训练技术。根据表 6.8，它至少表现得与深度置信网络预训练一样好，尤其是当 DNN 有五个以上隐层时。不过，即使使用 DPT，对纯 BP 的性能提升依然不大，这个提升跟使用三音素或者使用深层网络所取得的提升相比是很小的。虽然词错误率降低比人们期望的要小，但预训练仍然能确保训练的稳定性。使用这些技术后，我们能避免不好的初始化并进行隐式的正规化，这样即使训练集很小，也能取得好的性能。

### 6.2.6 训练数据的标注质量的影响

在嵌入式维特比训练过程中，强制对齐被用来生成训练的标注。从直觉上说，如果用一个更加准确的模型来产生标注，那么训练的 DNN 应当会更好。表 6.9 在实验上证实了这点。我们看到，使用 MPE 训练的 CD-GMM-HMM 生成的标注时，在开发集和测试集上的句子错误率是 29.3% 和 31.2%。它们比使用 ML 训练的 CD-GMM-HMM 的标注好了 0.4%。因为 CD-DNN-HMM 比 CD-GMM-HMM 表现得更好，我们可以使用 CD-DNN-HMM 产生的标注来加强性能。表 6.9 中展示了 CD-DNN-HMM 标注的结果，在开发集和测试集上的句子错误率分别降低到 28.3% 和 30.4%。

表 6.9　在 VS 数据集上标注质量和转移概率调整的对比。使用的是 5×2K 的模型。这是在开发集和测试集上的句子错误率。( 总结自 Dahl 等人[73] )

| 标注 | GMM 转移概率 | | DNN 调整后的转移概率 | |
|---|---|---|---|---|
| | 开发集<br>句错误率 | 测试集<br>句错误率 | 开发集<br>句错误率 | 测试集<br>句错误率 |
| 来自 CD-GMM-HMM ML | 29.7% | 31.6% | - | - |
| 来自 CD-GMM-HMM MPE | 29.3% | 31.2% | 29.0% | 31.0% |
| 来自 CD-DNN-HMM | 28.3% | 30.4% | 28.2% | 30.4% |

SWB 上也能得到类似的观察。当 7×2k 的 DNN 使用 CD-GMM-HMM 系统产生的标注训练时，在 Hub5'00 测试集上得到的词错误率是 17.1%。如果使用 CD-DNN-HMM 产生的标注，词错误率能降低到 16.4%。

### 6.2.7　调整转移概率

表 6.9 同时表明，在 CD-DNN-HMM 中调整转移概率起到的效果并不明显。但调整转移概率伴随着另一个优点，当直接从 CD-GMM-HMM 中取出转移概率时，通常是在声学模型权重取 2 的时候得到最好的解码结果。然而，在调整转移概率之后，在语音检索任务中，不必再调整声学模型的权重。

## 6.3　基于 KL 距离的隐马尔可夫模型

在 DNN-HMM 混合系统中，观测概率是满足限制条件的真实概率。然而，我们可以移除这些限制条件，并且将状态的对数似然度替换成其他得分。在基于 KL 距离的 HMM（KL-HMM）[12, 13] 中，状态得分通过以下公式计算

$$S_{KL}(s, \mathbf{z}_t) = KL(\mathbf{y}_s \| \mathbf{z}_t) = \sum_{d=1}^{D} y_s^d \ln \frac{y_s^d}{z_t^d} \tag{6.14}$$

这里，$s$ 表示一个状态（例如，一个 senone），$z_t^d = P(a_d | \mathbf{x}_t)$ 是观测样本 $\mathbf{x}_t$ 属于类别 $a_d$ 的后验概率，$D$ 是类别的数目，$\mathbf{y}_s$ 是用来表达状态 $s$ 的概率分布。理论上，$a_d$ 可

以是任意类别。但实际上，$a_d$ 一般选择上下文无关的音素或者状态。例如，$\mathbf{z}_t$ 可以是一个用输出神经元表示单音素的 DNN 的输出。

与混合 DNN-HMM 系统不同，在 KL-HMM 中，$\mathbf{y}_s$ 是一个需要对每一个状态进行估计的额外模型参数。在 [12, 13] 中，$\mathbf{y}_s$ 是在固定 $\mathbf{z}_t$（也就是固定 DNN）的情形下，通过最小化公式6.14中定义的平均每帧得分来得到最优化的。

除此之外，反向 KL（RKL）距离

$$S_{\text{RKL}}(s, \mathbf{z}_t) = \text{KL}(\mathbf{z}_t \parallel \mathbf{y}_s) = \sum_{d=1}^{D} z_t^d \ln \frac{z_t^d}{y_s^d} \tag{6.15}$$

或者对称 KL（SKL）距离

$$S_{\text{SKL}}(s, \mathbf{z}_t) = \text{KL}(\mathbf{y}_s \parallel \mathbf{z}_t) + \text{KL}(\mathbf{z}_t \parallel \mathbf{y}_s) \tag{6.16}$$

也可以被用作状态得分。

我们需要注意的是，KL-HMM 可以被视为一种特殊的 DNN-HMM，它采用 $a_d$ 作为一个 DNN 中的 D 维瓶颈层中的隐层神经元，并把 DNN 的 softmax 层替换成 KL 距离。因此，为了公平比较[3]，当比较 DNN-HMM 混合系统和 KL-HMM 系统时，DNN-HMM 混合系统需要增加额外一层。

除了比 DNN-HMM 系统更复杂外，KL-HMM 还有另外两个缺点。第一，KL-HMM 模型的参数是在 DNN 模型之外独立估计的，而不是像 DNN-HMM 一样所有的参数都是联合优化的；第二，KL-HMM 中采用序列鉴别性训练（我们会在第8章中讨论）并不如 DNN-HMM 混合系统中那么直观。因此，尽管 KL-HMM 系统也是一个很有意思的模型，但本书将着重讨论 DNN-HMM 混合系统。

---

[3]有一些文章在比较 DNN-HMM 系统和 KL-HMM 系统时用了不公平的比较方法，这些文章中得到的结论是有待商榷的。

# 7

# 训练和解码的加速

**摘要** 深度神经网络（DNN）有很多隐层，每个隐层有很多节点。这大大地增加了总的模型参数数量，降低了训练和解码速度。在本章中，我们将讨论有关加速训练和解码的算法以及工程技术。具体地说，我们将阐述基于流水线的反向传播算法、异步随机梯度下降算法以及增广拉格朗日乘子算法。我们也将介绍用于减小模型规模来加速训练和解码的低秩近似算法，以及量化、惰性计算、跳帧等可以显著地加速解码速度的技术。

## 7.1 训练加速

大规模真实的语音识别系统经常会使用数千甚至上万小时的语音数据训练。由于我们会每 10ms 抽取一帧（frame）特征，则 24 小时数据会转化为

$$24h \times 60min/h \times 60s/min \times 100frame/s = 8.64million\ frames$$

一千小时数据等同于 3.6 亿帧数据（或样本），同时考虑到深度神经网络（DNN）参数的大小，这显然包含了巨大的计算量，使得加速训练的技术非常重要。

我们可以使用高性能计算设备加速训练速度，例如，通用图形处理器单元（GPGPU）或者使用更好的算法，从而减少模型参数，收敛更快，或者利用多处理器单元。从我们的经验来看，GPGPU 的性能要远远快于多核 CPU，因而是训练 DNN 的理想平台。

### 7.1.1 使用多 GPU 流水线反向传播

我们都知道，基于小批量（minibatch）的随机梯度下降（SGD）训练算法在单个计算设备上能够很容易地处理大数据。然而，只有数百样本的小块使得并行化处理非常困难。这是因为如果只是简单的数据并行，每个小批量样本模型参数更新需要过高的带宽。例如，一个典型的 2k×7（7 个隐层，每个隐层 2k 个节点）CD-DNN-HMM 有5000 万至 1 亿个浮点参数或者 2 亿~4 亿字节。每个服务器每个小批量将需要分发400MB 梯度以及收集另外 400MB 模型参数，如果每个小批量计算在 GPGPU 上实现需要 500ms，这将接近 PCIe-2 的数据传输限制（约 6GB/s）。

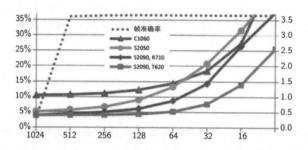

图 7.1　不同的批量大小和 GPU/CPU 模型类型的相对运行时间，以及在处理完 12 小时数据之后的帧正确率。左边的 $y$ 轴：帧正确率；右边的 $y$ 轴：以 C1060 以及2048 点的批量大小所需的计算时间为基准得到的相对运行时间。（本图摘录于 Chen 等人[60]，引用已经获得 ISCA 授权）

然而，批量块的大小主要由两个因素决定：更小的批量块意味着更加频繁的模型更新，也意味着 GPU 的计算能力使用更低效。更大的批量块能够更加高效地计算，但是整个训练过程需要更多次训练集的完整迭代。平衡这两个因素可以获得一个优化的批量块大小。图 7.1 显示了在训练 12 小时训练数据以后不同的批量块大小（$x$ 轴）的相对运行时间（右 $y$ 轴），以及帧正确率（左 $y$ 轴）。在这些实验中，在最开始的 2.4小时训练数据内，如果批量块大小比 256 大，其被设为 256，2.4 小时训练数据后，其增加到实际的大小。可以看到最优的批量块大小在 256~1024 之间。

如果使用图 7.1 列出的最好的 GPU，即 NVidia S2090（主机为 T620），以及交叉熵训练准则，为了获得一个好性能的 DNN 模型，300 小时的训练数据将花费 15 天时间。如果用 2000 小时的训练数据，整个训练时间将增加至 45 天，注意到整个训练时间增加约 3 倍，而不是 2000/300 ≈ 6.7 倍。这是因为使用 SGD 训练时，尽管每次迭代整个训练数据会花费 6.7 倍的时间，但是对整个训练数据的迭代次数会变得更少。使用更新的 GPU，例如 K20X，能够使训练时间降低至 20 天。尽管如此，训练 2 万小时的训练数据仍然需要 2 个月时间。因此，并行训练算法对支持大数据的训练非常重要。

我们用 $K$ 表示 GPU 的数量（例如，4），批量块大小为 $T$（如 1024），所有的隐层节点维度为 $N$（如 2048），以及输出维度（senones 数量）为 $J$（如 9304）。我们使用经典的通过切分训练数据实现并行化的 map-reduce[76] 方法，在每个小批量的运算中，将涉及从主服务器到其他 $K-1$ 个 GPU 对整个模型的梯度及模型参数的累积和分发操作。在不同 GPGPU 之间的共享带宽是 $\mathcal{O}(N \cdot (T + 2(L \cdot N + J)(K-1)))$。一个树状的通信架构能够使其降至 $\mathcal{O}(N \cdot (T + 2(L \cdot N + J)\lceil \log_2 K \rceil))$，其中，$\lceil x \rceil$ 是大于或等于 $x$ 的最小整数。

我们可以把模型的每一层参数分成条状，将其分发到不同的计算节点。在这个节点并行方法中，每个 GPU 处理每层参数和梯度的 $K$ 个垂直切分中的一条切分。模型更新发生在每个 GPU 的本地。在前向计算中，每层的输入 $v^{\ell-1}$ 要分发至所有的 GPU，每个 GPU 计算输出向量 $v^\ell$ 的一个片段。所有这些计算好的片段再被分发至其他的 GPU 用于计算下一层。在反向传播过程中，误差向量以切分片段的方式进行并行计算，但是由每个片段产生的结果矩阵只是不完整的部分和，最后还需要进一步综合求和。总之，在前向计算及反向传播计算中，每个向量都需要传输 $K-1$ 次。带宽是 $\mathcal{O}(N \cdot (K-1) \cdot T \cdot (2L+1))$。

基于流水线的反向传播[60, 316]，通过把各层参数分发在不同 GPU 形成一个流水线，可以避免在上述条状分割方法中数据向量的多次复制。数据而不是模型，从一个 GPU 流向下一个 GPU，所有的 GPU 基于它们获得的数据独立的工作。例如，在图 7.2中，以 DNN 每两层为切分单元进行前向传播，其分别存储在三个 GPU 中，当第一批的训练数据进入后，它由 GPU1 处理。隐层 1 的激活（输出）传入 GPU2 处理。以此同时，一个新的批训练数据进入 GPU1 处理。在三个批次数据以后，所有的 GPU 都被占用。如果能平衡每层的计算，这个过程将获得三倍加速。反向传播过程以类似的方式处理。六个批次数据以后，所有的 GPU 都处理了一个向前的批次以及一个向后的批次。由于 GPU 使用单指令多数据流（SIMD）架构，我们可以对每层先更新模型，然后做前向计算。这保证最近更新的权重可以用于前向计算，这样可以减少下面将提到的延迟更新问题。

在流水线构架中，每个向量对每个 GPU 要遍历两次，一次前向计算以及一次后向计算。带宽是 $\mathcal{O}(N \cdot T \cdot (2K-1))$，这低于数据并行及条形分割。如果 DNN 层的数量比 GPU 数量多，你可以把若干层分为一组放在同一 GPU 中。最后异步数据传输以及近似顺序执行使得数据传输和计算大部分能够并行，这样能够使有效的通信时间降低，直至接近于 0。

需要注意，效率的提高伴随着损耗。这是因为用于前向计算的权值与用于反向传播的权值不一致。例如，对于批次 $n$，在 GPU 1、GPU 2 以及 GPU 3 中用于前向计算的权值是批次 $n$-5、$n$-3 以及 $n$-1 后依次更新的。然而，当计算梯度的时候，对于批次

*n-1* 及 *n-2*，对应在 GPU 2 及 GPU 1 的这些权值已经更早地被更新过了，尽管它们在 GPU3 上是一致的。这意味着在更低层，由于流水线的延迟，梯度的计算并不精确。基于以上分析，我们可以认为延迟更新可以作为一种特殊复杂的冲量技术，其中梯度的更新值（平滑后的梯度）是之前的模型以及梯度的函数。基于这个原因，如果批量块大小不变，当流水线很长时，可以观察到性能会有降低。为了减轻延迟更新的副作用，我们需要切分批量块大小。

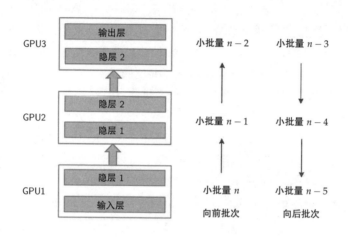

图 7.2　流水线并行架构的示意图

实现大规模加速的关键是平衡每个 GPU 的计算。如果层数是 GPU 个数的整数倍，并且所有的层都拥有相同的维度，平衡计算量就很容易。然而在 CD-DNN-HMM 中，最后的 softmax 层占参数量的主要部分。这是因为聚类后状态的数量通常在 10K 左右，隐层节点的数量典型在 2K 左右。为了平衡计算，对于 softmax 层，我们需要使用条状切分，对余下的层则使用流水线。

表 7.1 引用于 Chen 等人[60]，显示在一台服务器（Dell PowerEdge T620）上使用 4 个 GPU（NVidia Tesla S2090）的训练运行时间，其中输入特征维度为 429，隐层个数 *L*=7，隐层维度 *N*=2048，以及聚类后的状态个数 *J*=9304。从这个表中我们可以观察到，在双通道 GPU 上，可以实现 1.7 到 1.9 倍的加速（例如对 512 帧的批量块，运行时间从 61 分钟降低至 33 分钟），尽管延迟更新的结果并不精确，却几乎没有性能下降。为了实现这个加速，由于不平衡的 softmax 层，GPU1 包含 5 个权值矩阵，GPU2 只包含两层。两块 GPU 计算时间比例为 $(429+5\times2048)\times2048 : (2048+9304)\times2048 = 0.94:1$，这样就非常平衡。增加至 4 块 GPU，仅仅使用流水线的方式几乎没有作用。总体的加速比保持在 2.2 倍左右（例如 ~61 对 ~29 分钟）。这是因为 softmax 层参数量（9304×2048 个参数）是隐层参数量（$2048^2$）的 4.5 倍，这是限制瓶颈。在 4 个 GPU 上计算时间的

比例为 $(429 + 2 \times 2048) \times 2048 : (2 \times 2048) \times 2048 : (2 \times 2048) \times 2048 : 9304 \times 2048 =$ $1.1 : 1 : 1 : 2.27$。换句话说，GPU4 会花费其他 GPU 两倍的时间进行计算。然而，如果流水线 BP 和 striping 方法相结合，striping 方法只用于 softmax 层，将实现巨大的加速。在这个配置中，把各层 (0..3; 4..6; 7L; 7R) 分配到四个 GPU 中，其中 $L$ 和 $R$ 分别表示 softmax 左右切分。换句话说。两个 GPU 联合形成流水线的顶部，同时底部的 7 层分布在其他两个 GPU 上。在这个条件下，四块 GPU 计算耗费的比例是 $(429 + 3 \times 2048) \times 2048 : (3 \times 2048) \times 2048 : 4652 \times 2048 : 4652 \times 2048 = 1.07 : 1 : 0.76 : 0.76$。在没有性能损失的情况下，在四块 GPU 上，最快的流水线系统（使用 512 的批量块大小，18 分钟处理 24 小时数据）比单 GPU 基线快 3.3 倍（使用 1024 的批量块大小，59 分钟处理 24 小时数据），这是一个 3.3 倍的加速。

表 7.1　不同的流水线并行方法下，每 24 小时训练数据所需的计算时间（分钟）。[[·]] 表示不收敛，[·] 表示在测试集合上产生了大于 0.1% 的词错误率（WER）损失（引自 Chen 等人[60]）。

| 方法 | GPU 个数 | 批量块大小 | | |
|---|---|---|---|---|
| | | 256 | 512 | 1024 |
| 单 GPU 基线 | 1 | 68 | 61 | **59** |
| 流水线 (0..5;6..7) | 2 | 36 | 33 | **31** |
| 流水线 (0..2;3..4;5..6;7) | 4 | 32 | **29** | [27] |
| 流水线 + 条形分割 (0..3; 4..6; 7L; 7R) | 4 | 20 | **18** | [[18]] |

流水线反向传播的弊端很明显。总体的加速在很大程度上取决于你能否找到一种方法平衡各个 GPU 上的计算量。此外，由于延迟更新的影响，其不容易扩展至更多GPU 上实现相同的加速。

## 7.1.2　异步随机梯度下降

模型训练可以使用另一种称为异步随机梯度下降的技术实现并行化（Asynchronous SGD，ASGD）[245, 306, 447]。如图 7.3 所示，最初的 ASGD 是一种在多 CPU 的服务器上运行的方法。在这个构架中，DNN 存储在若干个（图中为 3 个）计算节点上，这些节点被称为参数服务器池。参数服务器池是主控端。主控端发送模型参数到从属端，每个从属端包含若干个计算节点（图中为 4 个）。每个从属端负责训练数据的一个子集，它计算每个小批量数据的梯度，并发送至主控端。主控端更新模型参数，再发送新的模型参数至从属端。

由于从属端每个计算节点都包含模型的部分参数，输出值的计算需要跨计算节点复制。为了降低通信代价，存储在不同计算节点之间模型的连接应该是稀疏的。由于每个计算节点对只是传输一个参数子集，在主控端使用多个计算节点就可以降低主控端和从属端的通信代价。然而，ASGD 成功的关键是使用异步不加锁更新。换句话说，服务器参数更新时是不加锁的。当主控端从各个从属端获取梯度后，它会在不同的线程中独立更新模型参数。当主控端发送新的参数到从属端时，其中的部分参数可能是使用其他从属端发送的梯度进行更新。乍一看，这可能导致收敛问题。实际上，参数收敛效果很好，由于每个从属端不需要等待其他从属端[245, 306]，模型训练时间也大幅度减少。随着采用训练集合中随机取得的数据进行更新，整个模型会不断得到优化。ASGD 的收敛性证明由 [306] 给出。

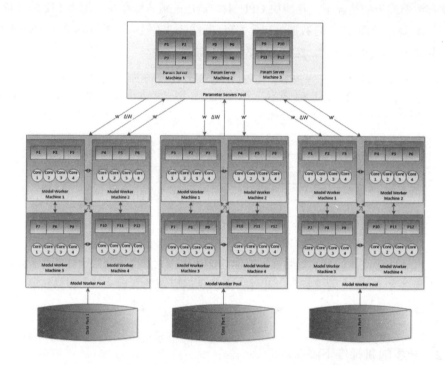

图 7.3 异步随机梯度下降的说明。图中展示了一个主控参数服务器池和三个从属端（图片来自 Erdinc Basci）

在 ASGD 中有些实际的问题需要仔细解决。首先，某些从属端需要花费更长的时间来完成一个计算过程，这样导致这些从属端计算的梯度可能是基于一个很老的模型。最简单的处理这个问题的方法是在所有的通信中发送一个时间戳。如果从主控端和从属端发送的时间戳相差超过一定的阈值，主控端只要抛弃过期的梯度以及发送给从属端最新更新的模型即可。如果一个从属端一致性较慢，分配到这个从属端的数据需要重新分发到其他从属端。通过从同一个数据池获取多个批量块的数据，很容易做到这点。其次，发生在流水线 BP 里的延迟更新问题很明显也会同样发生在 ASGD 中。鉴于此，我们需要减少从属端的数量或者降低学习率，以缓解这个问题。然而，任何一种解决方法都会降低训练速度。最后，延迟更新问题在梯度很大时更容易出现，这典型地发生在模型训练的早期阶段。这个问题可以用预热技术来缓解，即模型在开始 ASGD 训练之前，进行一遍 SGD 训练。

尽管 ASGD 工作在 CPU 集群上[245]，但是其通信消耗是非常大的，会成为瓶颈。例如，在 1000 台分布式 CPU 核心上运行 ASGD 性能，与拥有 8 个 GPU 的单个机器速度性能相似。在 CPU 上使用 ASGD 主要是利用现存的 CPU 集群，以及训练那些不适合放在 GPU 内存中的模型。

ASGD 算法也可以应用到单个主机中的 GPU[447]。既然在语言识别中，DNN 模型既适合在 CPU 中，也适合在 GPU 内存中，我们也可以使用主机（CPU）作为主控端，把每个 GPU 作为从属端。注意到基于 GPU 的 ASGD 整体速度都有了重大改善。这是因为每个小批量在 GPU 中的计算时间花费非常少，而且 GPU 和主机（通过 PCIe 总线）之间的通信速度大大快于不同 CPU 之间通信的速度。尽管可以使用 GPU，但如果批量块很小，通信仍然可能会成为瓶颈。这个问题可以通过降低主控端和从属端数据传输的频率来解决。GPU 从属端可以累计更新梯度，每三到四个批次再发送至主控端，而不是对每个小批量数据都更新模型。由于这从本质上增加了批量块的大小，我们需要降低学习率以对其进行补偿。

表 7.2 是从 [447] 中截取的，在 10 小时的中文训练任务中，对比了 SGD 和 ASGD 的字符错误率（CER）。42 维特征由 13 维 PLP、一维基频及其一阶和二阶差分组成。DNN 训练数据为 130 小时，采用其他 1 小时数据作为开发集调整。拼接的 11 帧特征作为 DNN 的输入，DNN 有五个隐层，每层有 2048 个节点，输出节点有 10217 个聚类后的状态。这个系统还在其他两个独立的测试集上进行评估，称为 clean7k 和 noise360，分别对应通过手机麦克风在干净以及噪声环境下搜集的数据。系统使用 NVidia GeForce GTX 690 训练。表 7.2 表示 4 块 GPU 上的 ASGD 与单块 GPU 的 SGD 相比，可以实现 3.2 倍的加速。

表 7.2　在中文语音识别任务上比较每 10 小时数据的训练时间（分钟）以及字符错误率（CER）（摘自 [447]）

| | 字符错误率 | | 用时 (min) |
| --- | --- | --- | --- |
| | clean7K | noise360 | |
| GMM BMMI | 11.30% | 36.56% | - |
| DNN SGD | 9.27% | 26.99% | 195.1 |
| DNN ASGD (4 GPU) | 9.05% | 25.98% | 61.1 |

### 7.1.3　增广拉格朗日算法及乘子方向交替算法

在单个主机上拥有超过 4 个 GPU 不太符合实际。即使有可能，由于延迟更新也使得 ASGD 以及流水线 BP 在多于 4 个 GPU 上很难实现满意的加速效果。为了能训练更多的训练数据，我们仍然需要利用多 GPU/CPU 机器。增广拉格朗日算法（Augmented Lagrangian methods，ALMs）[34, 186, 325] 因此而被提出。

在 DNN 训练中，我们通过在训练集 $\mathbb{S}$ 上最小化经验风险 $J(\theta; \mathbb{S})$ 来优化模型参数 $\theta$：

$$J(\theta; \mathbb{S}) = \sum_{k=1}^{K} J(\theta; \mathbb{S}_k) \tag{7.1}$$

其中，$\mathbb{S}_k$ 是训练数据的第 $k$ 个子集，满足 $\mathbb{S}_k \cap \mathbb{S}_i = \emptyset, \forall k \neq i$，以及 $\bigcup_{k=1}^{K} \mathbb{S}_k = \mathbb{S}$。如果能够保证训练得到的模型在不同数据子集上都一样（这可以通过等式约束强制得到），我们就可能在不同的训练数据子集上使用不同的处理器（可以是相同或者不同的计算节点）独立优化模型参数。这样分布式训练问题就转化为一个条件优化问题。

$$\min_{\theta, \theta_k} J(\theta, \theta_k; \mathbb{S}) = \sum_{k=1}^{K} \min_{\theta, \theta_k} J(\theta_k; \mathbb{S}_k), \; s.t. \; \theta_k = \theta \tag{7.2}$$

其中，$\theta_k$ 是局部模型参数，$\theta$ 是全局共同的模型参数。

这个有约束的优化问题能进一步使用拉格朗日乘子方法转化为无约束优化问题

$$\min_{\theta, \theta_k, \lambda_k} J(\theta, \theta_k, \lambda_k; \mathbb{S}) = \sum_{k=1}^{K} \min_{\theta, \theta_k, \lambda_k} \left[ J(\theta_k; \mathbb{S}_k) + \lambda_k^T (\theta_k - \theta) \right] \tag{7.3}$$

其中，$\lambda_k$ 是拉格朗日乘子或称对偶参数。如果训练准则是严格的凸函数并且是有界的，这个约束问题就可以使用对偶上升算法（dual ascent method）来解决。然而，DNN 中使用的训练准则（如交叉熵或均方差错误训练准则）都是非凸函数。在这样的情况下，对偶上升算法的收敛效果很不好。

为给对偶上升算法增加鲁棒性以及改善收敛效果，我们可以给无约束优化问题增加一个惩罚项，因此它变为

$$\min_{\theta, \theta_k, \lambda_k} J_{\mathrm{ALM}}(\theta, \theta_k, \lambda_k; \mathbb{S}) = \sum_{k=1}^{K} \min_{\theta, \theta_k, \lambda_k} \left[ J(\theta_k; \mathbb{S}_k) + \lambda_k^T (\theta_k - \theta) + \frac{\rho}{2} \|\theta_k - \theta\|_2^2 \right] \tag{7.4}$$

其中，$\rho > 0$，称为惩罚参数。这个新公式称为增广拉格朗日乘子。注意到公式7.4可

以被视为与如下问题相对应的（非增广）拉格朗日方法：

$$\min_{\theta_k} J(\theta_k; \mathbb{S}) + \frac{\rho}{2} \|\theta_k - \theta\|_2^2, \ s.t. \ \theta_k = \theta \tag{7.5}$$

它和初始的公式7.2有相同的解。这个问题可以使用乘子方向交替算法（alternating directions method of multipliers，ADMM）[49] 来解决。

$$\theta_k^{t+1} = \min_{\theta_k} \left[ J(\theta_k; \mathbb{S}_k) + (\lambda_k^t)^T (\theta_k - \theta^t) + \frac{\rho}{2} \|\theta_k - \theta^t\|_2^2 \right] \tag{7.6}$$

$$\theta^{t+1} = \frac{1}{K} \sum_{k=1}^{K} \left( \theta_k^{t+1} + \frac{1}{\rho} \lambda_k^t \right) \tag{7.7}$$

$$\lambda_k^{t+1} = \lambda_k^t + \rho \left( \theta_k^{t+1} - \theta^{t+1} \right) \tag{7.8}$$

公式7.6使用 SGD 算法分布式解决了原始的优化问题。公式7.7将每个处理单元更新后的局部参数集中起来，并在参数服务器上估计出新的模型参数。公式7.8从参数服务器上取回全局模型并更新对偶参数。

上述算法是一个对整体数据进行批处理的算法。然而，它能够应用于比普通 SGD 中使用的批量块再大一些的批量块中，使得训练过程得以加速而不带来太多的通信延迟。DNN 训练是一个非凸问题，ALM/ADMM 常常收敛到一个性能比正常 SGD 算法的结果稍差的点上。为了减小这种性能差距，我们需要使用 SGD 来初始化模型（通常称为开始预热），然后使用 ALM/ADMM，最后使用 SGD、L-BFGS 或者 Hessian free 算法结束训练。这个算法也可以和 ASGD 或者流水线 BP 相结合，进一步加速训练过程。ALM/ADMM 算法不仅可以用在 DNN 训练中，也可以用在其他模型训练中。

### 7.1.4 减小模型规模

改善训练速度不仅可以通过使用更好的训练算法，还可以通过使用更小的模型来实现。简单的减少模型参数的方法是使用更少的隐层以及每层使用更少的节点，然而，不幸的是，这样往往降低了识别的准确性[73, 359]。一种有效的减小模型规模的技术是低秩分解[345, 410]。

有两个证据可以说明 DNN 中的权值矩阵大体上是低秩的。首先，在 CD-DNN-HMM 中，为实现好的识别性能，DNN 的输出层一般拥有大量的节点（例如 5000 ～ 10000），大于或等于一个优化的 GMM-HMM 系统的聚类后的状态（绑定的三音素状态）数量。最后一层占用了系统 50% 的模型参数以及训练计算量。然而，在解码过程中一般只有少部分输出节点是激活的。这样可以合理地认为那些激活的输出节点是相关的（例如，属于有混淆的若干上下文相关的 HMM 状态集合），这表示输出层的权值矩阵是低秩的。其次，在 DNN 任意层只有最大的 30%～40% 的权值是重要的。如果把矩阵其余的权值都设置为 0，DNN 的性能不会降低[436]。这意味着每个权值矩阵能够近似地进行低秩分解且没有识别精度的损失。

使用低秩分解，每个权值矩阵可以分解成两个更小的矩阵，从而大大减少了 DNN 的参数数量。使用低秩分解不仅能减少模型大小，而且能限制参数空间，可以使优化更加有效，并且降低训练轮数。

我们用 $\mathbf{W}$ 表示一个 $m \times n$ 的低秩矩阵。如果 $\mathbf{W}$ 的秩为 $r$，存在一个分解 $\mathbf{W} = \mathbf{W}_2\mathbf{W}_1$，其中 $\mathbf{W}_2$ 是一个秩为 $r$、大小为 $m \times r$ 的矩阵，$\mathbf{W}_1$ 是一个秩为 $r$、大小为 $r \times n$ 的矩阵。我们用 $\mathbf{W}_2$ 和 $\mathbf{W}_1$ 相乘代替矩阵 $\mathbf{W}$，如果满足 $m \times r + r \times n < m \times n$ 或者 $r < \frac{m \times n}{m+n}$，我们就可能减小模型规模并加速训练。如果我们想减少模型 $p$ 倍，则需要满足 $r < \frac{p \times m \times n}{m+n}$。当用 $\mathbf{W}_1$ 和 $\mathbf{W}_2$ 替换 $\mathbf{W}$ 时，等价于引入了一个线性层 $\mathbf{W}_1$，后面接着一个非线性层 $\mathbf{W}_2$，如图 7.4所示。这是因为

$$\mathbf{y} = f(\mathbf{W}\mathbf{v}) = f(\mathbf{W}_2\mathbf{W}_1\mathbf{v}) = f(\mathbf{W}_2\mathbf{h}) \tag{7.9}$$

其中，$\mathbf{h} = \mathbf{W}_1\mathbf{v}$ 是一个非线性转换。在 [345] 中显示，对不同的任务，如果只把 softmax 层分解为秩在 128 到 512 之间的矩阵，模型性能将不会降低。

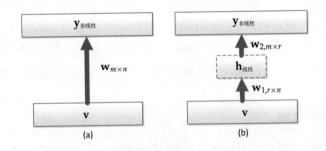

图 7.4 低秩分解的示意图。将权重矩阵 $\mathbf{W}$ 用两个较小的矩阵 $\mathbf{W}_2$ 和 $\mathbf{W}_1$ 相乘来代替，等价于将非线性层 $\mathbf{W}$ 替换为一个线性层 $\mathbf{W}_1$，再接上一个非线性层 $\mathbf{W}_2$

### 7.1.5 其他方法

研究者也提出了其他方法。例如，可以分别用独立的 1/4 数据训练 4 个 DNN，然后训练一个顶层网络用于合并 4 个独立的 DNN 输出。通过首先对聚类后的状态聚类，

然后训练一个分类器分类，最后对每个聚类的聚类后的状态训练一个 DNN[450]，从而进一步降低训练时间。由于输出层规模更小（只包含属于该类聚类后的状态），并且训练每类的单个 DNN 的对应数据集合也更小（只需要使用和输出聚类后的状态相关的帧），训练速度可以得到极大提高。[450] 报告称，使用 4 块 GPU，在只有 1%～2% 相对字错误降低的情况下，能实现 5 倍的加速。然而这种方法在解码的时候需要额外的计算量。这是由于聚类后的各个 DNN 是分开的，每个类别的 DNN 一般拥有和原来整个 DNN 系统相同数量的隐层及隐层节点数量。换句话说，这种方法是用解码时间来换取训练时间。另外一种流行的方法是使用 Hessian free 训练算法[237, 280, 281]，它可以使用更大的批量块大小以及能够更容易地实现跨机器并行。然而，这种算法在单 GPU 上比 SGD 慢很多，而且需要很多实际的技巧才能使其有效。

## 7.2  加速解码

每一帧都需要估计大量的参数也使得实时解码有更多的计算挑战。仔细的工程化及聪明的技巧能够极大地提高解码速度。在本节，我们讨论由 [392] 提出的量化及并行计算技术，[436] 提出的稀疏 DNN，[410] 提出的低秩分解技术，以及 [391] 提出的多帧 DNN 计算技术。这些技术都可以加速解码。当然，最好的实践应当将所有这些技术结合起来。

### 7.2.1  并行计算

一个减少解码时间的明显的解决方案是将 DNN 的计算并行化。这在 GPU 上很容易实现。然而在很多任务中，使用消费级 CPU 硬件是更加经济有效的方案。幸运的是，现代 CPU 通常支持低级的单指令多数据（single instruction multiple data，SIMD）指令级并行。在 Intel 和 AMD 的 x86 系列 CPU 中，它们通常在单一时间计算 16B（也就是 2 个双精度浮点数、4 个单精度浮点数、8 个短整数或 16B）的数据。利用这些指令集的优势，我们可以极大地提升解码速度。

取自 [392] 的表 7.3 总结了可运用于 CPU 解码器的技术以及在一个配置为 440: 2000X5:7969 的 DNN 上可以实现的实时率（RTF，定义为处理时间除以音频回放时间）。这是一个典型的以 11 帧特征作为输入的 DNN。每一帧包含 40 维从梅尔域三角滤波器组输出系数中提取的对数能量。所有的 5 个隐藏层分别包含 2000 个 sigmoid 神经元。输出层包含 7969 个聚类后的状态。这些结果是在安装了 Ubuntu OS 的 Intel Xeon DP Quad Core E5640 机器上获得的。CPU 扩展被禁用了，每次计算都进行了至少 5 次并对结果取平均。

表 7.3 使用不同的工程优化技术时，一个用于语音识别的典型的 DNN（440:2000X5:7969）的计算实时率（RTF）。（总结自 Vanhoucke 等人的文章[392]）

| 技术 | 实时率 | 注释 |
| --- | --- | --- |
| 浮点数基线 | 3.89 | 基线 |
| 浮点数 SSE2 | 1.36 | 4 路并行化（16B） |
| 8 位量化 | 1.52 | 激活值：无符号字符类型；权重：有符号字符类型 |
| 整数 SSSE3 | 0.51 | 16 路并行化 |
| 整数 SSE4 | 0.47 | 快速 16~32 转换 |
| 批量计算 | 0.36 | 几十毫秒上的批量计算 |
| 惰性求值 | 0.26 | 假设 30% 活跃的聚类后的状态 |
| 批量惰性求值 | 0.21 | 合并批量计算和惰性求值 |

从表 7.3 中可以清楚地看到，仅从 DNN 计算后验概率，朴素的实现就需要 3.89 倍实时的时间。使用了每次处理 4 个浮点数的浮点数 SSE2 指令集，解码时间可以显著缩短为 1.36 倍实时。然而这仍然十分昂贵，并且比实时音频时间还要慢。作为对比，我们或者可以把 4B 浮点数的隐藏层激活值（如果使用的是 sigmoid 激活函数，取值范围就是 $(0,1)$）线性量化为无符号字符类型（1B），而权重值量化为有符号字符类型（1B）。偏置可以被编码为 4B 整数，而输入保持浮点类型。这种量化（quantization）技术可以在即使不使用 SIMD 指令的条件下把所需时间降为 1.52 倍实时。量化技术同时可以把模型大小减小 3~4 倍。

当使用整数类型 SSSE3 指令集来处理 8 位量化值的时候，由于允许 16 路并行计算，这将减少另外 2/3 的时间，而将整体计算时间降为 0.51 倍实时。SSE4 指令集引入了一个小的优化，使用一条指令可以完成 16 位到 32 位的转化。使用 SSE4 指令集，可以进一步观察到一个小幅提升，解码时间降为 0.47 倍实时。

在语音识别中，即使是在线识别模式中，在一段语音的开始处整合几百毫秒的预查看技术（look-ahead）也是非常常见的，目的是提高对语音和噪声统计量的实时估计。这意味着处理几十毫秒的小批量的帧不会过多地影响延迟。为了充分利用批量计算的优势，批量数据成块地在神经网络中传播，使得每个线性计算都成为矩阵乘法，这可以充分利用 CPU 对权重和激活值的缓存。使用批量计算可以进一步把计算时间降为 0.36 倍实时。

最后一个进一步提高解码速度的技巧是只计算那些需要计算的状态类别的后验概率。众所周知，在解码过程中，每一帧只有一部分（25% 到 35%）的状态分数是需要计算的。在 GMM-HMM 系统中，这很容易实现，因为每个状态都有属于它自己的高斯成分集合。然而在 DNN 中，即使只有一个状态是活跃的，由于所有的隐藏层都是共享的，它们几乎都需要被计算。一个例外是最后的输出层，这一层中只有那些与必要的后验概率相关的神经元需要被计算。这意味着我们可以对输出层进行惰性求值。然而，通过惰性方式计算输出层，对矩阵计算增加了额外的低效性，这引入了一个固定的 22% 的相对代价。总的来说，使用惰性求值（在不使用批量技术的情况下）可以把解码时间降为 0.26 倍实时，因为输出层占据了主要的计算时间（通常占 50%）。

然而，使用惰性求值尽管可以继续批量计算所有的隐藏层，但却再也不能进行跨越多帧的批量计算。进一步说，因为解码器在第 $t$ 帧需要一个状态，也就有很大可能在第 $t+1$ 仍然需要这个状态，在权重被缓存的同时，仍旧可能批量计算这些连续帧的后验概率。合并惰性求值和批量计算进一步把 DNN 计算时间降为 0.21 倍实时。

总之，这些工程优化技术实现了相对于朴素实现的 20 倍加速（从 3.89 倍实时降为 0.21 倍实时）。注意这个 0.21 倍实时仅是 DNN 后验概率的计算时间。解码器仍然需要搜索所有可能的状态序列，取决于语言模型混淆度以及搜索中所用的剪枝策略，这通常平均增加 0.2~0.3 倍实时时间，而在极端情况下可能增加 0.6~0.7 倍实时的计算时间。最终完成解码的时间可以在不降低正确率的前提下控制在语音实时时间之内。

## 7.2.2 稀疏网络

在一些设备上，例如智能手机，SIMD 指令可能并不存在。在这样的条件下，我们仍然可以使用 8 位量化来提升解码速度。然而，我们无法使用在7.2.1节中讨论过的很多并行计算技术。

幸运的是，通过观察训练后全连接的 DNN，我们发现在所有的连接中有很大一部分具有很小的权重。举例来说，在语音识别中使用的典型 DNN 中有 70% 的权重小于 0.1[436]。这意味着我们可以减小模型的尺寸，并通过移除具有很小权重的连接来加速解码。注意，我们并没有在偏置参数上观察到类似的模式。由于非零的偏置值意味着相对于原始超平面的偏移，这是个可以被预料的现象。然而，考虑到与权重参数相比偏置参数的数量非常少，完整地保留偏置参数不会显著影响最终模型的尺寸以及解码速度。

生成稀疏模型的方法有很多种。举例来说，既然我们想要同时最小化交叉熵以及非零权重的个数，强制稀疏性的任务就可以写成一个多目标优化问题的形式。这个双目标优化的问题可以转化为一个使用 L1 正则化的单目标优化问题。不幸的是，这种形式无法与 DNN 训练中通常使用的随机梯度下降（stochastic gradient descent，SGD）算法同时工作[436]。这是因为子梯度的更新无法得到严格的稀疏网络。为了强制得到一个稀疏化的方案，我们通常每隔 $T$ 步就删节网络配置，即把小于一个阈值 $\theta$ 的参数设成零[243]。然而这种删节步骤有些武断，而且参数 $T$ 很难确定。通常，$T$ 取一个很小的值（比如 1）并不理想。尤其是当批量块很小的时候就更是如此，原因是这时候每个 SGD 更新步骤只能轻微地更改权重值。当一个参数接近于零的时候，经过几次 SGD 更新后，它就会保持围绕零浮动。而且如果 $T$ 不足够大，它可能会被取整为 0。其结果是，删节只能在若干（一个合理大的）$T$ 步后执行，寄希望于非零系数能有足够长的时间来突破阈值 $\theta$。另一方面，一个大 $T$ 意味着每次参数被删节，训练准则都会降低，并且需要类似数量的步骤使得损失得以补偿。

另一个众所周知的工作[173, 248]在二阶导训练收敛之后进行权重的删除。不幸的是，这些算法很难扩展到我们在识别中所使用的大型训练集，并且其优势在删除权重之后的继续迭代中也减弱了。

第三种方式既可以很好地加速，又能生成好的模型，它把上述问题表达为一个具有凸约束的优化问题

$$\|\mathbf{W}\|_0 \leq q \tag{7.10}$$

其中 $q$ 是允许的最大数量的非零参数的阈值。

这个约束优化问题很难求解。然而，基于以下两个观察可以得到一个近似方案：第一，在训练数据集迭代过几次之后权重变得相对稳定——它们倾向于保持一个要么很大，要么很小的量级（即绝对值）。第二，在一个稳定的模型中，连接的重要性可以由权重的量级来近似。这就引出了一个简单有效的算法。[1]

我们首先扫过全部训练数据几次来训练一个初始 DNN。接着只保留最大的 $q$ 个权重，然后保持同样的稀疏连接性不变继续训练 DNN。这可通过掩蔽那些要删除的连接，或者把小于量级 $\min\{0.02, \theta/2\}$ 的权重舍入为零来实现。这里 $\theta$ 是能在删除操作中存活的权重的最小量级，而 0.02 则是个超参数，通过观察全连接网络中权重量级的模式来确定。掩蔽权重的方法虽然很清晰，但需要存储一个巨大的掩蔽矩阵。舍入为零的方法更加高效，但也更具技巧性，因为只将那些比 $\min\{0.02, \theta/2\}$ 更小的，而不是比 $\theta$ 更小的权值舍入为零很重要。这是因为权值在训练过程中会产生收缩，如果不这样做，可能会被很突然地移除。另外，很重要的是，在进行删除之后，需要继续训练 DNN，以弥补突然移除一些小的权重导致精度下降。

[436] 所提供的表 7.4 和表 7.5 总结了在 6.2.1 节中所描述的语音搜索（VS）和 Switchoboard（SWB）数据集上的实验结果。通过利用模型的稀疏性属性，我们在两个数据集上可以获得 0.2%~0.3% 错误率的降低的同时把连接数降低至 30%。或者，我们可以在 VS 和 SWB 数据集上把权重数量分别降至 12% 和 19%，而不牺牲模型准确率。在这种情况下，在 VS 和 SWB 数据集上，CD-DNN-HMM 的大小分别只有 CD-GMM-HMM 的 1.5 倍和 0.3 倍，并且相对全连接模型只有 18% 和 29% 的模型尺寸。这种转变在

---

[1]更精确地讲，它可以由权重和输入值的乘积的量级来近似。然而，各层输入值的量级大体相对均匀，这是因为在输入层特征被归一化为均值为 0、方差为 1 的数据，而隐藏层的值是概率。

SIMD 指令不存在的条件下，在 VS 和 SWB 数据集上可以把 DNN 的计算量分别降为全连接模型的 14% 和 23%。

表 7.4　在 VS 数据集上存在或不存在稀疏性约束时的模型大小、计算时间和句子错误率（SER）。全连接 DNN 包含 5 个隐藏层，每层 2048 个神经元。集外词率（OOV）在开发集合和测试集均是 6%。（总结自 Yu 等的文章[436]）

| 声学模型 | #非零参数 | %非零参数 | Hub5'00 FSH | RT03S SWB |
|---|---|---|---|---|
| GMM MPE | 1.5M | - | 34.5% | 36.2% |
| DNN，CE | 19.2M | 全连接的 | 28.0% | 30.4% |
|  | 12.8M | 67% | 27.9% | 30.3% |
|  | 8.8M | 46% | 27.7% | 30.1% |
|  | 6.0M | 31% | 27.7% | 30.1% |
|  | 4.0M | 21% | 27.8% | 30.2% |
|  | 2.3M | 12% | 27.9% | 30.4% |
|  | 1.0M | 5% | 29.7% | 31.7% |

表 7.5　在 SWB 数据集上存在和不存在稀疏性约束时的模型大小、计算时间和句子错误率（SER）。全连接 DNN 包含 7 个隐藏层，每层 2048 个神经元。（总结自 Yu 等的文章[436]）

| 声学模型 | #非零参数 | %非零参数 | Hub5'00 FSH | RT03S SWB |
|---|---|---|---|---|
| GMM，BMMI | 29.4M | - | 23.6% | 27.4% |
| DNN，CE | 45.1M | 全连接的 | 16.4% | 18.6% |
|  | 31.1M | 69% | 16.2% | 18.5% |
|  | 23.6M | 52% | 16.1% | 18.5% |
|  | 15.2M | 34% | 16.1% | 18.4% |
|  | 11.0M | 24% | 16.2% | 18.5% |
|  | 8.6M | 19% | 16.4% | 18.7% |
|  | 6.6M | 5% | 16.5% | 18.7% |

需要注意的是，学习得到的稀疏矩阵通常具有随机的模式。这使得即使能够取得很高的稀疏性，存储和计算都不能很有效率，特别是在使用 SIMD 并行化的情况下就更是如此。

## 7.2.3　低秩近似

低秩矩阵分解技术既可以减少训练时间，也可以减少解码时间。在7.1.4节中，我们提到了甚至可以在训练开始之前把 softmax 层替换为两个更小的矩阵。然而，这种方法具有诸多不足。第一，事先并不容易知道需要保留的秩，因此需要使用不同的秩

$r$ 构建多个模型。第二，如果我们在较低的隐层使用低秩技术，最终模型的性能可能会变得非常差[345]。换句话说，我们无法为较低层减小模型尺寸并降低解码时间。然而，即使只有一个输出状态，也要计算低层的神经元。因此，减小低层的模型尺寸是非常重要的。

如果我们只在乎解码时间，我们可以通过奇异值分解（singular value decomposition，SVD）来确定秩 $r$[410]。一旦我们训练了一个全连接的模型，就可以把每一个 $m \times n$（$m \geqslant n$）的权重矩阵 $\mathbf{W}$ 换成 SVD

$$\mathbf{W}_{m \times n} = \mathbf{U}_{m \times n} \mathbf{\Sigma}_{n \times n} \mathbf{V}_{n \times n}^T, \tag{7.11}$$

这里 $\mathbf{\Sigma}$ 是一个降序排列的非负奇异值的对角矩阵，$\mathbf{U}$ 和 $\mathbf{V}^T$ 是酉矩阵，各列构成了一组可以被视为基向量的正交向量。$\mathbf{U}$ 的 $m$ 列和 $\mathbf{V}$ 的 $n$ 列被称为 $\mathbf{W}$ 的左奇异值向量和右奇异值向量。我们已经讨论过，DNN 中很大比例的权重会接近于零，因此，很多奇异值也应该接近于零。试验已经证明，对一个 DNN 中的典型权重矩阵，40% 最大的奇异值占了奇异值总体大小的 80%。如果我们保留最大的 $k$ 个奇异值，权重矩阵 $\mathbf{W}$ 可以被估计为两个更小的矩阵

$$\mathbf{W}_{m \times n} \simeq \mathbf{U}_{m \times k} \mathbf{\Sigma}_{k \times k} \mathbf{V}_{k \times n}^T = \mathbf{W}_{2, m \times k} \mathbf{W}_{1, r \times n}, \tag{7.12}$$

这里 $\mathbf{W}_{2, m \times k} = \mathbf{U}_{m \times k}$，而 $\mathbf{W}_{1, r \times n} = \mathbf{\Sigma}_{k \times k} \mathbf{V}_{k \times n}^T$。注意，抛弃了一些小的奇异值之后，近似错误率会上升。因此，类似于稀疏网络方法，低秩近似分解后继续训练模型很重要。试验已经证明，如果我们保留 30% 的模型大小，没有或仅能观察到很小的性能损失[410]。这个结果与在稀疏网络[436] 中的观察一致。然而，低秩矩阵分解方法在这两种方法中更好，因为它可以很容易地利用 SIMD 架构，并在不同的计算设备上实现更高的总体加速效果。

### 7.2.4　用大尺寸 DNN 训练小尺寸 DNN

低秩近似技术能够减小模型规模以及 2/3 解码时间。为了进一步减小模型规模，使模型可以运行在小的设备上且不牺牲精确度，我们需要利用一些其他技术。最有效的方法是使用一个大尺寸的 DNN 输出去训练一个小尺寸的 DNN，从而小的 DNN 能够产生和大的 DNN 一样的输出。这个技术第一次由 Buciluă 等人[54] 提出用于压缩模型。随后由 Ba 和 Caruana[16] 提出，用浅层多层感知器的输出去模仿 DNN 的输出。通过将采用不同随机种子训练出的 DNN 组合起来，他们首先得到一个非常复杂的模型，这种模型的性能远好于单个 DNN 模型。然后，他们把整个训练集送入这个复杂的模

型，从而产生对应的输出，最后使用最小均方错误准则来利用其输出训练浅层的模型。这样，浅层模型的性能就可以和单个 DNN 模型一样。

Li 等人[263]进一步从两个方面扩展了这种方法。首先，他们用于最小化的准则是小模型与大模型输出分布的 KL 距离；其次，他们不仅使用了有标注的数据，而且也把没标注的数据都送入大模型产生训练数据，用于训练小模型。他们发现，使用额外的无监督数据有助于降低大模型和小模型之间的性能差异。

### 7.2.5 多帧 DNN

在 CD-DNN-HMM 中，我们对 9～13 帧（每 10ms 一帧）的窗口输入估计聚类后状态的后验概率。当采用 10ms 的帧率时，语音信号是一个相当平稳的过程。自然地认为相邻帧产生的预测是相似的。一个简单以及计算高效的方法是利用特征帧之间的相关性，简单地把前一帧的预测复制到当前帧，这样可以使计算量减半。这种简单的方法在 [391] 中讨论过，称为帧异步（frame-asynchronous）DNN，其性能令人惊奇的好。

一个称为多帧 DNN（MFDNN）的改善方法在 [391] 中被提出。这种方法并不像在帧异步方法中那样从前一帧复制状态预测，它使用和 $t$ 帧一样的输入窗口，但同时预测 $t$ 帧时刻以及邻接帧的帧标注。这是通过把传统 DNN 中单一的 softmax 层替换为多个 softmax 层，其中每个 softmax 都对应不同的帧标注来实现。由于所有的 softmax 层都共享相同的隐层，MFDNN 可以省去隐层的计算时间。

例如，在 [391] 中，MFDNN 联合预测 $t$ 到 $t-K$ 帧标注，其中，$K$ 是向后预测的帧数。这是一个多任务学习的典型例子。需要注意的是，MFDNN 是预测过去的 $(t-1, ..., t-K)$ 帧，而不是将来的 $(t+1, ..., t+K)$ 帧。这是因为在 [391] 中，所使用的上下文窗口包括了过去的 20 帧和未来的 5 帧，这使得 DNN 的输入向量中包含过去的上下文信息比未来的上下文信息更多。而在绝大部分的 DNN 实现[73, 359] 中，输入窗口都平衡了过去和将来帧的上下文信息。对这些 DNN，其联合预测的帧标注可以是来自过去，也可以是未来。如果 $K$ 很大，系统的总体延迟将变大。由于延迟将影响用户体验，$K$ 一般设为小于 4，从而由 MFDNN 带来的额外延迟将小于 30ms。

训练一个这样的 MFDNN 时，可以把所有的 softmax 层产生的误差一起进行反向传播。如果这样做，由于误差信号是已经乘以总体预测帧数量得到的，因此其梯度大小将会增加。为了保持收敛性质，学习率可能要降低。

MFDNN 的性能要比帧异步 DNN 好，可以达到基线的水平。根据 [391] 的报告，对比相同的基线系统，一个系统联合预测 2 帧时，在查询处理速率上实现了 10% 的改善而精度不降。一个系统同时预测 4 帧时，在查询处理速率上进一步实现了 10% 的改善，而绝对字错误率仅仅增加了 0.4%。

# 8

# 深度神经网络序列鉴别性训练

**摘要**  前面章节中讨论的交叉熵训练准则能独立地处理每一帧语音向量。然而，语音识别本质上是一个序列分类问题。在本章中，我们会介绍更契合这种问题的序列鉴别性训练方法。我们会介绍常用的最大互信息（MMI）、增强型最大互信息（BMMI）、最小音素错误（MPE）和最小贝叶斯风险训练准则（MBR），并讨论一些实践中的技术，包括词图生成、词图补偿、丢帧、帧平滑和调整学习率，来让 DNN 序列鉴别性训练更有效。

## 8.1  序列鉴别性训练准则

在前面几章中，我们采用深度神经网络（deep neural networks, DNN）来进行语音识别，在逐帧训练中，使用了交叉熵（cross-entropy, CE）准则来最小化期望帧错误。但是，语音识别本质上是一个序列分类问题。序列鉴别性训练[236, 237, 295, 374, 394] 则希望能更好地利用大词汇连续语音识别（large vocabulary continuous speech recognition, LVCSR）中的最大后验准则（maximum a posteriori, MAP），这可以通过建模处理隐马尔可夫带来的序列（即跨帧的）限制、字典和语言模型（language model, LM）限制来实现。直观地说，如果采用已经在 GMM-HMM 框架下被证明有效的一些序列鉴别性准则，如最大互信息准则（maximum mutual information, MMI）[18, 226]、增强型最大互信息（boosted MMI, BMMI）[321]、最小音素错误（minimum phone error, MPE）[323]或者最小贝叶斯风险（MBR）[158] 等，CD-DNN-HMM 可以取得更好的识别准确率。

实验结果也表明，根据实现和数据集的不同，序列鉴别性训练相比 CE 训练的模型可以获得大约 3% 到 17% 的相对错误率下降。

## 8.1.1　最大相互信息

语音识别中使用的 MMI 准则[18, 226] 旨在最大化单词序列分布和观察序列分布的互信息，这和最小化期望句错误有很大的相关性。我们定义 $\mathbf{o}^m = \mathbf{o}_1^m, \cdots, \mathbf{o}_t^m, \cdots, \mathbf{o}_{T_m}^m$，以及 $\mathbf{w}^m = \mathbf{w}_1^m, \cdots, \mathbf{w}_t^m, \cdots, \mathbf{w}_{N_m}^m$ 分别为第 $m$ 个音频样本的观察序列和正确的单词序列标注，其中 $T_m$ 为第 $m$ 个音频样本的帧总数，$N_m$ 是标注中的单词总数。对一个训练集 $\mathbb{S} = \{(\mathbf{o}^m, \mathbf{w}^m)\,|\,0 \leqslant m < M\}$，MMI 准则为：

$$
\begin{aligned}
J_{\text{MMI}}(\theta; \mathbb{S}) &= \sum_{m=1}^{M} J_{\text{MMI}}(\theta; \mathbf{o}^m, \mathbf{w}^m) \\
&= \sum_{m=1}^{M} \log P(\mathbf{w}^m | \mathbf{o}^m; \theta) \\
&= \sum_{m=1}^{M} \log \frac{p(\mathbf{o}^m | \mathbf{s}^m; \theta)^{\kappa} P(\mathbf{w}^m)}{\sum_{\mathbf{w}} p(\mathbf{o}^m | \mathbf{s}^w; \theta)^{\kappa} P(\mathbf{w})}
\end{aligned}
\tag{8.1}
$$

其中，$\theta$ 是模型参数，包括 DNN 的转移矩阵和偏置系数（biases），$\mathbf{s}^m = s_1^m, \cdots, s_t^m, \cdots, s_{T_m}^m$ 是 $\mathbf{w}^m$ 的状态序列，$\kappa$ 是声学缩放系数。理论上说，分母应该取遍所有可能的单词序列。不过在实际中，这个求和运算是限制在解码得到的词图（lattice）上做的，这样可以减少运算量。公式8.1的参数 $\theta$ 的导数可以这样计算：

$$
\begin{aligned}
\nabla_{\theta} J_{\text{MMI}}(\theta; \mathbf{o}^m, \mathbf{w}^m) &= \sum_{m} \sum_{t} \nabla_{\mathbf{z}_{mt}^L} J_{\text{MMI}}(\theta; \mathbf{o}^m, \mathbf{w}^m) \frac{\partial \mathbf{z}_{mt}^L}{\partial \theta} \\
&= \sum_{m} \sum_{t} \ddot{\mathbf{e}}_{mt}^L \frac{\partial \mathbf{z}_{mt}^L}{\partial \theta}
\end{aligned}
\tag{8.2}
$$

其中，对音频样本 $m$ 的帧 $t$，错误信号 $\ddot{\mathbf{e}}_{mt}^L$ 被定义为 $\nabla_{\mathbf{z}_{mt}^L} J_{\text{MMI}}(\theta; \mathbf{o}^m, \mathbf{w}^m)$，另外，$\mathbf{z}_{mt}^L$ 是 softmax 层的激励（softmax 作用之前的值）。因为 $\frac{\partial \mathbf{z}_{mt}^L}{\partial \theta}$ 与训练准则无关，新训练准则与帧层面的交叉熵训练准则4.11的区别只是错误信号的计算方式。在 MMI 训练中，错误信号变成了：

$$
\begin{aligned}
\ddot{\mathbf{e}}_{mt}^L(i) &= \nabla_{\mathbf{z}_{mt}^L(i)} J_{\text{MMI}}(\theta; \mathbf{o}^m, \mathbf{w}^m) \\
&= \sum_{r} \frac{\partial J_{\text{MMI}}(\theta; \mathbf{o}^m, \mathbf{y}^m)}{\partial \log p(\mathbf{o}_t^m | r)} \frac{\partial \log p(\mathbf{o}_t^m | r)}{\partial \mathbf{z}_{mt}^L(i)}
\end{aligned}
$$

$$
\begin{aligned}
&= \sum_r \kappa \left( \delta \left( r = s_t^m \right) - \frac{\sum_{\mathbf{w}:s_{t=r}} p \left( \mathbf{o}^m | \mathbf{s} \right)^\kappa P(\mathbf{w})}{\sum_{\mathbf{w}} p \left( \mathbf{o}^m | \mathbf{s}^w \right)^\kappa P(\mathbf{w})} \right) \times \\
&\quad \frac{\partial \log P \left( r | \mathbf{o}_t^m \right) - \log P(r) + \log p \left( \mathbf{o}_t^m \right)}{\partial \mathbf{z}_{mt}^L(i)} \\
&= \sum_r \kappa \left( \delta \left( r = s_t^m \right) - \ddot{\gamma}_{mt}^{\mathrm{DEN}}(r) \right) \frac{\partial \log \mathbf{v}_{mt}^L(r)}{\partial \mathbf{z}_{mt}^L(i)} \\
&= \kappa \left( \delta \left( i = s_t^m \right) - \ddot{\gamma}_{mt}^{\mathrm{DEN}}(i) \right)
\end{aligned} \tag{8.3}
$$

其中，$\ddot{\mathbf{e}}_{mt}^L(i)$ 是错误信号的第 $i$ 个元素，$\mathbf{v}_{mt}^L(r) = P \left( r | \mathbf{o}_t^m \right) = \mathrm{softmax}_r \left( \mathbf{z}_{mt}^L \right)$ 是 DNN 的第 $r$ 个输出，

$$
\ddot{\gamma}_{mt}^{\mathrm{DEN}}(r) = \frac{\sum_{\mathbf{w}:s_{t=r}} p \left( \mathbf{o}^m | \mathbf{s} \right)^\kappa P(\mathbf{w})}{\sum_{\mathbf{w}} p \left( \mathbf{o}^m | \mathbf{s}^w \right)^\kappa P(\mathbf{w})} \tag{8.4}
$$

是时间 $t$ 在状态 $r$ 的后验概率，是在音频样本 $m$ 的分母词图（denominator lattice）上计算的，$P(r)$ 是状态 $r$ 的先验概率，$p \left( \mathbf{o}_t^m \right)$ 是观察到 $\mathbf{o}_t^m$ 的先验，而 $\delta(\bullet)$ 是克罗内克函数（Kronecker delta）。$P(r)$ 和 $p \left( \mathbf{o}_t^m \right)$ 都是与 $\mathbf{z}_{mt}^L$ 独立的。这里假定分子中的参考状态序列的标注是通过对标注文本进行强行声学对齐得到的。如果我们需要处理对应单词级的文本序列 $\mathbf{w}^m$ 的所有可能的参考状态序列，则可以在词序列上使用前向后向算法来得到分子的后验占有率 $\ddot{\gamma}_{mt}^{NUM}(i)$ 来替换 $\delta \left( i = s_t^m \right)$。

如果你的 DNN 训练算法是用来最小化一个目标方程，你可以对 $J_{\mathrm{NMMI}}(\theta; \mathbb{S}) = -J_{\mathrm{MMI}}(\theta; \mathbb{S})$（其中错误信号取了反）进行最小化，而不是最大化相互信息。注意，类似 MMI 的准则已经在早期的 ANN/HMM 混合系统中运用 [182]。

## 8.1.2  增强型 MMI

增强型 MMI（BMMI）[321] 准则

$$
\begin{aligned}
J_{\mathrm{BMMI}}(\theta; \mathbb{S}) &= \sum_{m=1}^M J_{\mathrm{BMMI}}(\theta; \mathbf{o}^m, \mathbf{w}^m) \\
&= \sum_{m=1}^M \log \frac{P(\mathbf{w}^m | \mathbf{o}^m)}{\sum_{\mathbf{w}} P(\mathbf{w} | \mathbf{o}^m) e^{-bA(\mathbf{w}, \mathbf{w}^m)}} \\
&= \sum_{m=1}^M \log \frac{p \left( \mathbf{o}^m | \mathbf{s}^m \right)^\kappa P(\mathbf{w}^m)}{\sum_{\mathbf{w}} p \left( \mathbf{o}^m | \mathbf{s}^w \right)^\kappa P(\mathbf{w}) e^{-bA(\mathbf{w}, \mathbf{w}^m)}}
\end{aligned} \tag{8.5}
$$

是 MMI 准则8.1的一个变种，它增强了错误较多的路径的似然度，$b$（一般设为 0.5）是增强系数，而 $A(\mathbf{w}, \mathbf{w}^m)$ 是人工标注词序列 $\mathbf{w}$ 和 $\mathbf{w}^m$ 的粗略准确度，它可以在词、

音素或者状态层面上做计算。比如，如果是在音素层面上，就等价于正确音素的个数减去插入的个数。这个粗略准确度必须可以高效地进行估计。我们发现，BMMI 准则能被解释成在 MMI 准则 [321] 中加上一个边界项，因为 MMI 和 BMMI 的唯一区别就是分母上的增强项 $e^{-bA(\mathbf{w},\mathbf{w}^m)}$，错误信号 $\ddot{\mathbf{e}}_{mt}^L(i)$ 能类似地得到：

$$\ddot{\mathbf{e}}_{mt}^L(i) = \nabla_{\mathbf{z}_{mt}^L(i)} J_{\text{BMMI}}(\theta; \mathbf{o}^m, \mathbf{w}^m)$$
$$= \kappa\left(\delta\left(i = s_t^m\right) - \ddot{\gamma}_{mt}^{DEN}(i)\right) \tag{8.6}$$

然而，不同于 MMI 准则，分母后验概率的计算是：

$$\ddot{\gamma}_{mt}^{DEN}(i) = \frac{\sum_{\mathbf{w}:s_{t=i}} p(\mathbf{o}^m|\mathbf{s})^\kappa P(\mathbf{w}) e^{-bA(\mathbf{w},\mathbf{w}^m)}}{\sum_{\mathbf{w}} p(\mathbf{o}^m|\mathbf{s}^w)^\kappa P(\mathbf{w}) e^{-bA(\mathbf{w},\mathbf{w}^m)}} \tag{8.7}$$

如果 $A(\mathbf{w},\mathbf{w}^m)$ 能被高效地估计，相对 MMI 来说，BMMI 引入的多余计算是很小的。在前向后向算法中的唯一改动就是分母词图。对分母词图中的每条边，我们减去对应的声学对数似然度 $bA(\mathbf{s},\mathbf{s}^m)$。这个做法与改变每条边上的语言模型的贡献是类似的。

### 8.1.3　最小音素错误/状态级最小贝叶斯风险

最小贝叶斯风险（MBR）[158, 236] 目标函数族的目标方程都旨在最小化不同颗粒度标注下的期望错误。比如，MPE 准则旨在最小化期望音素错误，而状态级最小贝叶斯风险（sMBR）旨在最小化状态错误的统计期望（考虑了 HMM 拓扑和语言模型）。总的来说，MBR 目标方程能被写成：

$$J_{\text{MBR}}(\theta; \mathbb{S}) = \sum_{m=1}^{M} J_{\text{MBR}}(\theta; \mathbf{o}^m, \mathbf{w}^m)$$
$$= \sum_{m=1}^{M} \sum_{\mathbf{w}} P(\mathbf{w}|\mathbf{o}^m) A(\mathbf{w}, \mathbf{w}^m)$$
$$= \sum_{m=1}^{M} \frac{\sum_{\mathbf{w}} p(\mathbf{o}^m|\mathbf{s}^w)^\kappa P(\mathbf{w}) A(\mathbf{w}, \mathbf{w}^m)}{\sum_{\mathbf{w}'} p(\mathbf{o}^m|\mathbf{s}^{w'})^\kappa P(\mathbf{w}')} \tag{8.8}$$

其中，$A(\mathbf{w}, \mathbf{w}^m)$ 是词序列 $\mathbf{w}$ 相对 $\mathbf{w}^m$ 的粗略准确度。比如，对 MPE 来说，就是正确的音素数量，而对 sMBR 来说则是正确状态的数量。类似于 MMI/BMMI 的时候，错误信号是：

$$\ddot{\mathbf{e}}_{mt}^L(i) = \nabla_{\mathbf{z}_{mt}^L(i)} J_{\text{MBR}}(\theta; \mathbf{o}^m, \mathbf{w}^m)$$

$$= \sum_r \frac{\partial J_{\mathrm{MBR}}\left(\theta; \mathbf{o}^m, \mathbf{w}^m\right)}{\partial \log p\left(\mathbf{o}_t^m | r\right)} \frac{\partial \log p\left(\mathbf{o}_t^m | r\right)}{\partial \mathbf{z}_{mt}^L(i)}$$

$$= \sum_r \kappa \ddot{\ddot{\gamma}}_{mt}^{\mathrm{DEN}}(r)\left(\bar{A}^m\left(r = s_t^m\right) - \bar{A}^m\right) \frac{\partial \log \mathbf{v}_{mt}^L(r)}{\partial \mathbf{z}_{mt}^L(i)}$$

$$= \kappa \ddot{\ddot{\gamma}}_{mt}^{\mathrm{DEN}}(i)\left(\bar{A}^m\left(i = s_t^m\right) - \bar{A}^m\right) \tag{8.9}$$

其中，$\bar{A}^m$ 是词图中所有路径的平均准确率，$\bar{A}^m\left(r = s_t^m\right)$ 是对音频样本 $m$ 在词图上在时间 $t$ 经过状态 $r$ 的所有路径上的平均准确率，$\ddot{\ddot{\gamma}}_{mt}^{\mathrm{DEN}}(r)$ 是 MBR 的状态占有率统计。对 sMBR 来说：

$$\ddot{\ddot{\gamma}}_{mt}^{\mathrm{DEN}}(r) = \sum_{\mathbf{s}} \delta\left(r = s_t\right) P\left(\mathbf{s}|\mathbf{o}^m\right) \tag{8.10}$$

$$A\left(\mathbf{w}, \mathbf{w}^m\right) = A\left(\mathbf{s}^w, \mathbf{s}^m\right) = \sum_t \delta\left(s_t^w = s_t^m\right) \tag{8.11}$$

$$\bar{A}^m\left(r = s_t^m\right) = \mathbb{E}\left\{A\left(\mathbf{s}, \mathbf{s}^m\right) | s_t = r\right\} = \frac{\sum_{\mathbf{s}} \delta\left(r = s_t\right) P\left(\mathbf{s}|\mathbf{o}^m\right) A\left(\mathbf{s}, \mathbf{s}^m\right)}{\sum_{\mathbf{s}} \delta\left(r = s_t\right) P\left(\mathbf{s}|\mathbf{o}^m\right)} \tag{8.12}$$

接着

$$\bar{A}^m = \mathbb{E}\left\{A\left(\mathbf{s}, \mathbf{s}^m\right)\right\} = \frac{\sum_{\mathbf{s}} P\left(\mathbf{s}|\mathbf{o}^m\right) A\left(\mathbf{s}, \mathbf{s}^m\right)}{\sum_{\mathbf{s}} P\left(\mathbf{s}|\mathbf{o}^m\right)} \tag{8.13}$$

### 8.1.4 统一的公式

序列鉴别性训练准则 $J_{\mathrm{SEQ}}\left(\theta; \mathbf{o}, \mathbf{w}\right)$ 的形式可以有很多。如果准则被形式化成最大化的目标方程（例如 MMI/BMMI），我们可以通过乘以 $-1$ 来使其成为一个最小化的损失函数。这样的损失函数可以被永远形式化为两个词图的值的比率：代表参考标注的分子词图和代表与之竞争的解码输出的分母词图。在扩展 Baum-Welch（EBW）算法中，每个状态 $i$ 的期望占有率 $\gamma_{mt}^{\mathrm{NUM}}(i)$ 和 $\gamma_{mt}^{\mathrm{DEN}}(i)$ 是使用前向后向过程在分子和分母词图上分别计算到的。

注意，对状态对数似然的损失梯度是：

$$\frac{\partial J_{\mathrm{SEQ}}\left(\theta; \mathbf{o}^m, \mathbf{w}^m\right)}{\partial \log p\left(\mathbf{o}_t^m | r\right)} = \kappa\left(\gamma_{mt}^{\mathrm{DEN}}(r) - \gamma_{mt}^{\mathrm{NUM}}(r)\right) \tag{8.14}$$

由于 $\log p\left(\mathbf{o}_t^m | r\right) = \log P\left(r | \mathbf{o}_t^m\right) - \log P(r) + \log p\left(\mathbf{o}_t^m\right)$，根据链式法则：

$$\frac{\partial J_{\mathrm{SEQ}}\left(\theta; \mathbf{o}^m, \mathbf{w}^m\right)}{\partial P\left(r | \mathbf{o}_t^m\right)} = \kappa \frac{\left(\gamma_{mt}^{\mathrm{DEN}}(r) - \gamma_{mt}^{\mathrm{NUM}}(r)\right)}{P\left(r | \mathbf{o}_t^m\right)} \tag{8.15}$$

根据 $P\left(r|\mathbf{o}_t^m\right) = \text{softmax}_r\left(\mathbf{z}_{mt}^L\right)$ ，我们得到

$$\mathbf{e}_{mt}^L\left(i\right) = \frac{\partial J_{\text{SEQ}}\left(\theta; \mathbf{o}^m, \mathbf{w}^m\right)}{\partial \mathbf{z}_{mt}^L\left(i\right)} = \kappa\left(\gamma_{mt}^{\text{DEN}}\left(i\right) - \gamma_{mt}^{\text{NUM}}\left(i\right)\right) \tag{8.16}$$

这个式子能被用到以上提及的各类序列训练准则，也可以用到新的准则[236, 374, 394]。唯一不同的是占有率 $\gamma_{mt}^{\text{NUM}}\left(i\right)$ 和 $\gamma_{mt}^{\text{DEN}}\left(i\right)$ 被计算的方式。

## 8.2　具体实现中的考量

上述讨论似乎表明序列鉴别性训练将会非常复杂。序列鉴别性训练与逐帧使用交叉熵作为准则进行训练的唯一区别是更复杂的针对错误判断信号的计算过程。前者将引入分子和分母的词图（lattices）。但实际上，许多实现技巧将会带来很大改进，有时候对取得好的识别准确率是关键的。

### 8.2.1　词图产生

类似于训练一个 GMM-HMM 系统，DNN 系统的序列鉴别性训练的第一步是产生分子和分母的词图。如我们之前所指出的，分子词图可简化为对文本标注去做状态层面的强制对齐操作。研究表明，通过使用 GMM-HMM 中的一元语言模型来对训练数据做解码以便产生词图（特别是分母词图）是一个非常重要的过程[320]。这部分仍然维持在 CD-DNN-HMM 框架内。除此之外，研究发现，最好是使用已有最佳的模型来产生词图，并将其视为序列鉴别性训练[374] 的种子模型。由于 CD-DNN-HMM 通常会优于 CD-GMM-HMM，我们至少应该使用由 CE 准则训练而来的 CD-DNN-HMM 模型作为种子模型和产生每一个训练数据的对齐及词图结果的模型。由于词图产生过程是一个繁重的过程，词图通常只被产生一次并在每轮训练中重复利用。如果新的对齐和词图结果在每轮训练后被重新产生，那么运算结果将得到进一步改进。如果这样做，需要注意使用相同的模型来重新产生词图。

表 8.1基于在文献 [374] 中的结果而得到，显著地表明词图质量以及种子模型优劣对最终识别结果准确率的影响。从表 8.1中可以得出以下观察结果。首先，相比于用 CE 准则训练而用 GMM 模型做对齐的 CE1 模型，使用 GMM 作为词图产生模型的序列鉴别性训练所得到的模型将只带来 2% 的相对错误率减少。但是，如果词图是由 CE1 模型产生，那么即使也将同样的种子模型应用于前面的训练，仍将带来 13% 的相对错误率减少。其次，如果使用从 CE1 模型产生的相同词图来产生序列鉴别性训练中的统计信息，并使用 CE2 代替 CE1 作为种子模型，那么将得到额外 2% 的相对误差减

少。而最好的结果来自使用 CE2 作为种子模型及产生词图的模型，那么将得到 17%
的相对词错误率（WER）减少。

表 8.1　种子模型和词图质量（Hub5'00 数据集 WER）对序列鉴别性训练的影响（SWB
　　　　300 小时任务）。在 CE1 模型上的相对 WER 减少用括号括起来表示。CE1：用
　　　　GMM 产生的对齐结果做训练。CE2：用 CE1 产生的对齐结果做训练。（实验总
　　　　结自 Su 等[374]）

| 生成词图的模型 | 种子模型 | |
| --- | --- | --- |
| | CE1 | CE2 |
| GMM | 15.8% (-2%) | - |
| DNN CE1 (WER 16.2%) | 14.1% (-13%) | 13.7% (-15%) |
| DNN CE2 (WER 15.6%) | - | 13.5% (-17%) |

### 8.2.2　词图补偿

　　由于误差信号定义为在分母和分子词图中得到的统计量的加权差值，因此词图的
质量是非常重要的。但是，即使产生词图时使用的剪枝宽度已经非常大，仍然不可能
覆盖所有可能的解码输出序列。实际上，如果真的所有可能的解码输出序列都能够
被包括，那么使用词图来限制分母词图的计算量以便加速训练过程的做法将变得不
可行。

　　当参考标注文本并不存在或没有与分母词图正确对齐，$\gamma_{mt}^{\mathrm{DEN}}(i)$ 会为 0，则梯度数
值将会高得不正常，从而导致一系列问题。这种情况经常发生在静音帧中，因为它们
通常不存在于分母词图中，却存在于分子词图中。较差的词图质量将带来许多丢失的
静音帧。在解码结果中的静音帧数将随着训练的轮数增多而增加，这将导致解码结果
中的删除错误增加。

　　可以有许多方法来解决这个问题。第一种方法是在计算梯度时，当参考标注不
在分母词图中时，就将这些帧的影响去掉。对于静音帧，可以通过在 sMBR 中计算
$A(\mathbf{s}, \mathbf{s}^m)$ 时将静音帧计为错误来实现，这会使得这些帧的误差信号值为 0，最终实现
消除这些帧的影响效果。另一种更通用的方法称为帧拒绝（frame-rejection）[394]，则
是直接去掉这些帧的数据。而其他一些被认为能够得到更好结果的方法是使用已有的
标注结果对词图做扩展修正[374]。比如，我们可以人工在词图中增加一些表示静音的
弧。具体实现可以是在每个词的开始和结束节点对之间都被添加一个并行的静音弧，
并使用合适的概率，以及不引入冗余的静音弧。

　　在文献 [394] 中的图 8.1 是 SWB 数据集的 110 小时数据在使用和不使用帧拒绝技
术时的测试结果。从图中可以看出，未使用帧拒绝的时候，MMI 训练在第 3 轮后就过

拟合了。但是，当使用帧拒绝技术时，训练结果即使在 8 轮之后依然稳定，由此可以得到更好的测试准确率。

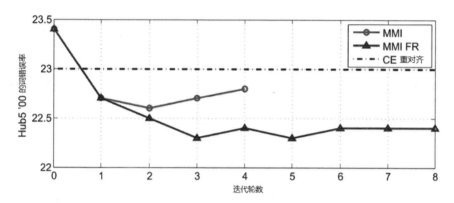

图 8.1　用 SWB 110 小时数据训练后在 Hub5'00 上测试得到的 WER 来衡量帧拒绝技术（FR）的作用。（图摘自 Vesely 等[394]，经 ISCA 授权使用）

　　图 8.2基于文献 [374] 中的结果比较了 Hub5'00 的 300 小时训练数据在是否使用针对静音帧的词图补偿时的测试结果 WER。在该图中使用了一个相对较大的学习速率。在不使用静音帧特殊处理的情况下，在第一轮训练之后就出现了过拟合情况。但是，当静音帧经过了特殊处理，我们可以在第一轮训练后得到一个很大的 WER 减少，并在此之后得到相对稳定的实验结果。

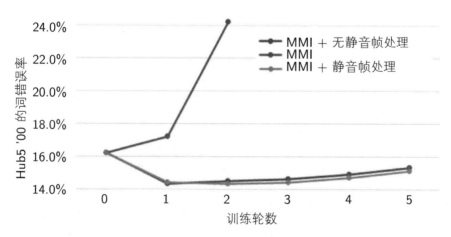

图 8.2　是否使用静音处理时在 Hub5'00 上测试得到的 WER。（基于文献 [374] 的实验结果）

### 8.2.3　帧平滑

即使词图被正确地补偿了，我们仍然能在训练过程中观察到快速过拟合的现象。这可以通过由序列级训练准则函数训练和仅由 DNN 计算出的帧准确率的差异识别出来：当训练准则函数持续改进时，只用 DNN 计算出的帧准确率却显著变差。人们猜想是稀疏的词图导致了过拟合（例如，即使是实践中能生成的最稠密的词图，也仅仅涉及 3% 的聚类状态[374]），而我们认为这不是唯一的原因。过拟合可能也要归因于序列相比帧处在更高的维度。因此，从训练集估计出的后验概率很可能是不同于测试集的。这个问题可以通过让序列级区分性训练准则更接近帧区分性训练准则，如使用一个较弱的语言模型来得到缓解。该问题可以使用帧平滑（F-smoothing）[374] 技术得到进一步缓解。它不是只最小化序列级训练准则函数，而是最小化序列和帧的训练准则函数的加权和

$$J_{\text{FS-SEQ}}(\theta; \mathbb{S}) = (1 - H) J_{\text{CE}}(\theta; \mathbb{S}) + H J_{\text{SEQ}}(\theta; \mathbb{S}) \tag{8.17}$$

这里 $H$ 是一个平滑因子，其值依靠经验设置。帧／序列的比从 1:4（或 $H = 4/5$）到 1:10（或 $H = 10/11$）常常是有效的。F-smoothing 不仅仅减小了过拟合的概率，而且使得训练过程对学习率的敏感性降低。F-smoothing 受到了 I-smoothing[320] 和类似的用于自适应的正规化方法[439] 的启发。注意，通常的正规化方法如 L1 和 L2 正规化是不起作用的。

摘录于 [374] 的图 8.3展示了 SWB Hub5'00 集合上使用和不使用 F-smoothing 的结果。使用 F-smoothing 后在训练集集上过拟合的可能性大大降低了。总体来说，F-smoothing 达到了绝对 0.6% 或者相对 4% 的 WER 下降。

### 8.2.4　学习率调整

基于两个原因，在序列级区分性训练中使用的学习率应该比帧交叉熵训练中的更小。第一，序列级区分性训练通常从交叉熵训练模型开始，其模型已经很好地训练过了，因此要求更小的更新规模。第二，序列级区分性训练更倾向于过拟合。使用较小的学习率能更有效地控制收敛过程。实践中，人们已经发现使用接近交叉熵训练最后阶段的学习率是有效的。例如，Vesely 等[394] 提出 $1e^{-4}$ 每音频样本的学习率在 (B)MMI 和 sMBR 都有效，同时 Su 等[374] 显示 1/128000 每帧（或者 0.002 每 256 帧）的学习率在使用 F-Smoothing 时有效。而当使用一些如 Hessian-free[237] 之类的特定的算法时，这种学习率选择的要求也可以不要。

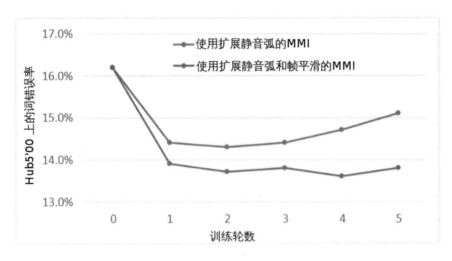

图 8.3　在 SWB Hub5'00 集合上使用和不使用 F-smoothing 进行 DNN 序列级区分性训练的 WER。（基于文献 [374] 的结果）

## 8.2.5　训练准则选择

对于训练准则有不同的观察结果。大多数结果显示训练准则不是关键。例如，取自文献 [394] 的表 8.2 指出分别使用 MMI、BMMI、MPE 和 sMBR 各准则，在 SWB Hub5'00 和 Hub5'01 数据集上的 WER 非常接近，尽管 sMBR 要略胜于其他准则。因为 MMI 是被最充分理解和最易实现的，因此，如果你要从头实现，建议使用 MMI 准则。

表 8.2　在 Hub5'00 和 Hub5'01 数据集上使用不同序列级的训练准则，以 WER 为衡量标准的影响，这里使用 300 小时的训练集合。（总结自文献 [394]）

|  | Hub5'00 SWB | Hub5'01 SWB |
| --- | --- | --- |
| GMM BMMI | 18.6% | 18.9% |
| DNN CE | 14.2% | 14.5% |
| DNN MMI | 12.9% | 13.3% |
| DNN BMMI | 12.9% | 13.2% |
| DNN MPE | 12.9% | 13.2% |
| DNN sMBR | 12.6% | 13.0% |

## 8.2.6　其他考量

序列级区分性训练对计算资源的要求更高。因此，它也更慢。例如，一个简单的 CPU 端的实现可能会比帧交叉熵训练使用多 12 倍的时间。幸运的是，用精心的工程设计，通过 GPGPU 的并行执行达到显著的加速是可能的。为加速声学分数的计算，每条弧可以在单独的 CUDA 线程上处理。词图级别的前向后向算法则要求特殊的处理，这是因为计算必须分解成顺序的，无依赖关系的 CUDA 计算调用。在由 Su 等[374] 提供的例子中，有 106 个无依赖的节点区域（即计算调用的数目），对于一个 7.5 秒、211846 条弧和 6974 个节点的词图，平均每区域 1999 条弧（即每次计算调用的线程数）。另外，词图前向后向计算和误差累积要求有对数概率求和的基本操作。这种操作可以通过 CUDA 的基本的比较及交换指令模拟。为了减小目标操作数的冲突，使用近似随机的顺序将这些操作打乱是很关键的。

更进一步的加速可以使用一个并行的提前入读线程来预取数据，及使用 CPU 集群来生成词图。由 Su 等[374] 进行的运行时间实验中，在一个每帧接近 500 条弧的稠密的词图上，显示总运行时间只相对于交叉熵训练提升了大约 70%（词图生成时间不考虑在内）。

## 8.3 噪声对比估计

如前所述，在序列区分性训练中，我们使用基于 minibatch 的随机梯度下降算法学习模型参数。尽管可以使用一些编程技巧加速训练（例如文献 [374]），但是这种算法本身还是限制了训练速度。本节将介绍一种更好的训练算法：噪声对比估计算法（NCE），来加速模型的训练。

NCE 由 Gutmann 和 Hyvarinen[171, 172] 提出，用于更可靠地估计没有归一化的统计模型。随后被成功地应用于神经网络语言模型训练[294]。

### 8.3.1 将概率密度估计问题转换为二分类设计问题

假设 $p_d$ 是一个未知的概率密度函数（pdf），$\mathbf{X} = (\mathbf{x}_1, \cdots, \mathbf{x}_{T_d})$ 由随机向量 $\mathbf{x} \in \mathbb{R}^N$ 组成，其中 $\mathbf{x}$ 是 $p_d$ 的采样点，$T_d$ 为采样点的个数。为了估计 $p_d$，假设它属于一个参数化的函数族 $p_m(.; \theta)_\theta$；其中 $\theta$ 是一个参数的集合。也就是说，对于特定的参数 $\theta^*$，$p_d(.) = p_m(.; \theta^*)$。因此，参数化的密度函数估计问题可以转化为从样本点 $\mathbf{X}$ 中估计参数 $\theta^*$ 的问题。

通常，对任意 $\theta$ 需要满足

$$\int p_m(\mathbf{u}; \theta)\mathrm{d}\mathbf{u} = 1 \tag{8.18}$$

$$p_m(\mathbf{u}; \theta) \geqslant 0 \qquad \forall \mathbf{u} \tag{8.19}$$

这样，$p_m(.; \theta)$ 就是一个合理的概率密度函数。此时就可以说模型是归一化的，可以

使用最大似然准则估计参数 $\theta$。然而，在很多情况下仅仅需要对某些 $\theta$（例如实际的参数 $\theta^*$）满足归一化限制。在这种情况下，我们认为整体上模型是没有归一化的，但因为上面假设 $p_b$ 属于 $p_m(.;\theta)_\theta$，所以这个未归一化的模型参数至少为 $\theta^*$ 时积分为 1。

和文献 [172] 中一致，使用 $p_m^0(.;\alpha)$ 表示参数为 $\alpha$ 的未归一化模型。可以使用 $p_m^0(.;\alpha)/Z(\alpha)$ 将未归一化模型 $p_m^0(.;\alpha)$ 转化为归一化模型，其中

$$Z(\alpha) = \int p_m^0(\mathbf{u};\alpha)d\mathbf{u} \tag{8.20}$$

是配分函数，通常当 $\mathbf{u}$ 是高维向量时，配分函数是难以计算的。因为对任意的参数 $\alpha$ 都有一个相关的 $Z(\alpha)$，因此，可以定义一个正则化参数 $c = -\ln Z(\alpha)$，正则化模型的似然值可表示为

$$\ln p_m(.;\theta) = \ln p_m^0(.;\alpha) + c \tag{8.21}$$

其中，参数 $\theta = (\alpha, c)$。注意，在参数 $\theta^*$ 处，$\theta^* = (\alpha^*, 0)$。

NCE 算法最基本的想法就是将密度函数估计问题转化为一个二分类问题。为了方便转换为二分类问题，首先引入概率密度函数 $p_n$ 及其服从独立同分布的采样点 $\mathbf{Y} = (\mathbf{y}_1, \cdots, \mathbf{y}_{T_n})$，其中 $T_n$ 是采样点的个数；然后通过描述观测采样 $\mathbf{X}$ 与引入的采样点 $\mathbf{Y}$ 之间的关系，将密度函数估计问题转换为二分类问题。在文献 [172] 中，Gutmann 和 Hyvarinen 提出使用逻辑回归描述 $\mathbf{X}$ 与 $\mathbf{Y}$ 之间的比例关系 $p_d/p_n$。

首先构造一个统一的数据集 $\mathbf{U} = \mathbf{X} \cup \mathbf{Y} = (\mathbf{u}_1, \cdots, \mathbf{u}_{T_d+T_n})$，并且赋给每个样本点 $\mathbf{u}_t$ 一个 0-1 标注。

$$C_t = \begin{cases} 1 & \text{如果} \mathbf{u}_t \in \mathbf{X} \\ 0 & \text{如果} \mathbf{u}_t \in \mathbf{Y} \end{cases} \tag{8.22}$$

此时先验概率为

$$P(C=1) = \frac{T_d}{T_d + T_n} \tag{8.23}$$

$$P(C=0) = \frac{T_n}{T_d + T_n} \tag{8.24}$$

并且类条件概率密度为

$$p(\mathbf{u}|C=1) = p_m(\mathbf{u};\theta) \tag{8.25}$$

$$p(\mathbf{u}|C=0) = p_n(\mathbf{u}) \tag{8.26}$$

因此每类的后验概率为

$$h\left(\mathbf{u};\theta\right) \triangleq P(C=1|\mathbf{u};\theta) = \frac{p_m(\mathbf{u};\theta)}{p_m(\mathbf{u};\theta) + \nu p_n(\mathbf{u})} \tag{8.27}$$

$$P(C=0|\mathbf{u};\theta) = 1 - h\left(\mathbf{u};\theta\right) = \frac{\nu p_n(\mathbf{u})}{p_m(\mathbf{u};\theta) + \nu p_n(\mathbf{u})} \tag{8.28}$$

其中

$$\nu \triangleq \frac{P(C=0)}{P(C=1)} = T_n/T_d \tag{8.29}$$

如果进一步定义 $G(.;\theta)$ 为

$$G(\mathbf{u},\theta) \triangleq \ln p_m(\mathbf{u};\theta) - \ln p_n(\mathbf{u}) \tag{8.30}$$

$h\left(\mathbf{u};\theta\right)$ 可以表示为

$$h(\mathbf{u};\theta) = \frac{1}{1 + \nu\frac{p_n(\mathbf{u})}{p_m(\mathbf{u};\theta)}} = \sigma_\nu(G(\mathbf{u};\theta)) \tag{8.31}$$

其中

$$\sigma_\nu(u) = \frac{1}{1 + \nu \exp\left(-u\right)} \tag{8.32}$$

是参数为 $\nu$ 的逻辑函数。假设类标注 $C_t$ 是相互独立且服从伯努利分布，则条件对数似然（交叉熵的相反数）为

$$\begin{aligned}
\ell\left(\theta\right) &= \sum_{t=1}^{T_d+T_n} C_t \ln P(C_t=1|\mathbf{u_t};\theta) + (1-C_t)P(C_t=0|\mathbf{u_t};\theta) \\
&= \sum_{t=1}^{T_d} \ln\left[h(\mathbf{x}_t;\theta)\right] + \sum_{t=1}^{T_n} \ln\left[1 - h(\mathbf{y}_t;\theta)\right]
\end{aligned} \tag{8.33}$$

通过优化以 $\theta$ 为参数的对数似然 $\ell\left(\theta\right)$，可以得到 $p_d$ 的估计。换句话说，概率密度估计这个非监督学习问题，转换为一个有监督的二分类问题[174]。

### 8.3.2 拓展到未归一化的模型

在文献 [172] 中，上面的参数被 Gutmann 和 Hyvarinen 进一步拓展到未归一化的模型上。他们定义了如下准则

$$J_T\left(\theta\right) = \frac{1}{T_d}\left\{\sum_{t=1}^{T_d} \ln\left[h(\mathbf{x}_t;\theta)\right] + \sum_{t=1}^{T_n} \ln\left[1 - h(\mathbf{y}_t;\theta)\right]\right\}$$

$$= \frac{1}{T_d} \sum_{t=1}^{T_d} \ln\left[h(\mathbf{x}_t; \theta)\right] + \nu \frac{1}{T_n} \sum_{t=1}^{T_n} \ln\left[1 - h(\mathbf{y}_t; \theta)\right] \tag{8.34}$$

来寻找优化 $p_d$ 的最好的 $\theta$。很明显，优化 $J_T(\theta)$ 意味着这个二类分类器可以更准确地区分观测数据和参考数据。

固定 $\nu$，$T_n = \nu T_d$ 随着 $T_d$ 上升，$J_T(\theta)$ 在概率上收敛到

$$J(\theta) = \mathbb{E}\left\{\ln\left[h(\mathbf{x}_t; \theta)\right]\right\} + \nu \mathbb{E}\left\{\ln\left[1 - h(\mathbf{y}_t; \theta)\right]\right\} \tag{8.35}$$

这在文献 [172] 中，通过定义 $f_m(.) = \ln p_m(.; \theta)$，并把准则重写成 $f_m$ 的函数得到证明。

- 当 $p_m(.; \theta) = p_d$ 时，$J(\theta)$ 取得极大值。如果所选择的噪声密度 $p_n$ 在 $p_d$ 非零时也保持非零，则这个极大值是唯一的。更重要的是，这里的极大化并不需要对 $p_m(.; \theta)$ 有任何的归一化限制。
- $\theta_T$ 表示（全局）最大化 $J_T(\theta)$ 时 $\theta$ 的值。它会在满足以下三个条件的情况下收敛到 $\theta^*$。a）$p_d$ 非零时，$p_n$ 一定非零；b）$J_T$ 在概率上均匀收敛到 $J$；c）当采样数足够大时，目标函数 $J_T$ 在真实值 $\theta^*$ 附近变得很尖。
- $\sqrt{T_d}\left(\hat{\theta}_T - \theta^*\right)$ 逐渐被归一化到均值为 0，协方差为有限值的矩阵 $\Sigma$。
- 对于 $\nu \to \infty$，$\Sigma$ 和 $p_n$ 的选择无关。

基于这些特性，我们应当选取那些 $\ln p_n$ 拥有解析形式，并且可以很容易进行采样，以及与真实数据性质更接近的噪声。同样，噪声采样大小应当在计算能力允许的前提下尽可能大。高斯分布和均匀分布就是这种噪声分布的例子。

### 8.3.3 在深度学习网络训练中应用噪声对比估计算法

在用交叉熵来训练声学模型的过程中，我们估计了在给定观测样本 $\mathbf{o}$ 时，每个 $s$ 的分布 $P(s|\mathbf{o}; \theta)$。对每个标注为 $s$ 的观测样本 $\mathbf{o}$，我们生成 $\nu$ 个噪声标注 $y_1, \cdots, y_\nu$，并且优化

$$J_T(\mathbf{o}, \theta) = \ln\left[h(s|\mathbf{o}; \theta)\right] + \sum_{t=1}^{\nu} \ln\left[1 - h(y_t|\mathbf{o}; \theta)\right] \tag{8.36}$$

因为

$$\frac{\partial}{\partial \theta} \ln\left[h(s|\mathbf{o}; \theta)\right] = \frac{h(s|\mathbf{o}; \theta)\left[1 - h(s|\mathbf{o}; \theta)\right]}{h(s|\mathbf{o}; \theta)} \frac{\partial}{\partial \theta} \ln P_m(s|\mathbf{o}; \theta)$$

$$= \left[1 - h(s|\mathbf{o}; \theta)\right] \frac{\partial}{\partial \theta} \ln P_m(s|\mathbf{o}; \theta)$$

$$= \frac{\nu P_n(s|\mathbf{o})}{P_m(s|\mathbf{o};\theta) + \nu P_n(s|\mathbf{o})} \frac{\partial}{\partial \theta} \ln P_m(s|\mathbf{o};\theta) \qquad (8.37)$$

和

$$\frac{\partial}{\partial \theta} \ln\left[1 - h(y_t|\mathbf{o};\theta)\right] = -\frac{h(y_t|\mathbf{o};\theta)\left[1 - h(y_t|\mathbf{o};\theta)\right]}{1 - h(y_t|\mathbf{o};\theta)} \frac{\partial}{\partial \theta} \ln P_m(y_t|\mathbf{o};\theta)$$

$$= -h(y_t|\mathbf{o};\theta) \frac{\partial}{\partial \theta} \ln P_m(y_t|\mathbf{o};\theta)$$

$$= -\frac{P_m(y_t|\mathbf{o};\theta)}{P_m(y_t|\mathbf{o};\theta) + \nu P_n(y_t|\mathbf{o})} \frac{\partial}{\partial \theta} \ln P_m(y_t|\mathbf{o};\theta) \qquad (8.38)$$

我们得到

$$\frac{\partial}{\partial \theta} J_T(\mathbf{o},\theta) = \frac{\nu P_n(s|\mathbf{o})}{P_m(s|\mathbf{o};\theta) + \nu P_n(s|\mathbf{o})} \frac{\partial}{\partial \theta} \ln P_m(s|\mathbf{o};\theta)$$

$$- \sum_{t=1}^{\nu} \left[ \frac{P_m(y_t|\mathbf{o};\theta)}{P_m(y_t|\mathbf{o};\theta) + \nu P_n(y_t|\mathbf{o})} \frac{\partial}{\partial \theta} \ln P_m(y_t|\mathbf{o};\theta) \right] \qquad (8.39)$$

因为权重 $\frac{P_m(y_t|\mathbf{o};\theta)}{P_m(y_t|\mathbf{o};\theta) + \nu P_n(y_t|\mathbf{o})}$ 总是在 0 到 1 之间，因此，NCE 学习是非常稳定的。此外，由于 $P_m(s|\mathbf{o};\theta)$ 是一个未归一化的模型，我们可以很有效地计算梯度 $\frac{\partial}{\partial \theta} \ln P_m(.|\mathbf{o};\theta)$。然而，在未归一化的模型中，每个观测样本 $\mathbf{o}$ 都有一个归一化因子 $c$，这当声学模型训练集非常大的时候，可能会成为一个问题。幸运的是，实验证明，即使对每个观测样本使用同样的归一化因子，或者恒定地设置它为 0，性能没有或者只有极其微小的下降[172, 294]。由于这样一般不会增加多少额外计算，并且经常会增加估计准确率，我们建议使用一个通用的 $c$。

因为不同观测样本的条件概率都是通过同一个 DNN 估计的，我们不能独立学习这些分布。于是，我们定义了一个全局的 NCE 目标函数

$$J_T^G(\theta) = \sum_{t=1}^{T_d} J_T(\mathbf{o}_t,\theta) \qquad (8.40)$$

上面的推导可以很容易扩展到序列鉴别性训练中。唯一的区别是：考虑到每一个标注序列都需要被当作一个不同的类别，序列式鉴别性训练比帧层面的训练要有明显多得多的类别数。更加特别的是，对第 $m$ 个样本，我们需要估计的分布是

$$\log P(\mathbf{w}^m|\mathbf{o}^m;\theta) = \log p(\mathbf{o}^m|\mathbf{s}^m;\theta)^\kappa P(\mathbf{w}^m) + c^m \qquad (8.41)$$

和之前一样，这里 $\mathbf{o}^m = \mathbf{o}_1^m,\cdots,\mathbf{o}_t^m,\cdots,\mathbf{o}_{T_m}^m$ 和 $\mathbf{w}^m = \mathbf{w}_1^m,\cdots,\mathbf{w}_t^m,\cdots,\mathbf{w}_{N_m}^m$ 是第 $m$

个样本的观测序列和准确的词序列标注。相应地，$\mathbf{s}^m = s_1^m, \cdots, s_t^m, \cdots, s_{T_m}^m$ 是对应于 $\mathbf{w}^m$ 的状态序列，$\kappa$ 是声学缩放系数，$T_m$ 是样本 $m$ 的总帧数，$N_m$ 是同一样本词标注的总词数。在序列式鉴别性训练中，我们可以在所有可能的状态序列或者词图序列上用均匀分布来作为噪声分布。

# 第四部分

# 深度神经网络中的特征表示学习

# 9 深度神经网络中的特征表示学习

**摘要** 本章将讲述如何使用深度神经网络进行联合学习,以同时得到特征表示和分类器。通过多层的非线性处理,深度神经网络会将原始输入特征转换为更加具有不变性和鉴别性的特征。这种特征可以通过对数线性模型建立更好的分类器。此外,深度神经网络学到了分层级的特征。其中低层的特征通常能抓住局部的模式,并对原始特征的改变很敏感。然而高层的特征被建立在低层特征的基础上,它们就显得更加抽象,并且对原始特征的变化更加不敏感。我们证明了通过学习得到的高层特征对说话人和环境的变化具有鲁棒性。

## 9.1 特征和分类器的联合学习

为什么在语音识别中深度神经网络表现得比传统的浅层模型,比如混合高斯模型(Gaussian mixture models,GMM)和支持向量机(support vector machines,SVM),好这么多? 我们相信这主要归因于深度神经网络对复杂特征表示和分类器的联合学习能力。

在传统的浅层模型中,特征工程是系统成功的关键。从业者的主要工作就是构建在特定任务上,对特定学习算法表现良好的特征。系统的提高通常来自某个具有强大领域知识的人发现了一个更好的特征。典型的例子包括广泛用于图像识别的尺度不变特征转换(scale-invariant feature transform,SIFT)[271] 和用于语音识别任务的梅尔倒谱系数(mel-frequency cepstrum coefficients,MFCC)[75]。

然而像深度神经网络这样的深度模型，不需要手工定制的高层特征[1]。相反，它们可以自动联合学习特征表示和分类器。图 9.1描述了一个典型的深度模型的大致框架，其中同时包含可学习到的特征表示和分类器。

图 9.1　深度模型联合学习特征表示和分类器

在深度神经网络里，所有隐层的组合被看作一个特征学习模型，如图 9.2所示。虽然每一个隐层通常只使用简单的非线性变换，但所有这些简单非线性变换的组合可以产生出非常复杂的非线性变换。最后一层是 softmax 层，本质上是一个简单的对数线性分类器，或者有时也被称为最大熵（maximum entropy，MaxEnt）[332] 模型。因此，在深度神经网络里，后验概率 $p(y = s|\mathbf{o})$ 的估计可以被认为是一个两步非随机过程：第一步，通过 $L-1$ 层的非线性变换，观察向量 $\mathbf{o}$ 被转换成一个特征向量 $\mathbf{v}^{L-1}$。第二步，在给定转换好的特征 $\mathbf{v}^{L-1}$ 时，利用该对数非线性模型估计后验概率 $p(y = s|\mathbf{o})$。如果我们考虑前 $L-1$ 层是固定的，学习 softmax 层的参数过程就等同于在特征 $\mathbf{v}^{L-1}$ 上训练一个最大熵模型。在传统的最大熵模型中，特征是人为设计的，比如，在大多数自然语言处理任务[332] 中和语音识别任务[170, 422] 中。人工的特征构建适用于一些人们容易观察和知道什么特征可以被使用的任务，而不适合那种原始特征高度可变的任务。然而在深度神经网络中，特征是由前 $L-1$ 层定义的，并且最终根据训练数据通过最大熵模型联合学习得到。这样不仅消除了人工特征构建过程的烦琐和错误，而且通过许多层的非线性变换，具有提取不变的和鉴别型特征的潜力。这种特征是几乎不可能人工构建的。

## 9.2　特征层级

深度神经网络不仅学习那些适用于分类器的特征表示，也可以学习特征层级。因为每一个隐层都是一个对相应输入特征的非线性变换，可以被认为是原始输入特征的一个新的表达形式。离输入层越近的隐层表示越底层的特征。那些离 softmax 层越近的隐层表示更高层的特征。越低层次的特征通常能抓住局部模式，同时这些局部模式对输入特征的变化非常敏感。但是，更高层的特征因为建立在低层特征之上，显得更加抽象和对输入特征的变化更具有不变性。图 9.3（从文献 [440] 中提取而来）描述了

---

[1]好的原始特征仍然有帮助，因为即使将离散余弦变换（discrete cosine transformation，DCT）这样的线性变换应用于对数滤波器组特征，采用现有的深度神经网络学习算法仍然可能产生一个表现不佳的系统。

从 ImageNet 数据[1] 集学习得到的特征层级。我们可以从中看到越高层的特征就越抽象和具有不变性。

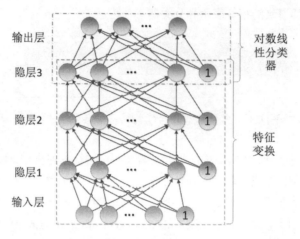

图 9.2　深度神经网络：一个特征表示和分类器的联合学习视图

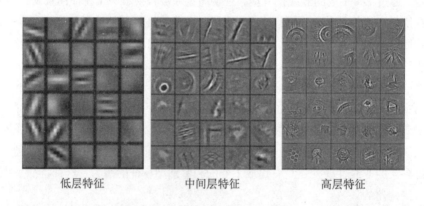

低层特征　　　　　　中间层特征　　　　　　高层特征

图 9.3　通过多层网络在 ImageNet 上学习得到的特征层级。（图片提取于 Zeiler 和 Fergusfrom 的论文[440]，获得 Zeiler 的许可）

　　该特性同样可以在图 9.4中观察到，其中饱和神经元（即激活值大于 0.99 或者小于 0.01 的神经元）在每一层的比例都被显示出来了。越低层通常有越小比例的饱和神经元，而在靠近 softmax 层的越高的隐层中，有更大比例的饱和神经元。注意一点，大部分饱和神经元都处于抑制状态（它们的激活值小于 0.01）。这表明关联特征是很稀疏的。这是因为在训练标签中，用 1 表示正确类别，0 表示其他类别的表示方法是稀疏的。

　　在这些特征层级中，越高层的特征越具有不变性和鉴别性。这是因为许多层的简单非线性处理可以生成一个复杂的非线性变换。在说明这个非线性变换对输入特征的小变化的鲁棒性之前，让我们假设 $l$ 层的输出，或者是 $l+1$ 层的输入从 $\mathbf{v}^\ell$ 变成了 $\mathbf{v}^\ell + \delta^\ell$，其中 $\delta^\ell$ 是一个小变化。这个变化通过如下公式将会影响 $l+1$ 层的输出，或者是 $\ell+2$ 层的输入：

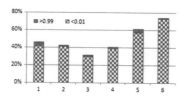

图 9.4　每一层上饱和神经元的比例。（在 Yu 等[438] 中有一个类似的图）

$$\delta^{\ell+1} = \sigma(\mathbf{z}^{\ell+1}(\mathbf{v}^\ell + \delta^\ell)) - \sigma(\mathbf{z}^{\ell+1}(\mathbf{v}^\ell))$$
$$\approx \text{diag}\left(\sigma'(\mathbf{z}^{\ell+1}(\mathbf{v}^\ell))\right)(\mathbf{W}^{\ell+1})^T \delta^\ell \tag{9.1}$$

其中

$$\mathbf{z}^{\ell+1}(\mathbf{v}^\ell) = \mathbf{W}^{\ell+1}\mathbf{v}^\ell + \mathbf{b}^{\ell+1} \tag{9.2}$$

是激发过程，$\sigma(\mathbf{z})$ 是 sigmoid 激活函数。变化 $\delta^{\ell+1}$ 的范数是

$$\|\delta^{\ell+1}\| \approx \|\text{diag}\left(\sigma'(\mathbf{z}^{\ell+1}(\mathbf{v}^\ell))\right)(\mathbf{W}^{\ell+1})^T \delta^\ell\|$$
$$\leqslant \|\text{diag}\left(\sigma'(\mathbf{z}^{\ell+1}(\mathbf{v}^\ell))\right)(\mathbf{W}^{\ell+1})^T\|\|\delta^\ell\|$$
$$= \|\text{diag}(\mathbf{v}^{\ell+1} \bullet (1 - \mathbf{v}^{\ell+1}))(\mathbf{W}^{\ell+1})^T\|\|\delta^\ell\| \tag{9.3}$$

其中 $\bullet$ 表示元素级乘积。

在深度神经网络中，大多数权重的量级通常会非常小，如果隐层节点规模很大，如图 9.5 所示。例如，在一个 $6 \times 2k$、使用 30 小时 SWB 数据学习得到的深度神经网络里，在除了输入层的其他所有网络层中，98% 权重的量级小于 0.5。

然而在 $\mathbf{v}^{\ell+1} \bullet (1 - \mathbf{v}^{\ell+1})$ 中的每一个元素都小于或等于 0.25，其真实值通常还会更小。这是因为很大比例的隐层神经元是不活跃的，如图 9.4 所示。结果，在一个 6 小时的 SWB 开发集中，公式9.3中的平均范数 $\|\text{diag}(\mathbf{v}^{\ell+1} \bullet (1 - \mathbf{v}^{\ell+1}))(\mathbf{W}^{\ell+1})^T\|_2$ 的值在所有的网络层上都比 1 小，如图 9.6所示。因为所有隐层的值都被限制在相同的范围 $(0,1)$ 中，这表明当输入有轻微的扰动时，该扰动随着层数变高而不断缩小。换句话说，越高层生成的特征相对于越低层的特征对输入的变化更具有不变性。需要注意的是，在同一个开发集上最大的范数会比 1 大，见图 9.6。这是必然的，因为这些差异需

要在类边界附近被扩大，以至于有鉴别性的能力。这些大范数值的例子也会造成目标函数上的非连续点，正如事实所示：你总会经常发现，在某些输入值上，一个很小的变动就会改变深度神经网络预测值 [381][2]。

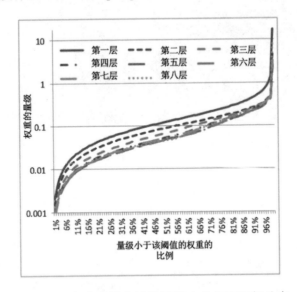

图 9.5　一个典型深度神经网络中的权重量级分布

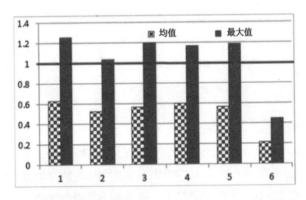

图 9.6　一个 6 × 2k 深度神经网络上每层的平均和最大的 $\|\mathrm{diag}(\mathbf{v}^{\ell+1} \bullet (1 - \mathbf{v}^{\ell+1}))(\mathbf{W}^{\ell+1})^T\|_2$。（ 在 Yu 等的论文[438]中有一个类似的图 ）

　　一般来说，特征是在分层深度模型中按阶段处理的，如图 9.7所示。每一个阶段都可以被看作以下几个可选步骤：归一化、滤波器组处理（ filter-bank processing ）、非线性处理和池化（ pooling ）[217]。典型的归一化技术包括均值消除、局部差异归一化和方差归一化，其中一些技术已经在4.3.1节中讨论过。滤波器组处理的目的是把特征投

---

[2]这种情况可以随着训练时间，给每一个训练样本动态地加入小的随机噪声的方式来缓解。

影到一个更高的维度空间以便分类会更加容易，这可以通过维度扩充或者特征投影得到。非线性处理是在深度模型里非常关键的一个步骤，因为线性变换的组合仅仅是另外一个线性变换。常用的非线性函数包括稀疏化、饱和、侧抑制、双曲正切、sigmoid和"胜者通吃"（winner-takes-all）函数。池化步骤引入了聚集和聚类，其目的是为了提取具有不变性的特征和降低维度。

图 9.7　一个特征处理的大致框架。在图中，展示了三个阶段，每个阶段又包括四个可选的步骤

## 9.3　使用随意输入特征的灵活性

在 GMM 框架下，通常使用对角协方差矩阵以减少模型参数，此时要求输入特征的每维相互独立。但是，DNN 是鉴别性模型，对输入特征没有这样的限制。

在语音识别应用中，梅尔倒谱系数（MFCC）和感知线性预测特征（PLP）是最常用的两种特征，并且两种特征都是在梅尔对数滤波器组特征（MS-LFB）基础上得到的。尽管这两种特征比梅尔对数滤波器组特征更加稳定，但是在特征转换处理过程中，可能会损失对识别有用的信息。很自然可能想到，可以使用 MS-LFB 特征直接作为DNN 的输入[297]。来自文献 [262] 的表 9.1中给出了基于鉴别性训练准则的 CD-GMM-HMM 基线与不同输入特征的 CD-DNN-HMM 在一个语音搜索任务上的对比。13 维的 MFCC 特征是在 24 维梅尔对数滤波器组特征上经过离散余弦变换（DCT）得到的。所有的输入特征都使用均值归 0 处理，并且包括其动态特征；对数滤波器组特征的动态特征包括一阶差分和二阶差分，MFCC 特征还包括三阶差分。在 CD-GMM-HMM系统中，使用 HLDA[241] 变换将 54 维的 MFCC 及其三阶动态特征降为 39 维特征。从表中可以看到，使用 24 维梅尔对数滤波器组特征代替 MFCC 特征可以取得相对 4.7%的词错误率（WER）下降；将滤波器组的数量从 24 增加到 40 只能取得不到 1% 的WER 下降。总体来说，与基于 fMPE+BMMI 训练准则的 CD-GMM-HMM 系统相比，CD-DNN-HMM 模型可以取得相对 13.8% 的性能提升，而且 CD-DNN-HMM 模型的训练过程更简单。表中所有的 DNN 模型的训练都基于帧级别的交叉熵准则。如果使用第8章介绍的序列鉴别性训练，可以取得进一步的性能提升。

另外，在[342] 中提到，将 FFT 频谱作为 DNN 的输入，可以使用 DNN 自动学习到滤波器组特征。在该方法中，为了压缩滤波器组输出的动态范围，在滤波器组层，使用对数函数作为激发函数。另外，图 9.7 描述的归一化过程也应用到滤波器组层的激发函数上。在[342] 中，与使用手动设计的梅尔对数滤波器组的基线 DNN 相比，这种自动学习滤波器组参数的方法可以取得相对 5% 的 WER 下降。

表 9.1　DNN 不同输入特征的对比；所有的输入特征都使用均值归 0 处理，并且包括其动态特征，括号里表示相对词错误率（WER）下降。（摘自[262]）

| 模型和特征 | 词错误率（相对词错误率） |
| --- | --- |
| CD-GMM-HMM (MFCC, fMPE+BMMI) | 34.66% (基线) |
| CD-DNN-HMM (MFCC) | 31.63% (-8.7%) |
| CD-DNN-HMM (24 MS-LFB) | 30.11% (-13.1%) |
| CD-DNN-HMM (29 MS-LFB) | 30.11% (-13.1%) |
| CD-DNN-HMM (40 MS-LFB) | 29.86% (-13.8%) |

## 9.4　特征的鲁棒性

一个好特征的重要性质就是它对变化的鲁棒性。在语音信号中有两种主要的变化类型：说话人变化和环境变化。在传统的 GMM-HMM 系统中，这两种类型的变化都需要被明确处理。

### 9.4.1　对说话人变化的鲁棒性

为了解决说话人的多样性，声道长度归一化（vocal tract length normalization, VTLN）和特征空间最大似然线性回归（feature-space maximum likelihood linear regression, fMLLR）在 GMM-HMM 系统中非常重要。

VTLN 通过将滤波带分析的频率轴线进行扭曲来反映一个事实：声道中的共振峰位置大体上是按照说话人的声道长度单调地变化的。我们在训练和测试的同时使用 20 个从 0.8 到 1.18 的量化的扭曲因子做 VTLN。在训练过程中可以使用最大期望（expectation-maximization, EM）算法来找到最优的扭曲因子：不断重复如下两个步骤，一是在给定当前模型时选择最好的因子，二是使用选择的因子更新模型。在测试过程中，系统通过使用所有的因子进行识别，然后使用最高的累积对数概率值来选取一个最好的因子。

另一方面，fMLLR 是一种作用于特征向量之上的仿射变换，其目的是使变换后的特征能更好地适应模型。通常在测试集上的做法是，先使用原有的特征生成识别结果，利用这些结果估计 fMLLR，再使用 fMLLR 变换后的特征重新识别，这个过程会迭代多次。对 GMM-HMM 来说，fMLLR 变换的估计准则是在给定特定模型的条件下，最大化用于自适应的数据的似然度。对 DNN 来说，fMLLR 变换可以用来最大化交叉熵（通过反向传播算法）。由于交叉熵是一种鉴别性准则，这个过程因此被称为特征空间鉴别性线性回归（feature-space discriminative linear regression，fDLR）[358]。这个变换会被应用到 DNN 的每一个输入向量上（通常是多帧特征拼接而成的）或者是拼接前的每一帧特征上。

引自文献 [358] 的表 9.2 比较了 VTLN 和 fMLLR/fDLR 分别在 GMM、浅层的多层感知器（MLP）和 DNN 上的效果。可以发现，VTLN 和 fMLLR 都对 GMM 减少说话人之间的差异性起到了非常重要的作用。事实上，它们分别贡献了相对 9% 和 5% 的错误率降低。这两种技术对浅层 MLP 也很重要，分别带来了相对 7% 和 4% 的错误率降低。但这些技术对 DNN 系统来说就相对没有这么重要，相对与说话人无关的 DNN 系统来说，只能为错误的减少贡献 2%。这个发现说明 DNN 同 GMM 和浅层 MLP 相比对说话人之间的变化有更好的鲁棒性。

表 9.2　对比在 GMM-HMM、浅层 MLP 和深度神经网络 DNN 上基于说话人自适应技术的特征变换。在 Hub5'00-SWB 数据集上的词错误率（WER）（圆括号内表示相对变化）。（总结自 Seide 等[358]）

| 说话人自适应技术 | CD-GMM-HMM (40-mixture) | CD-MLP-HMM (1×2048) | CD-DNN-HMM (7×2048) |
|---|---|---|---|
| 说话人无关 | 23.6% | 24.2% | 17.1% |
| + VTLN | 21.5% (-9%) | 22.5% (-7%) | 16.8% (-2%) |
| + fMLLR/fDLR×4 | 20.4% (-5%) | 21.5% (-4%) | 16.4% (-2%) |

## 9.4.2　对环境变化的鲁棒性

类似地，基于 GMM 的声学模型对环境的不匹配也非常敏感。为了解决这个问题，许多技术已经得到了很好的发展，比如向量泰勒级数（vector Taylor series，VTS）[231, 259, 260, 300] 自适应和最大似然线性回归（maximum likelihood linear regression，MLLR）[144]、归一化输入特征或者自适应模型参数。相比之下，在前面章节里的分析显示出，对在训练数据里出现过的环境变化，DNN 有能力生成鲁棒的内部特征表示。

在一些方法（比如 VTS 自适应）里，常用一个估计的噪声模型来自适应语音识别器的高斯参数，其主要根据是一个噪音如何污染干净语音的物理模型。干净语音 $\mathbf{x}$、污染（或者嘈杂的）语音 $\mathbf{y}$ 和噪声 $\mathbf{n}$ 之间在对数频域上的关系可以被近视表示为

$$\mathbf{y} = \mathbf{x} + \log(1 + \exp(\mathbf{n} - \mathbf{x})) \tag{9.4}$$

在 GMM 中，这个非线性关系常用一阶 VTS 来近似。然而在 DNN 中，因为有许多层的非线性变换，它可以直接建模出任意的非线性关系，包括公式9.4中所描述的关系。因为我们对从嘈杂语音 $\mathbf{y}$ 和噪声 $\mathbf{n}$ 到干净语音 $\mathbf{x}$ 的非线性映射很感兴趣，我们可以在每一个观察输入（嘈杂语音）之外，再增加一个信号噪声 $\hat{\mathbf{n}}_t$ 的估计值，将这个扩展特征输入到神经网络中，即

$$\mathbf{v}_t^0 = [\mathbf{y}_{t-\tau}, \cdots, \mathbf{y}_{t-1}, \mathbf{y}_t, \mathbf{y}_{t+1}, \cdots, \mathbf{y}_{t+\tau}, \hat{\mathbf{n}}_t] \tag{9.5}$$

其中，$2\tau + 1$ 帧窗宽的嘈杂语音和一帧噪声估计被用作网络的输入。该过程同时在训练和解码中执行，因此是传统噪声自适应训练（noise adaptive training，NAT）[225] 的一个扩展。由于 DNN 采用了噪声估计来自动学习嘈杂语音和噪声到状态标注的映射关系（隐含的通过估计干净语音的方式来实现），该技术被称为噪声感知训练（noise-aware training，NaT）[360, 438]。

DNN 对环境失真的鲁棒性可以从在 Aurora 4数据集 [312] 上展开的实验中比较清晰地看到。这个数据集是在华尔街日报（Wall Street Journal，WSJ0）数据集上的一个5000 词的识别任务。模型训练是在 16kHz 的多环境混杂的训练集上进行的，其中包括来自 83 个说话人的 7137 句音频。一半的音频是由高质量的近讲话筒录制的，另一半数据是用 18 个不同的辅助话筒中的某一个录制的。这两部分数据都包括干净语音和噪声污染的语音，其中所加噪声是六种不同类型噪声（街道交通、火车站、车站、胡言乱语、饭店、机场）中的一种，所加信噪比（signal-to-noise ratios，SNR）的范围是10～20dB。

用于评价衡量的测试集包括 330 句来自 8 个说话人的音频。这个测试集是由主麦克风和一些辅助麦克风分别录制的。然后这两个集合分别被同样的在训练集中使用的六种噪声污染（信噪比 5～15dB），创造出总共 14 个测试集合。这 14 个测试集合被归类为 4 个子集合，根据噪声污染的类型分为：无噪声（干净语音）、只有加性噪声、只有信道噪声，以及加性噪声和信道噪声同时存在。注意，虽然不同的噪声类型同时出现在训练集和测试集中，但是数据的信噪比并不一定相同。

DNN 使用 24 维的对数梅尔滤波带特征（并在句子层做均值归一化）做训练，一阶和二阶差分特征被附加到静态特征向量后面。输入层由 11 帧的上下文窗口组成，这样产生一个含 792 个输入神经元的输入层。该 DNN 有 7 个隐层，每个隐层包含 2048 个神经元，且 softmax 输出层有 3206 个神经元（相当于 HMM 基线系统的聚类后的状态）。该网络使用一层接一层的生成式预训练初始化，然后使用反向传播鉴别性训练。为了减少过拟合，训练中采用了4.3.4节中讨论到的 dropout[197] 技术。

在表 9.3（摘自文献 [360, 438]）中，对比了 DNN 和多个 GMM 系统所能达到的

性能。第一个系统是 GMM-HMM 的基线系统，而其他系统则代表在声学建模、噪声和说话人自适应上的最先进的 GMM 系统。它们都使用了相同的训练集合。

表 9.3　在 Aurora 4 任务上关于文献中的几个 GMM 系统和 DNN 系统的对比。( 总结自文献 [360, 438] )

| 系统 | 扭曲失真 | | | | 平均 |
|------|---------|------|------|---------|------|
| | 无（干净） | 噪声 | 信道 | 噪声 + 信道 | |
| GMM 基线 | 14.3% | 17.9% | 20.2% | 31.3% | 23.6% |
| MPE + NAT + VTS | 7.2% | 12.8% | 11.5% | 19.7% | 15.3% |
| NAT + Derivative Kernels | 7.4% | 12.6% | 10.7% | 19.0% | 14.8% |
| NAT + Joint MLLR/VTS | 5.6% | 11.0% | 8.8% | 17.8% | 13.4% |
| DNN (7 × 2048) | 5.6% | 8.8% | 8.9% | 20.0% | 13.4% |
| DNN + NaT + dropout | 5.4% | 8.3% | 7.6% | 18.5% | 12.4% |

"MPE+NAT+VTS" 系统结合了最小音素错误（minimum phone error，MPE）鉴别性训练[323] 和噪声自适应训练（noise adaptive training，NAT），并使用 VTS 自适应方法来补偿噪声和信道不匹配[136]。"NAT+Derivative Kernels" 系统使用了一个多路混合"鉴别式/生成式"分类器 [330]。它首先用一个采用了 VTS 自适技术的 HMM，基于状态似然度及其导数来生成一组特征。然后这些特征被输进一个鉴别式的对数线性模型里来获取最终的识别文本。"NAT+Joint MLLR/VTS" 系统使用了一个用 NAT 训练的HMM，并结合用于环境修正的 VTS 自适应和用于说话人自适应的 MLLR[399]。该表的最后两行显示了这两个 DNN-HMM 系统的性能。"DNN($7 \times 2K$)" 系统是一个标准的简单结构 CD-DNN-HMM，它有 7 个隐层，并且每层有 2K 神经单元。尽管结构简单，它仍然胜过了除 "NAT+Joint MLLR/VTS" 外的所有系统。最后，"DNN+NaT+dropout"系统使用了噪声感知训练和 dropout 获得了最好的性能。另外，所有的 DNN-HMM 结果都是在第一次解码上得到的，而其他三个系统需要两次或者更多次地识别（对于噪声、信道或者说话人自适应）。这些结果清楚地展示了 DNN 对从噪声和信道不匹配中来的多余变化的鲁棒性。

## 9.5　对环境的鲁棒性

9.4 节讲述的鲁棒性结果似乎在暗示与干净环境下相比，在噪声环境下，DNN 可以取得更高的错误率下降。实际上，这是不对的，这些结果仅仅表明 DNN 系统比 GMM系统对说话人和环境影响更加鲁棒。9.2 节讨论的高隐层的摄动收缩属性其实是均衡地应用于各种声学条件的。在本节中，借助 [209] 中的结果，我们来说明相对于 GMM 系统，DNN 在不同的噪声信噪比和说话语速条件下，所取得的性能提升其实是相似的。

在文献 [209] 中，在移动手机语音搜索（VS）和短消息听写数据集（SMD）上通过一系列的实验对比 GMM 和 DNN 系统的性能。这两个数据集都是拥有数百万用户的真实应用，在各种声学环境和不同说话人类型的条件下收集得到的。之所以选用这两个数据集，是因为它们基本涵盖了大词汇连续语音识别系统主要的声学环境变化，并且各个环境都有足够的数据保证训练的有效性。论文作者在 400 小时 VS/SMD 数据上分别训练了 GMM 和 DNN 模型。GMM 系统的输入特征使用 MFCC 特征及其三阶差分，并使用 HLDA 降到 39 维，训练使用目前在 GMM-HMM 系统下最有效的模型训练准则：特征空间最小音素错误率准则（fMPE）[322] 和增强型最大互信息准则（bMMI）[321]。DNN 系统使用 29 维度的对数滤波器组特征及其一阶和二阶差分，并对该特征做前后 5 帧扩展得到 957 维的向量作为输入特征，使用交叉熵（CE）准则训练模型。两种模型使用相同的训练数据和状态聚类决策树。GMM 系统中的词图生成和 DNN 系统中的状态级标注对齐采用了同一个基于最大似然估计的 GMM 模型。最终在 100 小时 VS/SMD 测试数据上进行分析了研究，这 100 小时 VS/SMD 测试数据是从数据集中随机采样得到的，并且和训练数据有相同的数据分布。

### 9.5.1 对噪声的鲁棒性

摘自文献 [209] 的图 9.8和图 9.9分别在 VS 和 SMD 两个数据集上对比了 GMM-HMM 系统与 CD-DNN-HMM 系统在不同信噪比下的错误模式。从这些图中可以观察到，在所有不同的信噪比下，CD-DNN-HMM 系统都远远好于 GMM-HMM 系统。但有趣的是，可以看到在 VS 和 SMD 两个数据集上，在所有不同的信噪比情况下，CD-DNN-HMM 系统相对于 GMM-HMM 系统取得了基本一致的性能提升。这里使用一种新的方式度量 DNN 模型的噪声鲁棒性：每 1dB 信噪比下降时识别性能的变化。对于 VS 数据集，每 1dB 信噪比下降会有绝对 0.40%（或相对 2.2%）的 WER 增长；当信噪比从 40dB 降到 0dB 时，WERs 从 18% 升到 34%。对于 SMD 数据集，相同的 1dB 信噪比下降会导致绝对 0.15%（相对 1.3%）的 WER 增长；在相同的信噪比变化范围内，WERs 从 12% 增长到 18%。两种不同任务间对噪声信噪比敏感度的差异很可能是因为 SMD 识别任务有更低的语言模型混淆度（PPL）。同样，当使用 GMM 系统时，每 1dB 信噪比下降在 VS 和 SMD 数据集上分别会带来绝对 0.6%（相对 2.6%）和绝对 0.2%（相对 1.2）的 WER 增加。

这些结果表明 CD-DNN-HMM 系统比 GMM 系统的鲁棒性更好，因为 CD-DNN-HMM 系统每 1dB 信噪比下降有更低的 WER 增长；在图中表现为相对于 GMM 系统有更平缓的曲线变化。然而两种系统在该指标上的差别是非常小的。可以看出，DNN 模型的语音识别性能依然会在实际移动手机语音应用常见的信噪比范围内有很大的起伏。这也表明在 DNN 系统下，噪声鲁棒性依然是一个重要的研究领域；语音增强、鲁棒声学特征和其他一些多环境混合学习技术依然需要探索去弥补性能上的差异，进而提升基于深度学习的声学模型的整体性能。

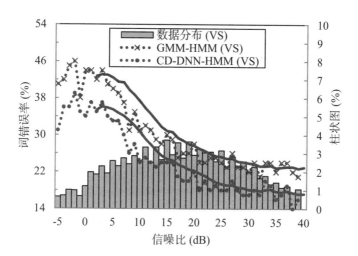

图 9.8　VS 数据集上，在不同信噪比下 GMM-HMM 和 CD-DNN-HMM 性能的对比；图中实线是回归曲线。（ 图片摘自 Huang 等[209]，由 ISCA 授权。）

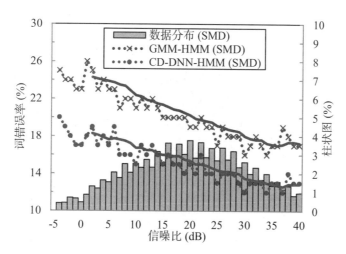

图 9.9　SMD 数据集上，在不同信噪比下 GMM-HMM 和 CD-DNN-HMM 性能的对比；图中实线是回归曲线。（ 图片摘自 Huang 等[209]，由 ISCA 授权。）

### 9.5.2 对语速变化的鲁棒性

语速变化是另一个常见的影响语音可懂度和语音识别性能的因素。语速的变化和说话人的变化、不同的说话模型和说话方式有关。语速变化可以从几方面导致语音识别性能的下降。首先，因为一个音素的声学得分是相同音素段的所有帧的和，所以语速的变化会影响声学分数的动态范围。其次，固定的帧率、帧长和上下文窗宽不足以捕捉快速和慢速语音间瞬时的转换，从而导致次优建模。再者，由于人类发声器官的限制，语速的变化可能导致轻微的共振峰偏移。最后，极快的语速有可能导致共振峰目标和音素的遗失。

摘自文献 [209] 的图 9.10 和图 9.11 分别在 VS 和 SMD 两个数据集上描述了不同语速下 WER 的差异，这里使用每秒钟的音素数度量语速[3]。从这些图中可以看到，CD-DNN-HMM 系统在所有的语速下比 GMM-HMM 系统有一致的 WER 下降。和噪声鲁棒语音识别不同的是，在 VS 和 SMD 两个数据集上都观察到了 U 型性能变化曲线。在 VS 数据集上，最好的识别结果出现在每分钟 10 到 12 个音素附近。当说话语速偏移最好的点 30% 左右，会造成相对 30% 的 WER 增长；同时在 SMD 数据集上，当说话语速距离最优点偏移 30% 左右的时候，会有相对 15% 的 WER 增长。为了弥补语速差异带来的影响，需要其他建模技术。

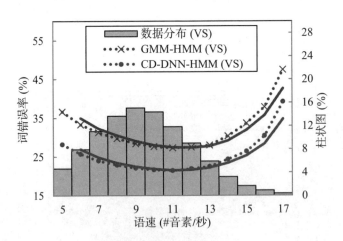

图 9.10　VS 数据集上，在不同语速下 GMM-HMM 和 CD-DNN-HMM 性能的对比。（图片摘自 Huang 等[209]，由 ISCA 授权。）

---

[3][209] 中还尝试了其他一些语速度量方法，例如每秒的辅音数，并且语速还使用不同音素的平均长度正则化。实验结果表明，无论使用哪种度量方式，WER 变化的方式非常相似。

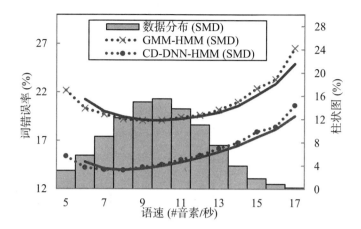

图 9.11　SMD 数据集上，在不同语速下 GMM-HMM 和 CD-DNN-HMM 性能的对比。（图片摘自 Huang 等[209]，由 ISCA 授权。）

## 9.6　缺乏严重信号失真情况下的推广能力

在9.2节中，我们已经说明了输入数据中的小扰动会随着我们转移到更高层次内在表达的过程中逐渐收缩。如9.4节中所说，这个性质使得 DNN 系统对不同的说话人和环境变量具有鲁棒性。在9.5节中，我们说明了这个性质在不同的 SNR 水平和语速上都是成立的。在本章中，我们指出，上面的结果仅仅在训练样本附近只有小扰动的时候才有效。当测试样本和训练样本之间有足够大的偏移时，DNN 不能准确地对它们进行分类。换句话说，在训练过程中，DNN 必须能看到数据中有代表性的变化的例子才能在测试数据中对拥有相似变化的数据拥有一般性。这和其他的机器学习方法是一致的。

这种表现可以被一个混合带宽语音识别的研究来表达。典型的语音识别器是通过用 8kHz 采样率录音的窄带语音信号或者 16kHz 采样率录音的宽带语音信号进行训练的。一个单独的系统如果能够同时识别窄带和宽带语音（例如混合带宽自动语音识别），那将会是很有优势的。图 9.12描述了一种这样的系统。它最近在 CD-DNN-HMM 框架下被提出[262]。在这个混合带宽自动语音识别系统中，DNN 的输入是 29 维梅尔域对数滤波组输出及其跨 11 帧上下文窗的动态特征。DNN 包括 7 个隐层，每层有 2048 个节点。输出层包含 1803 个神经元，每个神经元对应从 GMM 系统中得到 senone 的个数。

29 维滤波组包含两部分：前 22 个滤波器覆盖了 0～4kHz 频带，后 7 个滤波器覆盖了 4～8kHz 频带。其中较高滤波组的第一个滤波器的中心频率是 4kHz。当语音是宽带信号时，全部 29 个滤波器都有观测值。但当语音是窄带信号时，高频信息并不能被采集到，因此，最后 7 个滤波器被置为 0。

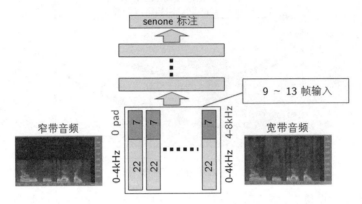

图 9.12 用 DNN 做混合带宽语音识别的图示。（图来自 Yu 等[438]，由 Yu 授权。）

实验被设定在一个移动语音检索（VS）的数据集上。这是智能手机上通过声音进行互联网搜索的任务[435]。其中有两个训练集 VS-1 和 VS-2，分别包括在不同年份里采集到的一共 72 小时和 197 小时的宽带音频数据。测试集（VS-T）包含 9562 个样本，一共包含 26757 个单词。窄带训练集通过对宽带数据进行降采样得到。

摘自文献 [262] 的表 9.4 总结了用和不用窄带语音信号训练的 DNN，分别在宽带和窄带测试集上的 WER。从表 9.4 中可以观察到，如果全部的训练数据都是宽带的，DNN 会在宽带测试集上有更好的效果（27.5%WER），但会在窄带测试集上表现得非常糟糕（53.5%）。然而，如果把 VS-2 转换成窄带语音（第二行），并且用混合带宽数据来训练 DNN，那么 DNN 会在宽带和窄带语音信号上都会有很好的效果。

表 9.4 用和不用窄带训练数据时，在宽带（16k）和窄带（8k）上的词错误率（WER）。（摘自 Yu 等[438] 和 Li 等[262]）

| 训练数据 | 16kHz VS-T | 8kHz VS-T |
|---|---|---|
| 16kHz VS-1 + 16kHz VS-2 | 27.5% | 53.5% |
| 16kHz VS-1 + 8kHz VS-2 | 28.3% | 29.3% |

为了理解这两种情形的不同，我们对宽带和窄带输入特征对的每一层激活向量 $v^\ell(x_{\text{wb}})$ 和 $v^\ell(x_{\text{nb}})$ 之间计算其欧氏距离：

$$d_l(x_{\text{wb}}, x_{\text{nb}}) = \sqrt{\sum_{j=1}^{N^\ell} \left(v_j^\ell(x_{\text{wb}}) - v_j^\ell(x_{\text{nb}})\right)^2} \tag{9.6}$$

这里隐层单元被看作是宽带特征 $x_{\text{wb}}$ 或者是窄带特征 $x_{\text{nb}}$ 的函数。由于顶层的输出是

senone 的后验概率，我们可以计算这两个概率 $p(s_j|x_{\text{wb}})$ 和 $p(s_j|x_{\text{nb}})$ 之间的 KL 距离。

$$d_y\left(x_{\text{wb}}, x_{\text{nb}}\right) = \sum_{j=1}^{N^L} p(s_j|x_{\text{wb}}) \log \frac{p(s_j|x_{\text{wb}})}{p(s_j|x_{\text{nb}})}, \tag{9.7}$$

这里 $N^L$ 是 senone 的个数，$s_j$ 是 senone 的编号。表 9.5（摘自 [262]）显示了从测试集中随机采样的 40000 帧对只用宽带语音信号和用混合带宽语音信号训练的 DNN 的统计量分别为 $d_l$ 和 $d_y$。

表 9.5　通过宽带 DNN 或者混合带宽 DNN 得到的，窄带（8kHz）和混合带宽（16kHz）输入特征之间，每个隐层间（L1～L7）激活向量的欧氏距离和 softmax 层的后验概率间的 KL 距离。（摘自 Li 等[262] 和 Yu 等[438]）

| 层 | 误差函数 | 宽带 DNN | 混合带宽 DNN |
|---|---|---|---|
| 1 | | 13.28 | 7.32 |
| 2 | | 10.38 | 5.39 |
| 3 | | 8.04 | 4.49 |
| 4 | 欧氏距离 | 8.53 | 4.74 |
| 5 | | 9.01 | 5.39 |
| 6 | | 8.46 | 4.75 |
| 7 | | 5.27 | 3.12 |
| 输出层 | KL 距离 | 2.03 | 0.22 |

从表 9.5中可以观察到，在混合带宽数据 DNN 上，所有的平均距离比宽带 DNN 都要小。这表明，利用混合带宽的训练数据，DNN 能够学习出宽带和窄带输入特征的不同应当与识别结果不相关这一特性。宽窄带的变化在多层的非线性转换中被抑制。于是最终的表达显得对这些变化更加无关，并且仍旧拥有区分不同类别标注的能力。这种现象在输出层显得更加明显，因为成对输出在混合带宽 DNN 上的 KL 距离只有 0.22nats，远小于宽带 DNN 上观测到的 2.03nats。

# 10

# 深度神经网络和混合高斯模型的融合

**摘要** 本章中，我们将介绍将深度神经网络（DNN）和混合高斯模型（GMM）融合使用的技术。首先介绍 Tandem 和瓶颈特征方法，这个方法将 DNN 作为特征提取的工具。通过使用 DNN 的隐层输出来代替原始输入特征给 GMM 模型使用。然后介绍将 DNN-HMM 混合系统和 GMM-HMM 系统在识别结果以及帧层面的分数的融合技术。

## 10.1 在 GMM-HMM 系统中使用由 DNN 衍生的特征

在第9章中，我们展示了在深度神经网络–隐马尔可夫（DNN-HMM）混合系统中，深度神经网络（DNN）同时学习了非线性的特征变换和对数线性分类器。更重要的是，通过深度神经网络学到的特征表示比原始特征在说话人和环境变量方面更加鲁棒。一个很自然的想法就是将深度神经网络的隐层和输出层视为更好的特征，并且将它们用于传统的混合高斯隐马尔可夫模型（GMM-HMM）系统中。

### 10.1.1 使用 Tandem 和瓶颈特征的 GMM-HMM 模型

在使用浅层的多层感知器时期，文献 [185] 中提出了称为 Tandem 的方法，这是最早的将隐藏层和输出层视为更好的特征的方法。Tandem 方法通过使用从一个或者多个神经网络中衍生出的特征来扩展 GMM-HMM 系统中的输入向量。因为神经网络输出层的维度和训练目标的维度是一样的，Tandem 特征通常以单音素分布为训练目标以控制所增加的特征的维度。

另外，文献 [165, 166] 提出了使用瓶颈隐层（隐层节点个数比其他隐层的少）的输出作为特征的方法来代替直接使用神经网络的输出。因为隐层大小的选择是独立于输出层大小的，这个方法提供了训练目标维度和扩展的特征维度之间的灵活性。瓶颈层在网络中建立了一个限制，将用于分类的相关信息压缩成一个低维度的表示。注意，在自动编码器（一种以输入特征本身作为预测目标的神经网络）（见第5章描述）中也同样可以使用瓶颈层。因为在瓶颈层的激活函数是一个关于输入特征的低维的非线性函数，所以一个自动编码器也可以被视为一种非线性的维度下降的方法。然而，因为从自动编码器中学习到的瓶颈特征对识别任务没有针对性，这些特征通常不如从那些用于进行识别的神经网络的瓶颈层提取出的特征有区分性。

近期的许多工作[137, 390, 393] 使用了类似的方法将神经网络特征运用于大词汇语音识别任务中，包括使用神经网络的输出层或者更早的隐层来扩展 GMM-HMM 系统中的特征。更新的工作中，深度神经网络代替了浅层的多层感知器来提取更鲁棒的特征。这些深度神经网络的识别目标通常采用聚类后的状态来代替单音素。基于这个原因，通常使用隐层特征，而不是输出层特征用于后续的 GMM-HMM 系统。

图 10.1展现了 DNN 中典型的用于提取特征的隐层。图 10.1a 展现了一个所有的隐层都拥有相同的隐层节点的 DNN，最后一个隐藏层被用于提取深度特征。这个特征通常会链接上 MFCC 和 PLP 等原始特征。然而，在这样一个结构中，生成出的特征维度通常非常高。为了使其更易于管理，我们可以使用主成分分析（PCA）来减少特征的维度。另一种方法是我们可以直接减少最后一个隐层的大小，将其改造称为一个瓶颈层，如图 10.1b 所示。因为所有的隐层都可以被视为原始特征的一种非线性变换。我们可以使用任意瓶颈层的输出来作为 GMM 的特征，如图 10.1c 所示。

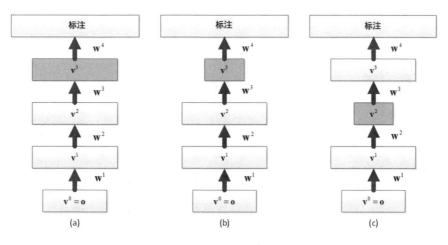

图 10.1　使用 DNN 作为 GMM-HMM 系统的特征提取器。带阴影的层的输出将作为后续的 GMM-HMM 系统的特征

因为隐层提取的特征之后将用 GMM 来建模，我们应该仅仅使用激励值（在进行非线性的激活函数之前的输出），而不是经过激活函数之后的输出值来作为特征。特别是使用 sigmoid 非线性函数时就更是如此，因为 sigmoid 函数的输出值域是 [0,1]，并且主要集中于 0 和 1 两个极值处。更需要考虑的是，即使我们使用瓶颈层来提取特征，瓶颈特征的维度依然很大，而且各个维度之间是相关的。出于这些原因，在将特征运用于 GMM-HMM 系统之前先使用 PCA 或者 HLDA 处理一下会很有帮助，如图 10.2所示。

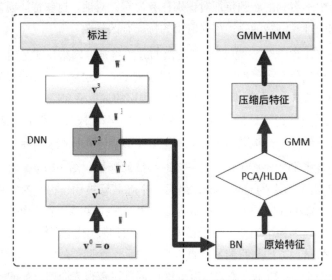

图 10.2　在 GMM-HMM 系统中使用 Tandem（或者瓶颈层）特征。DNN 用于提取 Tandem 或者瓶颈特征（BN），然后拼接上原始特征。合并后的特征在使用 GMM-HMM 进行建模之前通过使用 PCA 或者 HLDA 进行压缩降维和去相关

注意到因为 Tandem（或者瓶颈）特征与 GMM-HMM 系统的训练是独立的，所以很难知道哪一层隐层可以提取最好的特征。同样，添加更多的隐层对性能是否有帮助也很难得知。比如，Yu 和 Seltzer[437] 展示了（见表 10.1）在声音搜索数据集中 [435]（见6.2.1节）一个拥有四个隐层的深度神经网络比拥有三个或者七个隐藏层的深度神经网络性能要好。表 10.1同样指出了使用生成性的预训练（见第5章）在同一个数据集上对识别效果有帮助。在实验中，他们使用了 39 维的 MFCC 特征，前后连接 5 帧共 11 帧作为 DNN 的输入，瓶颈层拥有 39 个神经元，非瓶颈层拥有 2048 个。在预训练时的学习率是每样本平均 $1.5e^{-5}$。在精细调整训练的前 6 轮学习率是每样本 $3e^{-4}$，后 6 轮是每样本 $8e^{-6}$。DNN 使用的批量块大小是 256，采用小批量随机梯度下降方法进行训练。提取出的瓶颈特征随后直接使用或者连接上原始的 MFCC 特征去训练 GMM-HMM。无论是直接使用瓶颈特征还是连接上原始的 MFCC 特征，这些特征都

通过使用 PCA 来去相关，并且降维到 39 维。

表 10.1　使用不同深度的 DNN 来提取瓶颈特征的开发集句错误率（SER）比较。（摘自 Yu 和 Seltzer[437]）

| 隐层个数 | 3 | 5 | 7 |
|---|---|---|---|
| 不使用 DBN 预训练 | 41.1% | 34.3% | 36.1% |
| 使用 DBN 预训练 | 34.3% | 33.4% | 34.1% |

　　Yu 和 Seltzer 还揭示出，使用聚类后的状态作为识别目标相比使用单音素或者使用无监督的方法性能更好。如表 10.2 所示。无监督的瓶颈特征提取和使用单音素或者聚类后的状态作为训练目标提取瓶颈特征的性能相差巨大。这清晰地显示出，使用任务相关的信息用于训练特征是非常重要的。

表 10.2　在不同的监督标注情况下的句错误率（SER）比较，所有的情况都进行了 DBN 预训练。（摘自 Yu 和 Seltzer[437]）

| 瓶颈特征训练的标注 | 开发集句错误率 | 测试集句错误率 |
|---|---|---|
| 无 | 39.4% | 42.1% |
| 单音素状态 | 35.2% | 37.0% |
| 从聚类后的状态转换过来的单音素状态 | 34.0% | 35.7% |
| 聚类后的状态（senones） | 33.4% | 34.8% |

## 10.1.2　DNN-HMM 混合系统与采用深度特征的 GMM-HMM 系统的比较

　　DNN-HMM 混合系统与采用深度特征（即从 DNN 中提取的特征）的 GMM-HMM 系统最主要的区别是分类器的使用。在 Tandem 或者瓶颈特征系统中，GMM 被用于代替对数线性模型（深度神经网络中的 softmax 层）。当使用同样的特征时，GMM 拥有比对数线性模型更好的建模能力。实际上，在 Heigold 等的文章 [178] 里指出，在对数线性模型中使用一阶和二阶特征的时候，GMM 和对数线性模型是等价的。其结果也说明了 GMM 可以被一个拥有非常宽的隐层，同时隐层与输出层连接很稀疏的单隐层神经网络建模。从另一个角度说，因为隐层和输出层的对数线性分类器的训练是同时优化的，在 DNN-HMM 混合系统中的隐层特征与分类器的匹配会比 Tandem 和瓶颈特征中更好。这两个原因相互抵消，最后的结果是这两种系统的性能几乎是相等的。然而，在实际中，CD-DNN-HMM 系统运用起来更简单。

　　使用在 GMM-HMM 系统中深度神经网络提取的特征的主要好处是可以使用现存的已经能很好地训练和自适应 GMM-HMM 系统的工具。同样，也可以使用训练数据的一个子集去训练提取特征的深度神经网络，然后使用所有的数据提取深度神经网络特征用于训练 GMM-HMM 系统。

在文献 [413] 中，Yan 等系统地通过实验比较了 CD-DNN-HMM 系统和使用 DNN 提取的特征的 GMM-HMM 系统。在论文中，他们使用了最后一个隐层的激励作为 DNN 提取的特征，如图 10.1a 所示。然后提取的特征通过 PCA 压缩并且连接上原始的谱特征。扩展后的特征继续使用 HLDA 压缩 [241]，使得最后的维度以适合 GMM-HMM。实验的数据集是 Switchboard（SWB）（见6.2.1节），这里把使用深度特征的 GMM-HMM 系统称为 DNN-GMM-HMM，在实验中，解码和基于词网格的序列级训练时使用的声学缩放系数为 0.5（即简单地把声学的对数似然乘以 0.5），这个设置能得到最好的识别正确率。实验中使用和其他工作（例如文献 [358, 359, 374]）相同的 PLP 特征以及训练和测试配置以进行结果比较。

表 10.3总结于文献 [374, 413]，它比较了 CD-DNN-HMM 和使用深度特征的 GMM-HMM 系统。在这篇论文里，他们使用了 309 小时的 SWB 数据进行训练，在 SWB Hub5'00 测试集合进行性能验证。可以观察到，虽然区域相关的线性变换（region dependent linear transformation，RDLT）[414, 443] 将性能从 17.8% 改善到 16.1%。使用 MMI 训练的 DNN-GMM-HMM 依然比同样使用 MMI 训练（见第8章）的 CD-DNN-HMM 要差。

表 10.3　SWB Hub5'00 测试集上的词错误率使用 309 小时训练数据。DNN 拥有 7 个隐层，每个隐层有约 2000 个神经元，输出层有约 9300 聚类后的状态。（参见文献 [413] 和 [374]）

| CD-DNN-HMM | | DNN-GMM-HMM | | |
|---|---|---|---|---|
| CE | MMI | ML | RDLT | MMI |
| 16.4% | 13.7% | 17.8% | 16.1% | 15.3% |

表 10.4比较了使用 2000 小时训练数据的时候 CD-DNN-HMM 和 DNN-GMM-HMM 的性能。我们可以观察到使用了 RDLT 和 MMI 的 DNN-GMM-HMM 性能比使用 MMI 训练的 CD-DNN-HMM 略好。综合这两个表，我们可以观察到，DNN-GMM-HMM 相比其提升的复杂度，性能上的提升并不显著。

表 10.4　使用 2000 小时训练数据训练的模型在 SWB Hub5'00 测试集上的词错误率。DNN 拥有 7 个隐层，每个隐层有约 2000 个神经元，输出层有约 18000 个聚类后的状态。（参见文献 [413]）

| CD-DNN-HMM | | DNN-GMM-HMM | | |
|---|---|---|---|---|
| CE | MMI | ML | RDLT | MMI |
| 14.6% | 13.3% | 15.6% | 14.5% | 13.0% |

在前面的讨论中，DNN 的衍生特征都直接来自隐层。在文献 [343] 中，Sainath 等探索了一个不那么直接的方法。在其设置中，DNN 拥有 6 个隐层，每个隐层有 1024

个神经元，输出层是 384 个 HMM 的状态。与文献 [413] 中相同的是 DNN 没有瓶颈层，所以它能比使用瓶颈层的 DNN 更好地对 HMM 状态进行分类。不同于文献 [413]，它们使用了输出层的激励（softmax 函数调用之前的输出），而不是最后一个隐层作为特征。384 维的激励值随后通过一个 384-128-40-384 的自动编码器被压缩到 40 维。由于瓶颈层出现在自动编码器中，而不是深度神经网络中，这个方法被称为自动编码器瓶颈网络（AE-BN）。

他们在英语广播新闻任务上（English broadcast news）比较了（见表 10.5）使用和不使用 AE-BN 特征的 GMM-HMM 系统。这个数据集拥有 430 小时训练数据。从表 10.5可以观察到，在使用相同的训练方法的情况下，特征空间说话人自适应（FSA）、特征空间增强型 MMI（fBMMI）、模型级增强型 MMI（BMMI）[321]，以及最大似然回归自适应（MLLR）[144] 等系统中，使用 AE-BN 特征的系统总是比不使用的性能要好。他们同样在一个较小的任务上比较了使用 AE-BN 特征的 GMM-HMM 系统和一般的 CD-DNN-HMM。通过比较文献 [343] 和 [344] 中的结果，我们可以观察到，在使用同样的训练准则时，CD-DNN-HMM 比 AE-BN 系统性能略好。

表 10.5　比较 AE-BN 系统和 GMM-HMM 系统。使用 403 小时训练数据，在英文广播新闻数据集上的词错误率。（摘自文献 [343]）

| 训练方法 | 基线 GMM-HMM | 采用 AE-BN 特征的 GMM-HMM |
|---|---|---|
| FSA | 20.2% | 17.6% |
| +fBMMI | 17.7% | 16.6% |
| +BMMI | 16.5% | 15.8% |
| +MLLR | 16.0% | 15.5% |

## 10.2　识别结果融合技术

由传统的 GMM-HMM 系统产生的识别错误和由 DNN-HMM 系统产生的错误往往是不一样的。这使得通过融合 GMM-HMM 和 DNN-HMM 的结果可以获得全局的性能提高。最广泛的系统融合技术包括识别错误票选降低技术（recognizer output voting error reduction，ROVER）[135]、分段条件随机场（segmental conditional random field，SCARF）[454] 和基于最小贝叶斯风险的词图合并（minimum Bayesian risk (MBR) based lattice combination）[409]。

### 10.2.1　识别错误票选降低技术（ROVER）

识别错误票选降低技术（ROVER）[135] 是一个两阶段的生成过程，由对齐和投票两个阶段组成，如图 10.3所示。在对齐阶段，如图 10.4所示的例子来自两个或者多个自动语音识别系统的结果将组合进一个词转移网络（WTN）。为了对齐和合并三个或者更多的识别结果，我们首先为每个识别系统的输出建立一个线性的 WTN。如图 10.4 所示，比如，在第一步的时候，三个 ASR 的结果使用了三个 WTN。通过将 WTN 限制为线性结构，我们可以显著地简化融合过程。为了得到最好的结果，这些 WTN 通过WER 从小到大排序。第一个 WTN（见图 10.4 中的 WTN-1）拥有最小的 WER，并且被用作基准 WTN，组合 WTN 由它开始展开。第二个 WTN 通过使用动态规划（dynamic programming，DP）对齐准则和基准 WTN 进行对齐。如图 10.4 中的第三步所示，我们在基准 WTN 添加来自第二个 WTN 的词转移弧。如图 10.4 中第四步所示，随后第三个 WTN 合并进入新形成的基准 WTN。这个过程不断重复，直到所有的线性 WTN 都合并入基准 WTN 为止。

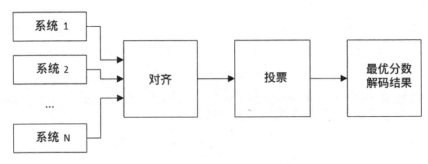

图 10.3　ROVER 的处理过程

一旦得到合并完成的 WTN，投票模型将使用一种投票方案对每个分支点进行评估，随后挑选最高分的词（拥有最高的票数）作为新的解码结果。投票方案有很多种，比如基于出现的频率、出现的频率与平均的词置信度，或者出现的频率以及最大的置信度。一般的记分公式如下

$$\text{score}(w, i) = \frac{1}{N} \sum_{n=1}^{N} \left[ \alpha \delta(w, w_{n,i}) + (1 - \alpha) \lambda_n \text{conf}_n(w, i) \right] \tag{10.1}$$

$\lambda_n$ 是系统相关的权重，$\delta$ 是 Kronecker-$\delta$ 函数，$i$ 是对齐的位置，$N$ 是系统的个数，$\text{conf}(w, i)$ 是词 $w$ 在位置 $i$ 的置信度。票数和平均置信分数加权平均进行平滑通过 $\alpha$，并且通常由开发集训练得出。

最近的研究已经表明，使用 ROVER 融合不同的系统几乎总是能得到识别正确率上额外的提高。比如，Sainath 等[343] 报道了在英文广播新闻任务中，使用 50 小时训练数据和 430 小时训练数据上，通过融合 AE-BN 系统和基线 GMM-HMM 系统，分别获得了额外 0.9% 和 0.5%WER 的下降，如表 10.6 所示。

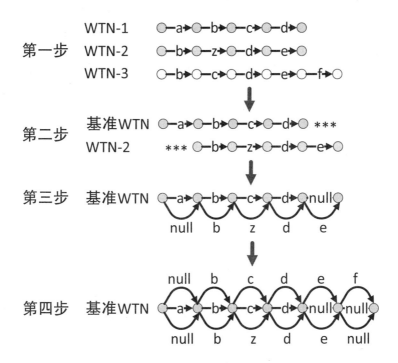

图 10.4 展示了词转移网络（word transition network，WTN）合并的过程。在第一步中，每个 ASR 结果都生成了一个线性词转移网络。第二步中，WTN-1 被选为 WTN-2 用来对齐的基准词转移网络。第三步中，WTN-2 合并进基准 WTN。第四步中，WTN-3 被进一步并入基准词转移网络

表 10.6 使用 ROVER 进行系统融合的效果。在英语广播新闻任务中的词错误率。（摘自文献 [343]）

| 方法 | 50 小时 | 430 小时 |
|---|---|---|
| 基线 GMM-HMM | 18.8% | 16.0% |
| 采用 AE-BN 特征的 GMM-HMM | 17.5% | 15.5% |
| 双系统 ROVER 融合 | 16.4% | 15.0% |

## 10.2.2 分段条件随机场（SCARF）

在片段化的条件随机场[454]框架里，给定观察序列 $\mathbf{o}$，状态序列为 $\mathbf{s}$ 的条件概率为

$$p\left(\mathbf{s}|\mathbf{o}\right) = \frac{\sum_{\mathbf{q}:|\mathbf{q}|=|\mathbf{s}|} \exp\left(\sum_{e \in \mathbf{q}, k} \lambda_k f_k \left(\mathbf{s}_l^e, \mathbf{s}_r^e, o\left(e\right)\right)\right)}{\sum_{\mathbf{s}'} \sum_{\mathbf{q}:|\mathbf{q}|=|\mathbf{s}'|} \exp\left(\sum_{e \in \mathbf{q}, k} \lambda_k f_k \left(\mathbf{s}_l'^e, \mathbf{s}_r'^e, o\left(e\right)\right)\right)} \tag{10.2}$$

其中，$\mathbf{s}_l^e$ 和 $\mathbf{s}_r^e$ 分别是识别出的词图中边 $e$ 的左右状态。$\mathbf{q}$ 为观察序列的一个划分，这个划分可以引出一组状态间的边 $e \in \mathbf{q}$ 的集合。$o(e)$ 是对应边的右侧状态 $\mathbf{s}_r^e$ 的观察数据片段，它由某对起止时间点上的一整段观察向量组成。$f_k\left(\mathbf{s}_l^e, \mathbf{s}_r^e, o(e)\right)$ 是一个定义在边和对应的观察片段上的特征值，$\lambda_k$ 是该特征的权重。图 10.5 是 SCARF 的一个例子，其中包含与 7 个观察数据对齐的 3 个状态。最优权重 $\lambda_k$ 可以通过在训练集合上最大化整个序列的条件对数似然度来获得。

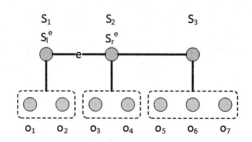

图 10.5　SCARF 的一个例子。图中包含 3 个假设的状态，对齐 7 个观察数据。$\mathbf{s}_1$ 是边 $e$ 的左状态 $\mathbf{s}_l^e$，$\mathbf{s}_2$ 是边 $e$ 的右状态 $\mathbf{s}_r^e$。$o(e) = \{o_3, o_4\}$

SCARF 模型成功的关键是从不同的 ASR 系统的识别词图里提取特征形式。典型的特征包括[454]：

- 期望特征：通过引入一个字典（给出了每个词对观察单元的拼写）来定义。

- Levenshtein 特征：通过对齐观测的观察单元序列和字典应该得到的子词单元序列来计算。

- 存在特征：指出监测流中一个观察单元和假设的词之间的简单的联合。

- 语言模型特征：直接从语言模型导出。

- 基线特征：从基线的最佳解码序列中提取，当假设的段恰好对应基线中的一个词，基线特征为 $+1$，否则为 $-1$。

在文献 [216] 中，Jaitly 等使用了 SCARF 技术合并了 GMM-HMM 系统和 CD-DNN-HMM 系统。对比使用 MMI 准则训练的 CD-DNN-HMM 系统，在声音搜索和 YouTube 任务上，WER 进一步下降了 0.4%（从 12.2% 到 11.8%）和 0.8%（从 47.1% 到 46.2%）。

### 10.2.3　最小贝叶斯风险词图融合

最小贝叶斯风险融合[409] 旨在寻找一个在不同的融合后的系统中期望词错误率最小的词序列。

$$\mathbf{w}^* = \arg\min_{\mathbf{w}} \left\{ \sum_{n=1}^{N} \lambda_n \sum_{\mathbf{w}'} P_n(\mathbf{w}|\mathbf{o}) L(\mathbf{w}, \mathbf{w}') \right\} \tag{10.3}$$

$L(\mathbf{w}, \mathbf{w}')$ 是两个词序列的 Levenshtein 距离，$P_n(\mathbf{w}|\mathbf{o})$ 是由第 $n$ 个模型计算的给定观测序列 $\mathbf{o}$ 后的词序列 $\mathbf{w}$ 的后验概率。$P_n(\mathbf{w}|\mathbf{o})$ 可由下式计算

$$P_n(\mathbf{w}|\mathbf{o}) = \frac{p_n(\mathbf{o}|\mathbf{w})^{\kappa} P(\mathbf{w})}{\sum_{\mathbf{w}} p_n(\mathbf{o}|\mathbf{w})^{\kappa} P(\mathbf{w})} \tag{10.4}$$

其中，$\kappa$ 是声学缩放因子。

在文献 [380] 中，Swietojanski 等报道了通过使用最小贝叶斯风险词图融合，GMM-HMM 和 DNN-HMM 系统相对于单独的 DNN-HMM 系统可以得到 1%～8% 的性能改善。然而 MBR 词图合并不如 ROVER 鲁棒，因为它有时会使错误率增加。

## 10.3　帧级别的声学分数融合

系统融合也可以在帧级别或者状态声学分数级别进行。最简单有效的方法是把多个系统对观测帧的对数似然度进行一个线性加权平均来进行帧同步的融合，如下式所示。

$$\log p(\mathbf{o}|s) = \sum_{n=1}^{N} \alpha_n \log p_n(\mathbf{o}|s) \tag{10.5}$$

其中，$\alpha_n$ 是系统 $n$ 的权重，$p(\mathbf{o}|s)$ 是融合后的观测帧 $\mathbf{o}$ 给定状态 $s$ 的似然度，$p_n(\mathbf{o}|s)$ 是来自系统 $n$ 的似然度。对于 GMM-HMM 系统，这就是观察帧的概率。对于 DNN-HMM 混合系统，这是采用状态先验概率加权后的似然度。同样，我们可以对状态后验概率进行建模

$$\log p(s|\mathbf{o}) = \sum_{n=1}^{N} \alpha_n \log p_n(s|\mathbf{o}) \tag{10.6}$$

注意到这是一个以帧后验分数作为特征的对数线性模型，可以简单地用一个无隐层的神经网络实现。可以通过增加隐层实现额外的性能提升。这个公式的好处是帧交叉熵（CE）和第6、8章提到的序列鉴别性训练可以很容易地被用于训练加权平均值或者融合的网络。

在文献 [380] 中，Swietojanski 等报道了通过融合 GMM-HMM 和 DNN-HMM 系

统每帧的似然度，可以得到相对 1%～8% 词错误率下降，和 MBR 词格融合性能一致。注意，因为 GMM-HMM 系统通常比 CD-DNN-HMM 系统性能要差，可能的提升本身就是很有限的。

一个更好的方法是融合使用基于深度特征的 DNN-GMM-HMM 系统和 CD-DNN-HMM 系统。这种方法有两个好处：一是 DNN-GMM-HMM 系统的性能和 CD-DNN-HMM 系统很接近，并且它们的结果依然是互补的。第二，因为相同的 DNN 可以同时用于 DNN-GMM-HMM 和 CD-DNN-HMM 系统，解码时的额外代价是很有限的，特别是当使用图 10.1a 中的结构时。通过融合这两个系统，通常可以得到 5%～10% 相对 WER 的下降。

## 10.4　多流语音识别

众所周知，目前最好的语音识别系统中固定分辨率（包括时域和频域）的前端特征处理方法是权衡后的一种结果，这使得很多现象不能很好地被建模。比如，Huang 等人在文献 [209] 中指出 CD-GMM-HMM 和 CD-DNN-HMM 系统的性能在说话速度很快或者很慢时会显著下降。一个可能的解决方法是采用多流系统[45, 48]，这种方法可以同时容纳多个时间和频率的分辨度。主要的设计问题就是多流语音识别系统如何合并各个流。图 10.6至图 10.8展示了三个常用的多流语音识别架构：

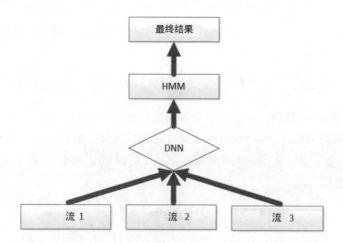

图 10.6　一个早期集成的多流语音识别系统架构，所有流的特征合并在一起，然后使用一个单独的 DNN-HMM 来生成结果

- 早期集成：在早期集成架构中，特征首先直接合并（一个接一个），然后通过一个单独的 DNN-HMM 来进行解码。

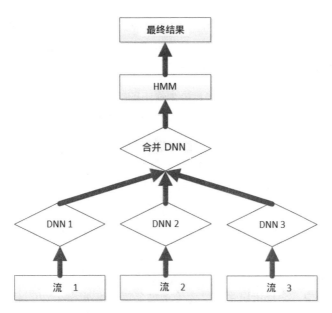

图 10.7　一个中期集成的多流语音识别架构，每个流的特征先独立使用分隔的 DNN，然后在一个中间的集成层进行集成，集成之后的特征随后输入一个单独的 DNN-HMM 生成最后的结果

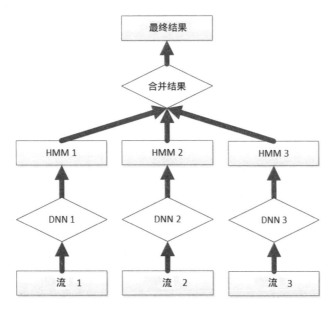

图 10.8　一个后期集成多流语音识别架构，每个独立流的解码结果融合得到最终解码结果

- 中间集成：在中间集成架构中，每个流中的特征首先独立处理（使用分隔的 DNN），然后在一个中间阶段进行整合。整合得到的特征表示继续经过一个单独的 DNN-HMM 来产生最终的解码结果。

- 后期集成：在后期集成架构中，每个流中的特征使用单独的 DNN-HMM 进行处理，每个流的解码结果再进行融合（比如使用 ROVER）来生成最后的输出结果。

流可以有许多种。比如，我们可以使用窄带波段作为一个流。这样的系统通常称为多频带语音识别系统。另外，我们可以使用不同的特征提取方法（比如 PLP 和 MFCC）作为流。这样一个系统有时被称为多信道语音识别系统。另一种流行的方法是使用不同的采样频率、窗大小和滤波器组来构建不同的流。

Fletcher 和他的同事们在文献 [10] 中提出在人类语音感知神经元里，窄频带的信号是独立处理的，这为多频带系统的使用提供了理论支撑。同时，他们发现，多频带的结果会在某个中间阶段进行合并，这也为中间层集成框架提供了理论基础。多频带系统的结果融合中，全局错误率定义为等于每个频带错误率的乘积。错误乘积法则非常强，主要表示即使只有一个频带处理给出了正确的结果，系统也能正确地识别句子。在文献 [449] 中，Zhou 等比较了前期集成、中期集成和后期集成架构在多信道语音识别中的表现，其结果展示了中期集成方法性能最佳。在 TIMIT 音素识别任务中比最好的单流系统好了相对 6%。

# 11

# 深度神经网络的自适应技术

**摘要** 自适应技术可以补偿训练数据和测试数据中声学条件的不匹配,然后可以更进一步地提高语音识别的正确率。不同于混合高斯模型(GMM)是一个生成性模型,深度神经网络(DNN)是一个鉴别性模型。出于这个原因,现有的混合高斯模型中的自适应技术不能直接运用于深度神经网络中。本章首先介绍什么是自适应。然后描述在深度神经网络中发展自适应技术的重要性。自适应技术可以分三类:线性变换、保守训练和子空间方法。我们进一步展示了在某些语音识别任务中深度神经网络中的自适应可以带来显著的错误率的下降,证明了自适应在深度神经网络中和在混合高斯模型系统中一样重要。

## 11.1 深度神经网络中的自适应问题

与其他的机器学习技术一样,在深度神经网络(DNN)系统中有一个假设是:训练数据和测试数据服从一个相同的概率分布。事实上,这个假设是很难满足的。这是因为在语音应用部署之前没有匹配的训练数据。应用必须从不匹配的数据上来初始化。在应用成功部署之后,许多匹配的数据才能在真实的应用场景下收集到。然而,在部署的早期阶段,匹配的数据往往是很少的,通常不能覆盖所有随后的应用场景。甚至即使在应用部署了多年后有了足够的匹配训练数据,不匹配的问题仍然可能存在。这是因为深度神经网络的训练目标是优化全体训练数据上的平均性能。当目标限定在一个特殊的环境或者说话人的时候,训练和测试条件依然是不匹配的。

　　训练-测试的不匹配问题可以通过自适应技术来解决，这一技术使模型可以更适应测试环境或者使测试的输入特征更加适应已有的模型。比如，在传统的 GMM-HMM 语音识别系统中，说话人相关的系统比说话人无关系统可以减少 5%～30% 的错误率。在 GMM-HMM 框架内著名而且非常有效的自适应技术包括：最大似然线性回归（MLLR）[144, 254, 286, 399]、有约束最大似然线性回归（cMLLR）[143]（同时也被称为特征层最大似然线性回归（fMLLR）、最大后验线性回归（MAP-LR）[63, 250] 和向量泰勒级数（VTS）[231, 259-261, 300] 等。这些方法可以用来处理环境和说话人不匹配问题。

　　如果用于自适应的音频数据同时也有文本标注，则这种自适应被称为有监督的自适应，否则，被称为无监督的自适应。在无监督的情况下，文本标注需要从声学特征中推理得来。在多数情况下，推理标注（通常称为伪标注）可以通过使用说话人无关的模型进行语音识别解码得到。在接下来的讨论中，我们都假设使用无监督的自适应。在一些严格的条件下，自适应的文本标注可能通过挖掘数据的结构来进行推理，比如，基于带标注和不带标注的特征向量之间的距离。无论使用什么办法，伪标注不可避免地会带有错误，这将降低自适应的性能。更麻烦的是，使用伪标注的自适应会对说话人无关的模型中那些已经训练得很好的部分继续增强，却限制了从表现不佳的解码结果中学习调整模型的能力。所有这些因素都将影响无监督自适应潜在的识别正确率的提升。

　　GMM 是一个生成性模型，DNN 是一个鉴别性模型。因为这个原因，DNN 需要与 GMM 框架下不同的一些自适应方法。例如，模型空间中的线性变换方法（如最大似然线性回归）在 GMM 中表现很出色，但就不能直接用于 DNN 自适应。在 GMM 中，属于相同音素或者 HMM 状态的高斯的均值或者方差会向同一个方向改变，而 DNN 中则没有这样的结构。

　　注意，DNN 是一个特殊的多层感知器（MLP），所以一些为 MLP 开发的自适应方法可以直接用在 DNN 上。然而，早期的人工神经网络-隐马尔可夫模型（ANN-HMM）混合系统[301] 与目前广泛用于大词汇连续语音识别（LVCSR）系统中的 CD-DNN-HMM 相比，后者因为使用更宽和更深的隐层以及远大于前者的输出层节点，其总体参数数量远远超过前者。这些不同使得对 CD-DNN-HMM 进行自适应更加有挑战性，特别是自适应集合很小的时候就更是如此。

　　这几年语音识别领域发展了许多用于 DNN 的自适应技术。这些技术可以被分成三类：线性变换、保守训练和子空间方法。我们将在接下来的内容中讨论这些技术的细节。

## 11.2 线性变换

最简单和最流行的方法来实现 DNN 的自适应是在输入特征、某个隐层的激活或者 softmax 层的输入处加上一个说话人或者与环境相关的线性变换。无论在哪里使用线性变换，通常都是采用单位阵和零向量作为初始值，使用第4章提到的交叉熵（CE）（比如公式4.11），或者在第8章里提到的序列鉴别性训练准则进行优化（比如公式8.1和公式8.8）。这一过程中同时保持原神经网络权重不变。

### 11.2.1 线性输入网络

在线性输入网络（LIN）[6, 9, 256, 304, 389, 407] 和与其非常相似的特征层鉴别性线性回归（fDLR）[358] 自适应技术中，线性变换被应用在输入的特征上，如图 11.1所示。LIN 基本的想法是：通过一个线性变换，说话人相关的特征可以与说话人无关的 DNN 模型相匹配。换句话说，我们将说话人相关的特征从 $\mathbf{v}^0 \in \mathbb{R}^{N_0 \times 1}$ 变换到另一个与说话人无关的 DNN 匹配的特征 $\mathbf{v}_{\text{LIN}}^0 \in \mathbb{R}^{N_0 \times 1}$。该过程是通过一个线性变换 $\mathbf{W}^{\text{LIN}} \in \mathbb{R}^{N_0 \times N_0}$ 和 $\mathbf{b}^{\text{LIN}} \in \mathbb{R}^{N_0 \times 1}$ 实现的：

$$\mathbf{v}_{\text{LIN}}^0 = \mathbf{W}^{\text{LIN}} v^0 + \mathbf{b}^{\text{LIN}} \tag{11.1}$$

其中，$N_0$ 是输入层的大小。

在语音识别中，对一个长度为 $T$ 帧的语句来说，输入的特征向量 $\mathbf{v}^0(t) = \mathbf{o}_t = \begin{bmatrix} \mathbf{x}_{\max(0, t-\varpi)} & \cdots & \mathbf{x}_t & \cdots & \mathbf{x}_{\min(T, t+\varpi)} \end{bmatrix}$ 在时刻 $t$ 通常覆盖了 $2\varpi + 1$ 帧。当自适应集合很小时，使用一个更小的帧级别变换 $\begin{bmatrix} \mathbf{W}_f^{\text{LIN}} \in \mathbb{R}^{D \times D}, \mathbf{b}_f^{\text{LIN}} \in \mathbb{R}^{D \times 1} \end{bmatrix}$ 是更好的。

$$\mathbf{x}^{\text{LIN}} = \mathbf{W}_f^{\text{LIN}} x + \mathbf{b}_f^{\text{LIN}} \tag{11.2}$$

变换后的输入特征可以这样构造：$\mathbf{v}_{\text{LIN}}^0(t) = \mathbf{o}_t^{\text{LIN}} = \begin{bmatrix} \mathbf{x}_{\max(0, t-\varpi)}^{\text{LIN}} & \cdots & \mathbf{x}_t^{\text{LIN}} & \cdots & \mathbf{x}_{\min(T, t+\varpi)}^{\text{LIN}} \end{bmatrix}$，其中 $D$ 是每帧特征的维度，$N_0 = (2\varpi + 1) D$。由于 $W_f^{\text{LIN}}$ 相比 $\mathbf{W}^{\text{LIN}}$ 参数个数只有后者的 $\frac{1}{(2\varpi+1)^2}$，它的变换能力和有效性是比 $\mathbf{W}^{\text{LIN}}$ 差的。然而，它可以更可靠地从一个小的自适应集合中估计出来，从这个角度来看是比 $\mathbf{W}^{\text{LIN}}$ 好的。

### 11.2.2 线性输出网络

线性变换同样可以应用在 softmax 层，这时我们称这个自适应网络为线性输出网络（LON）[256] 或者输出特征的鉴别性线性回归（oDLR）[416, 439]。如我们在第9章中讨论的，因为 DNN 中所有的隐层都可以被视为一个复杂的非线性特征变化，最后一个隐层的输出可以被视为变换后的特征。所以，在最后一个隐层上对一个特别的说话人使用一个线性变换，使其和平均后的说话人更匹配是很合理的。不同于 LIN/fDLR，在 LON/oDLR 中有两种方法可以使用，如图 11.2所示。

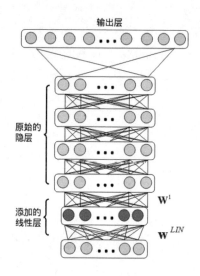

图 11.1　展示了线性输入网络（LIN）和基于特征的鉴别性线性回归（fDLR）自适应技术。在输入特征层上插入了一个线性变换层

在图 11.2a 中，线性变换放在了 softmax 层的权重之后，换句话说，

$$
\begin{aligned}
\mathbf{z}_{\mathrm{LON}a}^{L} &= \mathbf{W}_{a}^{\mathrm{LON}}\mathbf{z}^{L} + \mathbf{b}_{a}^{\mathrm{LON}} \\
&= \mathbf{W}_{a}^{\mathrm{LON}}\left(\mathbf{W}^{L}\mathbf{v}^{L-1} + \mathbf{b}^{L}\right) + \mathbf{b}_{a}^{\mathrm{LON}} \\
&= \left(\mathbf{W}_{a}^{\mathrm{LON}}\mathbf{W}^{L}\right)\mathbf{v}^{L-1} + \left(\mathbf{W}_{a}^{\mathrm{LON}}\mathbf{b}^{L} + \mathbf{b}_{a}^{\mathrm{LON}}\right)
\end{aligned}
\tag{11.3}
$$

假设 DNN 有 $L$ 层，$N_{L-1}$ 和 $N_L$ 分别是第 $L-1$ 层（最后一个隐层）和 $L$ 层（softmax 层）的神经元个数。$\mathbf{v}^{L-1} \in \mathbb{R}^{N_{L-1}\times 1}$ 是在最后一个隐层输出的说话人无关的特征，$\mathbf{z}^{L} \in \mathbb{R}^{N_L\times 1}$ 是 softmax 层在没有自适应时的激励，$\mathbf{W}^{L}$ 和 $\mathbf{b}^{L}$ 分别是说话人无关的 DNN 中 softmax 层的权重矩阵和偏置向量，$\mathbf{W}_{a}^{\mathrm{LON}} \in \mathbb{R}^{N_L\times N_L}$ 和 $\mathbf{b}_{a}^{\mathrm{LON}} \in \mathbb{R}^{N_L\times 1}$ 分别是 LON(a) 中的变换矩阵和偏置向量，$\mathbf{z}_{\mathrm{LON}a}^{L} \in \mathbb{R}^{N_L\times 1}$ 是线性变换后的激励。

在图 11.2b 中，线性变换在 softmax 层的权重之前被使用：

$$
\begin{aligned}
\mathbf{z}_{\mathrm{LON}b}^{L} &= \mathbf{W}^{L}\mathbf{v}_{\mathrm{LON}b}^{L-1} + \mathbf{b}^{L} \\
&= \mathbf{W}^{L}\left(\mathbf{W}_{b}^{\mathrm{LON}}\mathbf{v}^{L-1} + \mathbf{b}_{b}^{\mathrm{LON}}\right) + \mathbf{b}^{L}
\end{aligned}
$$

$$= \left(\mathbf{W}^L \mathbf{W}_b^{\text{LON}}\right) \mathbf{v}^{L-1} + \left(\mathbf{W}^L \mathbf{b}_b^{\text{LON}} + \mathbf{b}^L\right) \tag{11.4}$$

$\mathbf{v}_{\text{LON}b}^{L-1} \in \mathbb{R}^{N_{L-1} \times 1}$ 是最后一个隐层输出的变换后的特征。$\mathbf{W}_b^{\text{LON}} \in \mathbb{R}^{N_{L-1} \times N_{L-1}}$ 和 $\mathbf{b}_b^{\text{LON}} \in \mathbb{R}^{N_{L-1} \times 1}$ 分别是 LON(b) 中的变换矩阵和偏置向量。

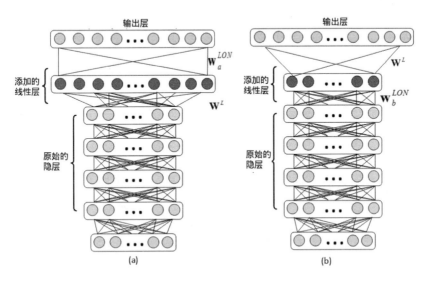

图 11.2 展示了线性输出网络（LON）。线性变换可以在原始的权重 $\mathbf{W}^L$ 前或者后运用

这两种方法是等价的，因为线性变换后再线性变换等价于一个单独的线性变换，如公式11.3和公式11.4所示。然而，这两种方法中所需的参数个数是显著不同的。如果输出层的神经元个数小于最后的隐层，比如在单因素系统中，则 $\mathbf{W}_a^{\text{LON}}$ 比 $\mathbf{W}_b^{\text{LON}}$ 参数个数更少。但在 CD-DNN-HMM 系统中，输出层的大小比最后一个隐层的大小显著大很多。在这种情况下，$\mathbf{W}_b^{\text{LON}}$ 比 $\mathbf{W}_a^{\text{LON}}$ 的参数要少很多，因此，可以更可靠地从自适应数据中估计。

## 11.3 线性隐层网络

在线性隐层网络（LHN）[148] 中，线性变换被用在隐层中。这是因为，如第9章所讨论的，一个 DNN 的任意一个隐层都可以被划分成两个部分：包括输入层的那一部分加上隐层可以被视为一个变换后的特征；包含输出层的部分可以视为作用在隐层特征上的分类器。

与 LON 相似，在 LHN 中同样有两种运用线性变换的方法，如图 11.3所示。出于同样的原因，我们刚刚讨论的两种方法拥有同样的自适应能力。不同于 LON 中 $\mathbf{W}_a^{\text{LON}}$

和 $\mathbf{W}_b^{LON}$ 有显著不同的模型大小，在 LHN 中，因为很多系统中隐层大小是一样的，$\mathbf{W}_a^{LON}$ 和 $\mathbf{W}_b^{LON}$ 常常是同样的大小。

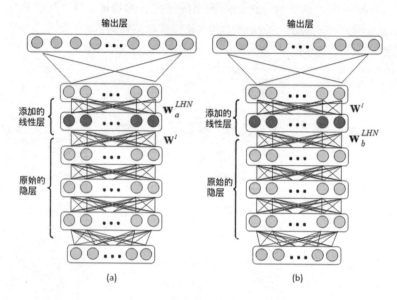

图 11.3　展示了线性隐层网络（LHN）。线性变换可以应用于原始权重矩阵 $\mathbf{W}^{\ell}$ 之后（a）或者之前（b）

　　LIN、LON 和 LHN 的性能是任务相关的。虽然它们非常相似，但正如我们刚刚讨论的，它们在参数数量和特征上还是存在一些微小的不同。这些因素在不同大小的自适应集合上决定了哪个技术是针对特定任务最好的。

## 11.4　保守训练

　　尽管线性变换自适应技术在一些条件下能够得到很好的应用，但它们的效果受到线性变换固有特性的极大限制。一个潜在的可能会更有效的方法是：通过在全部自适应集合 $\mathbb{S} = \{(\mathbf{o}^m, \mathbf{y}^m) | 0 \leqslant m < M\}$ 上调整 DNN 的全部参数，来优化自适应准则 $J(\mathbf{W}, \mathbf{b}; \mathbb{S})$。这里的 $J(\mathbf{W}, \mathbf{b}; \mathbb{S})$ 可以是在第4章（公式4.11）中讨论过的交叉熵（cross entropy，CE）训练准则，也可以是在第8章（公式8.1和公式8.8）中讨论的序列鉴别性训练准则。

　　不幸的是，这个看起来很简单的方法可能会破坏之前学习到的信息，因此这种方式并不可靠，尤其考虑到自适应集合大小相对于 DNN 的参数个数一般非常小的情况下就更是如此。为了避免这种现象，我们需要使用一些保守训练（conservative training，CT）[8, 264, 371, 439] 的策略。保守训练可以通过在自适应准则上增加一个正则项来得到。

一个简单的启发式方法是：只选择一部分权重来进行自适应。例如，在文献 [371] 中，各个隐层节点在自适应数据上的方差会首先被计算出来，只有哪些连接方差最大的节点的权重会被更新。另一种方式是：我们也可以只自适应 DNN 中的较大权重。只使用非常小的学习率，并且使用早期停止策略进行更新的自适应方式同样可以被视为保守训练。

下面介绍保守训练中两种最流行的使用正则项的技术：$L_2$ 正则项[264] 和 KL 距离（KLD）正则项[439]。我们也会讨论一些能够用来减小自适应模型中额外的空间需求（footprint）的技术。

## 11.4.1　$L_2$ 正则项

$L_2$ 正则化保守训练的基本思想是增加一项惩罚项，它定义为说话人无关模型 $\mathbf{W}_{\mathrm{SI}}$ 和通过自适应准则 $J(\mathbf{W}, \mathbf{b}; \mathbb{S})$ 得到的自适应模型 $\mathbf{W}$ 的参数差异的 $L_2$ 范数：

$$
\begin{aligned}
R_2\left(\mathbf{W}_{\mathrm{SI}}-\mathbf{W}\right) &= \left\|\operatorname{vec}\left(\mathbf{W}_{\mathrm{SI}}-\mathbf{W}\right)\right\|_2^2 \\
&= \sum_{\ell=1}^{L}\left\|\operatorname{vec}\left(\mathbf{W}_{\mathrm{SI}}^\ell-\mathbf{W}^\ell\right)\right\|_2^2
\end{aligned}
\tag{11.5}
$$

这里 $\operatorname{vec}\left(\mathbf{W}^\ell\right) \in \mathbb{R}^{[N_\ell \times N_{\ell-1}] \times 1}$ 是通过把矩阵 $\mathbf{W}^\ell$ 中的所有列向量连接起来得到的向量。$\left\|\operatorname{vec}\left(\mathbf{W}^\ell\right)\right\|_2$ 等于 $\left\|\mathbf{W}^\ell\right\|_F$，表示矩阵 $\mathbf{W}^\ell$ 的 Frobenious 范数。

当使用 $L_2$ 正则项时，自适应准则变成

$$
J_{L_2}(\mathbf{W}, \mathbf{b}; \mathbb{S}) = J(\mathbf{W}, \mathbf{b}; \mathbb{S}) + \lambda R_2\left(\mathbf{W}_{\mathrm{SI}}, \mathbf{W}\right)
\tag{11.6}
$$

这里 $\lambda$ 是正则项的参数，用来控制自适应准则中两项的相对贡献。$L_2$ 正则保守训练的目的是限制自适应后的模型和说话人无关模型参数之间的变化范围。由于公式11.6中的训练准则和4.3.3节中讨论的权重衰减非常相似，因此，$L_2$ 正则项保守训练自适应可以使用同样的训练算法。

## 11.4.2　KL 距离正则项

KL 距离正则项方法的直观解释是：从自适应模型中估计出的 senone 后验概率不应和从未自适应模型中估计出的后验概率差别太大。由于 DNN 的输出是概率分布，一个自然的用来衡量概率间的差别的方法就是 KL 距离（KLD）。通过把这个距离作为一个正则项加到自适应准则里，并且把和模型参数无关的项去除后，我们得到如下

正则化优化准则

$$J_{\text{KLD}}(\mathbf{W}, \mathbf{b}; \mathbb{S}) = (1 - \lambda) J(\mathbf{W}, \mathbf{b}; \mathbb{S}) + \lambda R_{\text{KLD}}(\mathbf{W}_{\text{SI}}, \mathbf{b}_{\text{SI}}; \mathbf{W}, \mathbf{b}; \mathbb{S}) \tag{11.7}$$

这里 $\lambda$ 是一个正则化权重，

$$R_{\text{KLD}}(\mathbf{W}_{\text{SI}}, \mathbf{b}_{\text{SI}}; \mathbf{W}, \mathbf{b}; \mathbb{S}) = \frac{1}{M} \sum_{m=1}^{M} \sum_{i=1}^{C} P_{\text{SI}}(i|\mathbf{o}_m; \mathbf{W}_{\text{SI}}, \mathbf{b}_{\text{SI}}) \log P(i|\mathbf{o}_m; \mathbf{W}, \mathbf{b}) \tag{11.8}$$

$P_{\text{SI}}(i|\mathbf{o}_m; \mathbf{W}_{\text{SI}}, \mathbf{b}_{\text{SI}})$ 和 $P(i|\mathbf{o}_m; \mathbf{W}, \mathbf{b})$ 分别是从说话人无关 DNN 和自适应 DNN 中估计出的第 $m$ 个观测样本 $\mathbf{o}_m$ 属于类别 $i$ 的概率。为了简便，在接下来的讨论里被记作 $P_{\text{SI}}(i|\mathbf{o}_m)$ 和 $P(i|\mathbf{o}_m)$。如果使用交叉熵（CE）准则

$$J_{\text{CE}}(\mathbf{W}, \mathbf{b}; \mathbb{S}) = \frac{1}{M} \sum_{m=1}^{M} J_{\text{CE}}(\mathbf{W}, \mathbf{b}; \mathbf{o}^m, \mathbf{y}^m) \tag{11.9}$$

其中

$$J_{\text{CE}}(\mathbf{W}, \mathbf{b}; \mathbf{o}, \mathbf{y}) = - \sum_{i=1}^{C} P_{\text{emp}}(i|\mathbf{o}_m) \log P(i|\mathbf{o}_m) \tag{11.10}$$

$P_{\text{emp}}(i|\mathbf{o})$ 是观测样本 $\mathbf{o}$ 属于类别 $i$ 的经验概率（从自适应集合中得到），正则化自适应准则可以被写成

$$\begin{aligned} J_{\text{KLD−CE}}(\mathbf{W}, \mathbf{b}; \mathbb{S}) &= (1 - \lambda) J_{\text{CE}}(\mathbf{W}, \mathbf{b}; \mathbb{S}) + \lambda R_{\text{KLD}}(\mathbf{W}_{\text{SI}}, \mathbf{b}_{\text{SI}}; \mathbf{W}, \mathbf{b}; \mathbb{S}) \\ &= -\frac{1}{M} \sum_{m=1}^{M} \sum_{i=1}^{C} ((1 - \lambda) P_{\text{emp}}(i|\mathbf{o_m}) + \lambda P_{\text{SI}}(i|\mathbf{o_m})) \log P(i|\mathbf{o}_m) \\ &= -\frac{1}{M} \sum_{m=1}^{M} \sum_{i=1}^{C} \ddot{P}(i|\mathbf{o}_m) \log P(i|\mathbf{o}_m) \end{aligned} \tag{11.11}$$

这里我们定义

$$\ddot{P}(i|\mathbf{o}_m) = (1 - \lambda) P_{\text{emp}}(i|\mathbf{o_m}) + \lambda P_{\text{SI}}(i|\mathbf{o_m}) \tag{11.12}$$

　　我们注意到公式 11.11 和 CE 准则相比，除了目标分布是一个经验概率 $P_{\text{emp}}(i|\mathbf{o}_m)$ 和说话人无关模型中估计出的概率 $P_{\text{SI}}(i|\mathbf{o}_m)$ 的插值外，它们拥有同样的形式。这个插值通过保证自适应模型不会偏离说话人无关模型太远，防止了过拟合的发生。并且，通常的反向传播（BP）算法可以直接被应用到对 DNN 的自适应上，唯一需要修改的部分是输出层的误差信号，在这里是误差信号基于 $\ddot{P}(i|\mathbf{o}_m)$，而不是 $P_{\text{emp}}(i|\mathbf{o}_m)$ 来定

义的。

注意到 KL 距离正则项和 $L_2$ 正则项不同。$L_2$ 正则项限制的是模型参数自身，而非输出概率。但我们在意的是输出概率，而不是模型参数自身，因此，KLD 正则项更加有吸引力，并且不会比 $L_2$ 正则项表现得糟糕。

插值权重可以直接从正则项权重 $\lambda$ 导出。它可以在开发集上，基于自适应数据量、学习率和自适应的方式（监督或者非监督）等因素进行调优。当 $\lambda = 1$ 时，我们完全信任原来的说话人无关模型，并且无视任何自适应数据中的新信息。当 $\lambda = 0$ 时，我们完全使用自适应的数据对模型进行更新，而无视任何原始的说话人无关模型的信息，仅仅把它当作一个训练的起始点。直观地看，对一个较小的自适应集合，应当选取一个较大的 $\lambda$，对一个较大的自适应集合，应当选取一个较小的 $\lambda$。

KL 距离正则化自适应技术可以很容易地拓展到序列鉴别性训练中。如8.2.3节中讨论的那样，为了防止过拟合，在序列鉴别性训练中，我们通常使用有如下插值训练准则的帧平滑方法。

$$J_{\text{FS−SEQ}}(\mathbf{W},\mathbf{b};\mathbb{S}) = (1 - H) J_{\text{CE}}(\mathbf{W},\mathbf{b};\mathbb{S}) + H J_{\text{SEQ}}(\mathbf{W},\mathbf{b};\mathbb{S}) \tag{11.13}$$

这里 $H$ 是帧平滑因子，通常由经验设置。通过添加 KL 距离正则项，我们得到自适应准则

$$J_{\text{KLD−FS−SEQ}}(\mathbf{W},\mathbf{b};\mathbb{S}) = J_{\text{FS−SEQ}}(\mathbf{W},\mathbf{b};\mathbb{S}) + \lambda_s R_{\text{KLD}}(\mathbf{W}_{\text{SI}},\mathbf{b}_{\text{SI}};\mathbf{W},\mathbf{b};\mathbb{S}) \tag{11.14}$$

这里 $\lambda_s$ 是序列鉴别性训练的正则化系数。$J_{\text{KLD−FS−SEQ}}$ 可以通过定义 $\lambda = \frac{\lambda_s}{1 - H + \lambda_s}$，经过相似的推导被改写成

$$J_{\text{KLD−FS−SEQ}}(\mathbf{W},\mathbf{b};\mathbb{S}) = H J_{\text{SEQ}}(\mathbf{W},\mathbf{b};\mathbb{S}) + (1 - H + \lambda_s) J_{\text{KLD−CE}}(\mathbf{W},\mathbf{b};\mathbb{S}) \tag{11.15}$$

### 11.4.3 减少每个说话人的模型开销

保守训练可以减轻在自适应过程中的过拟合问题。但是，它并不能解决对每个说话人都要存储一个巨大的自适应模型的问题。因为 DNN 模型通常都会有巨大的参数个数，自适应模型无论是存储在客户端（例如智能手表）还是服务器端（特别是用户量特别大的情况下），都会显得非常庞大。

最简单的减小模型开销的方法是只自适应模型的一部分。例如，我们可以只自适应输入层、输出层，或者一个特定的隐层。但通过实验我们可以总结出，自适应 DNN

的所有层往往会比只自适应一部分层得到更好的效果。

幸运的是，现有技术能够在保持对所有层进行自适应得到较好效果的同时，减小每个说话人的额外模型开销。在这里介绍两种在文献 [411] 中提到的方法。

第一种方法是压缩说话人无关模型和说话人自适应模型参数间的差异。因为自适应模型和说话人无关模型非常相近，我们可以合理地假设差异矩阵可以被低秩矩阵近似。也就是说，我们可以对差异矩阵 $\triangle \mathbf{W}_{m \times n} = \mathbf{W}_{m \times n}^{ADP} - \mathbf{W}_{m \times n}^{SI}$ 使用奇异值分解（SVD）方法得到

$$
\begin{aligned}
\triangle \mathbf{W}_{m \times n} &= \mathbf{U}_{m \times n} \mathbf{\Sigma}_{n \times n} \mathbf{V}_{n \times n}^T \\
&\approx \widetilde{\mathbf{U}}_{m \times k} \widetilde{\mathbf{\Sigma}}_{k \times k} \widetilde{\mathbf{V}}_{k \times n}^T \\
&= \widetilde{\mathbf{U}}_{m \times k} \widetilde{\mathbf{W}}_{k \times n}^T
\end{aligned}
\tag{11.16}
$$

这里 $\triangle \mathbf{W}_{m \times n} \in \mathbb{R}^{m \times n}$，$\mathbf{\Sigma}_{n \times n}$ 是包含所有奇异值的对角矩阵，$k < n$ 是奇异值的个数，$\mathbf{U}$ 和 $\mathbf{V}^T$ 是单位正交阵，$\widetilde{\mathbf{W}}_{k \times n}^T = \widetilde{\mathbf{\Sigma}}_{k \times k} \widetilde{\mathbf{V}}_{k \times n}^T$。这样只需要存储 $\widetilde{\mathbf{U}}_{m \times k}$ 和 $\widetilde{\mathbf{W}}_{k \times n}^T$ 即可。相对于之前的 $m \times n$ 个参数，现在我们只用存储 $(m + n)k$ 个参数。文献 [411] 中的实验说明，在只有不到 10% 大小的差异参数被存储的情况下，准确率没有，或者只有很小的下降。

第二种方法如图 11.4所示，应用在第7章讨论过的低秩模型近似技术的顶层。在第7章中，我们说明了原始 DNN 中全连接的权重矩阵 $\mathbf{W}_{m \times n} \in \mathbb{R}^{m \times n}$（见图 11.4a）可以被两个更小的矩阵 $\mathbf{W}_{1, r \times n} \in \mathbb{R}^{r \times n}$ 和 $\mathbf{W}_{2, m \times r} \in \mathbb{R}^{m \times r}$ 用图 11.4b 中的方法近似。为了自适应这种模型，我们用图 11.4c 中的方法，通过特定矩阵 $\mathbf{W}_{3, r \times r} \in \mathbb{R}^{r \times r}$，添加额外一层网络。对于说话人无关模型，这个矩阵被设置为单位阵。对于自适应的模型，这个矩阵在保持所有层的 $\mathbf{W}_{1, r \times n}$ 和 $\mathbf{W}_{2, m \times r}$ 不变的前提下，被自适应到特定的说话人。在这种方法中，说话人的特殊信息被存储在 $\mathbf{W}_{3, r \times r}$ 中。相对于最初的 $m \times n$ 个参数，这个矩阵只包含 $r \times r$ 个参数。由于 $r$ 要比 $m$ 和 $n$ 都小很多，这种方法可以有效地减小每个说话人对模型造成的额外开销。同样的原因，$h_{\text{linear}}^{\text{SI}}$ 和 $h_{\text{linear}}^{\text{ADP}}$ 都是模型的瓶颈层，因此，这种方法在文献 [411] 中也被称作 SVD 瓶颈层自适应技术。这种方法使得我们能够在对每一层都进行自适应的同时，保证每个说话人的自适应矩阵都很小。这样极大地减小了对用户实施个性化识别的开销，同时也能潜在地减小每个新用户所需的自适应数据集的总数。Xue 等人在文献 [411] 的实验中指出，这种方法可以在不影响自适应质量的前提下，把每个说话人的额外开销降低到最初 DNN 的 1%。由于在真实世界系统中，基于低秩近似的模型压缩技术经常被用到，因此，SVD 瓶颈层自适应技术对每个说话人拥有极低的额外开销，是一个 DNN 自适应中的常用技术。

我们注意到，模型参数的 SVD 分解也揭示了另一种模型自适应技术。之前提到

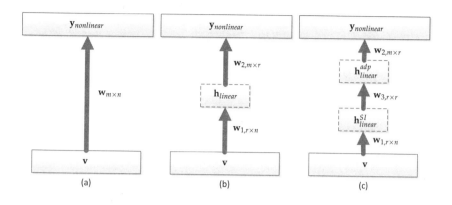

图 11.4　SVD 瓶颈层自适应技术

过，每一层的模型参数 $\mathbf{W}$ 可以用 SVD 分解成 3 个组成部分

$$\mathbf{W}_{m \times n} = \mathbf{U}_{m \times n} \boldsymbol{\Sigma}_{n \times n} \mathbf{V}_{n \times n}^T \tag{11.17}$$

这里 $\boldsymbol{\Sigma}$ 是一个按照降序排列的包含所有非负奇异值的对角矩阵，$\mathbf{U}$ 和 $\mathbf{V}^T$ 是单位正交阵。由于 $\boldsymbol{\Sigma}$ 是一个对角阵，并且它的参数个数非常小（等于 $n$），因此 $\boldsymbol{\Sigma}$ 在这里有重要的地位。我们可以不用自适应整个权重矩阵 $\mathbf{W}$，而只自适应这个对角阵。如果自适应集合比较小，我们甚至可以只自适应前 $k\%$ 的奇异值。

# 11.5　子空间方法

　　子空间方法旨在找到一个描述说话人特性的子空间，然后构建自适应的神经网络权值或自适应变换作为这个参数空间的一个数据点。在这个范畴里，较有前景的技术包括基于主成分分析（PCA）的方法[128]、噪声感知[360]（我们在第9章讨论过），以及说话人感知训练[352]和张量基（tensor bases）自适应[418, 433]技术。这类子空间技术可以让说话人无关的模型很快适应到特定的说话人。

## 11.5.1　通过主成分分析构建子空间

　　在文献 [128] 中提出一种快速的自适应技术。在这个技术中，假定子空间（如说话人参数空间）中的数据点都是随机变量，我们可以在这个空间中估计一个仿射变换矩阵。在这里，主成分分析（PCA）被运用在一个自适应矩阵的集合上以获得说话人空间的主要方向（例如特征相量）。每个新的说话人自适应矩阵由 PCA 得到的特征向量线性组合来近似。

以上提到的技术可以扩展到更加一般的情况。给定一个含 $S$ 个说话人集合，我们对每个说话人可以估计一个特定说话人矩阵 $\mathbf{W}^{\text{ADP}} \in \mathbb{R}^{m \times n}$。这里特定说话人矩阵可以是在 LIN、LHN 或者 LON 中的线性变换，或者是自适应后的权值，或者是保守训练中的 delta 权值，它表示为矩阵的向量化形式 $\mathbf{a} = vec\left(\mathbf{W}^{\text{ADP}}\right)$。每个矩阵可以认为是在 $m \times n$ 维说话人空间中的一个随机变量观察值。然后，PCA 可以应用在说话人空间的 $S$ 个向量集合上。从 PCA 分析获得的特征向量集定义为主成分自适应矩阵。

这个方法假设新的说话人可以表示为 $S$ 个说话人定义的空间中的一点。换句话说，$S$ 足够大来覆盖说话人空间。既然每个新的说话人可以由特征向量的线性组合来表示，当 $S$ 很大时，点的线性插值矩阵也很大。幸运的是，说话人空间维度可以通过丢弃特征向量中方差小的向量来控制。这样，每个特定的说话人矩阵可以有效地用一个降维后的参数向量表示。

对于每个说话人，

$$\mathbf{a} = \bar{\mathbf{a}} + \mathbf{U}\mathbf{g_a} \approx \bar{\mathbf{a}} + \tilde{\mathbf{U}}\tilde{\mathbf{g}}_{\mathbf{a}} \tag{11.18}$$

其中，$\mathbf{U} = (\mathbf{u}_1, \cdots, \mathbf{u}_S)$ 是特征向量矩阵，$\tilde{\mathbf{U}} = (\mathbf{u}_1, \cdots, \mathbf{u}_k)$ 是降维后的特征矩阵，$k$ 是重训练后的特征向量数量，$\mathbf{g_a}$ 和 $\tilde{\mathbf{g}}_{\mathbf{a}}$ 分别是完整和降维后的自适应参数向量在主方向上的投影，$\bar{\mathbf{a}}$ 是自适应参数均值（不同的说话人）。$\bar{\mathbf{a}}$ 以及 $\tilde{\mathbf{U}}$ 是从包含 $S$ 个说话人的训练集中估计出的。

### 11.5.2　噪声感知、说话人感知及设备感知训练

另外一些子空间方法明确的从句子估计噪声或者说话人信息，并把这些信息输入网络中，希望 DNN 训练算法能够自动理解怎样利用噪声、说话人或者设备信息来调整模型参数。当使用噪声信息时，我们称这些方法为噪声感知训练（NaT），当说话人信息被利用时，我们称为说话人感知训练（SaT），当设备信息被使用时，其被称为设备感知训练（DaT）。由于 NaT、SaT，以及 DaT 非常相似，并且在第9章中已经讨论过 NaT，本节主要讨论 SaT，而类似的方法也可以用于 NaT 和 DaT。图 11.5 给出了 SaT 的构架，其中 DNN 的输入包括两部分：声学特征和说话人信息（如果使用 NaT，则表示噪声）。

通过下面的分析可以很容易理解 SaT 有助于提高 DNN 的性能。在没有说话人信息时，第一个隐层的激活是

$$\mathbf{v^1} = f\left(\mathbf{z^1}\right) = f\left(\mathbf{W^1}\mathbf{v^0} + \mathbf{b^1}\right) \tag{11.19}$$

其中，$\mathbf{v}^0$ 是声学特征向量，$\mathbf{W}^1$ 和 $\mathbf{b}^1$ 是对应的权值矩阵及偏置向量。当使用说话人信息时，它变成

$$\begin{aligned}
\mathbf{v}^1_{\mathrm{SaT}} = f\left(\mathbf{z}^1_{\mathrm{SaT}}\right) &= f\left(\begin{bmatrix} W^1_v & W^1_s \end{bmatrix} \begin{bmatrix} v^0 \\ s \end{bmatrix} + \mathbf{b}^1_{\mathrm{SaT}}\right) \\
&= f\left(\mathbf{W}^1_v \mathbf{v}^0 + \mathbf{W}^1_s \mathbf{s} + \mathbf{b}^1_{\mathrm{SaT}}\right) \\
&= f\left(\mathbf{W}^1_v \mathbf{v}^0 + \left(\mathbf{W}^1_s \mathbf{s} + \mathbf{b}^1_{\mathrm{SaT}}\right)\right)
\end{aligned} \tag{11.20}$$

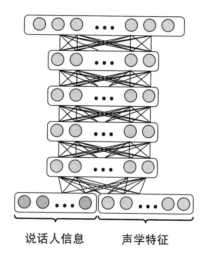

说话人信息　　声学特征

图 11.5　说话人感知训练（SaT）的图示。这里有两组时间同步的输入：一组是为了区分不同音素的声学特征，另一组表示说话人特性的特征

其中，$\mathbf{s}$ 是标志说话人的特征向量，$\mathbf{W}^1_v$ 和 $\mathbf{W}^1_s$ 是对应的与声学特征及说话人信息相关的权值矩阵。与使用固定偏置向量 $\mathbf{b}^1$ 的常规 DNN 相比，SaT 使用说话人相关的偏置向量 $\mathbf{b}^1_s = \mathbf{W}^1_s \mathbf{s} + \mathbf{b}^1_{\mathrm{SaT}}$。SaT 的一个好处是其自适应过程是暗含的且高效的，而且它不需要一个单独的自适应步骤。如果说话人信息能够可靠地估计出来，SaT 在 DNN 框架中对说话人自适应是一个非常好的候选方案。

说话人信息有多种不同的方法求出。例如，在文献 [3, 412] 中，说话人编码被用作说话人信息的表达。在训练过程中，每个说话人的说话人编码是和 DNN 模型的其他参数一起联合学习得到的。在解码过程中，我们首先使用新的说话人的所有句子来估计此人的说话人编码。这个步骤可以通过如下方法完成：把说话人编码作为模型参数的一部分，使 DNN 其余的参数固定，然后使用反向传播算法来估计它。说话人编码估计好之后，再作为 DNN 的部分输入来计算状态的似然度。

　　说话人信息的估计也可以完全独立于 DNN 训练。例如，它可以从一个独立的 DNN 中学习得到，这个 DNN 的输出节点或最后的隐层可以用来表示说话人。在文献 [352] 中，使用了 i-vector 方法[77, 154]。i-vector 是在说话人确认以及识别中流行的一种技术，它在低维固定长度中表示压缩了表示说话人特征的最重要的信息，这对 ASR 中的说话人自适应来说是一个非常理想的工具。i-vector 不仅可以用于 DNN 自适应，也可以用于 GMM 自适应。例如，在文献 [227] 中，i-vector 用于鉴别性说话人区域相关线性变换的自适应，在文献 [17, 415] 中，它用于说话人或句子聚类。由于同一个说话人的所有句子中只会估计单独一个低维的 i-vector，相比其他方法，i-vector 可以可靠地从更少的数据中估计出来。既然 i-vector 是一个重要的技术，这里将总结它的计算步骤。

**i-vector 的计算**

　　我们用 $\mathbf{x}_t \in \mathbb{R}^{D \times 1}$ 表示一个从通用背景模型（UBM）中生成的声学特征向量，UBM 是一个拥有 $K$ 个对角协方差高斯成分的混合高斯模型（GMM）

$$\mathbf{x}_t \sim \sum_{k=1}^{K} c_k \mathcal{N}(\mathbf{x}; \mu_k, \Sigma_k) \tag{11.21}$$

其中，$c_k$、$\mu_k$，以及 $\Sigma_k$ 是混合权值，高斯均值及第 $k$ 个高斯分布的对角协方差矩阵。我们假设对应说话人 $s$ 的声学特征 $\mathbf{x}_t(s)$ 取自于分布

$$\mathbf{x}_t(s) \sim \sum_{k=1}^{K} c_k \mathcal{N}(\mathbf{x}; \mu_k(s), \Sigma_k) \tag{11.22}$$

其中，$\mu_k(s)$ 是特定说话人从 UBM 自适应后得到的 GMM 的均值。我们进一步假设自适应后的说话人均值 $\mu_k(s)$ 与说话人无关的均值 $\mu_k$ 存在一个线性依赖

$$\mu_k(s) = \mu_k + \mathbf{T}_k \mathbf{w}(s), \quad 1 \leqslant k \leqslant K \tag{11.23}$$

其中，$\mathbf{T}_k \in \mathbb{R}^{D \times M}$ 是因子载入子矩阵，它包含 $M$ 个基向量，这些基向量张成了高斯均值向量空间的一个子空间，这个子空间包含整个均值向量空间中最核心的部分，$\mathbf{w}(s)$ 是说话人 $s$ 对应的说话人的标志向量（i-vector）。

　　注意，i-vector $\mathbf{w}$ 是一个隐含变量。如果假设它的先验分布符合一个 0 均值及单位方差的高斯分布，且每一帧属于某个固定的高斯组分，因子载入矩阵是已知的，则可

以估计如下后验分布[230]

$$p\left(\mathbf{w}|\left\{\mathbf{x}_t\left(s\right)\right\}\right)=\mathscr{N}\left(\mathbf{w};\mathbf{L}^{-1}\left(s\right)\sum_{k=1}^{K}\mathbf{T}_k\mathscr{T}\Sigma_k^{-1}\theta_k\left(s\right),\mathbf{L}^{-1}\left(s\right)\right)\tag{11.24}$$

其中，精度矩阵 $\mathbf{L}\left(s\right)\in\mathbb{R}^{M\times M}$ 是

$$\mathbf{L}\left(s\right)=\mathbf{I}+\sum_{k=1}^{K}\gamma_k(s)\mathbf{T}_k\mathscr{T}\Sigma_k^{-1}\mathbf{T}_k\tag{11.25}$$

零阶以及一阶统计量是

$$\gamma_k\left(s\right)=\sum_{t=1}^{T}\gamma_{tk}\left(s\right)\tag{11.26}$$

$$\theta_k\left(s\right)=\sum_{t=1}^{T}\gamma_{tk}\left(s\right)\left(\mathbf{x}_t\left(s\right)-\mu_k\left(s\right)\right)\tag{11.27}$$

$\gamma_{tk}\left(s\right)$ 是给定 $\mathbf{x}_t\left(s\right)$ 下高斯组分 $k$ 的后验概率。i-vector 仅仅是变量 $\mathbf{w}$ 的最大后验准则（MAP）下的点估计

$$\mathbf{w}\left(s\right)=\mathbf{L}^{-1}\left(s\right)\sum_{k=1}^{K}\mathbf{T}_k\mathscr{T}\Sigma_k^{-1}\theta_k\left(s\right)\tag{11.28}$$

它其实就是后验分布的均值11.24。

注意，$\left\{\mathbf{T}_k|1\leqslant k\leqslant K\right\}$ 是未知的，它需要使用最大期望化（EM）算法从特定说话人声学特征 $\left\{\mathbf{x}_t\left(s\right)\right\}$ 以最大化最大似然（ML）训练准则来进行估计[53]。其中，E 步骤的辅助函数为：

$$Q\left(\mathbf{T}_1,\cdots,\mathbf{T}_K\right)=-\frac{1}{2}\sum_{s,t,k}\gamma_{tk}\left(s\right)\left[\log\left|\mathbf{L}\left(s\right)\right|+\left(\mathbf{x}_t\left(s\right)-\mu_k\left(s\right)\right)^T\Sigma_k^{-1}\left(\mathbf{x}_t\left(s\right)-\mu_k\left(s\right)\right)\right]\tag{11.29}$$

或等价于

$$\begin{aligned}Q\left(\mathbf{T}_1,\cdots,\mathbf{T}_K\right)=-\frac{1}{2}\sum_{s,k}&\left[\gamma_k\left(s\right)\log\left|\mathbf{L}\left(s\right)\right|\right.\\&+\gamma_k\left(s\right)\operatorname{Tr}\left\{\Sigma_k^{-1}\mathbf{T}_k\mathbf{w}\left(s\right)\mathbf{w}^T\left(s\right)\mathbf{T}_k^T\right\}\\&\left.-2\operatorname{Tr}\left\{\Sigma_k^{-1}\mathbf{T}_k\mathbf{w}\left(s\right)\theta_k^T\left(s\right)\right\}\right]+C\end{aligned}\tag{11.30}$$

将公式11.30对 $\mathbf{T}_k$ 求导，其值设为 0，可以得到 M 步骤

$$\mathbf{T}_k = \mathbf{C}_k \mathbf{A}_k^{-1}, \quad 1 \leqslant k \leqslant K \tag{11.31}$$

其中

$$\mathbf{C}_k = \sum_s \theta_k(s) \mathbf{w}^T(s) \tag{11.32}$$

$$\mathbf{A}_k = \sum_s \gamma_k(s) \left[ \mathbf{L}^{-1}(s) + \mathbf{w}(s) \mathbf{w}^T(s) \right] \tag{11.33}$$

在 E 步骤中计算。

尽管我们分开讨论了 SaT、NaT，以及 DaT，这些技术其实可以合并到一个单一网络，其中输入有四段：一个是语音特征，其他依次是说话人、噪声以及设备编码。其中，说话人、噪声以及设备码可以联合训练，学习后的编码可以形成不同的条件组合。

### 11.5.3 张量

说话人以及语音子空间可以使用三路连接（或者张量）估计及合并。在文献 [418] 中提出了若干这样类型的架构。图 11.6 显示了其中一种架构，它被称作 "不相交因子分解 DNN"。在这种架构中，说话人后验概率 $p(\mathbf{s}|\mathbf{x}_t)$ 是使用一个 DNN 从声学特征 $\mathbf{x}_t$ 中估计出来的。语音识别 senone 分类的后验概率 $p(y_t = i|\mathbf{x}_t)$ 可以按照如下公式估计：

$$
\begin{aligned}
p(y_t = i|\mathbf{x}_t) &= \sum_s p(y_t = i|\mathbf{s}, \mathbf{x}_t) \, p(\mathbf{s}|\mathbf{x}_t) \\
&= \sum_s \frac{\exp\left(\mathbf{s}^T \mathbf{W}_i \mathbf{v}_t^{L-1}\right)}{\sum_j \exp\left(\mathbf{s}^T \mathbf{W}_j \mathbf{v}_t^{L-1}\right)} p(\mathbf{s}|\mathbf{x}_t)
\end{aligned}
\tag{11.34}
$$

其中，$\mathbf{W} \in \mathbb{R}^{N_L \times S \times N_{L-1}}$ 是一个张量，$S$ 是说话人 DNN 中的节点个数，$N_{L-1}$ 和 $N_L$ 依次是 senone 分类 DNN 的最后一个隐层及输出层节点个数，$\mathbf{W}_i \in \mathbb{R}^{S \times N_{L-1}}$ 是一个张量的切片。不幸的是，张量网络参数比之前讨论的其他技术的参数要大得多，它不大适合在真实世界的任务中使用。

## 11.6　DNN 说话人自适应的效果

正如第9章中所讨论的，用 DNN 提取的特征比起 GMM 和其他浅层模型对声学特征的扰动更加稳定。事实上，实验已经证实，使用 fDLR 的方法，DNN 从浅层扩展到

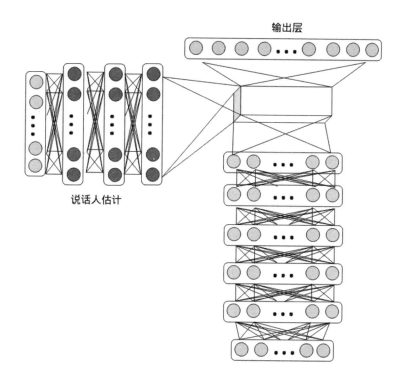

图 11.6　用于说话人自适应的"不相交因子分解 DNN"的典型结构图示

深层的时候，性能提升非常有限[358]。因而我们想知道，通过 CD-DNN-HMM 系统上的说话人自适应，到底能获得多少额外的提升。本节展示了 [352, 411, 439] 中的实验结果，说明说话人自适应的技术即使对 CD-DNN-HMM 系统也是非常重要的。

### 11.6.1　基于 KL 距离的正则化方法

第一组摘自 [439] 的结果是基于短消息文本数据识别任务上的实验（SMD）。基线模型是说话人无关（SI）的 CD-DNN-HMM 模型，它是在 300 小时的语音搜索数据和 SMD 数据上训练得到的。验证集合包含 9 个说话人，其中 2 个说话人的数据被用作开发集来找到合适的学习率，另外 7 个被用作测试集。测试集包含的总字数是 20668。

基线系统 SI CD-DNN-HMM 使用 24 维的滤波器组特征以及其一阶二阶差分，上下文窗口大小为 11，最终形成 792 维（72×11）的输入向量。在输入层之上共有 5 个隐藏层，每层共有 2048 个节点。输出层的维数为 5976。DNN 系统的训练基于 GMM-HMM 系统聚类后的状态。基线系统 SI CD-DNN-HMM 在 7 个说话人的测试集上达到了 23.4% 的词错误率。为了评测自适应集合大小对识别结果的影响，我们采用了不同大小的自适应集合，句子数从 5 句（32 秒）一直变化到 200 句（22 分钟）。

图 11.7a 和图 11.7b 总结了在集合 SMD 上分别使用有监督的和无监督的 KL 距离正则化方法后的识别词错误率。从这些图中可以看到，分别使用 200、100、50、25、10 和 5 句语料作为自适应集合，并经过开发集调整最优正则化权重后，使用有监督的自适应方法分别获得了 30.3%、25.2%、18.6%、12.6%、8.8% 和 5.6% 的相对词错误率降低，使用非监督的自适应方法则分别取得了 14.6%、11.7%、8.6%、5.8%、4.1%、2.5% 的相对词错误率降低。结果还显示，这个实验中只要正则化权重选在 [0.125,0.5] 范围内，错误的减少便比较鲁棒，但在较小的自适应集中还是应使用较大的正则化权重，而较大的自适应集合选取较小的正则化权重更合适。相比于有监督的自适应系统，更大的正则化权重可以提高无监督系统的识别性能。这是因为无监督的自适应系统中的文本标注相对不可靠，所以在自适应过程中我们应该更倾向相信 SI 模型的输出。

在文献 [411] 中，使用了11.4.3节描述的 SVD 瓶颈层自适应技术，减少了 SI DNN 和自适应的参数量。在同样的 SMD 任务上，满秩的、有 30M 参数的 DNN 模型先通过只保留 40% 的奇异值变换成了一个低秩模型。然后，这个低秩模型再经过反向传播进行精细调整，最终它能取得和满秩模型同样的准确率。表 11.1 描述了在满秩 SI 模型与低秩 SI 模型上使用 KLD 正则化自适应所得到的不同结果。实验中，正则化权重 λ 设定为 0.5。从表中可以看到，尽管自适应参数量从满低秩 DNN 系统中的 7.4M 减少到 SVD 瓶颈层自适应系统中的 266K，我们使用 KLD 正则化自适应技术同样取得了超过 18% 的相对错误率下降。在我们所能搭建的最好的 SI DNN 模型上的一组未发表的自适应实验结果也证实了这个结论。

表 11.1　对比满秩自适应与 SVD 瓶颈层自适应在 SMD 任务上的词错误率。所有的系统都使用了 0.5 的 KLD 正则化权重做有监督的自适应；括号中是相对词错误率（WER）下降。（表中的结果来自 Xue 等[411]）

| | 说话人无关的低秩 DNN | 5 句话 自适应 | 100 句话 自适应 |
|---|---|---|---|
| 模型整体自适应 (7.4M) | 25.12% (基线) | 24.30% (-3.2%) | 20.51% (-18.4%) |
| SVD 瓶颈层自适应 (266K) | 25.12% (基线) | 24.23% (-3.5%) | 19.95% (-20.6%) |

### 11.6.2　说话人感知训练

在文献 [352] 中，基于 i-vector 的自适应方法被应用到了第6章描述的 Switchboard（SWB）数据集[156,157]，其中一共使用了 300 小时的数据来训练 DNN 模型。在实验中，每一帧提取了 13 维的感知线性预测（PLP）系数，并且对每一段话做了均值方差的归一化，使用 LDA 把每 9 个连续的倒谱帧映射成 40 维向量，并使用全局半绑定协

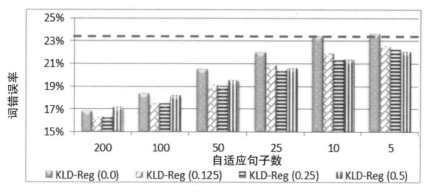

(a) 有监督的自适应

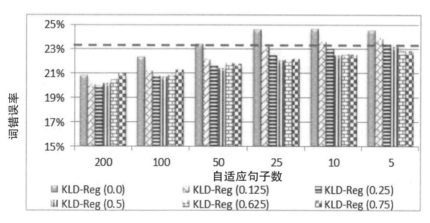

(b) 无监督的自适应

图 11.7 SMD 集合上使用不同正则化权重 λ（括号中的数值）的 KLD 正则化自适应方法所获得的识别词错误率；虚线是 SI DNN 基线系统的性能。（图片来自 Yu 等[439]）

方差矩阵（STC）来去相关。

实验首先用最大似然准则训练了一个 GMM UBM 模型，其中每个高斯成分为 40 维的多元高斯，共 2048 个高斯组分。随后利用这个 UBM 模型对每个说话人进行自适应，得到另一个同样规模的 GMM。i-vector 提取矩阵 $\mathbf{T}_1, \cdots, \mathbf{T}_{2048}$ 的初值按照 $[-1, 1]$ 的均匀分布随机生成，并按照公式11.31至公式11.33进行 10 次 EM 算法迭代。基于这些提取矩阵，对所有训练集与测试集的说话人提取 M 维的 i-vector。

DNN 的输入特征覆盖了上下文一共 11 帧的内容。也就是说，输入层一共有 $(40 \times$

$11 + M)$（其中 $M = \{40, 100, 200\}$）个神经元。所有的 DNN 都有 6 个隐层，并以 sigmoid 函数作为激活函数：前五个隐层每层有 2048 个节点，为了减少训练参数并加速训练，最后一个隐层使用 256 个节点。输出层有 9300 个 softmax 节点，对应于上下文相关的 HMM 状态。解码的语言模型使用 4M 的 4 元组（4-gram）模型。

表 11.2比较了 SI DNN 模型与基于 i-vector 说话人自适应的 DNN 模型在测试集 HUB5'00 与 RT'03 上解码的词错误率（WER）。从该表中可以看到，不管是使用交叉熵还是序列鉴别性训练作为准则，基于 i-vector 的说话人自适应模型都能取得超过 10% 的相对错误率降低。

表 11.2　比较了 SI DNN 与基于 i-vector 的说话人自适应 DNN 模型在 HUB5'00 与 RT'03 测试集上的词错误率（WER）；括号中为相对 WER 降低。（摘自 Saon 等[352]）

| 训练准则 | 模型 | Hub5'00 | RT'03 | |
|---|---|---|---|---|
| | | SWB | FSH | SWB |
| 交叉熵 | SI | 16.1% | 18.9% | 29.0% |
| | i-vector SaT | 13.9% (-13.7%) | 16.7% (-11.6%) | 25.8% (-11.0%) |
| 序列鉴别性训练 | SI | 14.1% | 16.9% | 26.5% |
| | i-vector SaT | 12.4% (-12.1%) | 15.0% (-11.2%) | 24.0% (-9.4%) |

在文献 [412] 中，Xue 等发布了在 Switchboard 数据集上基于说话人编码方法的结果，比起交叉熵和序列鉴别性训练下的基线系统，使用 10 条自适应语料学习说话人编码，再进行说话人感知训练，可以得到 6.2%（16.2%→15.2%）及 4.3%（14.0%→13.4%）的相对错误率降低。

# 第五部分

# 先进的深度学习模型

# 12

# 深度神经网络中的表征共享和迁移

**摘要** 我们在前面的章节中已经强调过了，在深度神经网络（DNN）中，每个隐藏层都是输入 DNN 的原始数据的一种新特征表示（或称表征）。较高层次的表征比较低层次的表征更抽象。在本章中，我们指出这些特征的表示可以通过多任务（multitask）和迁移学习（transfer learning）等技术共享和迁移到相关的任务。我们将使用多语言和跨语言语音识别作为主要例子来论证这些技术，在例子中使用的是共享隐藏层的 DNN 架构。

## 12.1 多任务和迁移学习

### 12.1.1 多任务学习

多任务学习（Multitask learning，MTL）[55] 是一种旨在通过联合学习多个相关的任务来提高模型泛化性能的机器学习技术。成功应用 MTL 的关键在于任务需要是相关的。在这里，相关并不意味着任务是相似的，而意味着在一定的抽象层次上这些任务可以共享一部分特征表示。如果任务确实是相似的，由于可以有效地增加每个任务的训练数据量，共同学习多个任务有助于在任务间迁移知识。如果任务是相关的，但并不相似，共同学习它们可以限制每个任务可能的函数空间，从而提高每个任务的泛化能力。多任务学习在训练数据集相比模型尺寸要小的时候最有用。

　　由于深度神经网络（deep neural network, DNN）中的每个隐藏层都是输入 DNN 的原始数据中一种新的特征表示，并且较高层次的表征比较次层次的表征更抽象，DNN非常适合于采用 MTL 进行学习。图 12.1阐明了 DNN 下 MTL 的一般架构。该图展示了三个相关的任务，这些任务在较早的处理阶段（层次）中相互独立地处理原始输入特征。然而，在虚线框图中的灰色圆圈所表示的特征是从三个任务的输出合并而来的，并在三个任务中共享。这些共享的特征再次分叉用于网络顶层任务相关的进一步处理。因为每个任务有它自己的训练准则，分开的输出层被分配给了每个任务。

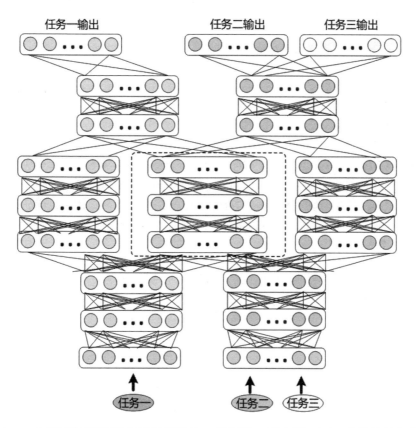

图 12.1　一个深度神经网络多任务学习的一般架构。图中展示了三个相关的任务。虚线矩形框中灰色圆圈在所有的任务中共享

　　这是一个很一般的架构。对于一个具体的应用，需要做的决定包括：涉及的任务（也就是类似图中的任务对，任务 1 和任务 2，或任务 2 和任务 3）是否使用相同的原始输入特征；在特征合并且共享之前需要使用多少任务相关的层次来处理每个原始输入特征；是采用一部分还是全部特征进行共享（在图 12.1中，只有部分特征共享了）；每个任务是否需要额外的任务相关层次等。这些决定是应用相关的，并且可以显著影

响 MTL 的有效性。

### 12.1.2　迁移学习

迁移学习[311] 致力于通过保持和利用从一个或多个相似的任务、领域或概率分布中学习到的知识，来快速并有效地为一个新的任务、领域或概率分布开发一个有较好性能的系统。与多任务学习聚焦于提升所有或一个主要任务的性能不同，迁移学习强调的是通过迁移在相似但不相同的任务、领域和分布上获得的知识来提升目标任务的性能。

得益于隐藏层所表示的更加抽象和更具不变性的特征，DNN 非常适合迁移学习。在迁移学习中，主要的设计问题是迁移什么以及怎样迁移。在 DNN 框架中，这些问题可被转述为如何在 DNN 中表示要被迁移的知识（比如在什么抽象层次），以及如何利用从其他领域中迁移来的知识。

迁移学习具有很强的实践意义。在很多真实世界应用中，由于人工标注的高昂代价以及（或者）环境或社会的种种限制，人们经常难以获得足够的与特定任务匹配的标注数据。在这种情况下，目标领域间的迁移学习就显得非常重要。迁移学习已经成功应用到很多机器学习任务中（参考近期的综述[311]）。在这些应用中，特征迁移作为一种非常适合 DNN 的方法，是在任务间迁移知识的主要方法。

在下面的章节中，我们将讨论如何把多任务学习和迁移学习应用到语音识别问题中。我们集中讨论三个关键应用：多语言和跨语言语音识别[153, 180, 204, 356, 384]、语音识别 DNN 的多目标训练[57, 272, 361]，以及利用音/视频信息的鲁棒语音识别[203]。

## 12.2　多语言和跨语言语音识别

在大多数传统的自动语音识别（automatic speech recognition，ASR）系统中，不同的语言（方言）是被独立考虑的，一般会对每种语言从零开始训练一个声学模型（acoustic model，AM）。这引入了几个问题。第一，从零开始为一种语言训练一个声学模型需要大量人工标注的数据，这些数据不仅代价高昂，而且需要很多时间来获得。这还导致了资料丰富和资料匮乏的语言之间声学模型质量间的可观差异。这是因为对于资料匮乏的语言来说，只有低复杂度的小模型能够被估计出来。大量标注的训练数据对那些低流量和新发布的难以获得大量有代表性的语料的语言来说也是不可避免的瓶颈。第二，为每种语言独立训练一个 AM 增加了累计训练时间。这在基于 DNN 的 ASR 系统中尤为明显，因为就像在第7章中所描述的那样，由于 DNN 的参数量以及所使用的反向传播（backpropagation，BP）算法，训练 DNN 要显著慢于训练混合高斯模型（Gaussian mixture models，GMM）。第三，为每种语言构建分开的语言模型阻碍了平滑的识别，并且增加了识别混合语言语音的代价。为了有效且快速地为大量语言训练精确的声学模型，减少声学模型的训练代价，以及支持混合语言的语音识别（这是至关重要的新的应用场景，例如，在香港，英语词汇经常会插入中文短语中），研究界对构建多语言 ASR 系统以及重用多语言资源的兴趣正在不断增加。

尽管资源限制（有标注的数据和计算能力两方面）是研究多语言 ASR 问题的一个实践上的原因，但这并不是唯一原因。通过对这些技术进行研究和工程化，我们同样可以增强对所使用的算法的理解以及对不同语言间关系的理解。目前已经有很多研究多语言和跨语言 ASR 的工作（例如 [265, 431]）。在本章中，我们只集中讨论那些使用了神经网络的工作。

我们将在下面几节中讨论多种不同结构的基于 DNN 的多语言 ASR（multilingual ASR）系统。这些系统都有同一个核心思想：一个 DNN 的隐藏层可以被视为特征提取器的层叠，而只有输出层直接对应我们感兴趣的类别，就像第9章所阐述的那样。这些特征提取器可以跨多种语言共享，采用来自多种语言的数据联合训练，并迁移到新的（并且通常是资源匮乏的）语言。通过把共享的隐藏层迁移到一个新的语言，我们可以降低数据量的需求，而不必从零训练整个巨大的 DNN，因为只有特定语言的输出层的权重需要被重新训练。

## 12.2.1  基于 Tandem 或瓶颈特征的跨语言语音识别

大多数使用神经网络进行多语言和跨语言声学建模（multilingual and crosslingual acoustic modeling）的早期研究工作都集中在 Tandem 和瓶颈特征方法上[318, 326, 356, 383, 384]。直到文献 [73, 359] 问世以后，DNN-HMM 混合系统才成为大词汇连续语音识别（large vocabulary continuous speech recognition，LVCSR）声学模型的一个重要选项。如第10章中所述的，在 Tandem 或瓶颈特征方法中，神经网络可以用来进行单音素状态或三音素状态的分类，而这些神经网络的输出或隐藏层激励可以用作 GMM-HMM 声学模型的鉴别性特征。

由于神经网络的隐藏层和输出层都包含有对某个语言中音素状态进行分类的信息，并且不同的语言存在共享相似音素的现象，我们就有可能使用为一种语言（称为源语言）训练的神经网络中提取的 Tandem 或瓶颈特征来识别另一种语言（称为目标语言）。实验显示出当目标语言的有标注的数据很少时，这些迁移的特征能够获得一个更具有竞争力的目标语言的基线。

用于提取 Tandem 或瓶颈特征的神经网路可以由多种语言训练[384]，在训练中为每种语言使用一个不同的输出层（对应于上下文无关的音素），类似于图 12.2所示。另外，多个神经网络可分别由不同的特征训练，例如，一个使用感知线性预测特征（PLP）[184]，而其他的使用频域线性预测特征（frequency domain linear prediction or FDLP[15]）。提取自这些神经网络的特征可被合并来进一步提高识别正确率。

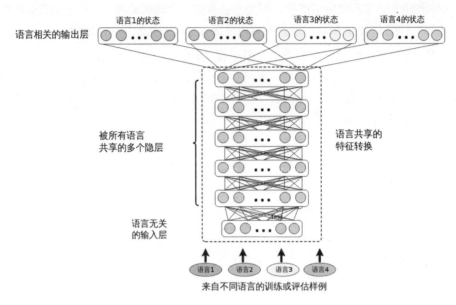

图 12.2　共享隐层的多语言深度神经网络的结构（Huang 等[204] 中有相似的图）

基于 Tandem 或瓶颈特征的方法主要用于跨语言 ASR 来提升数据资源匮乏的语言的 ASR 性能。它们很少用于多语言 ASR。这是因为，即使使用同一个神经网络提取 Tandem 或瓶颈特征，仍然常常需要为每种语言准备一个完全不同的 GMM-HMM 系统。然而这个限制在多种语言共享相同的音素集（或者上下文相关的音素状态）以及决策树的情况下，就可能被移除，就像 [265] 中所做的那样。共享的音素集可以由领域知识确定，比如使用国际音素字母表（international phonetic alphabet，IPA）[14]，或者通过数据驱动的方法，比如计算不同语言单音素和三音素状态间的距离[431]。

### 12.2.2　共享隐层的多语言深度神经网络

多语言和跨语言的自动语音识别可以通过 CD-DNN-HMM 框架轻松实现。图 12.2描述了用于多语言 ASR 的结构。在文献 [204] 中，这种结构被称为共享隐层的多语言深度神经网络（SHL-MDNN）。因为输入层和隐层被所有的语言所共享，所以 SHL-MDNN 可以用这种结构进行识别。但是输出层并不被共享，而是每种语言有自己的 softmax 层来估计聚类后状态（绑定的三音素状态）的后验概率。相同的结构也在文献 [153, 180] 中独立地提出。

注意，这种结构中的共享隐层可以被认为是一种通用的特征变换或一种特殊的通用前端。就像在单语言的 CD-DNN-HMM 系统中一样，SHL-MDNN 的输入是一个较长的上下文相关的声学特征窗。但是，因为共享隐层被很多语言共用，所以一些语言相关的特征变换（如 HLDA）是无法使用的。幸运的是，这种限制并不影响 SHL-MDNN 的性能，因为如第9章中所述，任何线性变换都可以被 DNN 所包含。

图 12.2中描述的 SHL-MDNN 是一种特殊的多任务学习方式[55]，它等价于采用共享的特征表示来进行并行的多任务学习。有几个原因使得多任务学习比 DNN 学习更有利。第一，通过找寻被所有任务支持的局部最优点，多任务学习在特征表达上更具有通用性。第二，它可以缓解过拟合的问题，因为采用多个语言的数据可以更可靠地估计共享隐层（特征变换），这一点对资源匮乏的任务尤其有帮助。第三，它有助于并行地学习特征。第四，它有助于提升模型的泛化能力，因为现在的模型训练是包含了来自多个数据集的噪声。

虽然 SHL-MDNN 有这些好处，但如果我们不能正确训练 SHL-MDNN，也不能得到这些好处。成功训练 SHL-MDNN 的关键是同时训练所有语言的模型。当使用整批数据训练，如 L-BFGS 或 Hessian free[280] 算法时，这是很容易做到的，因为在每次模型更新中所有的数据都能被用到。但是，如果使用基于小批量数据的随机梯度下降（SGD）训练算法时，最好是在每个小批量块中都包含所有语言的训练数据。这可以通过在将数据提供给 DNN 训练工具前进行随机化，使其包含所有语言的训练音频样本列表的方式高效地实现。

在文献 [153] 中提出了另一种训练方法。在这种方法中，所有的隐层首先用第5章提到的无监督的 DBN 预训练方式训练得到。然后一种语言被选中，随机初始化这种语言对应的 softmax 层，并将其添加到网络中。这个 softmax 层和整个 SHL-MDNN 使用这种语言的数据进行调整。调整之后，softmax 层被下一种语言对应的随机初始化的 softmax 代替，并且用那种语言的数据调整网络。这个过程对所有的语言不断重复。这种语言序列训练方式的一个可能的问题是它会导致有偏差的估计，并且与同时训练相比，性能会下降。

SHL-MDNN 可以用第5章介绍的生成或鉴别性的预训练技术进行预训练。SHL-MDNN 的调整可以使用传统的反向传播（BP）算法。但是，因为每种语言使用了不同的 softmax 层，算法需要一些微调。但一个训练样本给到 SHL-MDNN 训练器时，只有共享的隐层和指定语言的 softmax 层被更新。其他 softmax 层保持不变。

训练之后，SHL-MDNN 可以用来识别任何训练中用到的语言。因为在这种统一的结构下多种语言可以同时解码，所以 SHL-MDNN 令大词汇连续语言识别任务变得轻松和高效。如图 12.3所示，在 SHL-MDNN 中增加一种新语言很容易。这只需要在已经存在的 SHL-MDNN 中增加一个新的 softmax 层，并且用新语言训练这个新加的 softmax 层。

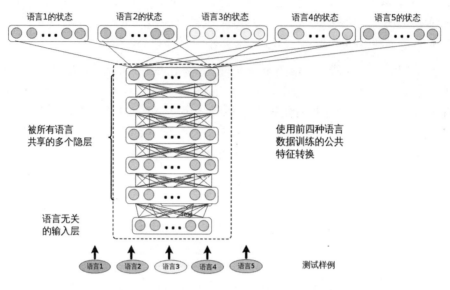

图 12.3　用四种语言训练的 SHL-MDNN 支持第五种语言

在 SHL-MDNN 中通过共享隐层和联合训练策略，相比只使用单一语言训练得到的单语言 DNN，SHL-MDNN 可以提高所有可解码语言的识别准确率。微软内部对 SHL-MDNN 进行了实验评估[204]。实验中的 SHL-MDNN 有 5 个隐层，每层有 2048 个神经元。DNN 的输入是 11（5-1-5）帧带一阶和二阶差分的 13 维 MFCC 特征。使用 138 小时的法语（FRA）、195 小时的德语（DEU）、63 小时的西班牙语（ESP）和 63 小时的意大利语（ITA）数据进行训练。对一种语言，输出层包含 1800 个三音素的聚类状态（即输出类别），它们是由用相同训练集和最大似然估计（MLE）训练得到的 GMM-HMM 系统确定的。SHL-MDNN 使用无监督的 DBN 预训练方法初始化，然后用由 MLE 模型对齐的聚类后的状态进行 BP 算法调整模型。训练得到的 DNN 之后被用到第6章介绍的 CD-DNN-HMM 框架中。

表 12.1比较了单语言 DNN 和共享隐层的多语言 DNN 的词错误率（WER），单语言 DNN 只使用指定语言的数据训练，并用这种语言的测试集测试，SHL-MDNN 的隐层由所有的四种语言的数据训练得到。从表 12.1中可以观察到，在所有的语言中，SHL-MDNN 比单语言 DNN 有 3%~5% 相对 WER 减少。我们认为来自 SHL-MDNN 的提升是因为跨语言知识。即使是有超过 100 小时训练数据的 FRA 和 DEU，SHL-MDNN 仍然有提升。

表 12.1　比较单语言 DNN 和共享隐层的多语言 DNN 的词错误率（WER）；括号中的是
WER 的相对减少。（总结自 Huang 等[204]）

| | FRA | DEU | ESP | ITA |
|---|---|---|---|---|
| 测试集大小（单词） | 40k | 37k | 18k | 31k |
| 单语言 DNN 词错误率 | 28.1% | 24.0% | 30.6% | 24.3% |
| SHL-MDNN 词错误率 | 27.1% (-3.6%) | 22.7% (-5.4%) | 29.4% (-3.9%) | 23.5% (-3.3%) |

### 12.2.3　跨语言模型迁移

从多语言 DNN 中提取的共享隐层可以被看作一种由多个源语言联合训练得到的
特征提取模块。因此，它们富有识别多种语言的语音类别的信息，并且可以识别新语
言的音素。

跨语言模型迁移的过程很简单。我们仅提取 SHL-MDNN 的共享隐层，并在其上
添加一个新的 softmax 层，如图 12.4 所示。softmax 层的输出节点对应目标语言聚类后
的状态。然后我们固定隐层，用目标语言的训练数据来训练 softmax 层。如果有足够
的训练数据可用，还可以通过进一步调整整个网络得到额外的性能提升。

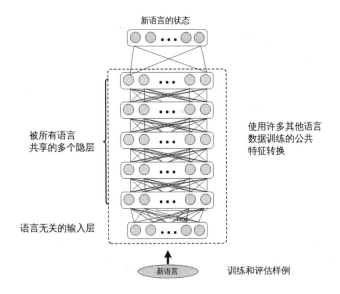

图 12.4　跨语言迁移。隐层从多语言 DNN 中借来，而 softmax 层需要用目标语言的数
据训练。

为了评估跨语言模型迁移的效果，文献 [204] 中做了一系列实验。这些实验中，两
种不同的语言被用作目标语言：与 12.2.2 节中训练 SHL-MDNN 的欧洲语言相近的美

式英语（ENU）和与欧洲语言相差较远的中文普通话（CHN）。ENU 测试集包括 2286 句话（或 18000 个词），CHN 测试集包括 10510 句话（或 40000 个字符）。

**隐层的可迁移性**

第一个问题是隐层是否可以被迁移到其他语言上。为了回答这个问题，我们假设 9 小时美式英文训练数据（55737 句话）可以构建一个 ENU 的 ASR 系统。表 12.2总结了实验结果。基线 DNN 只用 9 小时 ENU 训练集，这种方式达到了 ENU 测试集上 30.9% 的 WER。另一种方式是借用从其他语言中学到的隐层（特征变换）。在这个实验中，一个单语言的 DNN 由 138 小时的法语数据训练得到。这个 DNN 的隐层随后被提取并在美式英语 DNN 中复用。如果隐层固定，只用 9 小时美式英语数据训练 ENU 对应的 softmax 层，可以获得相对基线 DNN 的 2.6% 的 WER 减少（30.9% →27.3%）。如果整个法语 DNN 用 9 小时美式英语数据重新训练，可以获得 30.6% 的 WER，这比 30.9% 的基线 WER 还要略微好一点。这些结果说明法语 DNN 的隐层所表示的特征变换可以被有效地迁移以识别美式英语语音。

表 12.2  比较使用和不使用迁移自法语 DNN 的隐层网络在 ENU 测试集上的词错误率（WER）。（总结自 Huang 等[204]）

| 设置 | 词错误率 |
| --- | --- |
| 基线 DNN<br>（只用 9 小时美式英语训练） | 30.9% |
| 法语训练的隐层<br>＋重新调整所有层 | 30.6% |
| 法语训练的隐层<br>＋只重新调整 softmax 层 | 27.3% |
| 用四种语言训练的隐层<br>＋只重新调整 softmax 层 | 25.3% |

另外，如果在12.2.2节中描述的 SHL-MDNN 的共享隐层被提取并用在美式英语 DNN 中，可以得到额外 2.0% 的 WER 减少（27.3%→25.3%）。这说明在构造美式英语 DNN 时，提取自 SHL-MDNN 的隐层比提取自单独的法语 DNN 的隐层更有效。总之，相对基线 DNN，通过使用跨语言模型迁移可以获得 4.6%（或相对的 18.1%）的 WER 减少。

**目标语言训练集的大小**

第二个问题是目标语言的训练集大小如何影响多语言 DNN 跨语言模型迁移的性能。为了回答这个问题，Huang 等人做了一些实验，假设 3、9 和 36 小时的英语（目标语言）训练数据可用。文献 [204] 中的表 12.3 总结了实验结果。从表中可以观察到，利用迁移隐层的 DNN 始终好于不使用跨语言模型迁移的基线 DNN。我们也可以观察到，当不同大小的目标语言数据可用时，最优策略会有所不同。当目标语言的训练数据少于 10 小时，最好的策略是只训练新的 softmax 层。当数据分别为 3 小时和 9 小时的时候，这么做可以看到 28.0% 和 18.1% 的 WER 相对减少。但是，当训练数据足够多时，进一步训练整个 DNN 可以得到额外的错误减少。例如，当 36 小时的美式英语语音数据可用时，我们观察到通过训练所有的层，可以获得额外的 0.8% 的 WER 减少（22.4%→21.6%）。

表 12.3 比较当隐层迁移自 SHL-MDNN 时，目标语言训练集大小对词错误率（WER）的影响效果。（总结自 Huang 等[204]）

| 美式英语训练集 | 3 小时 | 9 小时 | 36 小时 |
|---|---|---|---|
| 基线 DNN（只用英语数据训练） | 38.9% | 30.9% | 23.0% |
| SHL-MDNN + 仅重新调整 softmax 层 | 28.0% | 25.3% | 22.4% |
| SHL-MDNN + 重新调整所有层 | 33.4% | 28.9% | 21.6% |
| 最好的词错误率相对减少（%） | 28.0% | 18.1% | 6.1% |

**从欧洲语言到中文普通话的迁移是有效的**

第三个问题是跨语言模型迁移方式的效果是否对源语言和目标语言之间的相似性敏感。为了回答这个问题，Huang 等人[204] 使用了与训练 SHL-MDNN 的欧洲语言极其不同的中文普通话（CHN）作为目标语言。文献 [204] 中的表 12.4 列出了不同中文训练集大小的情况下，使用基线 DNN 和经过多语言增强的 DNN 的字错误率（CER）。当数据少于 9 小时的时候，只有 softmax 层被训练；当中文数据多于 10 小时的时候，所有的层都被进一步调整。我们可以看到通过使用迁移隐层的方法，所有的 CER 都减少了。即使有 139 小时的 CHN 训练数据可用，我们仍然可以从 SHL-MDNN 中获得 8.3% 的 CER 相对减少。另外，只用 36 小时的中文数据，我们可以通过迁移 SHL-MDNN 的共享隐层的方式在测试集上得到 28.4% 的 CER。这比使用 139 小时中文训练数据的基线 DNN 得到 29% 的 CER 还好，节省了超过 100 小时的中文标注。

表 12.4 CHN 的跨语言模型迁移效果，由字错误率（CER）减少衡量；括号中是 CER 相对减少。（总结自 Huang 等[204]）

| 中文训练集 | 3 小时 | 9 小时 | 36 小时 | 139 小时 |
|---|---|---|---|---|
| 基线 DNN（仅用中文训练） | 45.1% | 40.3% | 31.7% | 29.0% |
| SHL-MDNN 模型迁移 | 35.6% (-21.1%) | 33.9% (-15.9%) | 28.4% (-10.4%) | 26.6% (-8.3%) |

**使用标注信息的必要性**

第四个问题是通过无监督学习提取的特征是否可以在分类任务上表现得和有监督学习一样好。如果回答是可以，这种方法会有显著的优势，因为获取未标注的语音数据比标注过的语音数据要容易很多。本节揭示出标注信息对于高效地学习多语言数据的共享表示还是很重要的。基于文献 [204] 中的结果，表 12.5比较了在训练共享隐层的时候，使用和不使用标注信息的两种系统。从表 12.5中可以发现，只使用预训练过的多语言深度神经网络，然后使用 ENU 数据适应学习整个网络的方法，只得到了很小的性能提升（30.9%→30.2%）。这个提升显著小于使用标注信息时得到的提升（30.9%→25.3%）。这些结果清晰地表明，标注数据比未标注数据更有价值，同时，在从多语言数据中学习高效特征时标注信息的使用非常重要。

表 12.5　对比在 ENU 数据上使用和不使用标注信息时从多语言数据上学习到的特征。（总结自 Huang 等[204]）

|  | SHL-MDNN 是否带标注训练？ | 词错误率 |
| --- | --- | --- |
| 基线 DNN（仅使用 9 小时的美式英语数据训练） | — | 30.9% |
| SHL-MDNN + 仅重新调整 softmax 层 | No | 38.7% |
| SHL-MDNN + 重新调整所有的层 | Yes | 30.2% |
| SHL-MDNN + 仅重新调整 softmax 层 | Yes | 25.3% |

## 12.3　语音识别中深度神经网络的多目标学习

因为多任务学习可以潜在地提高所有相关任务的泛化能力，它同样可以应用于语音识别中更加一般化的深度神经网络多目标学习。在本节中，我们列举了三个相关的应用。注意，在这三个任务中，训练集都很小。

### 12.3.1　使用多任务学习的鲁棒语音识别

在文献 [272] 中，Lu 等人提出可以通过多任务学习提高噪声环境下数字识别任务的鲁棒性。如图 12.5所示，他们使用了一个单隐层的循环神经网络来用于数字分类。不同于以往工作的是，他们同时训练该神经网络用于数字分类、噪声语音增强和说话人性别识别。在他们的实验里，1000 个样例用于训练，110 个样例用于控制训练的停止条件。测试是在 Aurora 测试集 A 中孤立的数字样本上进行的。他们观察到，同时加入增强和性别识别任务相比于只做数字分类的系统，其相对错误率的降低可以达到将近 50%。

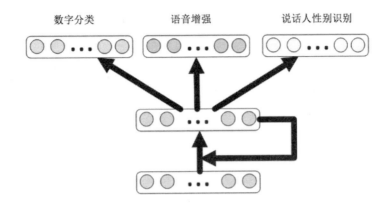

图 12.5 通过同时学习数字分类、噪声语音增强和说话人性别识别任务来训练神经网络，提高噪声环境下数字识别的性能

### 12.3.2 使用多任务学习改善音素识别

在文献 [361] 中，Seltzer 和 Droppo 提出给 DNN 加入辅助任务的方法，在 TIMIT 音素识别任务[146] 中提高了 DNN-HMM 系统的识别准确率。他们采用一个用于音素识别的标准 DNN 作为训练目标[190]，其包含四个 2048 节点的隐层，使用 183 个单音素状态作为分类目标。他们研究了如下三种不同的辅助任务。

- 音素标注任务：他们通过把状态标记向上映射到它相应的音素标注来为每一个训练样本创建音素标注，然后将该音素标注作为辅助任务的目标。直觉上这样做的话，DNN 可以知道哪些状态是属于同一个音素的，于是不需要将这些状态过于激烈地分离。

- 状态上下文任务：除了对中间帧的状态标注分类外，他们也加入了对前一帧和后一帧的声学状态标注分类的辅助任务。该辅助任务的目标函数衡量了模型同时预测当前声学模型状态，以及前一个和后一个声学模型状态的能力。该方法的观点是通过给出声学状态的时间演化信息，让系统可以在它们的音素边界的中间分辨声学状态。

- 音素上下文任务：因为这里的主要任务是识别单音素状态，音素的上下文信息（比如在三音素状态模型的）是没有的。为了补偿上下文信息的缺失，他们加入了识别左侧和右侧上下文音素标注的辅助任务。

他们在 TIMIT 数据集（包括 630 名本地英语说话人的连续语音，每个说话人有 8 句合格的句子）上做了一系列的实验[146]。核心测试集由 24 名说话人的数据组成，而训练集由另外 462 名说话人的数据组成。识别时使用了 61 个音素标注，每个含三个状态，总共 183 个可能的单音素状态。辅助任务只在训练过程中使用，而在测试中被忽略。沿用文献 [251] 的方法，解码结束后，这 61 个音素标注被压缩成 39 个，并用于打分。

他们的结果表明将音素标注分类作为辅助任务并不影响主要任务的结果。这是可以理解的，因为音素标注与已经在主任务中使用的状态标注相比，并没有提供更多的额外信息。而将音素上下文分类作为辅助任务，在核心测试集上得到了最大的音素错误率（phonetic error rate，PER）下降（21.63%→20.25%），并超过了文献中使用一个标准前向传播网络结构的 DNN 的最好性能。可以定论，如果选择了合适的辅助任务，网络能够在不同的任务中利用公共的结构去学习一个具有更好泛化能力的模型。

### 12.3.3 同时识别音素和字素（graphemes）

在文献 [57] 中，Chen 等人提出，在多任务学习（MTL）的框架下使用同一语言的三字素模型与三音素模型联合训练的方法，为低资源语言提高三音素模型的泛化能力。对于同一种语言，三音素建模和三字素建模很显然是相关的学习任务。我们有理由相信用于音素分类和字素分类的特征可以被共享。

在文献 [57] 中，三音素声学建模被作为主要任务，而三字素声学建模被作为辅助任务。其系统框架和在多语言语音识别里使用的非常相似，除了它们对给定的一帧声学输入，有两个输出层分别对三音素状态和三字素状态的后验概率进行训练建模。所有的隐层在两个任务之间是完全共享的。Chen 等人在三种低资源的南美语言（即 Afrikaans、Sesotho 和 Swati，每个有一小时的训练音频）上对这个 MTL 系统进行了评价。他们发现，多任务 DNN（MTL-DNN）相比单任务学习（single task learning，STL）DNN 有 5%～13% 的相对错误率下降。更有意思的是，MTL-DNN 甚至比三音素和三字素的 STL DNN 通过 ROVER[135] 融合的系统还有相对 0.5%～4.2% 的错误率下降。

## 12.4 使用视听信息的鲁棒语音识别

在一些任务中，其目标是利用其他资源信息（比如视觉信息）来提高主任务（比如语音识别）的准确率。如果根据额外信息设计的任务同时也得到优化的话，这样的问题也可以被算作一个多任务学习问题。然而在大多数情况下，辅助任务是不被优化的，因为主任务的性能提升主要来自额外信息，而不是多任务学习。在这样的应用中，关键的设计问题就变成了如何利用这些额外信息。

在第9章讨论的混合带宽语音识别就是这种应用的一个例子。如图 9.12所描述的那样，有两类信息源：低滤波器组的输出和高滤波组的输出。可以发现，如果只使用低滤波组的信息识别准确率会更低，比如输入信号是窄带的情况就是如此。如果在多频段信号中同时使用这两种信息源，我们可以得到额外的错误率的下降。不仅如此，由于 DNN 架构的正则化和训练数据的合并，使用混合带宽数据训练 DNN 在窄带和宽带音频上的性能同时会得到提高。

在文献 [203] 中，Huang 和 Kingsbury 提出了一个相似的架构。但是他们的目标是通过视听信息来提高鲁棒语音识别的准确率。其系统架构如图 12.6 所示，它是图 12.1 的一种特殊形式。

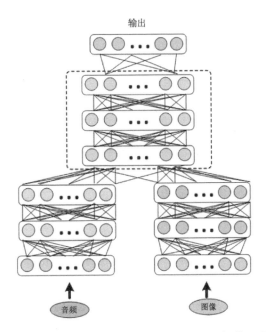

图 12.6 一个利用视听信息提高噪声语音识别性能的 DNN 架构。虚线矩形框内的灰色隐层是两种模态共享的

他们的工作受人类语言感知[375] 的双模态原理（听觉和视觉）的启发。因为视觉信息和声音信号是分离的，对于声学噪声具有不变性，所以它可以同时在干净和噪声环境[59, 64, 129, 232, 255, 305, 319] 下强有力地提升纯声音信号的语音识别的性能。不足为奇的是，最成功的系统已经可以从面部相关区域提取视觉特征。在文献 [203] 中，Huang 和 Kingsbury 的研究基于 DNN，并集中于使用视觉模态补充声音信号的方法来提高视听语音识别。他们研究了两种可行的技术。第一种是融合两个单独模态下的 DNN，一个用于声音信号，另一个用于视觉特征。第二种技术是融合图 12.6 所示的中间层隐层的特征。在一个连续口语数字识别任务上，他们的实验表明，相对于多流视听 GMM/HMM 系统的基线，这些方法可以将字错误率降低相对 21%。

# 13

# 循环神经网络及相关模型

**摘要**　循环神经网络（RNN）是神经网络模型的一种，其中神经元的一些连接组成了一个有向环。有向环使得在循环神经网络中出现了内部状态或者带记忆的结构，赋予了循环神经网络建模动态时序的能力，这是前面章节讨论过的深度神经网络所没有的。在本章中，我们首先展示了基本的循环神经网络作为一个非线性动态系统的状态空间公式，其中管理系统动态的循环矩阵是非常无结构的。对这样一个基本的循环神经网络，我们详细描述了两个算法来学习模型参数：（1）最著名的算法——沿时反向传播算法（BPTT）；（2）更严格的——原始对偶优化技术，该技术可以限制循环神经网络使用的循环矩阵在训练时保证稳定性。继续深入，我们进一步研究一个循环神经网络的高级版本，采用了一个称为长短时记忆单元的结构，从模型的结构以及实际的应用（最新的语音识别结果）对长短时记忆单元比普通循环神经网络单元更强大的能力进行了分析。最后，我们分析了循环神经网络作为一个自底向上的鉴别性的动态系统，来对比第4章所讨论的自顶向下的生成性的动态系统。这些分析和讨论指引着一些潜在的更有效、更先进的类似循环神经网络的架构和学习方法，在集成鉴别性和生成性能力的同时可以克服它们各自的弱点。

## 13.1　介绍

正如前面章节所讨论的，在最近的深度学习技术兴起之前，自动语音识别技术一直被一个"浅"的结构统治了很多年——那就是隐马尔可夫模型（HMM），其中每一个模型状态分布利用一个混合高斯模型（GMM）来进行建模，这在第2、3章中讨论了相关细节。尽管复杂而精心设计的混合高斯–隐马尔可夫模型的一些高级变种结构和一些优化的声学特征也取得了显著的技术上的成功，然而研究者们一直认为，下一代的自动语音识别为了应对多变的应用环境，需要解决很多新的技术挑战。他们认为解决这些挑战需要一个"深"的结构，这样至少从功能上能模拟人类的语音识别机理，比如，人类的语音生成和语音感知[85, 108, 125, 372] 都是一个动态层次化的结构。语音界已经做出了一个尝试，这些尝试开始于 2009 NIPS 研讨会中关于深度学习用于语音识别和相关运用的讨论。它吸收了一种对这个深度语音结构原始层面的理解，在自动语音识别研究社区中促进了采用基于深度神经网络结构（DNN）的深度表示学习方法。这个方法在机器学习社区[191, 193] 中才倡导仅仅几年，但是很快成为最前沿的语音识别方法，并且被工业界所采用，比如 [72, 73, 99, 100, 104, 180, 190, 237, 296, 340–342, 345, 357, 359, 391, 392, 424]。

然而，很多人同时也意识到 DNN-HMM 方法并没有对语音的动态特性进行建模。这与第3章中分析的模型缺陷一样，在 HMM 领域很多 HMM 的变种被用于解决这些缺陷。深度和时序的循环神经网络（RNN）将是本章的重点，它在过去的几年里被深度学习和自动语音识别研究者们发展用于解决动态建模，比如 [58, 92, 161–164, 277, 314, 348, 349, 377, 388]。在循环神经网络中，动态的语音特征的内部表示通过将低层的声学特征和过去历史的循环的隐层特征共同输入给隐层来实现。相反，在 DNN-HMM 中，声学动态没有任何内部的表示。循环神经网络是神经网络模型的一种，在它的结构中，一些神经元的连接组成了有向环。这也是循环这个词的由来。这样一个环或者循环结构包含着时间延迟操作。在时间维度上使用一个带时间延迟的循环结构使网络拥有了记忆结构，通常表示为一个内部状态。在循环神经网络中，这个循环结构使得 RNN 拥有了前面章节讨论的 DNN 及 DNN-HMM 所没有的建模动态时序的能力。

甚至不用像在文献 [163, 164, 348, 349] 中那样堆叠成一个深度 RNN，或者如文献 [58, 92] 一样将 DNN 特征输入 RNN，一个 RNN 本身就是一个深度模型，因为 RNN 如果在时间上进行展开，可以建立一个和输入语音句子长度一样层数的深度模型。最近利用 RNN 进行语音识别已经取得了很不错的语音识别精度，包括使用 1997 年才由神经网络研究者提出的长短时记忆单元（LSTM）[150, 151, 162, 163, 198, 402] 版本的 RNN。本章的一个专注点在于展现 RNN 的背景知识和数学公式（见13.2节），同时展示 RNN 的训练方法，包括最著名的沿时反向传播算法（BPTT）（见13.3节）。

在语音识别研究中，使用 RNN 或者相关的神经预测模型最早可以追溯到 19 世纪 80 年代晚期到 90 年代早期，比如 [97, 335, 397]。但是当时只得到了相对较低的识别正确率。因为深度学习在最近几年变得流行起来，RNN 得到了更多的关注和研究，包括在语音[163, 164, 348, 349]和语言[65, 284, 287–292] 两方面上的运用，以及它的堆叠版本，或者称为深度 RNN[163, 164, 183, 313, 348]。RNN 的大多数工作都使用 BPTT 方法来训练它们的参数，为了使训练更有效，需要运用一些经验性的窍门（比如当梯度特别大时截断它[288, 289]）。直到最近人们才做出一些仔细的分析来全方位理解训练 RNN 的困难的原因与本质，但是还有很多方面依然需要进行探索。比如 [28, 31, 314]，梯度归一裁剪策略被提出并用于解决 BPTT 过程中的梯度爆炸问题。同样，还有其他方法被提出用于改进 RNN 的训练，比如 [58, 214]。其中，文献 [58] 所描述的方法相比其他方法，基于更加本质的优化技术，这将在13.4节讨论。另外，LSTM 版本的 RNN 最近展现了其无论在小规模还是大规模自动语音识别中都特别好的性能，LSTM 的结构也是一个很好的动机。我们将在13.5节中仔细讨论 LSTM 这个话题。

一个需要注意的是在最近深度学习用于语音建模和识别之前，研究者们提出了许多结构变种的 HMM 的早期尝试，正如在第3章简要讨论的发展一种比传统的 GMM-HMM 更"深"的可计算的结构一样。这些模型中的一个例子就是隐含动态模型，在这个模型中，动态语音特征的内部表示是通过深度语音模型层次中的高层所生成的[51, 81, 84, 110, 123, 273, 317, 385, 419, 421]。尽管 RNN 和隐含动态或者轨道模型是分开发展的，但是它们的出发点是一样的，即表示人类语音中的动态结构部分。无论如何，构建这两种动态模型的不同方法有它们各自的优点和缺点。仔细分析这两种模型中的区别和共同点，将为我们提供借鉴与现存的 RNN 和隐含动态模型来开发新的含有语音特征隐表示深度动态模型的灵感。我们将在13.6节中对比分析 RNN（鉴别性）和隐含动态模型（生成性）。在这个多角度的分析中，我们将主要关注于两类动态模型最主要的差异，比如自顶向下与自底向上的信息流，隐向量采用的本地或者分布式的表示。

## 13.2  基本循环神经网络中的状态-空间公式

一个循环神经网络（RNN）与前向 DNN 最基本的不同是 RNN 的输入不仅仅只有语音特征，还包括内部状态。内部状态是将过去已经被 RNN 处理过的时间序中的信息进行编码。从这方面考虑，相比 DNN 只静态地进行输入到输出的变换，RNN 是一个动态系统，也更有一般性。至少在概念上可以认为，RNN 中所使用的状态空间使得它可以表示和学习长时间范围内序列间的相关性。

我们先对简单的单隐层 RNN 进行形式化，这个结构在信号处理领域被普遍用于（去噪）非线性状态空间模型。这个公式让我们可以随后比较 RNN 和在语音声学中作为生成性模型的拥有相同的状态空间形式的非线性动态系统。鉴别性的 RNN 和使用相同数学模型的生成性模型间的差异将指示为什么一种方法比另一种方法更有效，并且如何合并两种方法可以更理想。

在任何时刻 $t$，令 $\mathbf{x}_t$ 是一个 $K \times 1$ 的输入向量，$\mathbf{h}_t$ 是 $N \times 1$ 的隐状态向量，$\mathbf{y}_t$ 是

$L \times 1$ 的输出向量, 简单的单隐层 RNN 可以描述为

$$\mathbf{h}_t = f(\mathbf{W}_{xh}\mathbf{x}_t + \mathbf{W}_{hh}\mathbf{h}_{t-1}) \tag{13.1}$$

$$\mathbf{y}_t = g(\mathbf{W}_{hy}\mathbf{h}_t) \tag{13.2}$$

$\mathbf{W}_{hy}$ 是 $L \times N$ 的权重矩阵, 连接了 $N$ 个隐含层单元到 $L$ 个输出层单元, $\mathbf{W}_{xh}$ 是 $N \times K$ 权重矩阵连接 $K$ 个输入单元到 $N$ 个隐含层单元, $\mathbf{W}_{hh}$ 是 $N \times N$ 权重矩阵, 连接 $N$ 个隐含层单元从时刻 $t-1$ 到时刻 $t$, $\mathbf{u}_t = \mathbf{W}_{xh}\mathbf{x}_t + \mathbf{W}_{hh}\mathbf{h}_{t-1}$ 是 $N \times 1$ 隐含层潜向量, $\mathbf{v}_t = \mathbf{W}_{hy}\mathbf{h}_t$ 是 $L \times 1$ 输出层潜向量, $f(\mathbf{u}_t)$ 是隐含层激活函数, $g(\mathbf{v}_t)$ 是输出层激活函数。典型的隐含层激活函数有 Sigmoid、tanh 与 rectified linear units, 典型的输出层激活函数是 linear 函数和 softmax 函数。公式13.1和公式13.2通常分别被称为观察等式和状态等式。

注意, 上一个时间的输出同样可以用来更新状态向量, 这时状态等式变为

$$\mathbf{h}_t = f(\mathbf{W}_{xh}\mathbf{x}_t + \mathbf{W}_{hh}\mathbf{h}_{t-1} + \mathbf{W}_{yh}\mathbf{y}_{t-1}) \tag{13.3}$$

$\mathbf{W}_{yh}$ 是连接输出层到隐含层的权重矩阵。在简化的同时又不失一般性, 本章只考虑不使用输出的反馈的情况。

## 13.3　沿时反向传播学习算法

文献 [43, 214] 和原始论文 [337] 很好地解释了基础沿时反向传播（BPTT）方法, 它用于学习循环神经网络随时间展开网络的权重矩阵和通过时间顺序回传错误信号。这是前馈网络的经典反向传播算法的一个扩展, 其中对同一训练帧 $t$ 时刻的多个堆积隐层, 被替换成 $T$ 个跨越时间的相同单一隐层 $t = 1, 2, \ldots, T$。

根据公式13.1和公式13.2, 我们用 $h_t(j)$ 指代第 $j$ 个隐层单元（其中 $j = 1, 2, \ldots, N$）, 用 $w_{hy}(i, j)$ 指代连接第 $j$ 个隐层单元和第 $i$ 个输出层单元的权重, 其中 $i = 1, 2, \ldots, L$, $j = 1, 2, \ldots, N$。

### 13.3.1　最小化目标函数

在经典的反向传播中，我们会预先定义一个代价函数（或者叫训练准则）。在本节，我们使用真实输出 $\mathbf{y}_t$ 和目标向量 $\mathbf{l}_t$ 在所有时间帧上的误差平方和

$$E = c\sum_{t=1}^{T}\|\mathbf{l}_t - \mathbf{y}_t\|^2 = c\sum_{t=1}^{T}\sum_{j=1}^{L}(l_t(j) - y_t(j))^2 \tag{13.4}$$

作为代价函数。其中，$l_t(j)$ 和 $y_t(j)$ 分别是目标向量和输出向量上的第 $j$ 个单元，$c = 0.5$ 是一个便于使用的尺度因子。

我们使用梯度下降算法，优化权重来最小化这个代价。在循环神经网络中，对于一个具体的权重 $w$，梯度下降的更新规则是

$$w^{new} = w - \gamma\frac{\partial E}{\partial w} \tag{13.5}$$

其中，$\gamma$ 是学习率。为了计算梯度，我们定义如下误差项

$$\delta_t^y(j) = -\frac{\partial E}{\partial v_t(j)}, \quad \delta_t^h(j) = -\frac{\partial E}{\partial u_t(j)} \tag{13.6}$$

作为代价相对于单元输入的梯度。这些误差项和梯度可以递归地计算，我们将在下一节解释。

### 13.3.2　误差项的递归计算

在 BPTT 算法的错误传递部分，所有的 RNN 权重都按照一个设定的时间步数被复制多遍。换句话说，它们是基于时间共享的。因此，标准的用于前馈神经网络的反向传播算法需要根据这种连接约束进行修改。

在最后的那个时间帧 $t = T$，我们可以在输出层计算误差项

$$\delta_T^y(j) = -\frac{\partial E}{\partial y_T(j)}\frac{\partial y_T(j)}{\partial v_T(j)} = (l_T(j) - y_T(j))g^{'}(v_T(j)) \quad \text{其中，} j = 1, 2, \ldots, L$$

$$\text{或者} \quad \boldsymbol{\delta}_T^y = (\mathbf{l}_T - \mathbf{y}_T) \bullet g^{'}(\mathbf{v}_T) \tag{13.7}$$

然后在隐层计算

$$\delta_T^h(j) = -\left(\sum_{i=1}^{L}\frac{\partial E}{\partial v_T(i)}\frac{\partial v_T(i)}{\partial h_T(j)}\frac{\partial h_T(j)}{\partial u_T(j)}\right) = \sum_{i=1}^{L}\delta_T^y(i)w_{hy}(i,j)f^{'}(u_T(j))$$

其中，$j = 1, 2, \ldots, N$

或者　$\delta_T^h = \mathbf{W}_{hy}^T \delta_T^y \bullet f'(\mathbf{u}_T)$ (13.8)

其中 $\bullet$ 是元素相乘操作。

对于其他的时间帧，$t = T - 1, T - 2, \ldots, 1$，我们可以对节点计算误差项

$$\delta_t^y(j) = (l_t(j) - y_t(j))g'(v_t(j)) \quad \text{其中，} \ j = 1, 2, \ldots, L$$

或者　$\boldsymbol{\delta}_t^y = (\mathbf{l}_t - \mathbf{y}_t) \bullet g'(\mathbf{v}_t)$ (13.9)

对输出节点和隐层节点递归地计算如下误差项

$$\delta_t^h(j) = -\left[ \sum_{i=1}^{N} \frac{\partial E}{\partial u_{t+1}(i)} \frac{\partial u_{t+1}(i)}{\partial h_t(j)} + \sum_{i=1}^{L} \frac{\partial E}{\partial v_t(i)} \frac{\partial v_t(i)}{\partial h_t(j)} \right] \frac{\partial h_t(j)}{\partial u_t(j)}$$

$$= \left[ \sum_{i=1}^{N} \delta_{t+1}^h(i) w_{hh}(i,j) + \sum_{i=1}^{L} \delta_t^y(i) w_{hy}(i,j) \right] f'(u_t(j))$$

$$\text{其中，} \ j = 1, 2, \ldots, N$$

或者　$\boldsymbol{\delta}_t^h = \left[ \mathbf{W}_{hh}^T \boldsymbol{\delta}_{t+1}^h + \mathbf{W}_{hy}^T \boldsymbol{\delta}_t^y \right] \bullet f'(\mathbf{u}_t)$ (13.10)

其中，误差项 $\boldsymbol{\delta}_t^y$ 是时间帧 $t$ 的输出层反向传播所得，$\boldsymbol{\delta}_{t+1}^h$ 则是时间帧 $t + 1$ 的隐层反向传播所得。

### 13.3.3　循环神经网络权重的更新

给定所有的上述计算所得的误差项和梯度，我们就可以很容易地更新网络中的权重。对于输出层的权重矩阵，我们有

$$w_{hy}^{new}(i,j) = w_{hy}(i,j) - \gamma \sum_{t=1}^{T} \frac{\partial E}{\partial v_t(i)} \frac{\partial v_t(i)}{\partial w_{hy}(i,j)} = w_{hy}(i,j) - \gamma \sum_{t=1}^{T} \delta_t^y(i) h_t(j)$$

或者　$\mathbf{W}_{hy}^{new} = \mathbf{W}_{hy} + \gamma \sum_{t=1}^{T} \boldsymbol{\delta}_y^t \mathbf{h}_t^T$ (13.11)

对于输入层权重矩阵，我们可以得到

$$w_{xh}^{new}(i,j) = w_{xh}(i,j) - \gamma \sum_{t=1}^{T} \frac{\partial E}{\partial u_t(i)} \frac{\partial u_t(i)}{\partial w_{xh}(i,j)} = w_{xh}(i,j) - \gamma \sum_{t=1}^{T} \delta_t^h(i) x_t(j)$$

$$或者 \quad \mathbf{W}_{xh}^{new} = \mathbf{W}_{xh} + \gamma \sum_{t=1}^{T} \boldsymbol{\delta}_h^t \mathbf{x}_t^T \tag{13.12}$$

对于循环层的权重矩阵，则有

$$w_{hh}^{new}(i,j) = w_{hh}(i,j) - \gamma \sum_{t=1}^{T} \frac{\partial E}{\partial u_t(i)} \frac{\partial u_t(i)}{\partial w_{hh}(i,j)} = w_{hh}(i,j) - \gamma \sum_{t=1}^{T} \delta_t^h(i) h_{t-1}(j)$$

$$或者 \quad \mathbf{W}_{hh}^{new} = \mathbf{W}_{hh} + \gamma \sum_{t=1}^{T} \boldsymbol{\delta}_h^t \mathbf{h}_{t-1}^T \tag{13.13}$$

需要注意的是，不同于 DNN 系统中应用的 BP 算法，因为横跨整段时间都是使用相同的权重矩阵，所以这里的梯度是在所有时间帧上加起来的。算法 13.1 总结了上述单隐层 RNN 的 BPTT 算法。

---

**算法 13.1** 使用误差平方和代价函数，用于单隐层 RNN 的沿时反向传播算法

1: **procedure** BPTT($\{\mathbf{x}_t, \mathbf{I_t}\} \, 1 \leqslant t \leqslant T$)

▷ $\mathbf{x}_t$ 是输入特征序列
▷ $\mathbf{I}_t$ 是标签序列
▷ 前向计算

2:      **for** $t \leftarrow 1; t \leqslant T; t \leftarrow t+1$ **do**
3:          $\mathbf{u}_t \leftarrow \mathbf{W}_{xh}\mathbf{x}_t + \mathbf{W}_{hh}\mathbf{h}_{t-1}$
4:          $\mathbf{h}_t \leftarrow f(\mathbf{u}_t)$
5:          $\mathbf{v}_t \leftarrow \mathbf{W}_{hy}\mathbf{h}_t$
6:          $\mathbf{y}_t \leftarrow g(\mathbf{v}_t)$
7:      **end for**

▷ 沿时反向传播
▷ ●：元素相乘

8:      $\boldsymbol{\delta}_T^y \leftarrow (\mathbf{l}_T - \mathbf{y}_T) \bullet g'(\mathbf{v}_T)$
9:      $\boldsymbol{\delta}_T^h \leftarrow \mathbf{W}_{hy}^T \boldsymbol{\delta}_T^y \bullet f'(\mathbf{u}_T)$
10:     **for** $t \leftarrow T-1; t \geqslant 1T; t \leftarrow t-1$ **do**
11:         $\boldsymbol{\delta}_t^y \leftarrow (\mathbf{l}_t - \mathbf{y}_t) \bullet g'(\mathbf{v}_t)$
12:         $\boldsymbol{\delta}_t^h \leftarrow \left[ \mathbf{W}_{hh}^T \boldsymbol{\delta}_{t+1}^h + \mathbf{W}_{hy}^T \boldsymbol{\delta}_t^y \right] \bullet f'(\mathbf{u}_t)$    ▷ 从 $\boldsymbol{\delta}_t^y$ 和 $\boldsymbol{\delta}_{t+1}^h$ 传播
13:     **end for**

▷ 模型更新

14:     $\mathbf{W}_{hy} \leftarrow \mathbf{W}_{hy} + \gamma \sum_{t=1}^{T} \boldsymbol{\delta}_y^t \mathbf{h}_t^T$
15:     $\mathbf{W}_{hh} \leftarrow \mathbf{W}_{hh} + \gamma \sum_{t=1}^{T} \boldsymbol{\delta}_h^t \mathbf{h}_{t-1}^T$
16: **end procedure**

---

上述 BPTT 算法的计算复杂度可以表示为每个时间步数 $O(M^2)$，其中，$M = LN + NK + N^2$ 是需要被学习的权重参数的总个数。相比于经典的前馈反向传播算法，BPTT 由于帧之间的依赖关系而收敛得更慢，而且因为梯度的爆发与消失[314, 377]

问题和在音频样本层（替代了帧级别层）的随机化，更可能收敛到一个不好的局部最优点没有很多实验和调整是不可能得到好的结果的。如果我们缩短过去的历史信息到不超多最近的 $p$ 个时间步数，那么模型的训练速度可以获得提升。

## 13.4 一种用于学习循环神经网络的原始对偶技术

### 13.4.1 循环神经网络学习的难点

众所周知，学习 RNN 有一定程度的困难，因为"梯度的膨胀与消失"问题，如文献 [314] 中分析的那样。梯度消失问题发生的一个充分条件是

$$\|\mathbf{W}_{hh}\| < d \tag{13.14}$$

其中，$d = 4$ 用于 sigmoidal 隐层单元，$d = 1$ 用于线性单元。$\|\mathbf{W}_{hh}\|$ 是 RNN 中循环权值矩阵 $\mathbf{W}_{hh}$ 的 $L_2$-范数（最大奇异值）。另一方面，梯度膨胀问题发生的一个必要条件是

$$\|\mathbf{W}_{hh}\| > d \tag{13.15}$$

因此，循环矩阵 $\mathbf{W}_{hh}$ 的属性对于 RNN 学习是非常重要的。在文献 [31, 314] 中，采用的解决梯度膨胀问题的方法是以经验为主的减小梯度的方法，就是梯度的范数不能超过某一个阈值。避免梯度消失的方法也是基于经验的，加入一个正则化项来提升梯度或者利用目标函数的曲率信息[277]。在这里我们回顾一下文献 [58] 中所述的研究，其提出并且成功地实验了一个更加严密、高效的学习 RNN 的方法，该方法直接利用了加在 $\mathbf{W}_{hh}$ 上的约束信息。

### 13.4.2 回声状态（Echo-State）性质及其充分条件

我们现在可以看到在公式13.14和公式13.15中描述的条件与 RNN 是否满足回声状态（Echo-State）性质有很近的联系，按文献 [214] 中所称述的是"如果一个网络已经运行了非常长的一段时间，当前的网络状态是由输入历史和（监督信息）输出唯一决定的。"同样可以在文献 [213] 中看到这种回声状态性质等价于状态紧缩（state contracting）性质。对于没有输出的反馈网络，某网络是状态紧缩的条件是：对所有的向右无穷的输入序列 $\{\mathbf{x}_t\}$，其中 $t = 0, 1, 2, \ldots$，存在一个空（null）序列 $(\epsilon_t)_{t \geqslant 0}$，使得对于所有的起始状态 $\mathbf{h}_0$ 和 $\mathbf{h}_0'$ 以及所有的 $t > 0$ 都能保证 $\|\mathbf{h}_t - \mathbf{h}_t'\| < \epsilon_t$，其中，$\mathbf{h}_t$ 和 $\mathbf{h}_t'$ 是 $t$ 时刻所得的隐层状态向量，且它们的网络分别是在已经由 $\mathbf{x}_0$ 和 $\mathbf{x}_0'$ 声明直到

$t$ 时刻由 $\mathbf{x}_t$ 导出的。还可以看出来对于回声状态性质不存在的充分条件或者存在的必要条件是：循环矩阵 $\mathbf{W}_{hh}$ 的谱半径（spectral radius）要大于当 RNN 隐层使用双曲正切非线性单元时的谱半径。

在回声状态机中，蓄积或者循环权值矩阵 $\mathbf{W}_{hh}$ 是随机生成的，并根据上述规则归一化，然后在训练过程中随时间保持不变。输入权值矩阵 $\mathbf{W}_{xh}$ 同样被固定住。为了提升学习，我们只在 RNN 满足回声状态性质的约束条件的同时学习 $\mathbf{W}_{hh}$ 和 $\mathbf{W}_{xh}$。为此，如下的回声状态性质的充分条件最近在文献 [58] 中得到发展，它相比于原定义，在训练过程中更容易被处理：

令 $d = 1/\max_x |f'(x)|$，那么，如果

$$\|\mathbf{W}_{hh}\|_\infty < d \tag{13.16}$$

则 RNN 满足回声状态性质，其中，$\|\mathbf{W}_{hh}\|_\infty$ 表示矩阵 $\mathbf{W}_{hh}$ 的 $\infty$-范数（即最大绝对行和），对于双曲正切单元，$d = 1$，而对于 sigmoid 单元，$d = 4$。

公式13.16的一个重要结果就是它很自然地避免了梯度爆炸问题。如果公式13.16可以被强行加在训练过程中，就没有必要以一种启发式的方式去减小梯度。

### 13.4.3　将循环神经网络的学习转化为带约束的优化问题

给定回声状态性质的充分条件，我们现在可以将具有回声状态性质的 RNN 的学习问题公式化为如下约束优化问题：

$$\min_\Theta \quad E(\Theta) = E(\mathbf{W}_{hh}, \mathbf{W}_{xh}, \mathbf{W}_{hy}) \tag{13.17}$$

$$\text{s.t.} \quad \|\mathbf{W}_{hh}\|_\infty \leqslant d \tag{13.18}$$

换句话说，我们需要发现一组 RNN 参数，它能在保持回声状态性质的情况下最好地预测目标值。我们已经知道 $\|\mathbf{W}_{hh}\|_\infty$ 被定义为最大绝对行和。因此，上述 RNN 学习问题等价于如下约束优化问题：

$$\min_\Theta \quad E(\Theta) = E(\mathbf{W}_{hh}, \mathbf{W}_{xh}, \mathbf{W}_{hy}) \tag{13.19}$$

$$\text{s.t.} \quad \sum_{j=1}^{N} |W_{ij}| \leqslant d, \quad i = 1, \ldots, N \tag{13.20}$$

其中，$W_{ij}$ 表示矩阵 $\mathbf{W}_{hh}$ 的第 $(i, j)$ 个记录。下面接着推导实现这个目标的学习算法。

### 13.4.4 一种用于学习 RNN 的原始对偶方法

**原始对偶法的简要介绍**

下面使用原始对偶法解决上述的约束优化问题，它是在现代优化文献中很流行的一个技术，比如文献 [50]。首先该问题的拉格朗日算子可以被写成

$$L(\Theta, \boldsymbol{\lambda}) = E(\mathbf{W}_{hh}, \mathbf{W}_{xh}, \mathbf{W}_{hy}) + \sum_{i=1}^{N} \lambda_i \left( \sum_{j=1}^{N} |W_{ij}| - d \right) \tag{13.21}$$

其中，$\lambda_i$ 表示拉格朗日向量 $\boldsymbol{\lambda}$（即对偶变量）的第 $i$ 个记录，并且 $\lambda_i$ 是非负数。令对偶函数 $q(\boldsymbol{\lambda})$ 定义成如下的非约束优化问题

$$q(\boldsymbol{\lambda}) = \min_{\Theta} L(\Theta, \boldsymbol{\lambda}) \tag{13.22}$$

在上述非约束优化问题中的对偶函数 $q(\boldsymbol{\lambda})$ 总是凹的，甚至是在原始代价 $E(\Theta)$ 是一个非凸规划[50] 的时候。另外，对偶函数总是原始约束优化问题的一个下边界。即

$$q(\boldsymbol{\lambda}) \leqslant E(\Theta^\star) \tag{13.23}$$

在 $\lambda_i \geqslant 0, i = 1, \ldots, N$ 的限制条件下最大化 $q(\boldsymbol{\lambda})$，将会从该对偶函数[50] 中得到最好的下边界。这个新问题被称为原始优化问题的对偶问题：

$$\max_{\boldsymbol{\lambda}} \quad q(\boldsymbol{\lambda}) \tag{13.24}$$

$$\text{s.t.} \quad \lambda_i \geqslant 0, \quad i = 1, \ldots, N \tag{13.25}$$

它是一个凸优化问题，因为我们是在一些线性不等式的约束下最大化一个凹的目标。在解决公式 13.24 和公式 13.21 中的 $\boldsymbol{\lambda}^\star$ 之后，我们可以替换相关的 $\boldsymbol{\lambda}^\star$ 到拉格朗日算子 13.21 里，然后处理相关的参数集 $\Theta^o = \{\mathbf{W}_{hh}^0, \mathbf{W}_{xh}^0, \mathbf{W}_{hy}^0\}$，对给定的 $\boldsymbol{\lambda}^\star$ 最小化 $L(\Theta, \boldsymbol{\lambda})$：

$$\Theta^o = \arg\min_{\Theta} L(\Theta, \boldsymbol{\lambda}^\star) \tag{13.26}$$

然后，得到的 $\Theta^o = \{\mathbf{W}_{hh}^0, \mathbf{W}_{xh}^0, \mathbf{W}_{hy}^0\}$ 将是对原始约束优化问题的一个近似解。对于凸优化问题，在一些温和的条件[50] 下近似解将和全局优化解一样。这种性质被称为强对偶性。然而，在一般的非凸优化问题里，它不是一个准确的解。但因为发现

原始问题公式13.24和公式13.21的全局最优解是不现实的，如果它能提供一个不错的近似，那还算令人满意。

现在回到公式13.24和公式13.21的问题。我们确实解决了如下问题

$$\max_{\boldsymbol{\lambda} \succeq \mathbf{0}} \min_{\Theta} L(\Theta, \boldsymbol{\lambda}) \tag{13.27}$$

其中，标记符号 $\boldsymbol{\lambda} \succeq \mathbf{0}$ 表示向量 $\boldsymbol{\lambda}$ 里的每个记录都要大于或者等于零。先前的分析表明为了解决问题，我们需要第一步最小化拉格朗日算子 $L(\Theta, \boldsymbol{\lambda})$（相对于 $\Theta$），同时最大化对偶变量 $\boldsymbol{\lambda}$（在 $\boldsymbol{\lambda} \succeq \mathbf{0}$ 的约束条件下）。因此，正如我们将会继续说的，更新 RNN 参数由两步组成。

- 原始更新：相对于 $\Theta$ 最小化 $L(\Theta, \boldsymbol{\lambda}^*)$；

- 对偶更新：相对于 $\boldsymbol{\lambda}$ 最大化 $L(\Theta^*, \boldsymbol{\lambda})$。

### 应用于 RNN 学习的原始对偶方法：原始更新

我们可以直接把梯度下降算法应用于原始更新，相对于 $\Theta$ 来最小化 $L(\Theta, \boldsymbol{\lambda}^*)$。然而，利用在该目标函数中的结构会更好，其中包括两部分：第一部分 $E(\Theta)$ 衡量了预测质量，表示在公式13.25中约束的惩罚项。第二部分是矩阵 $\mathbf{W}_{hh}$ 在每行上面许多 $\ell_1$ 正则化项的总和：

$$\sum_{j=1}^{N} |W_{ij}| = \|\mathbf{w}_i\|_1 \tag{13.28}$$

其中，$\mathbf{w}_i$ 表示矩阵 $\mathbf{W}_{hh}$ 的第 $i$ 个行向量。根据这样的观察，公式（13.21）中的拉格朗日算子可以被写成这样的等式

$$L(\Theta, \boldsymbol{\lambda}) = E(\mathbf{W}_{hh}, \mathbf{W}_{xh}, \mathbf{W}_{hy}) + \sum_{i=1}^{N} \lambda_i (\|\mathbf{w}_i\|_1 - d) \tag{13.29}$$

为了在上述结构中最小化 $L(\Theta, \boldsymbol{\lambda})$（关于 $\Theta = \{\mathbf{W}_{hh}, \mathbf{W}_{xh}, \mathbf{W}_{hy}\}$），我们可以使用一个与在文献 [25] 中提出的相似技术来推导出如下的迭代软阈值算法（iterative soft-thresholding algorithm），用于 $\mathbf{W}_{hh}$ 的原始更新：

$$\mathbf{W}_{hh}^{\{k\}} = S_{\boldsymbol{\lambda}\mu_k} \left\{ \mathbf{W}_{hh}^{\{k-1\}} - \mu_k \frac{\partial E(\mathbf{W}_{hh}^{\{k-1\}}, \mathbf{W}_{xh}^{\{k-1\}}, \mathbf{W}_{hy}^{\{k-1\}})}{\partial \mathbf{W}_{hh}} \right\} \tag{13.30}$$

其中，$S_{\boldsymbol{\lambda}\mu_k}(\mathbf{X})$ 表示在矩阵 $\mathbf{X}$ 上的分量形式收缩（软阈值）的一种操作，定义为

$$
[S_{\boldsymbol{\lambda}\mu_k}(\mathbf{X})]_{ij} = \begin{cases} X_{ij} - \lambda_i\mu_k & \mathbf{X}_{ij} \geqslant \lambda_i\mu_k \\ \mathbf{X}_{ij} + \lambda_i\mu_k & \mathbf{X}_{ij} \leqslant -\lambda_i\mu_k \\ 0 & \text{其他} \end{cases} \tag{13.31}
$$

上述对 $\mathbf{W}_{hh}$ 的原始更新13.30是由一个使用收缩操作的标准随机梯度下降实现的。另一方面，对于 $\mathbf{W}_{xh}$ 和 $\mathbf{W}_{hy}$ 的原始更新，沿用的是标准随机梯度下降方法，因为它们没有约束。为了加速算法的收敛过程，某一种方法可以代替梯度下降过程，比如加入惯性系数或者使用涅斯捷罗夫方法（Nesterov method），就像已经在 [58, 92] 报告的实验中采用的那样。

**应用于 RNN 学习的原始对偶方法：对偶更新**

对偶更新的目标是在 $\boldsymbol{\lambda} \succeq \mathbf{0}$ 的约束条件下，关于 $\boldsymbol{\lambda}$ 最大化 $L(\Theta, \boldsymbol{\lambda})$。为此，我们使用了如下带投影操作的梯度下降方式，其在强制约束条件的同时增加 $L(\Theta, \boldsymbol{\lambda})$ 的函数值：

$$
\lambda_{i,k} = [\lambda_{i,k-1} + \mu_k \left(\|\mathbf{w}_{i,k-1}\|_1 - d\right)]_+ \tag{13.32}
$$

其中，$[x]_+ = \max\{0, x\}$。注意，$\lambda_i$ 是 $L(\Theta, \boldsymbol{\lambda})$ 中的一个正则化因子，其对于 $\mathbf{W}_{hh}$ 中第 $i$ 行的约束违背的行为进行惩罚。对偶更新可以被解释成一种以自适应方式调整正则化因子的规则。当 $\mathbf{W}_{hh}$ 的第 $i$ 行的绝对值和超过 $d$ 的时候，即违背了约束条件，递归式13.32将会增加公式13.21中第 $i$ 行的正则化因子 $\lambda_{i,k}$。另一方面，如果在某一个 $i$ 上的约束没有被违背，则对偶更新13.21将会降低相应的 $\lambda_i$ 的值。投影操作 $[x]_+$ 保证了一旦正则化因子 $\lambda_i$ 小于零，它将被设置成零，并且公式13.25中第 $i$ 行的约束将不会在公式13.21中被惩罚。

# 13.5 结合长短时记忆单元（LSTM）的循环神经网络

## 13.5.1 动机与应用

上述基本的 RNN 无法充分地对复杂的时间动力学建模，因此，在实际应用中，基本的 RNN 被证实在处理许多不同类别的输入序列时，无法充分有效地利用历史信息。这些问题的分析最初发表在 [198] 中，之后在 [150, 151, 162] 中。在这些早期的解决方案中，一种称为"长短时记忆单元"（LSTM）的"记忆"结构被引入 RNN 中。这种

RNN 的变种成功地解决了传统 RNN 所不能克服的基本问题，并能够高效地解决一些之前无法解决的任务，包括嘈杂输入序列中的模式识别和事件顺序识别。同上述基本的 RNN、LSTM 也能被证明具备通用计算能力。只要给足够多的网络单元和正确的权重矩阵，LSTM-RNN 可以计算任何传统计算机能计算的问题。但与上述基本的 RNN 不同的是，当重要事件之间的间隔很长时，LSTM-RNN 更适合于从输入序列中学习并分类、处理和预测时间序列。

从最初 LSTM-RNN 的诞生以来，LSTM-RNN 在手写识别、音素识别、关键字识别、机器人定位和控制（特别是在部分可观测环境下）中的强化学习、蛋白质结构预测的在线学习、音乐创作和语法学习等诸多实际任务中有应用。这些进展的概观在 [355] 中有记录。最近，在 [348, 349] 中，LSTM-RNN 在大词表语音识别中的应用取得很大成功。与此同时，简化的 LSTM RNN 在语种识别[160]、语音合成[133, 134] 和鲁棒语音识别中也被证明有效[147, 402]。在 2013 年多源环境计算听觉（Computational Hearing in Multisource Environments，CHiME）挑战赛中，科研人员发现 LSTM 结构能够有效地利用上下文来学习由噪音和回音而失真的声学特征，并且能有效地处理高度不平稳的噪音。

### 13.5.2  长短时记忆单元的神经元架构

在 RNN 中的长短时记忆单元（LSTM）神经元的基本思想是利用不同类型的门（比如点乘）来控制网络中的信息流。LSTM-RNN 是用 LSTM 神经元代替常规网络单元的 RNN 的高级版本。LSTM 神经元可以被认为是一种能够长时间保存信息的复杂且精巧的网络单元。通过门结构，LSTM 神经元可以决定什么时候应该记住输入信息，到什么时候应该忘记该信息，以及什么时候应该输出该信息。

在数学上，LSTM 神经元可以由以下关于时间 $t = 1, 2, ..., T$ 的递推式描述 [150, 151, 162, 198, 348]：

$$\mathbf{i}_t = \sigma \left( \mathbf{W}^{(xi)} \mathbf{x}_t + \mathbf{W}^{(hi)} \mathbf{h}_{t-1} + \mathbf{W}^{(ci)} \mathbf{c}_{t-1} + \mathbf{b}^{(i)} \right) \tag{13.33}$$

$$\mathbf{f}_t = \sigma \left( \mathbf{W}^{(xf)} \mathbf{x}_t + \mathbf{W}^{(hf)} \mathbf{h}_{t-1} + \mathbf{W}^{(cf)} \mathbf{c}_{t-1} + \mathbf{b}^{(f)} \right) \tag{13.34}$$

$$\mathbf{c}_t = \mathbf{f}_t \bullet \mathbf{c}_{t-1} + \mathbf{i}_t \bullet \tanh \left( \mathbf{W}^{(xc)} \mathbf{x}_t + \mathbf{W}^{(hc)} \mathbf{h}_{t-1} + \mathbf{b}^{(c)} \right) \tag{13.35}$$

$$\mathbf{o}_t = \sigma \left( \mathbf{W}^{(xo)} \mathbf{x}_t + \mathbf{W}^{(ho)} \mathbf{h}_{t-1} + \mathbf{W}^{(co)} \mathbf{c}_t + \mathbf{b}^{(o)} \right) \tag{13.36}$$

$$\mathbf{h}_t = \mathbf{o}_t \bullet \tanh \left( \mathbf{c}_t \right) \tag{13.37}$$

其中，$\mathbf{i}_t$、$\mathbf{f}_t$、$\mathbf{c}_t$、$\mathbf{o}_t$ 和 $\mathbf{h}_t$ 分别代表 $t$ 时刻的输入门、遗忘门、神经元激活、输出门和

隐层值的向量。$\sigma(.)$ 是 sigmoid 函数。$\mathbf{W}$ 是连接不同门的权重矩阵，$\mathbf{b}$ 是对应的偏差向量。只有 $\mathbf{W}^{(ci)}$ 是对角矩阵。从功能角度而言，上述 LSTM 中的输入向量 $\mathbf{i}_t$ 和隐层向量 $\mathbf{h}_t$ 与公式（13.1）中所描述的传统 RNN 中的输入层和隐层类似。在 LSTM-RNN 隐层上还需要加一层输出层（没有包括在上述公式中）。在 [164] 中，LSTM-RNN 隐层被直接线性映射到输出层。而在 [348] 中，作者先引入两个中间层作为过渡来缩小 LSTM-RNN 的高维隐层 $\mathbf{h}_t$，最终再线性映射到输出层。

### 13.5.3 LSTM-RNN 的训练

LSTM-RNN 的所有参数都可以通过与传统 RNN 类似的 BPTT 方法学习。具体地说，为了最小化训练数据序列的损失函数，我们可以由 BPTT 算出损失函数对参数的梯度来做随机梯度下降。根据13.3节，传统 RNN 上做 BPTT 的问题在于梯度会随着两个事件的间隔增加或指数衰减，或指数增加。只有使用启发式规则或者13.4节描述的约束优化方法才能有效地学习参数。但用 LSTM 神经元代替传统 RNN 的输入到隐层，以及隐层到隐层的映射后，这个问题得到了有效解决。这个原因是当梯度从输出层被反向传播到隐层时，LSTM 神经元会记住这些梯度。因此，有意义的梯度被不断地反向传播到不同的门，直到 RNN 参数训练完毕。这使得 BPTT 对 LSTM-RNN 的训练变得有效，从而使得 LSTM 能够长时记忆输入序列中的模式，尤其是当输入序列中存在这样的模式，且对序列处理任务有帮助时。

当然，因为 LSTM 神经元相比传统的 RNN 在结构上更复杂，而且从输入层到隐层，以及隐层到隐层之间的非线性映射通常不是固定的，所以 BPTT中梯度计算比传统的 RNN 更复杂。关于这一点，有兴趣的读者可以参考第14章中对该问题的进一步讨论。

## 13.6　循环神经网络的对比分析

本节分析 RNN 的能力和一些限制，在13.2节中，RNN 在数学上是一个状态空间动态系统。我们使用一个对比方法来分析第3章介绍的隐含动态模型（hidden dynamic model，HDM）和 RNN 之间的异同。使用这样一个对比分析的主要目标是了解这两种语音模型的优缺点。它们的出发点不同，但数学方程上却惊人地相似。照这个理解，有可能构造出更加强大的 RNN 类型的模型，或者学习更新的模型来进一步改进 ASR 中声学模型的性能。

### 13.6.1 信息流方向的对比：自上而下还是自下而上

我们对比分析检查的第一块内容是 RNN 和 HDM 中信息流的不同方向。在 HDM 中，语音对象以从顶层的语言特征或者标注序列到底层的连续值声学观察进行建模，中间是隐藏的动态过程，也是连续值的。也就是说，这个自上而下的生成过程由顶层的潜在语言学序列开始。接着标注序列产生潜在的动态向量序列，在模型拓扑的底层再由其生成可见的声学序列。相对的，在 RNN 的自下而上的建模泛型中，信息流从底层的声学观察开始，接着经由循环矩阵激活 RNN 时序动态（temporal dynamics）建模的隐层。然后在模型拓扑的顶层，RNN 的输出层会以一个数字-向量序列来计算语言学或者目标序列。因为顶层决定了语音分类，RNN 采用的这个自底向上的方法被称为鉴别性训练。在文献 [105] 中可以看到更多有关鉴别性学习和生成型学习的对比。现在我们更加深入地探讨自顶向下与自底向上的对比，也就是生成过程与鉴别性学习的对比。

**隐含动态模型自上而下的生成过程**

为了与 RNN 进行比较，我们重写 HDM 状态的方程3.51和观察方程3.52，它们原本都在第3章 3.7.2 节中。我们按如下与13.2节描述的基本 RNN 相一致的状态空间形式写出：

$$\mathbf{h}_t = q(\mathbf{h}_{t-1}; \mathbf{W}_{l_t}, \mathbf{\Lambda}_{l_t}) + \text{StateNoiseTerm} \tag{13.38}$$

$$\mathbf{x}_t = r(\mathbf{h}_t, \mathbf{\Omega}_{l_t}) + \text{ObsNoiseTerm} \tag{13.39}$$

其中，$\mathbf{W}_{l_t}$ 是描述状态动态的系统矩阵，可以通过简单地构造来遵循语音产生过程，如 [81, 83]。参数集 $\mathbf{\Lambda}_{l_t}$ 包括"类似音韵学单位（如符号化的关节特征）音素目标"，也可以被解释成从语音产生的马达控制到关节状态动态的输入流。两组特征 $\mathbf{W}_{l_t}$ 和 $\mathbf{\Lambda}_{l_t}$ 依赖于标注时间 $t$ 的 $l_t$，包括线段性的性质。因此，这个模型也被称为（线段性）转换动态系统。系统矩阵 $\mathbf{W}_{l_t}$ 对应于 RNN 中的 $\mathbf{W}_{hh}$。另一方面，参数集 $\mathbf{\Omega}_{l_t}$ 制约了在语音生成中一帧一帧地从隐层状态到连续声学特征 $\mathbf{x}_t$，也就是 HDM 输出的非线性映射。在一些早期实现中，$\mathbf{\Omega}_{l_t}$ 采用了浅层神经网络参数[51, 106, 317, 385, 386] 的形态。在另一个实现中，$\mathbf{\Omega}_{l_t}$ 的形态是线性专家的组合（mixture of linear experts）[274, 276]。

一些早期 HDM 实现的状态方程中没有采用非线性的形态。反而，下述线性形态被采用了（如 [106, 274, 276]）：

$$\mathbf{h}_t = \mathbf{W}_{hh}(l_t)\mathbf{h}_{t-1} + [\mathbf{I} - \mathbf{W}_{hh}(l_t)]\mathbf{t}_{l_t} + \text{StateNoiseTerm} \tag{13.40}$$

它对发音动作的动态（articulatory-like dynamics）有目标指向的性质。这里，系数 $\mathbf{W}_{hh}$ 是在某一帧 $t$ 的标注（音素）$l_t$ 的一个函数，$\mathbf{t}_{l_t}$ 是从一个语言学单元标志数量（symbolic qunantity）$l_t$ 到连续值目标向量的映射，包括线性的性质。为了简化与 RNN 的比较，让我们继续使用非线性的形态，并且去除状态和观察噪音，得到状态-空间的生成模型

$$\mathbf{h}_t = q(\mathbf{h}_{t-1}; \mathbf{W}_{l_t}, \mathbf{t}_{l_t}) \tag{13.41}$$

$$\mathbf{x}_t = r(\mathbf{h}_t, \mathbf{\Omega}_{l_t}) \tag{13.42}$$

**用于一个自底向上的鉴别性分类器的循环神经网络**

同样，为了与 HDM 做比较，我们重写 RNN 的状态和观察方程13.1、方程13.2，让其遵循一个更加普通的形态：

$$\mathbf{h}_t = f(\mathbf{h}_{t-1}; \mathbf{W}_{hh}, \mathbf{W}_{xh,}, \mathbf{x}_t) \tag{13.43}$$

$$\mathbf{y}_t = g(\mathbf{h}_t; \mathbf{W}_{hy}) \tag{13.44}$$

其中，信息流从观察数据 $\mathbf{x}_t$ 开始，走到隐层向量 $\mathbf{h}_t$，然后走到估计的目标标注向量 $\mathbf{y}_t$，一般是以"单热点"（one-hot）进行编码，按自底向上的方向。

这与 HDM 对应的状态和观测公式（13.41）、公式（13.42）形成对应，描述了从顶层标注音素目标向量 $\mathbf{t}_{l_t}$ 到隐层向量 $\mathbf{h}_t$，再到观察数据 $\mathbf{x}_t$，我们清楚地看到自顶向下的信息流，与 RNN 的自底向上的信息流相反。

除信息流方向的区别外，为了更好地比较 HDM 和 RNN，我们可以保留 RNN 的数学描述，但替换公式13.43和公式13.44输入 $\mathbf{x}_t$ 和输出 $\mathbf{y}_t$ 的变量，得到

$$\mathbf{h}_t = f(\mathbf{h}_{t-1}; \mathbf{W}_{hh}, \mathbf{W}_{yh}, \mathbf{y}_t) \tag{13.45}$$

$$\mathbf{x}_t = g(\mathbf{h}_t; \mathbf{W}_{hx}) \tag{13.46}$$

用输入–输出替换把 RNN 归一化到公式（13.45）和公式（13.46）的生成形式之后，现在与 HDM 的信息流方向一样，下面分析 RNN 和 HDM 剩下的关于隐层空间的对比（保留模型的生成形态），接着还会分析其他的对比，包括利用模型参数的不同方式。

### 13.6.2　信息表征的对比：集中式还是分布式

集中和分布的表示（representation）是认知科学中的重要概念，是信息表示的两种不同形式。在集中表示中，每个神经元代表单个的概念。也就是说，每个单元有它们自己的意思和解释，但分布式的表示并非如此。后者是一种更加内在的表示，被许多隐含要素的交互所解释。一个从另外要素的设定学习到的特定要素往往可以一般化到新的设定中，集中的表示则不能这样。

分布式的表示基于非零元素的向量，很自然地在"联结（connectionist）"神经网络中出现，一个概念被许多单元的联合活动的模式所表示，一个单元一般向很多概念作贡献。这样一个多对多的联系的一个关键好处是它们提供了表示内在数据结构的鲁棒性、优雅的退化和损害抵制。这样的鲁棒性是由冗余的信息存储带来的。另一个好处就是它们使得概念和关系能自动地产生，也就是说，使得推理变得可能。另外，分布式的表示使得类似的向量与类似的概念做联系，因此，表示的资源能得到有效地利用。然而分布式表示在具有这些吸引人的特质的同时，也有一些缺陷：解释表示的时候比较模糊，表示层级结构时也有困难，表达变长序列也不方便。分布式表示也不能直接用于网络的输入或者输出，会需要集中表示的一些翻译。

另一方面，集中表示有着明显和易用的优势。例如，一个任务单元的显式表示比较简单，结构化对象的表示方式的设计也比较简单。但缺陷很多，表达大量对象时比较低效，在连接上比较冗余，负责的结构带来不希望的网络单元数量的增长。

上述讨论的 HDM 对符号化的语言学单元采用了"集中"的表示，RNN 采用了分布式的表示。这能从 HDM 的公式（13.41）和 RNN 的公式（13.45）看出。在前者中，符号化的语言学单元 $l_t$ 是时间 $t$ 的一个函数，被独立地编码。符号语言学单元到连续值向量是一对一的一个映射，在公式（13.41）中被写作 $\mathbf{t}_{l_t}$，到隐含动态的非符号"目标"，写作向量 $\mathbf{t}$。这种映射在面向音素的音系学文献中很普遍，在一个语音生成的函数计算模型中被称作"音系学和音素之间的接口"[81]。另外，HDM 使用的语言学标注被集中地表示为时变的参数 $\mathbf{W}_{l_t}$ 和 $\mathbf{\Omega}_{l_t}$，这导致了"切换的"动态，使得解码过程更复杂化。这种系数设定分离了不同语言学标注之间系数互动，有着显式表示的优势，但不能做语言学标注的直接鉴别。

相对的，在公式（13.45）的 RNN 模型的状态方程中，符号语言学被直接表示为 $\mathbf{y}_t$（可能为单热点），即一个时间 $t$ 的函数。不需要分离的连续值"音素"向量的映射。即使 $\mathbf{y}_t$ 向量单热点的编码是集中的，隐层状态向量 $\mathbf{h}$ 提供了分布的表示，因此，允许模型存储很有效地表示过去的很多信息。更重要的是，不再有 HDM 中那样标签特定的参数集 $\mathbf{W}_{l_t}$ 和 $\mathbf{\Omega}_{l_t}$。RNN 的连接参数被所有的语言学标签类别所共享。这使得 RNN 的直接鉴别性学习变得可能。另外，RNN 隐层的分布式的表示允许了有效而冗余的信息存储，因此，能够自动获取数据中的变动要素。不过，就像对分布式表示之前的讨论一样，RNN 的状态同样有着解释系数和隐层状态的困难，下面将讨论对结构进行建模的困难和利用显式声音动作的知识。

### 13.6.3 解释能力的对比：隐含层推断还是端到端学习

HDM 采用集中表示在对深层语音结构建模的一个明显的优势是模型参数和潜在状态变量能够解释，容易诊断。事实上，这种模型的一个主要动机是对语音生成的结构化的知识（如声音动作、声音共振动态）可以被直接（当然有一定的近似，但近似的程度很清楚）包含到模型中[51, 81, 102, 110, 310, 317, 419]。隐含状态向量可解释的集中表示的优点包括系数初始化的合理方式，如，用提出的共振峰（formants）来初始化表示声音共振的隐层变量。另外一个明显的优点就是通过检查隐变量可以很容易地诊断并分析模型实现中的错误。因为集中表示，不像分布式表示那样加上模式来表示不同语言学标签的存在，隐状态变量不但是解释性的，而且没有歧义。另外，这种可解释性使得我们可以引入结构化的关系，而不会像分布式表示那样麻烦。结果是，HDM 的所有版本使用了最大似然的学习，或者数据拟合手段。比如，线性或者非线性的 Kalman过滤（EM 算法的 E 步骤）来学习生成状态-空间模型的系数只在最大似然[364, 385] 估计中被使用。

对比之下，用于端到端训练分布式表示 RNN 的 BPTT学习算法采用了鉴别性，直接最小化标签估计错误。这很自然，因为分布式表示的本性，所以每个隐层变量都直接向所有的语言学标签做贡献。在集中表示的生成型 HDM 中这么做就很不自然，那里每个状态和相应的模型系数一般来说向某个特定的语言学单元做贡献，在大部分生成型模型中（包括 HDM 和 HMM）都用来给模型参数集作为下标。

### 13.6.4 参数化方式的对比：吝啬参数集合还是大规模参数矩阵

HDM 和 RNN 比较的下一步是它们不同的参数化方式。使用吝啬参数集来建模条件分布，或者使用无结构的大规模矩阵来表达复杂的映射。因为 HDM 可解释的隐含变量和带着的系数，语音知识可以在模型设计中被使用，使得自由变量变得比较小。比如，当声音共振向量用来比较隐层动态时，8 维似乎已经足以囊括长生语音观察的主要动态性质。高一点的维数（如 13）在语音生成声音设定的隐含动态向量的使用中是必需的。HDM 使用吝啬参数集来建模条件分布，是一种特殊的动态贝叶斯网络，有时被说成"小就是好"，扮演重要角色的还有隐含状态部分的集中表示，相关的参数与某个特定语言学单元所联系。这跟使用分布表示的 RNN 不同，隐层状态向量元素和连接系数被所有的语言学单元所共享，因此需要更多重的模型参数。

用一个吝啬的参数集来使用语音知识构造生成模型既有一个好处，又有一个坏处。一方面，这样的知识可以用来限制在每个音素段中面向目标的平滑的（non-oscillatory，不摆动的）隐含动态，表示隐含音素向量（包括共振频率和带宽）和倒谱系数[24, 91, 123]对隐含动态中的隐含空间[81, 122]的协同发音之间的关系。当有隐含空间中时变轨迹的正确预计，强力的限制能被加入到模型建立中来减少"过生成"和避免过大的模型容量。另一方面，语音知识的使用限制了模型大小的增长，因为更多的数据在训练中能够被使用。比如，当声音共振（vocal tract resonance）的向量维数大于八时，能够被解释的隐层向量的许多好处不再成立。既然语音知识一般是不全面的，随着数据量的增加和不完整的知识，模型空间上加的限制可能被机会丧失（opportunity lost）所掩盖。

相对的，RNN 一般不使用语音知识来限制模型空间，因为解释分布式表示是非常困难的。因此，RNN 原则上能根据更大量的数据使用更大的模型。限制的不足可能导致模型过于一般化。这个和 RNN 学习所遇到的困难[30, 314]一起，限制了 RNN 在语音识别领域许多年来的进展。在语音识别领域应用 RNN 的近期进展引入了模型建立或者学习算法方面的限制。比如，在 [163, 164, 348, 349] 的报告中，RNN 的隐层由一个很清楚的 LSTM 结构为基础设计。LSTM-RNN 强烈地限制了隐层活动的可能变化，但其允许了大量系数由于记忆单元的增加和 LSTM 单元的复杂度增加而被使用。另外，RNN 也能在学习阶段被限制，BPTT 计算的导数被一个阈值[30, 289]所限制来避免导数爆炸，或者 RNN 参数的范围被限制在一个所谓的"回声状态性质"[58]中。我们在13.4节已回顾过。

HDM和RNN不同的参数化手段同样导致了在训练和计算时两个模型的不同。特别地，RNN 的计算是正规的大矩阵相乘。这与 GPU 的性能相符，GPU 被设计具有高性能计算能力，而且有硬件最优化性能。不幸的是，RNN 的这个计算优势和其他神经网络相关的深度学习算法并没有在 HDM 和大部分其他深度生成模型中使用。

### 13.6.5　模型学习方法的对比：变分推理还是梯度下降

HDM 和 RNN 进行对比分析的最后，我们比较两者学习模型参数的不同。[1]

HDM 是一个深层的有方向的生成模型，也被称为深度动态贝叶斯网络，或者信任网络，由重度的循环结构和离散或者连续的隐含变量，因此，在学习和计算时是可调的。许多实验上产生的解决方案被模型结构和学习方法中所使用；请看 [85, 115] 中的深度分析和 [108] 的第 10、12 章。更加准确的估计方法称为变分推理（variational inference）[152, 221, 315]，被 HDM 的学习所使用。在 [90, 252] 中，变分推理在计算和估

---

[1]这里讨论的大部分对比可以被一般化到学习一般的深度生成模型（有隐变量的模型）的不同，以及在学习深度鉴别性神经网络模型的不同。

计中间的连续值隐含向量（如声音共振或者共振锋）中表现得非常出色。不过，在顶层离散因变量的解码和计算中（如音素标签序列）无论是解码准确度还是计算代价中表现没那么好。变分推理的一些近期研究中，特别是利用 DNN 来做变分后验概率的采样时[29, 199, 234, 235, 293]，能克服之前 HDM 做计算和学习的一些缺点。

另一方面，相比深度计算模型所拥有的一系列计算和学习算法，RNN 和其他神经网络模型一样，需要使用一个学习和计算算法，一般没有什么大的变种就是反向传播。为了在这两个完全不同的学习方式中架起桥梁，RNN 和 HMM 需要重新进行参数化，使得其参数化能够相似。上一个讨论参数化的小节从一般的计算和模型角度谈及了这个话题。最近的机器学习的工作同样讨论了贝叶斯网络到神经网络之间的转化[234, 235]。主要的思想是在许多无法计算的贝叶斯网络（如 HDM）中变分学习的 E 步骤很难被估计，我们可以使用强力的大容量 DNN 来加强近似的程度。

### 13.6.6 识别正确率的比较

在对使用集中表示的生成型的 HDM 和使用分布式表示的鉴别性的 RNN 进行这些比较之后，这两个模型各自的优势和劣势已经很明显了。现在，我们比较 HDM 和 RNN 在实验中的性能，采用语音识别的准确率来进行对比。为了校准的原因，我们采用标准 TIMIT 音素识别任务来进行比较，因为没有其他任务在一个比较一致的框架下对两个模型进行比较。值得一提的是，两种动态模型比语音识别中的 GMM-HMM 和 DNN-HMM 都要更难实现。HDM 在包括 Switchboard[51, 273, 274, 276, 317] 数据集的大词汇识别任务中被测试过，RNN 更多的是在 TIMIT 任务[58, 92, 163, 164, 334] 和最近的一个非标准的大任务[348, 349] 上被测试。

HDM 的一个特殊版本称为隐含轨迹模型（hidden trajectory model），是在经过小心的旨在克服本节提到的集中设计所带来的缺陷的设计和近似之后被开发了出来[119, 123]。主要的近似包括使用循环结构的有限激活反馈过滤来替代原本状态空间建模的无限激活反馈过滤。[119] 报告这个模型有 75.2% 的音素识别准确率，比基本 RNN 的 73.9% 要高，这在 [334] 的第 303 页的表 1 中有报告。同时也比无堆叠的带 LSTM 记忆单元的 RNN 的 76.1% 要低，这在 [164] 的第 4 页的表 1 中有报告。[2] 这个对比表明自顶向下的集中表示的生成 HDM 在性能上与自底向上的采用分布式表示的鉴别性 RNN 差不多。基于本节讨论的两者的优势和劣势，这些结果也是可以理解的。

---

[2]当工程不是那么小心时，接受直接的语音特征而不是 DNN 产生的输入特征的基本 RNN 只能得到71.8% 的正确率，在 [92] 中有汇报。

## 13.7 讨论

人类语音的深度多层模型内在地与语音的生成和感知相联系。利用对深层语音结构的渴望和尝试帮助点燃了最近语音识别中深度学习的应用和其他相关的应用[99, 100, 189, 420]，在语音建模 ASR 领域，我们期待着对语音动态深层模型的一个更加全面的理解和它们的表示能进一步推进科研的发展。在第3章中，我们总结了一系列或深或浅的生成模型，在各种层面融合了语音动态，比如著名的 HDM。在本章，我们研究了 HDM 的鉴别性版本和 RNN，这些都在数学上能表示成状态-空间的形式。随着两种模型的细致比较，我们关注到了自顶向下和自底向上的两种信息流，以及集中表示和分布表示的对比，包括它们各自的性质。

在 RNN 所采用的分布式表示中，我们无法孤立地解释单个单元或者神经元活动的意义。某个特定单元活动的意义依赖于其他单元的活动。使用分布式表示时，多个概念（例如，音韵或者语言学的符号）可以被同一个神经元集合在同一时间表示，只要把它们的模式叠加起来。RNN 采用分布式表示的好处包括鲁棒性，表示和映射的效率，连续值向量的采用使得基于梯度的学习方法变得可能。生成型 HDM 采用的集中表示有着不同的性质。它提供了不同的优势：容易解释、理解和诊断。

生成型 HDM 的可解释性允许表示声音动作的动态系统的一个合适结构的设计：在一个类音素的区域内，不会出现摆动的动态。[3] 在鉴别性的 RNN 中很难开发和加入结构性的限制，因为对隐层没有物理的一个解释。在13.5节中介绍的 LSTM 是一个少有的而且有趣的例外，它的动机与构造 HDM 结构的动机完全不同。

HDM 和 RNN 的一个特性就是隐层中不能直接观察到的动态递归。这些动态序列模型时间上的展开使得相关的结构变得更深，深度就是需要被建模的语音特征序列长度。在 HDM 中，隐层状态采用了集中表示和显式的物理解释，模型参数由每个分离的语言学/音素类别以一种吝啬的方式进行标签。在 RNN 中，隐层状态采用了分布式表示，其中每个隐层单元通过分享正规的大型系数矩阵给所有的语言学类别做贡献。

在13.6节做的 RNN 和 HDM 之间大量的对比和上面的总结是旨在考虑如何利用两者优势，避开各自的劣势。这两个生成型模型和鉴别性模型的整合可以被盲目地形成，比如使用生成型的 DBM 来对鉴别性的 DNN 进行预训练。不过，只要利用好现在我们对两个模型优劣的认识，在未来的研究方向上更好的策略是能够被使用的。例如，鉴别性 RNN 的一个劣势就是分布式地表示不适合给网络直接的输入。这个难点在文献 [92] 中被绕开，先用 DNN 来提取输入特征，这样有 DNN 中分布式表示的优势。接着 DNN 提取出的分布式特征被输入给了下一个 RNN，将音素准确率从 71.8% 提高到

---

[3] 比如，在文献 [81] 中，使用了批评抑制（critical damping）的二阶动态被用来引入这样的限制。

81.2%。其他在生成型的深层动态模型中克服集中表示所带来的困难的方法，以及在鉴别性模型中克服分布式表示困难的办法也能带来 ASR 性能的提升。作为另一个例子，因为集中表示有解释隐含状态空间，包容专业知识的能力，我们可以利用生成模型来从潜在变量中产生新特征，甚至可以从生成的可见变量中来提取，这些新特征可以与分布式表示相组合。未来我们期待更加先进的深度学习工程，能比目前本章讨论的最好的 RNN 在以下几个方面更强——在连续、潜在、发音动作方面，真实语音动态的性质（人类语音生成和感知）能被生成型和鉴别性的深度模型所使用。这种整合模型的学习将不只是一次简单的 BPTT，而是几个迭代的自顶向下、自底向上、自左到右、自右到左的步骤，以及一系列有效的深度生成-鉴别的学习算法被一般化，扩展或者整合到当前的 BPTT 中，如 [74, 235, 293, 373, 408]，这些生成-鉴别模型的开发将以一种更加有效和计算友好的方式，来模仿人类语音的深度和动态过程。

# 14

# 计算型网络[1]

**摘要**  在前面的章节中，我们已经讨论了很多种用于自动语音识别的深度学习模型。本章将介绍计算型网络（computational network，CN），它是一种描述任意学习机的整合框架，比如深度神经网络（deep neural network，DNN）、卷积神经网络（convolutional neural network，CNN）、循环神经网络（recurrent neural network，RNN）、长短时记忆单元（long short term memory，LSTM）、逻辑回归和最大熵模型等。一个 CN 是一个有向图，其中的每个叶子节点表示一个输入值或者一个参数，每个非叶子节点表示一个在它的子节点上的矩阵操作。我们将描述 CN 中的前向计算和梯度计算，然后介绍在典型 CN 中使用的最流行的计算节点类型。

## 14.1  计算型网络

在主要的机器学习模型中，例如深度神经网络（DNN）[73, 190, 215, 358, 359, 437]、卷积神经网络（CNN）[2, 5, 56, 66, 87, 228, 240, 246, 341, 346] 和循环神经网络（RNN）[198, 292, 366, 370, 378]，有一个常见的属性：所有的这些模型都可以被描述成一系列的计算步骤。比如，一个单隐层 sigmoid 神经网络可以被描述成算法 14.1 中的那些计算步骤。如果我们知道如何计算每一步和每一步计算的顺序，就有了一个神经网络的实现。该观察表明，我们可以在计算型网络（Computational Network，CN）的框架下统一所有这些模型，其中部分模型已经在诸如 Theano[33]、CNTK[169] 和 RASR/NN[403] 的工具中实现了。

一个计算型网络是一个有向图 $\{\mathbb{V}, \mathbb{E}\}$，其中 $\mathbb{V}$ 是顶点集合，$\mathbb{E}$ 是有向边集合。每个顶点被称为一个计算节点，表示一个计算。带有指向计算节点的边的顶点是相关

---

[1]本章已经发表作为 CNTK 文档的一部分[434]。

**算法 14.1** 单隐层 Sigmoid 神经网络里涉及的计算步骤

1: **procedure** ONEHIDDENLAYERNNCOMPUTATION($\mathbf{X}$)
$\qquad\qquad\qquad\qquad\qquad\qquad\qquad\qquad$ ▷ $\mathbf{X}$ 的每一列是一个观察向量
2: $\qquad \mathbf{T}^{(1)} \leftarrow \mathbf{W}^{(1)}\mathbf{X}$
3: $\qquad \mathbf{P}^{(1)} \leftarrow \mathbf{T}^{(1)} + \mathbf{B}^{(1)}$ $\qquad\qquad\qquad$ ▷ $\mathbf{B}^{(1)}$ 的每一列是偏置向量 $\mathbf{b}^{(1)}$
4: $\qquad \mathbf{S}^{(1)} \leftarrow \sigma\left(\mathbf{P}^{(1)}\right)$ $\qquad\qquad$ ▷ $\sigma(.)$ 是应用于元素级的 sigmoid 函数
5: $\qquad \mathbf{T}^{(2)} \leftarrow \mathbf{W}^{(2)}\mathbf{S}^{(1)}$
6: $\qquad \mathbf{P}^{(2)} \leftarrow \mathbf{T}^{(2)} + \mathbf{B}^{(2)}$ $\qquad\qquad\qquad$ ▷ $\mathbf{B}^{(2)}$ 的每一列是偏置向量 $\mathbf{b}^{(2)}$
7: $\qquad \mathbf{O} \leftarrow \text{softmax}\left(\mathbf{P}^{(2)}\right)$ $\qquad$ ▷ 应用基于每一列的 softmax 得到输出 $\mathbf{O}$
8: **end procedure**

计算的操作数，且有时被称为计算机节点的孩子。其中，操作数的顺序对一些操作很重要，比如矩阵相乘。叶子节点没有孩子，且被用于表示输入值或者模型参数，它们不是某些计算的结果。一个 CN 可以很容易地表示成一套计算节点 $n$ 和它们的孩子 $\{n : c_1, \cdots, c_{K_n}\}$，其中，$K_n$ 是节点 $n$ 的孩子的数量。对于叶子节点，$K_n = 0$。每一个计算节点都知道在给定输入操作数（孩子）时，如何计算自己的值。

图 14.1将算法 14.1中的单隐层 sigmoid 神经网络表示为一个 CN 的结构。其中每个节点 $n$ 被标记为一个 $\{nodename : operatortype\}$ 对，并将它有序的孩子作为操作的输入。从该图中可以发现，这里没有"层"的概念。反而，一个计算节点是所有操作的基础元素。这使得简单模型（比如 DNN）的描述更加笨重，但这一问题通过宏命令将计算节点集合在一起可以得到缓解。反过来，CN 给我们提供了描述任意网络时更大的便利性，并且允许我们在一样的联合框架里构建几乎所有我们感兴趣的模型。比如，我们可以轻松地修改如图 14.1所示的网络，以使用整流线性单元（ReLU）代替 sigmoid 非线性特性。我们也可以建立一个网络，它可以有如图 14.2所示的两个输入节点或者像图 14.3所示的那样一个共享模型参数的网络。

## 14.2　前向计算

当知道模型参数（即图 14.1中的权值节点）的时候，对于一个新的输入值，我们可以计算任意节点的输出值。而不像 DNN 中那样计算顺序是自底向上一层一层地正常计算，在 CN 不同的网络结构里都有不同的计算顺序。当 CN 是一个有向无环图（directed acyclic graph，DAG）时，计算顺序是由 DAG 上的深度优先遍历决定的。注意，在一个 DAG 中，是不存在有向环的（即没有反复循环）。然而，如果我们不考虑边的方向，则可能有循环，图 14.3就是一个例子。这是因为同样的计算节点可以是其他几个计算节点的孩子。算法 14.2决定了一个 DAG 的计算顺序并且考虑了这个条件。一旦顺序定下来，不论是怎样的计算环境，它将在随后的运行中一直保持一致。换句话说，该算法只需要在每个输出节点执行一次，然后将计算顺序存入缓存。按照算法 14.2决定的计算顺序，CN 的前向计算被同步实施。下一个节点的计算只能在前面所有的节点计算完成之后开始。它适用于只有一个计算设备的环境，比如单 GPGPU 或者单 CPU 主机，或者 CN 自己本身就是按次序的，例如，用 CN 去表示一个 DNN 时。

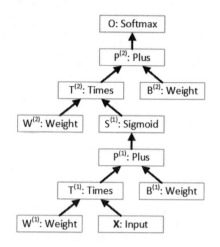

图 14.1　使用计算型网络表示算法 14.1中的单隐层 sigmoid 神经网络

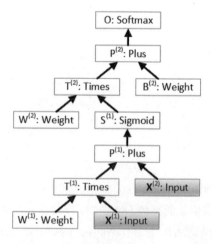

图 14.2　带两个输入节点（高亮部分）的计算型网络

前向计算也可以被异步实施，其计算顺序则被动态决定。当 CN 有很多平行分支，而且有超过一个计算设备并行计算这个分支时，它会很有帮助。算法 14.3展示了 CN 的异步前向计算。在该算法里，如果某个节点的孩子节点还没有被计算完，它会被放入一个"等待"集合中,而如果孩子节点已经计算完毕,则会被放入一个"待发"集合中。在一开始,所有根节点的非叶子后裔都放在等待集合里,而所有的叶子节点后裔被放入待发集合里。调度程序会根据某些策略从待发集合里捡取一个节点,把它从待发集合中删除,并将它用于计算。常用的策略包括先到先服务(first-come/first-serve)、最短任务优先和最小数据移动。当该节点的运算结束后,系统会调用 SIGNALCOMPLETE 方法去向它的所有父节点发信号。如果一个节点的所有孩子都被计算完了,该节点将从等待集合移动到待发集合。当所有的节点计算完毕时算法停止。尽管在算法14.3中没有明确表明,SIGNALCOMPLETE 过程被称为下并发线程(under concurrent threads),应该做线程保护。该算法可以被用于实现任意一个 DAG 的计算,而不只是 CN。

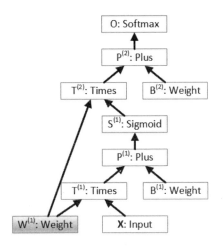

图 14.3 带共享模型参数(高亮部分)的计算型网络。这里我们假设输入 **X**、隐层 **S**$^{(1)}$ 和输出层 **O** 具有相同的维度

---

**算法 14.2** CN 的同步前向计算。计算顺序是由 DAG 的深度优先遍历决定的

1: **procedure** DECIDEFORWARDCOMPUTATIONORDER(*root, visited, order*)

　　　　　　　　　　　　　　　　▷ 按深度优先顺序枚举 DAG 中的节点。

　　　　　　　　　　▷ *visited* 被初始化成一个空集。*order* 被初始化为一个空队列。

2: 　　**if** *root* $\notin$ *visited* **then**　　　　　　　▷ 同一个节点可能是其他几个节点的孩子。

3: 　　　　*visited* ← *visited* ∪ *root*

4: 　　　　**for** each *c* ∈ *root.children* **do**　　　　　　　　　▷ 递归地应用于孩子节点

5: 　　　　　　调用 DECIDEFORWARDCOMPUTATIONORDER(*c, visited, order*)

6: 　　　　　　*order* ← *order* + *root*　　　　　　　　　▷ 将 *root* 加入到 *order* 的尾部

7: 　　　　**end for**

8: 　　**end if**

9: **end procedure**

---

在许多情况里,我们可能需要去计算输入值会变化的节点的值。为了避免共享分

---

**算法 14.3** CN 的异步前向计算。当一个节点的孩子都被计算完时，该节点被转移到待发集合。一个调度程序监控待发集合并决定如何去计算集合中的每一个节点

1: **procedure** SIGNALCOMPLETE(*node, waiting, ready*)

                         ▷ 当 *node* 的计算结束后被调用。需要是线程安全的。

                         ▷ *waiting* 初始化包括 *root* 的所有非叶子后裔。

                         ▷ *ready* 初始化包括 *root* 的所有叶子后裔。

2:    **for** 每个 $p \in node.parents \wedge p \in waiting$ **do**

3:        $p.numFinishedChildren + +$

4:        **if** $p.numFinishedChildren == p.numChildren$ **then**

                         ▷ 所有的孩子已经被计算完

5:             $waiting \leftarrow waiting - node$

6:             $ready \leftarrow ready \cup node$

7:        **end if**

8:    **end for**

9: **end proccdure**

10: **procedure** SCHEDULECOMPUTATION(*ready*)

                 ▷ 当新节点已经准备好或者计算资源已经可用时由任务调度程序调用。

11:    根据某些策略选取 $node \in ready$

12:    $ready \leftarrow ready - node$

13:    指定 *node* 用于运算。

14: **end procedure**

---

支的重复计算，我们可以给每个节点加入一个时间戳，并且只重新计算至少有一个孩子节点产生新值的节点的值。这可以通过更新时间戳来轻松地实现，在任何时候只要有新值被提供或者计算出来，就可以更新时间戳，并且拒绝那些孩子节点比当前计算更老的节点。

在算法 14.2 和算法 14.3 中，每个计算节点都需要知道在已知操作数的情况下如何计算它的值。计算可以是比较简单的，例如，矩阵求和或者 sigmoid 函数的元素级应用，也可以是很复杂的。我们将会在 14.4 节中讲述常用计算节点的类型。

## 14.3　模型训练

为了训练一个 CN，我们需要定义一个训练准则 $J$。常见的准则，例如，用于分类的交叉熵（CE）和用于回归的均方误差（MSE）都已经在第 4 章中讨论过了。因为训练准则也是计算得到的结果，它也可以表示为一个计算节点并放入 CN 中。图 14.4 描绘了一个 CN，它表示一个增加了交叉熵训练准则节点的单隐层 sigmoid 神经网络。如果训练准则包含正则项，该项也能用计算节点实现，并且最后的训练准则节点是主要准则和正则项的加权和。

类似于算法 4.2 所描述的，CN 的模型参数可以在训练集 $\mathbb{S} = \{(\mathbf{x}^m, \mathbf{y}^m) | 0 \leqslant m < M\}$

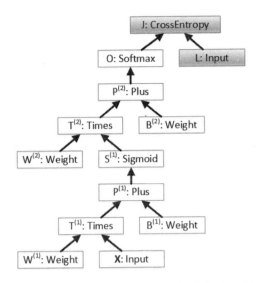

图 14.4　增加了一个交叉熵训练准则节点 $J$ 和标注节点 $L$ 的单隐层神经网络

中使用基于小批量的反向传播（BP）算法进行优化。更具体地说，我们在 $t+1$ 步时，以如下方式改进参数 $\mathbf{W}$

$$\mathbf{W}_{t+1} \leftarrow \mathbf{W}_t - \varepsilon \triangle \mathbf{W}_t \tag{14.1}$$

这里

$$\triangle \mathbf{W}_t = \frac{1}{M_b} \sum_{m=1}^{M_b} \nabla_{\mathbf{W}_t} J\left(\mathbf{W}; \mathbf{x}^m, \mathbf{y}^m\right) \tag{14.2}$$

$M_b$ 是批量块的大小。关键的是梯度 $\nabla_{\mathbf{W}_t} J\left(\mathbf{W}; \mathbf{x}^m, \mathbf{y}^m\right)$（简写为 $\nabla_{\mathbf{W}}^J$）的计算。因为一个 CN 能有任意的结构，我们不能使用与算法 4.2完全相同的算法来计算 $\nabla_{\mathbf{W}}^J$。

一个朴素的计算 $\nabla_{\mathbf{W}}^J$ 的方案如图 14.5所示，$\mathbf{W}^{(1)}$ 和 $\mathbf{W}^{(2)}$ 是模型参数。在这里，每条边与一个偏梯度相关联，且

$$\nabla_{\mathbf{W}^{(1)}}^J = \frac{\partial J}{\partial \mathbf{V}^{(1)}} \frac{\partial \mathbf{V}^{(1)}}{\partial \mathbf{V}^{(2)}} \frac{\partial \mathbf{V}^{(2)}}{\partial \mathbf{W}^{(1)}} + \frac{\partial J}{\partial \mathbf{V}^{(3)}} \frac{\partial \mathbf{V}^{(3)}}{\partial \mathbf{V}^{(4)}} \frac{\partial \mathbf{V}^{(4)}}{\partial \mathbf{W}^{(1)}} \tag{14.3}$$

$$\nabla_{\mathbf{W}^{(2)}}^J = \frac{\partial J}{\partial \mathbf{V}^{(1)}} \frac{\partial \mathbf{V}^{(1)}}{\partial \mathbf{V}^{(2)}} \frac{\partial \mathbf{V}^{(2)}}{\partial \mathbf{W}^{(2)}} \tag{14.4}$$

这个方案有两个主要的缺点。第一，各梯度可具有相当高的维度。如果 $\mathbf{V} \in \mathbb{R}^{N_1 \times N_2}$ 且 $\mathbf{W} \in \mathbb{R}^{N_3 \times N_4}$，那么 $\frac{\partial \mathbf{V}}{\partial \mathbf{W}} \in \mathbb{R}^{(N_1 \times N_2) \times (N_3 \times N_4)}$。这意味着存放这些梯度需要大量的内存。第二，这里存在很多重复计算。例如，$\frac{\partial J}{\partial \mathbf{V}^{(1)}} \frac{\partial \mathbf{V}^{(1)}}{\partial \mathbf{V}^{(2)}}$ 在这个例子中被计算了两次，一次是在 $\nabla_{\mathbf{W}^{(1)}}^J$ 中，另一次是在 $\nabla_{\mathbf{W}^{(2)}}^J$ 中。

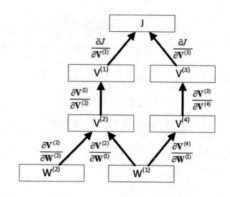

图 14.5 CN 梯度的朴素计算方法。$\mathbf{W}^{(1)}$ 和 $\mathbf{W}^{(2)}$ 是模型参数，每条边与一个偏梯度相关联

　　幸运的是，有一个更简单和更高效的计算方法，可以用来计算图 14.6所示的 CN 的梯度。在这种方法中，每个节点 $n$ 维持两个值：求值结果 $\mathbf{V}_n$（前向计算）和梯度 $\nabla_n^J$。注意到训练准则 $J$ 总是一个标量，若 $\mathbf{V}_n \in \mathbb{R}^{N_1 \times N_2}$，则 $\nabla_n^J \in \mathbb{R}^{N_1 \times N_2}$。这种方案需要的内存比如图 14.5所示的朴素方案要少得多。这种方案还允许按公共前缀进行分解，使计算量和图中的节点数成线性关系。如 $\frac{\partial J}{\partial \mathbf{V}^{(2)}}$ 只被计算了一次，并在计算 $\frac{\partial J}{\partial \mathbf{W}^{(1)}}$ 和 $\frac{\partial J}{\partial \mathbf{W}^{(2)}}$ 时被使用了两次。这类似于常规表达式图中的公共子表达式消除，区别只在于公共子表达式是节点的双亲，而不是孩子。

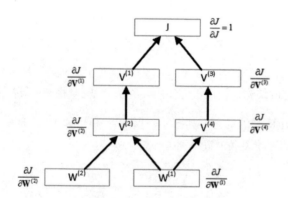

图 14.6 一个有效的计算 CN 中梯度的算法。$\mathbf{W}^{(1)}$ 和 $\mathbf{W}^{(2)}$ 是模型参数。每个节点 $n$ 保存该节点的值 $\boldsymbol{v}_n$ 和梯度 $\nabla_n^J$

　　自动微分是一个已活跃了数十年的领域，并有许多技术被提出（见 [167]）。用来决定梯度运算顺序，从而使梯度运算能高效进行的简单递归算法可见于算法 14.4，这里是对标量函数的类似的递归算法[41, 168]。这个算法假设每个计算节点有一个函数 ComputePartialGradient(*child*)，计算训练准则对该节点的子节点 *child* 的梯度，并且按

照算法决定的顺序被调用。在运算进行之前，各个节点 $n$ 的梯度 $\nabla_n^J$ 设置为 $0$，$order$ 队列被设置为空，$parentsLeft$ 被设置成双亲节点的个数。然后这个函数在一个训练准则节点被调用，算出一个标量值。类似于前向计算，我们可以导出一个异步算法。只要梯度已知，在第4章讨论过的基于小批量的随机梯度下降（SGD）算法和其他只依赖于梯度的训练算法都可以用来训练模型。

---

**算法 14.4** 反向自动微分算法。在顶层的 $node$ 必须是能够计算出一个标量值的训练准则节点

1: **procedure** DECIDEGRADIENTCOMPUTATIONORDER($node, parentsLeft, order$)
　　　　　　　　　　　　　　　▷ 决定 $node$ 的后代的梯度的计算顺序。
　　　　　　　　　　　　　　　▷ $parentsLeft$ 被初始化成双亲节点的个数。
　　　　　　　　　　　　　　　▷ $order$ 被初始化成空队列。
2:　　**if** IsNotLeaf($node$) **then**
3:　　　　$parentsLeft[node] --$
4:　　　　**if** $parentsLeft[node] == 0 \wedge node \notin order$ **then**　　▷ 所有的双亲都已计算过了。
5:　　　　　　$order \leftarrow order + node$　　　　　　　▷ 添加 $node$ 到 $order$ 的末尾
6:　　　　　　**for** each $c \in node.children$ **do**
7:　　　　　　　　call DECIDEGRADIENTCOMPUTATIONORDER($c, parentsLeft, order$)
8:　　　　　　**end for**
9:　　　　**end if**
10:　　**end if**
11: **end procedure**

---

另外，梯度可以按照前向计算相反的顺序，并且传递节点自身作为 $child$ 参数调用各节点的双亲的 ComputePartialGradient($child$) 函数来进行计算。但是这种方法需要额外的记录信息，例如，在操作网络结构时需要维持到双亲节点的指针。

在很多情形下，不是所有的梯度都需要计算出来。例如，对输入值计算梯度是不需要的。在模型自适应时，部分模型参数不需要被更新，因此，对这些参数计算梯度是不必要的。对于任一节点，我们能维持一个 $needGradient$ 标识来减少梯度的计算。只要叶子节点（无论是输入值还是模型参数）的标识已知，非叶子节点的标识就能使用算法 14.5 来获得，这个算法本质上是有向无环图（DAG）深度优先的遍历算法。因为算法 14.2 和算法 14.5 都是 DAG 上的深度优先搜索，并且仅需执行一次，它们可以被合并到一个函数里。

因为任意 CN 的实例是任务相关且各不相同的，自动检查和验证梯度计算的方法就变得至关重要。一个简单的数值上的梯度估计技术是

$$\frac{\partial J}{\partial w_{ij}} \approx \frac{J\left(w_{ij} + \epsilon\right) - J\left(w_{ij} - \epsilon\right)}{2\epsilon} \tag{14.5}$$

---

**算法 14.5** 递归更新 *needGradient* 标识

---

1: **procedure** UPDATENEEDGRADIENTFLAG(*root*, *visited*)

                                         ▷ 列举 DAG 节点的深度优先顺序

                                         ▷ *visited* 被初始化为一个空集。

2:     **if** *root* $\notin$ *visited* **then**    ▷ 同一节点可能是多个节点的子节点，并被再次访问。

3:         *visited* $\leftarrow$ *visited* $\cup$ *root*

4:         **for** each $c \in root.children$ **do**

5:             调用 UPDATENEEDGRADIENTFLAG(*c*, *visited*, *order*)

6:             **if** $IsNotLeaf(node)$ **then**

7:                 **if** $node.AnyChildNeedGradient()$ **then**

8:                     $node.needGradient \leftarrow true$

9:                 **else**

10:                    $node.needGradient \leftarrow false$

11:                 **end if**

12:             **end if**

13:         **end for**

14:     **end if**

15: **end procedure**

---

这里 $w_{ij}$ 是模型参数 **W** 的第 $(i, j)$ 个元素，$\epsilon$ 是一个小的常数，通常被设置为 $10^{-4}$，$J(w_{ij} + \epsilon)$ 和 $J(w_{ij} - \epsilon)$ 是其他参数固定而 $w_{ij}$ 分别变为 $w_{ij} + \epsilon$ 和 $w_{ij} - \epsilon$ 计算出的目标函数值。在大多数情况下，如果使用双精度运算，数值估计的梯度和自动微分计算的梯度至少有 4 个有效数字相同。注意，该技术中 $\epsilon$ 的可取值范围很广，只有在非常小的会导致数值舍入误差的值（如 $10^{-20}$）时可能没有好的效果。

## 14.4 典型的计算节点

为了让以上描述的前向和梯度计算算法有效，我们假设每种计算节点实现了函数 *Evaluate*，它可以用来计算给定子节点的值后该节点的值，以及函数 *ComputePartialGradient(child)* 用来计算给定节点 $n$ 的值 $\mathbf{V}_n$ 和梯度 $\nabla_n^J$ 及所有它的子节点的值后，训练准则对于它的子节点 *child* 的梯度。为简单起见，我们在下面的讨论中移除了下标。

本节介绍使用最广泛的计算节点类型和相应的 *Evaluate* 及 *ComputePartialGradient(child)* 函数。在接下来的讨论中，我们使用表 14.1 列出的符号来描述运算。我们将每个小批量数据的输入值看作每列是一个样本的矩阵。在所有梯度的推导中，我们使用标识

$$\frac{\partial J}{\partial x_{ij}} = \sum_{m,n} \frac{\partial J}{\partial v_{mn}} \frac{\partial v_{mn}}{\partial x_{ij}} \tag{14.6}$$

这里，$v_{mn}$ 是矩阵 **V** 的第 $(m, n)$ 个元素，并且 $x_{ij}$ 是矩阵 **X** 的第 $(i, j)$ 个元素。

表 14.1 用来描述计算节点的符号

| 符号 | 描述 |
|---|---|
| $\lambda$ | 标量 |
| $\mathbf{d}$ | 表示方阵对角元素的列向量 |
| $\mathbf{X}$ | 作为第一个操作数的矩阵 |
| $\mathbf{Y}$ | 作为第二个操作数的矩阵 |
| $V$ | 当前节点的值 |
| $\nabla_n^J$（或 $\nabla_V^J$） | 当前节点的梯度 |
| $\nabla_{\mathbf{X}}^J$ | 子节点（操作数）$\mathbf{X}$ 的梯度 |
| $\nabla_{\mathbf{Y}}^J$ | 子节点（操作数）$\mathbf{Y}$ 的梯度 |
| $\bullet$ | 逐元素乘法 |
| $\oslash$ | 逐元素除法 |
| $\circ$ | 对矩阵逐列构成的向量求内积 |
| $\circledcirc$ | 对每行求内积 |
| $\delta(.)$ | Kronecker delta |
| $\mathbf{1}_{m,n}$ | 一个元素全为 1 的 $m \times n$ 矩阵 |
| $X^\alpha$ | 逐元素幂 |
| $\mathrm{vec}(\mathbf{X})$ | 将 $\mathbf{X}$ 每列连接起来构成的向量 |

## 14.4.1 无操作数的计算节点

无操作数的计算节点的值是给出的，而不是计算出来的。因此，这些计算节点的 *Evaluate* 和 *ComputePartialGradient(child)* 函数是空的。

- *Parameter*：用来表示模型参数，需要保存为模型的一部分。

- *InputValue*：用来表示在运行时由用户提供的特征、标注或者控制参数。

## 14.4.2 含一个操作数的计算节点

在这些计算节点上，*Evaluate* $= V(\mathbf{X})$，并且 *ComputePartialGradient*$(\mathbf{X}) = \nabla_{\mathbf{X}}^J$。

- *Negate*：将操作数 $\mathbf{X}$ 的每个元素取相反数。

$$V(\mathbf{X}) \leftarrow -\mathbf{X} \tag{14.7}$$

$$\nabla_{\mathbf{X}}^J \leftarrow \nabla_{\mathbf{X}}^J - \nabla_{\mathbf{n}}^J \tag{14.8}$$

梯度可以由以下观察得到

$$\frac{\partial v_{mn}}{\partial x_{ij}} = \begin{cases} -1 & m = i \wedge n = j \\ 0 & \text{其他} \end{cases} \tag{14.9}$$

且

$$\frac{\partial J}{\partial x_{ij}} = \sum_{m,n} \frac{\partial J}{\partial v_{mn}} \frac{\partial v_{mn}}{\partial x_{ij}} = -\frac{\partial J}{\partial v_{ij}} \tag{14.10}$$

• *Sigmoid*：对操作数 **X** 的每个元素应用 sigmoid 函数。

$$\boldsymbol{V}(\mathbf{X}) \leftarrow \frac{1}{1 + e^{-\mathbf{X}}} \tag{14.11}$$

$$\nabla_{\mathbf{X}}^{J} \leftarrow \nabla_{\mathbf{X}}^{J} + \nabla_{\mathbf{n}}^{J} \bullet [\boldsymbol{V} \bullet (1 - \boldsymbol{V})] \tag{14.12}$$

梯度可以由以下观察得到

$$\frac{\partial v_{mn}}{\partial x_{ij}} = \begin{cases} v_{ij}(1 - v_{ij}) & m = i \wedge n = j \\ 0 & \text{其他} \end{cases} \tag{14.13}$$

且

$$\frac{\partial J}{\partial x_{ij}} = \sum_{m,n} \frac{\partial J}{\partial v_{mn}} \frac{\partial v_{mn}}{\partial x_{ij}} = \frac{\partial J}{\partial v_{ij}} v_{ij}(1 - v_{ij}) \tag{14.14}$$

• *Tanh*：对操作数 **X** 的每个元素应用 tanh 函数。

$$\boldsymbol{V}(\mathbf{X}) \leftarrow \frac{e^{\mathbf{X}} - e^{-\mathbf{X}}}{e^{\mathbf{X}} + e^{-\mathbf{X}}} \tag{14.15}$$

$$\nabla_{\mathbf{X}}^{J} \leftarrow \nabla_{\mathbf{X}}^{J} + \nabla_{\mathbf{n}}^{J} \bullet (1 - \boldsymbol{V} \bullet \boldsymbol{V}) \tag{14.16}$$

梯度可以由以下观察得到

$$\frac{\partial v_{mn}}{\partial x_{ij}} = \begin{cases} 1 - v_{ij}^2 & m = i \wedge n = j \\ 0 & \text{其他} \end{cases} \tag{14.17}$$

且

$$\frac{\partial J}{\partial x_{ij}} = \sum_{m,n} \frac{\partial J}{\partial v_{mn}} \frac{\partial v_{mn}}{\partial x_{ij}} = \frac{\partial J}{\partial v_{ij}} (1 - v_{ij}^2) \tag{14.18}$$

- 整流线性单元（*ReLU*）：对操作数 **X** 的每个元素应用 ReLU 函数。

$$V\left(\mathbf{X}\right) \leftarrow \max\left(0, \mathbf{X}\right) \tag{14.19}$$

$$\nabla_{\mathbf{X}}^{J} \leftarrow \nabla_{\mathbf{X}}^{J} + \nabla_{\mathbf{n}}^{J} \bullet \delta\left(\mathbf{X} > 0\right) \tag{14.20}$$

梯度可以由以下观察得到

$$\frac{\partial v_{mn}}{\partial x_{ij}} = \begin{cases} \delta\left(x_{ij} > 0\right) & m = i \land n = j \\ 0 & \text{其他} \end{cases} \tag{14.21}$$

我们可以得到

$$\frac{\partial J}{\partial x_{ij}} = \sum_{m,n} \frac{\partial J}{\partial v_{mn}} \frac{\partial v_{mn}}{\partial x_{ij}} = \frac{\partial J}{\partial v_{ij}} \delta\left(x_{ij} > 0\right) \tag{14.22}$$

- *Log*：对操作数 **X** 的每个元素应用 log 函数。

$$V\left(\mathbf{X}\right) \leftarrow \log\left(\mathbf{X}\right) \tag{14.23}$$

$$\nabla_{\mathbf{X}}^{J} \leftarrow \nabla_{\mathbf{X}}^{J} + \nabla_{\mathbf{n}}^{J} \bullet \frac{1}{\mathbf{X}} \tag{14.24}$$

梯度可以由以下观察得到

$$\frac{\partial v_{mn}}{\partial x_{ij}} = \begin{cases} \frac{1}{x_{ij}} & m = i \land n = j \\ 0 & \text{其他} \end{cases} \tag{14.25}$$

且

$$\frac{\partial J}{\partial x_{ij}} = \sum_{m,n} \frac{\partial J}{\partial v_{mn}} \frac{\partial v_{mn}}{\partial x_{ij}} = \frac{\partial J}{\partial v_{ij}} \frac{1}{x_{ij}} \tag{14.26}$$

- *Exp*：对操作数 **X** 的每个元素应用指数函数。

$$V\left(\mathbf{X}\right) \leftarrow \exp\left(\mathbf{X}\right) \tag{14.27}$$

$$\nabla_{\mathbf{X}}^{J} \leftarrow \nabla_{\mathbf{X}}^{J} + \nabla_{\mathbf{n}}^{J} \bullet V \tag{14.28}$$

梯度可以由以下观察得到

$$\frac{\partial v_{mn}}{\partial x_{ij}} = \begin{cases} v_{ij} & m = i \wedge n = j \\ 0 & \text{其他} \end{cases} \tag{14.29}$$

我们可以得到

$$\frac{\partial J}{\partial x_{ij}} = \sum_{m,n} \frac{\partial J}{\partial v_{mn}} \frac{\partial v_{mn}}{\partial x_{ij}} = \frac{\partial J}{\partial v_{ij}} v_{ij} \tag{14.30}$$

• *Softmax*：对操作数 **X** 的每列元素应用 softmax 函数。每列被视为单独的样本。

$$m_j(\mathbf{X}) \leftarrow \max_i x_{ij} \tag{14.31}$$

$$e_{ij}(\mathbf{X}) \leftarrow e^{x_{ij} - m_j(\mathbf{X})} \tag{14.32}$$

$$s_j(\mathbf{X}) \leftarrow \sum_i e_{ij}(\mathbf{X}) \tag{14.33}$$

$$v_{ij}(\mathbf{X}) \leftarrow \frac{e_{ij}(\mathbf{X})}{s_j(\mathbf{X})} \tag{14.34}$$

$$\nabla_{\mathbf{X}}^J \leftarrow \nabla_{\mathbf{X}}^J + \left[ \nabla_{\mathbf{n}}^J - \nabla_{\mathbf{n}}^J \circ \boldsymbol{V} \right] \bullet \boldsymbol{V} \tag{14.35}$$

梯度可以由以下观察得到

$$\frac{\partial v_{mn}}{\partial x_{ij}} = \begin{cases} v_{ij}(1 - v_{ij}) & m = i \wedge n = j \\ -v_{mj} v_{ij} & n = j \\ 0 & \text{其他} \end{cases} \tag{14.36}$$

我们可以得到

$$\frac{\partial J}{\partial x_{ij}} = \sum_{m,n} \frac{\partial J}{\partial v_{mn}} \frac{\partial v_{mn}}{\partial x_{ij}} = \left( \frac{\partial J}{\partial v_{ij}} - \sum_m \frac{\partial J}{\partial v_{mj}} v_{mj} \right) v_{ij} \tag{14.37}$$

• *SumElements*：对操作数 **X** 的所有元素求和。

$$\boldsymbol{v}(\mathbf{X}) \leftarrow \sum_{i,j} x_{ij} \tag{14.38}$$

$$\nabla_{\mathbf{X}}^J \leftarrow \nabla_{\mathbf{X}}^J + \nabla_{\mathbf{n}}^J \tag{14.39}$$

注意到 $v$ 和 $\nabla_n^J$ 是标量，梯度可以由以下得到

$$\frac{\partial v}{\partial x_{ij}} = 1 \tag{14.40}$$

且

$$\frac{\partial J}{\partial x_{ij}} = \frac{\partial J}{\partial v}\frac{\partial v}{\partial x_{ij}} = \frac{\partial J}{\partial v} \tag{14.41}$$

- *L1Norm*：对操作数 $\mathbf{X}$ 取矩阵 $L_1$ 范数。

$$v(\mathbf{X}) \leftarrow \sum_{i,j}|x_{ij}| \tag{14.42}$$

$$\nabla_{\mathbf{X}}^J \leftarrow \nabla_{\mathbf{X}}^J + \nabla_n^J \mathrm{sgn}(\mathbf{X}) \tag{14.43}$$

注意到 $v$ 和 $\nabla_n^J$ 是标量，梯度可以由以下得到

$$\frac{\partial v}{\partial x_{ij}} = \mathrm{sgn}(x_{ij}) \tag{14.44}$$

且

$$\frac{\partial J}{\partial x_{ij}} = \frac{\partial J}{\partial v}\frac{\partial v}{\partial x_{ij}} = \frac{\partial J}{\partial v}\mathrm{sgn}(x_{ij}) \tag{14.45}$$

- *L2Norm*：对操作数 $\mathbf{X}$ 取矩阵 $L_2$ 范数（Frobenius 范数）。

$$v(\mathbf{X}) \leftarrow \sqrt{\sum_{i,j}(x_{ij})^2} \tag{14.46}$$

$$\nabla_{\mathbf{X}}^J \leftarrow \nabla_{\mathbf{X}}^J + \frac{1}{v}\nabla_n^J\mathbf{X} \tag{14.47}$$

注意到 $v$ 和 $\nabla_n^J$ 是标量，梯度可以由以下式子得到

$$\frac{\partial v}{\partial x_{ij}} = \frac{x_{ij}}{v} \tag{14.48}$$

且

$$\frac{\partial J}{\partial x_{ij}} = \frac{\partial J}{\partial v}\frac{\partial v}{\partial x_{ij}} = \frac{1}{v}\frac{\partial J}{\partial v}x_{ij} \tag{14.49}$$

### 14.4.3 含两个操作数的计算节点

在这些计算节点上，$Evaluate = V(a, \mathbf{Y})$，其中，$a$ 可以是 $\mathbf{X}$、$\lambda$ 或 $\mathbf{d}$，$ComputePartialGradient(\mathbf{b}) = \nabla_{\mathbf{b}}^{J}$，其中，$\mathbf{b}$ 可以是 $\mathbf{X}$、$\mathbf{Y}$ 或者 $\mathbf{d}$。

- *Scale*：将 $\mathbf{Y}$ 的每个元素乘以 $\lambda$。

$$V(\lambda, \mathbf{Y}) \leftarrow \lambda\mathbf{Y} \tag{14.50}$$

$$\nabla_{\lambda}^{J} \leftarrow \nabla_{\lambda}^{J} + \mathrm{vec}\left(\nabla_{\mathbf{n}}^{J}\right) \circ \mathrm{vec}(\mathbf{Y}) \tag{14.51}$$

$$\nabla_{\mathbf{Y}}^{J} \leftarrow \nabla_{\mathbf{Y}}^{J} + \lambda\nabla_{\mathbf{n}}^{J} \tag{14.52}$$

梯度 $\nabla_{\lambda}^{J}$ 能由以下观察得到

$$\frac{\partial v_{mn}}{\partial \lambda} = y_{mn} \tag{14.53}$$

且

$$\frac{\partial J}{\partial \lambda} = \sum_{m,n} \frac{\partial J}{\partial v_{mn}} \frac{\partial v_{mn}}{\partial \lambda} = \sum_{m,n} \frac{\partial J}{\partial v_{mn}} y_{mn} \tag{14.54}$$

类似地，为了得到 $\nabla_{\mathbf{Y}}^{J}$，注意到

$$\frac{\partial v_{mn}}{\partial y_{ij}} = \begin{cases} \lambda & m = i \wedge n = j \\ 0 & \text{其他} \end{cases} \tag{14.55}$$

并能得到

$$\frac{\partial J}{\partial y_{ij}} = \sum_{m,n} \frac{\partial J}{\partial v_{mn}} \frac{\partial v_{mn}}{\partial y_{ij}} = \lambda\frac{\partial J}{\partial v_{ij}} \tag{14.56}$$

- *Times*：$\mathbf{X}$ 和 $\mathbf{Y}$ 矩阵相乘。必须满足 $\mathbf{X}.cols = \mathbf{Y}.rows$。

$$V(\mathbf{X}, \mathbf{Y}) \leftarrow \mathbf{X}\mathbf{Y} \tag{14.57}$$

$$\nabla_{\mathbf{X}}^{J} \leftarrow \nabla_{\mathbf{X}}^{J} + \nabla_{\mathbf{n}}^{J}\mathbf{Y}^{T} \tag{14.58}$$

$$\nabla_{\mathbf{Y}}^{J} \leftarrow \nabla_{\mathbf{Y}}^{J} + \mathbf{X}^{T}\nabla_{\mathbf{n}}^{J} \tag{14.59}$$

梯度 $\nabla_{\mathbf{X}}^{J}$ 能由以下观察得到

$$\frac{\partial v_{mn}}{\partial x_{ij}} = \begin{cases} y_{jn} & m = i \\ 0 & \text{其他} \end{cases} \tag{14.60}$$

且

$$\frac{\partial J}{\partial x_{ij}} = \sum_{m,n} \frac{\partial J}{\partial v_{mn}} \frac{\partial v_{mn}}{\partial x_{ij}} = \sum_n \frac{\partial J}{\partial v_{in}} y_{jn} \tag{14.61}$$

类似地，为了得到 $\nabla_{\mathbf{Y}}^J$，注意到

$$\frac{\partial v_{mn}}{\partial y_{ij}} = \begin{cases} x_{mi} & n = j \\ 0 & \text{其他} \end{cases} \tag{14.62}$$

并能得到

$$\frac{\partial J}{\partial y_{ij}} = \sum_{m,n} \frac{\partial J}{\partial v_{mn}} \frac{\partial v_{mn}}{\partial y_{ij}} = \sum_m \frac{\partial J}{\partial v_{mj}} x_{mi} \tag{14.63}$$

• *ElementTimes*：两个矩阵的逐元素乘积。必须满足 $\mathbf{X}.rows = \mathbf{Y}.rows$ 且 $\mathbf{X}.cols = \mathbf{Y}.cols$。

$$v_{ij}(\mathbf{X}, \mathbf{Y}) \leftarrow x_{ij} y_{ij} \tag{14.64}$$

$$\nabla_{\mathbf{X}}^J \leftarrow \nabla_{\mathbf{X}}^J + \nabla_{\mathbf{n}}^J \bullet \mathbf{Y} \tag{14.65}$$

$$\nabla_{\mathbf{Y}}^J \leftarrow \nabla_{\mathbf{Y}}^J + \nabla_{\mathbf{n}}^J \bullet \mathbf{X} \tag{14.66}$$

梯度 $\nabla_{\mathbf{X}}^J$ 能由以下观察得到

$$\frac{\partial v_{mn}}{\partial x_{ij}} = \begin{cases} y_{ij} & m = i \wedge n = j \\ 0 & \text{其他} \end{cases} \tag{14.67}$$

且

$$\frac{\partial J}{\partial x_{ij}} = \sum_{m,n} \frac{\partial J}{\partial v_{mn}} \frac{\partial v_{mn}}{\partial y_{ij}} = \frac{\partial J}{\partial v_{ij}} y_{ij} \tag{14.68}$$

由于对称性，梯度 $\nabla_{\mathbf{Y}}^J$ 可以由相同的方式得到。

• *Plus*：两个矩阵 $\mathbf{X}$ 和 $\mathbf{Y}$ 的和。必须满足 $\mathbf{X}.rows = \mathbf{Y}.rows$。如果 $\mathbf{X}.cols \neq \mathbf{Y}.cols$，但其中一个是另外一个的倍数，较小的矩阵需要重复自身进行扩展。

$$V(\mathbf{X}, \mathbf{Y}) \leftarrow \mathbf{X} + \mathbf{Y} \tag{14.69}$$

$$\nabla_{\mathbf{X}}^{J} \leftarrow \begin{cases} \nabla_{\mathbf{X}}^{J} + \nabla_{\mathbf{n}}^{J} & \mathbf{X}.rows = \mathbf{V}.rows \wedge \mathbf{X}.cols = \mathbf{V}.cols \\ \nabla_{\mathbf{X}}^{J} + \mathbf{1}_{1,\mathbf{V}.rows} \nabla_{\mathbf{n}}^{J} & \mathbf{X}.rows = 1 \wedge \mathbf{X}.cols = \mathbf{V}.cols \\ \nabla_{\mathbf{X}}^{J} + \nabla_{\mathbf{n}}^{J} \mathbf{1}_{\mathbf{V}.cols,1} & \mathbf{X}.rows = \mathbf{V}.rows \wedge \mathbf{X}.cols = 1 \\ \nabla_{\mathbf{X}}^{J} + \mathbf{1}_{1,\mathbf{V}.rows} \nabla_{\mathbf{n}}^{J} \mathbf{1}_{\mathbf{V}.cols,1} & \mathbf{X}.rows = 1 \wedge \mathbf{X}.cols = 1 \end{cases}$$

$$(14.70)$$

$$\nabla_{\mathbf{Y}}^{J} \leftarrow \begin{cases} \nabla_{\mathbf{Y}}^{J} + \nabla_{\mathbf{n}}^{J} & \mathbf{Y}.rows = \mathbf{V}.rows \wedge \mathbf{Y}.cols = \mathbf{V}.cols \\ \nabla_{\mathbf{Y}}^{J} + \mathbf{1}_{1,\mathbf{V}.rows} \nabla_{\mathbf{n}}^{J} & \mathbf{Y}.rows = 1 \wedge \mathbf{Y}.cols = \mathbf{V}.cols \\ \nabla_{\mathbf{Y}}^{J} + \nabla_{\mathbf{n}}^{J} \mathbf{1}_{\mathbf{V}.cols,1} & \mathbf{Y}.rows = \mathbf{V}.rows \wedge \mathbf{Y}.cols = 1 \\ \nabla_{\mathbf{Y}}^{J} + \mathbf{1}_{1,\mathbf{V}.rows} \nabla_{\mathbf{n}}^{J} \mathbf{1}_{\mathbf{V}.cols,1} & \mathbf{Y}.rows = 1 \wedge \mathbf{Y}.cols = 1 \end{cases}$$

$$(14.71)$$

对于梯度 $\nabla_{\mathbf{X}}^{J}$ 观察到 $\mathbf{X}$ 和 $\mathbf{V}$ 有相同的维度，有

$$\frac{\partial v_{mn}}{\partial x_{ij}} = \begin{cases} 1 & m = i \wedge n = j \\ 0 & \text{其他} \end{cases} \tag{14.72}$$

且

$$\frac{\partial J}{\partial x_{ij}} = \sum_{m,n} \frac{\partial J}{\partial v_{mn}} \frac{\partial v_{mn}}{\partial x_{ij}} = \frac{\partial J}{\partial v_{ij}} \tag{14.73}$$

如果 $\mathbf{X}.rows = 1 \wedge \mathbf{X}.cols = \mathbf{V}.cols$，则有

$$\frac{\partial v_{mn}}{\partial x_{ij}} = \begin{cases} 1 & n = j \\ 0 & \text{其他} \end{cases} \tag{14.74}$$

且

$$\frac{\partial J}{\partial x_{ij}} = \sum_{m,n} \frac{\partial J}{\partial v_{mn}} \frac{\partial v_{mn}}{\partial x_{ij}} = \sum_{m} \frac{\partial J}{\partial v_{mj}} \tag{14.75}$$

在其他条件下，我们能类似地得到 $\nabla_{\mathbf{X}}^{J}$ 和 $\nabla_{\mathbf{Y}}^{J}$。

• *Minus*：两个矩阵 $\mathbf{X}$ 和 $\mathbf{Y}$ 的差。必须满足 $\mathbf{X}.rows = \mathbf{Y}.rows$。如果 $\mathbf{X}.cols \neq \mathbf{Y}.cols$，但是其中一个是另一个的倍数，较小的矩阵需要重复自身进行扩展。

$$V(\mathbf{X}, \mathbf{Y}) \leftarrow \mathbf{X} - \mathbf{Y} \tag{14.76}$$

$$\nabla_{\mathbf{X}}^J \leftarrow \begin{cases} \nabla_{\mathbf{X}}^J + \nabla_{\mathbf{n}}^J & \mathbf{X}.rows = \mathbf{V}.rows \wedge \mathbf{X}.cols = \mathbf{V}.cols \\ \nabla_{\mathbf{X}}^J + \mathbf{1}_{I,\mathbf{V}.rows}\nabla_{\mathbf{n}}^J & \mathbf{X}.rows = 1 \wedge \mathbf{X}.cols = \mathbf{V}.cols \\ \nabla_{\mathbf{X}}^J + \nabla_{\mathbf{n}}^J\mathbf{1}_{\mathbf{V}.cols,1} & \mathbf{X}.rows = \mathbf{V}.rows \wedge \mathbf{X}.cols = 1 \\ \nabla_{\mathbf{X}}^J + \mathbf{1}_{I,\mathbf{V}.rows}\nabla_{\mathbf{n}}^J\mathbf{1}_{v.cols,1} & \mathbf{X}.rows = 1 \wedge \mathbf{X}.cols = 1 \end{cases}$$

$$(14.77)$$

$$\nabla_{\mathbf{Y}}^J \leftarrow \begin{cases} \nabla_{\mathbf{Y}}^J - \nabla_{\mathbf{n}}^J & \mathbf{Y}.rows = \mathbf{V}.rows \wedge \mathbf{Y}.cols = \mathbf{V}.cols \\ \nabla_{\mathbf{Y}}^J - \mathbf{1}_{I,\mathbf{V}.rows}\nabla_{\mathbf{n}}^J & \mathbf{Y}.rows = 1 \wedge \mathbf{Y}.cols = \mathbf{V}.cols \\ \nabla_{\mathbf{Y}}^J - \nabla_{\mathbf{n}}^J\mathbf{1}_{\mathbf{V}.cols,1} & \mathbf{Y}.rows = \mathbf{V}.rows \wedge \mathbf{Y}.cols = 1 \\ \nabla_{\mathbf{Y}}^J - \mathbf{1}_{I,\mathbf{V}.rows}\nabla_{\mathbf{n}}^J\mathbf{1}_{\mathbf{V}.cols,1} & \mathbf{Y}.rows = 1 \wedge \mathbf{Y}.cols = 1 \end{cases}$$

$$(14.78)$$

梯度的推导类似于 *Plus* 计算节点的情形。

- *DiagTimes*：对角矩阵（对角元素是 $\mathbf{d}$）和任意矩阵 $\mathbf{Y}$ 的乘积。必须满足 $\mathbf{d}.rows = \mathbf{Y}.rows$。

$$v_{ij}(\mathbf{d}, \mathbf{Y}) \leftarrow d_i y_{ij} \tag{14.79}$$

$$\nabla_{\mathbf{d}}^J \leftarrow \nabla_{\mathbf{d}}^J + \nabla_{\mathbf{n}}^J \odot \mathbf{Y} \tag{14.80}$$

$$\nabla_{\mathbf{Y}}^J \leftarrow \nabla_{\mathbf{Y}}^J + \text{DiagTimes}(\mathbf{d}, \nabla_{\mathbf{n}}^J) \tag{14.81}$$

梯度 $\nabla_{\mathbf{d}}^J$ 能由以下观察得到

$$\frac{\partial v_{mn}}{\partial d_i} = \begin{cases} y_{in} & m = i \\ 0 & \text{其他} \end{cases} \tag{14.82}$$

且

$$\frac{\partial J}{\partial d_i} = \sum_{m,n} \frac{\partial J}{\partial v_{mn}} \frac{\partial v_{mn}}{\partial d_i} = \sum_n \frac{\partial J}{\partial v_{in}} y_{in} \tag{14.83}$$

类似地，为了得到 $\nabla_{\mathbf{Y}}^J$，注意到

$$\frac{\partial v_{mn}}{\partial y_{ij}} = \begin{cases} d_i & m = i \wedge n = j \\ 0 & \text{其他} \end{cases} \tag{14.84}$$

并能得到

$$\frac{\partial J}{\partial y_{ij}} = \sum_{m,n} \frac{\partial J}{\partial v_{mn}} \frac{\partial v_{mn}}{\partial y_{ij}} = \frac{\partial J}{\partial v_{ij}} d_i \tag{14.85}$$

- *Dropout*：随机选择矩阵 $\mathbf{Y}$ 百分之 $\lambda$ 的元素令其为 0，并将剩余的元素进行缩放，使得所有元素和的期望保持不变：

$$m_{ij}(\lambda) \leftarrow \begin{cases} 0 & \text{rand}(0,1) \leqslant \lambda \\ \frac{1}{1-\lambda} & \text{其他} \end{cases} \tag{14.86}$$

$$v_{ij}(\lambda, \mathbf{Y}) \leftarrow m_{ij} y_{ij} \tag{14.87}$$

$$\nabla_{\mathbf{Y}}^{J} \leftarrow \nabla_{\mathbf{Y}}^{J} + \begin{cases} \nabla_{\mathbf{n}}^{J} & \lambda = 0 \\ \nabla_{\mathbf{n}}^{J} \bullet \mathbf{M} & \text{其他} \end{cases} \tag{14.88}$$

注意到 $\lambda$ 是一个给定值，而不是模型的一部分。我们只需要求得 $\mathbf{Y}$ 的梯度。如果 $\lambda = 0$，则 $\mathbf{V} = \mathbf{X}$ 是平凡情形，否则计算节点等价于使用一个随机的掩码矩阵 $\mathbf{M}$ 的 *ElementTimes* 节点。

- *KhatriRaoProduct*：两个矩阵 $\mathbf{X}$ 和 $\mathbf{Y}$ 逐列的叉积。必须满足 $\mathbf{X}.cols = \mathbf{Y}.cols$。对构造张量网络有用。

$$\boldsymbol{v}_{.j}(\mathbf{X}, \mathbf{Y}) \leftarrow \mathbf{x}_j \otimes \mathbf{y}_{.j} \tag{14.89}$$

$$\left[\nabla_{\mathbf{X}}^{J}\right]_{.j} \leftarrow \left[\nabla_{\mathbf{X}}^{J}\right]_{.j} + \left[\left[\nabla_{\mathbf{n}}^{J}\right]_{.j}\right]_{\mathbf{X}.rows, \mathbf{Y}.rows} \mathbf{Y} \tag{14.90}$$

$$\left[\nabla_{\mathbf{Y}}^{J}\right]_{.j} \leftarrow \left[\nabla_{\mathbf{Y}}^{J}\right]_{.j} + \left[\left[\nabla_{\mathbf{n}}^{J}\right]_{.j}\right]_{\mathbf{X}.rows, \mathbf{Y}.rows}^{T} \mathbf{X} \tag{14.91}$$

这里 $[\mathbf{X}]_{m,n}$ 将 $\mathbf{X}$ 重定型为 $m \times n$ 矩阵。梯度 $\nabla_{\mathbf{X}}^{J}$ 可以由以下观察得到

$$\frac{\partial v_{mn}}{\partial x_{ij}} = \begin{cases} y_{kj} & n = j \wedge i = m/\mathbf{Y}.rows \wedge k = modulus(m, \mathbf{Y}.rows) \\ 0 & \text{其他} \end{cases} \tag{14.92}$$

且

$$\frac{\partial J}{\partial x_{ij}} = \sum_{m,n} \frac{\partial J}{\partial v_{mn}} \frac{\partial v_{mn}}{\partial x_{ij}} = \sum_{i,k} \frac{\partial J}{\partial v_{i \times y.rows+k,j}} y_{kj} \tag{14.93}$$

梯度 $\nabla_{\mathbf{Y}}^{J}$ 能类似地得到。

- *Cos*：两个矩阵 $\mathbf{X}$ 和 $\mathbf{Y}$ 逐列的余弦距离。必须满足 $\mathbf{X}.cols = \mathbf{Y}.cols$。结果是一

个行向量。在自然语言处理任务上经常使用。

$$v_{.j}\left(\mathbf{X}, \mathbf{Y}\right) \leftarrow \frac{\mathbf{x}_{.j}^{T}\mathbf{y}_{.j}}{\left\|\mathbf{x}_{.j}\right\| \left\|\mathbf{y}_{.j}\right\|} \tag{14.94}$$

$$\left[\nabla_{\mathbf{X}}^{J}\right]_{.j} \leftarrow \left[\nabla_{\mathbf{X}}^{J}\right]_{.j} + \left[\nabla_{\mathbf{n}}^{J}\right]_{.j} \bullet \left[\frac{y_{ij}}{\left\|\mathbf{x}_{.j}\right\| \left\|\mathbf{y}_{.j}\right\|} - \frac{x_{ij}v_{.,j}}{\left\|\mathbf{x}_{.j}\right\|^{2}}\right] \tag{14.95}$$

$$\left[\nabla_{\mathbf{Y}}^{J}\right]_{.j} \leftarrow \left[\nabla_{\mathbf{Y}}^{J}\right]_{.j} + \left[\nabla_{\mathbf{n}}^{J}\right]_{.j} \bullet \left[\frac{x_{ij}}{\left\|\mathbf{x}_{.j}\right\| \left\|\mathbf{y}_{.j}\right\|} - \frac{y_{ij}v_{.,j}}{\left\|\mathbf{y}_{.j}\right\|^{2}}\right] \tag{14.96}$$

梯度 $\nabla_{\mathbf{X}}^{J}$ 可以由以下观察得到

$$\frac{\partial v_{.n}}{\partial x_{ij}} = \begin{cases} \frac{y_{ij}}{\left\|\mathbf{x}_{.j}\right\| \left\|\mathbf{y}_{.j}\right\|} - \frac{x_{ij}\left(\mathbf{x}_{.j}^{T}\mathbf{y}_{.j}\right)}{\left\|\mathbf{x}_{.j}\right\|^{3}\left\|\mathbf{y}_{.j}\right\|} & n = j \\ 0 & \text{其他} \end{cases} \tag{14.97}$$

且

$$\frac{\partial J}{\partial x_{ij}} = \sum_{n} \frac{\partial J}{\partial v_{.n}} \frac{\partial v_{.n}}{\partial x_{ij}} = \frac{\partial J}{\partial v_{.,j}} \left[\frac{y_{ij}}{\left\|\mathbf{x}_{.j}\right\| \left\|\mathbf{y}_{.j}\right\|} - \frac{x_{ij}\left(\mathbf{x}_{.j}^{T}\mathbf{y}_{.j}\right)}{\left\|\mathbf{x}_{.j}\right\|^{3}\left\|\mathbf{y}_{.j}\right\|}\right] \tag{14.98}$$

$$= \frac{\partial J}{\partial v_{.,j}} \left[\frac{y_{ij}}{\left\|\mathbf{x}_{.j}\right\| \left\|\mathbf{y}_{.j}\right\|} - \frac{x_{ij}v_{.,j}}{\left\|\mathbf{x}_{.j}\right\|^{2}}\right] \tag{14.99}$$

梯度 $\nabla_{\mathbf{Y}}^{J}$ 能类似地得到。

- *ClassificationError*：计算最大值的索引不同的列的总数。每列被看作是一个样本，$\delta$ 是 Kronecker delta。必须满足 $\mathbf{X}.cols = \mathbf{Y}.cols$。

$$a_{j}\left(\mathbf{X}\right) \leftarrow \arg\max_{i} x_{ij} \tag{14.100}$$

$$b_{j}\left(\mathbf{Y}\right) \leftarrow \arg\max_{i} y_{ij} \tag{14.101}$$

$$v\left(\mathbf{X}, \mathbf{Y}\right) \leftarrow \sum_{j} \delta\left(a_{j}\left(\mathbf{X}\right) \neq b_{j}\left(\mathbf{Y}\right)\right) \tag{14.102}$$

这种节点类型只用于计算解码时的分类错误，不参与模型训练。因此，调用 *ComputePartialGradient*(**b**) 应该引起一个错误。

- *SquareError*：计算 $\mathbf{X} - \mathbf{Y}$ 的 Frobenius 范数的平方。必须满足 $\mathbf{X}.rows = \mathbf{Y}.rows$

和 $\mathbf{X}.cols = \mathbf{Y}.cols$。

$$v(\mathbf{X}, \mathbf{Y}) \leftarrow \frac{1}{2}\operatorname{Tr}\left((\mathbf{X}-\mathbf{Y})(\mathbf{X}-\mathbf{Y})^T\right) \tag{14.103}$$

$$\nabla_{\mathbf{X}}^J \leftarrow \nabla_{\mathbf{X}}^J + \nabla_{\mathbf{n}}^J(\mathbf{X}-\mathbf{Y}) \tag{14.104}$$

$$\nabla_{\mathbf{Y}}^J \leftarrow \nabla_{\mathbf{Y}}^J - \nabla_{\mathbf{n}}^J(\mathbf{X}-\mathbf{Y}) \tag{14.105}$$

注意到 $v$ 是一个标量。梯度的推导是显而易见的

$$\frac{\partial v}{\partial \mathbf{X}} = \mathbf{X} - \mathbf{Y} \tag{14.106}$$

$$\frac{\partial v}{\partial \mathbf{Y}} = -(\mathbf{X}-\mathbf{Y}) \tag{14.107}$$

- *CrossEntropy*：计算逐列的交叉熵的和（样本上），这里 $\mathbf{X}$ 和 $\mathbf{Y}$ 的每列是一个概率分布。必须满足 $\mathbf{X}.rows = \mathbf{Y}.rows$ 和 $\mathbf{X}.cols = \mathbf{Y}.cols$。

$$\mathbf{R}(\mathbf{Y}) \leftarrow \log(\mathbf{Y}) \tag{14.108}$$

$$v(\mathbf{X}, \mathbf{Y}) \leftarrow -\operatorname{vec}(\mathbf{X}) \circ \operatorname{vec}(\mathbf{R}(\mathbf{Y})) \tag{14.109}$$

$$\nabla_{\mathbf{X}}^J \leftarrow \nabla_{\mathbf{X}}^J - \nabla_{\mathbf{n}}^J \mathbf{R}(\mathbf{Y}) \tag{14.110}$$

$$\nabla_{\mathbf{Y}}^J \leftarrow \nabla_{\mathbf{Y}}^J - \nabla_{\mathbf{n}}^J(\mathbf{X} \oslash \mathbf{Y}) \tag{14.111}$$

注意到 $v$ 是一个标量。梯度 $\nabla_{\mathbf{X}}^J$ 能由以下观察得到

$$\frac{\partial v}{\partial x_{ij}} = -\log(y_{ij}) = -r_{ij}(\mathbf{Y}) \tag{14.112}$$

且

$$\frac{\partial J}{\partial x_{ij}} = \frac{\partial J}{\partial v}\frac{\partial v}{\partial x_{ij}} = -\frac{\partial J}{\partial v}r_{ij}(\mathbf{Y}) \tag{14.113}$$

类似地，为了得到 $\nabla_{\mathbf{Y}}^J$，注意到

$$\frac{\partial v}{\partial y_{ij}} = -\frac{x_{ij}}{y_{ij}} \tag{14.114}$$

并能得到

$$\frac{\partial J}{\partial y_{ij}} = \frac{\partial J}{\partial v}\frac{\partial v}{\partial y_{ij}} = -\frac{\partial J}{\partial v}\frac{x_{ij}}{y_{ij}} \tag{14.115}$$

- *CrossEntropyWithSoftmax*：与 *CrossEntropy* 几乎相同，除了 $\mathbf{Y}$ 中包含了 softmax

操作之前的值（即未归一化的值）。

$$\mathbf{P}(\mathbf{Y}) \leftarrow \text{Softmax}(\mathbf{Y}) \tag{14.116}$$

$$\mathbf{R}(\mathbf{Y}) \leftarrow \log(\mathbf{P}(\mathbf{Y})) \tag{14.117}$$

$$v(\mathbf{X}, \mathbf{Y}) \leftarrow \text{vec}(\mathbf{X}) \circ \text{vec}(\mathbf{R}(\mathbf{Y})) \tag{14.118}$$

$$\nabla_{\mathbf{X}}^{J} \leftarrow \nabla_{\mathbf{X}}^{J} - \nabla_{\mathbf{n}}^{J} \mathbf{R}(\mathbf{Y}) \tag{14.119}$$

$$\nabla_{\mathbf{Y}}^{J} \leftarrow \nabla_{\mathbf{Y}}^{J} + \nabla_{\mathbf{n}}^{J}(\mathbf{P}(\mathbf{Y}) - \mathbf{X}) \tag{14.120}$$

梯度 $\nabla_{\mathbf{X}}^{J}$ 与 *CrossEntropy* 计算节点相同。为了得到 $\nabla_{\mathbf{Y}}^{J}$，注意到

$$\frac{\partial v}{\partial y_{ij}} = \mathbf{p}_{ij}(\mathbf{Y}) - x_{ij} \tag{14.121}$$

并能得到

$$\frac{\partial J}{\partial y_{ij}} = \frac{\partial J}{\partial v}\frac{\partial v}{\partial y_{ij}} = \frac{\partial J}{\partial v}(\mathbf{p}_{ij}(\mathbf{Y}) - x_{ij}) \tag{14.122}$$

### 14.4.4　用来计算统计量的计算节点类型

有时候，我们只想取得输入值（输入特征或者标注）的一些统计量。例如，为了归一化输入特征，我们需要计算其均值和标准差。在语音识别中，我们需要计算状态标签的频率（平均值）来将状态后验概率转化成缩放后的似然值，就如同在第6章中解释的一样。与其他我们描述过的计算节点类型不同，用来计算统计量的计算节点不需要梯度计算函数（即梯度计算函数不应该被这种计算节点调用），因为它们不学习，并且通常需要在模型训练开始前被预先计算。这里列出在这个分类下最常用的几个计算节点类型。

- *Mean*：计算操作数 $\mathbf{X}$ 在整个训练集上的均值。当计算结束时，它需要被标记来避免被再次计算。当输入 $\mathbf{X}$ 的一个小批量块的数据用作输入时

$$k \leftarrow k + \mathbf{X}.cols \tag{14.123}$$

$$v(\mathbf{X}) \leftarrow \frac{l}{k}\mathbf{X}\mathbf{1}_{\mathbf{X}.cols,l} + \frac{k - \mathbf{X}.cols}{k}v(\mathbf{X}) \tag{14.124}$$

注意，这里的 $\mathbf{X}.cols$ 是小批量块中包含的样本数。

- *InvStdDev*：在整个训练集上逐元素计算操作数 $\mathbf{X}$ 的标准差的逆。当计算结束时，

它需要被标记来避免被再次计算。累加步骤为

$$k \leftarrow k + \mathbf{X}.cols \tag{14.125}$$

$$\upsilon\,(\mathbf{X}) \leftarrow \frac{1}{k}\mathbf{X}\mathbf{1}_{\mathbf{X}.cols,1} + \frac{k - \mathbf{X}.cols}{k}\upsilon\,(\mathbf{X}) \tag{14.126}$$

$$\omega\,(\mathbf{X}) \leftarrow \frac{1}{k}\,(\mathbf{X}\bullet\mathbf{X})\,\mathbf{1} + \frac{k - \mathbf{X}.cols}{k}\omega\,(\mathbf{X}) \tag{14.127}$$

当遍历完整个训练集时，

$$\upsilon \leftarrow (\omega - (\upsilon \bullet \upsilon))^{1/2} \tag{14.128}$$

$$\upsilon \leftarrow \mathbf{1} \oslash \upsilon \tag{14.129}$$

- *PerDimMeanVarNorm*：对每个样本计算归一化的操作数 $\mathbf{X}$ 使用均值 $\mathbf{m}$ 和标准差的逆 $\mathbf{s}$。这里 $\mathbf{X}$ 是矩阵，其列数等于 minibatch 包含的样本数，并且 $\mathbf{m}$ 和 $\mathbf{s}$ 是向量，在应用逐元素乘积之前需要进行扩展。

$$V\,(\mathbf{X}) \leftarrow (\mathbf{X} - \mathbf{m}) \bullet \mathbf{s} \tag{14.130}$$

## 14.5 卷积神经网络

一个卷积神经网络（CNN）[2, 5, 56, 66, 87, 228, 240, 246, 341, 346] 提供在时间及空间的平移不变性，这个特性是在图像识别中实现最好性能的关键。一些研究也显示，CNN 在一些任务上相比纯 DNN 有更好的识别性能[2, 5, 87, 341, 346]。为了支持 CNN，我们需要实现一些新的计算节点。

- 卷积（Convolution）：逐点将图像中的点与一个卷积核进行卷积相乘。卷积操作的一个例子如图 14.7 所示，其中卷积节点输入有三个信道（由三个 $3 \times 3$ 矩阵表示），输出有两个信道（在顶部由两个 $2 \times 2$ 矩阵表示）。一个信道是对相同图像的一个视觉通道。例如，一个 RGB 图像能够表示为三个信道：R、G 和 B，每个信道大小相同。

对于每个输出和输入信道对都有一个卷积核（kernel）。核的总个数和输入信道 $C_x$ 的数量与输出信道数量的积相等。在图 14.7 中，$C_x = 3$，$C_v = 2$，则核心的总数量是 6。每个输入信道为 $k$、输出信道为 $\ell$ 的核心 $\mathbf{K}_{k\ell}$ 是一个矩阵。核心沿着（这就意味着跨神经元的参数共享）竖直（行）和水平（列）方向分别以 $S_r$ 和 $S_c$ 为步长移动。对于每个输出信道 $\ell$ 以及输入切片 $(i, j)$（第 $i$ 步沿着垂直方向，第 $j$ 步沿着水平

方向）

$$v_{\ell ij}\left(\mathbf{K},\mathbf{Y}\right)=\sum_{k}\mathrm{vec}\left(\mathbf{K}_{k\ell}\right)\circ\mathrm{vec}\left(\mathbf{Y}_{kij}\right)\tag{14.131}$$

其中，$\mathbf{Y}_{kij}$ 和 $\mathbf{K}_{k\ell}$ 大小一样。

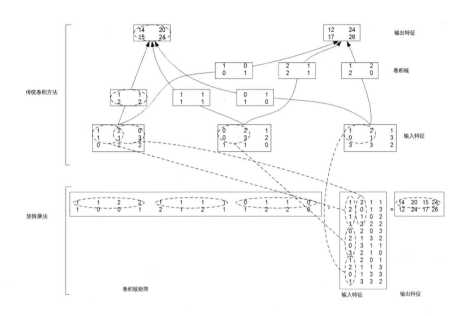

图 14.7　卷积操作的例子。上图：原始卷积操作；下图：同一个操作表达为大矩阵的乘积。我们的方法与 Chellapilla 等[56] 提出的允许叠加卷积操作的方法不同（从 Chellapilla 等[56] 中的图片修改而来，已获得 Simard 的授权）

　　这个函数计算涉及许多小矩阵操作，其运算很慢。Chellapilla 等人[56] 提出一种技术把所有这些小矩阵操作转换为一个大矩阵的乘积，如图 14.7底部所示。使用这个技巧，所有的核参数可以绑定成一个大的核矩阵 $\mathbf{W}$，如图 14.7左下角所示。注意，为了让卷积节点的输出能被其他卷积节点使用，在图 14.7中，我们做转换的方法稍微和 Chellapilla 等人[56] 有点不同：我们对核矩阵和输入特征矩阵进行转置，并且把乘积中矩阵的顺序也进行转置。这样做的话，输出的每个样本可以重新表示为 $O_r \times O_c$ 列的 $C_v \times 1$ 向量，进一步可以再改造成为单一一列，其中

$$O_r=\begin{cases}\frac{I_r-K_r}{S_r}+1 & \text{no padding}\\\frac{(I_r-\mathrm{mod}(K_r,2))}{S_r}+1 & \text{zero padding}\end{cases}\tag{14.132}$$

是输出图像行数，以及

$$O_c = \begin{cases} \frac{I_c - K_c}{S_c} + 1 & \text{no padding} \\ \frac{(I_c - \text{mod}(K_c, 2))}{S_c} + 1 & \text{zero padding} \end{cases} \tag{14.133}$$

是输出图像列数，其中，$I_r$ 和 $I_c$ 对应的是输入图像的行数和列数，对应的 $K_r$ 和 $K_c$ 是每个核的行数和列数。合起来的核矩阵大小是 $C_v \times (O_r \times O_c \times C_x)$，封装的输入特征矩阵大小是 $(O_r \times O_c \times C_x) \times (K_r \times K_c)$。

使用这个转换，操作数 $\mathbf{W}$、$\mathbf{Y}$ 的卷积节点的相关计算变为：

$$\mathbf{X}(\mathbf{Y}) \leftarrow \text{Pack}(\mathbf{Y}) \tag{14.134}$$

$$V(\mathbf{W}, \mathbf{Y}) \leftarrow \mathbf{W}\mathbf{X} \tag{14.135}$$

$$\nabla_{\mathbf{W}}^J \leftarrow \nabla_W^J + \nabla_{\mathbf{n}}^J \mathbf{X}^T \tag{14.136}$$

$$\nabla_{\mathbf{X}}^J \leftarrow \mathbf{W}^T \nabla_{\mathbf{n}}^J \tag{14.137}$$

$$\nabla_{\mathbf{Y}}^J \leftarrow \nabla_{\mathbf{Y}}^J + \text{Unpack}(\nabla_{\mathbf{X}}^J) \tag{14.138}$$

注意，这个技术使用大矩阵操作能够更好地并行化，但是打包和解包矩阵引入了额外的开销。在绝大多数情况下，取得的益处比消耗大。通过将加法节点以及元素级非线性函数进行组合，我们可以给卷积操作添加偏置及非线性。

- *MaxPooling*：对于每个信道，在一个大小为 $K_r \times K_c$ 的窗口中对输入 $\mathbf{X}$ 应用最大池化操作。操作窗口沿着输入滑动，垂直（行）和水平（列）方向上的步长分别是 $S_r$（或者下采样率）和 $S_c$。池化操作没有改变信道数量，因此，$C_v = C_x$。对每个输出信道 $\ell$ 以及第 $(i, j)$ 个大小为 $K_r \times K_c$ 输入切片 $\mathbf{X}_{\ell ij}$，则有

$$v_{\ell ij}(\mathbf{X}) \leftarrow \max(\mathbf{X}_{\ell ij}) \tag{14.139}$$

$$\left[\nabla_{\mathbf{X}}^J\right]_{\ell, i_m, j_n} \leftarrow \begin{cases} \left[\nabla_{\mathbf{X}}^J\right]_{\ell, i_m, j_n} + \left[\nabla_{\mathbf{n}}^J\right]_{\ell, i_m, j_n} & (m, n) = arg\max_{m,n} x_{\ell, i_m, j_n} \\ \left[\nabla_{\mathbf{X}}^J\right]_{\ell, i_m, j_n} & \text{其他} \end{cases} \tag{14.140}$$

其中，$i_m = i \times S_r + m$，以及 $j_n = j \times S_c + n$。

- *AveragePooling*：和 *MaxPooling* 一样，只是对每个信道在一个大小为 $K_r \times K_c$ 的窗口中对输入 $\mathbf{X}$ 应用平均代替最大化。操作窗口沿着输入在垂直（行）和水平（列）方向上分别以 $S_r$ 和 $S_c$ 为步长滑动。池化操作没有改变信道数量，因

此 $C_v = C_x$。对于每个输出信道 $\ell$ 以及第 $(i, j)$ 个大小为 $K_r \times K_c$ 的输入切片 $\mathbf{X}_{\ell ij}$，则有

$$v_{\ell ij}(\mathbf{X}) \leftarrow \frac{1}{K_r \times K_c} \sum_{m,n} x_{\ell, i_m, j_n} \tag{14.141}$$

$$[\nabla_{\mathbf{X}}^J]_{\ell ij} \leftarrow [\nabla_{\mathbf{X}}^J]_{\ell ij} + \frac{1}{K_r \times K_c} [\nabla_{\mathbf{n}}^J]_{\ell ij} \tag{14.142}$$

其中，$i_m = i \times S_r + m$，以及 $j_n = j \times S_c + n$。

## 14.6　循环连接

对上面的内容，我们假设 CN 是一个 DAG。然而，当 CN 中存在循环连接的时候，这个假设就不再成立。循环连接可以使用一个延迟节点来实现，它提取了过去 $\lambda$ 个样本值，$\mathbf{Y}$ 的每一列是一个按时间升序排列的单独样本

$$\boldsymbol{v}_{.j}(\lambda, \mathbf{Y}) \leftarrow \mathbf{Y}_{.(j-\lambda)} \tag{14.143}$$

$$[\nabla_{\mathbf{Y}}^J]_{.j} \leftarrow [\nabla_{\mathbf{Y}}^J]_{.j} + [\nabla_{\mathbf{n}}^J]_{.j+\lambda} \tag{14.144}$$

当 $j - \lambda < 0$ 时，$\mathbf{Y}_{.(j-\lambda)}$ 需要设置一些默认值。我们按照以下公式求导得到梯度

$$\frac{\partial v_{mn}}{\partial y_{ij}} = \begin{cases} 1 & m = i \wedge n = j + \lambda \\ 0 & 其他 \end{cases} \tag{14.145}$$

及

$$\frac{\partial J}{\partial y_{ij}} = \sum_{m,n} \frac{\partial J}{\partial v_{mn}} \frac{\partial v_{mn}}{\partial y_{ij}} = \frac{\partial J}{\partial v_{ij+\lambda}} \tag{14.146}$$

一个包含延迟节点的 CN 例子如图 14.8所示。和不含有向环的 CN 不同，由于下一个样本的值依赖前一个样本，一个含环的 CN 不能以一个序列的样本作为一个批量块来计算。在循环网络中，一个简单的做前向计算以及反向传播的方法是按时间顺序展开所有的样本。一旦展开，图就扩展成一个 DAG，前向计算以及我们刚才讨论的梯度算法就可以直接使用。然而，这意味着在 CN 中所有的计算节点需要一个接一个样本地计算，这样明显影响了并行化的可能性。

存在两种方法来加速一个含有有向环 CN 计算。我们将在下面两节讨论它们。

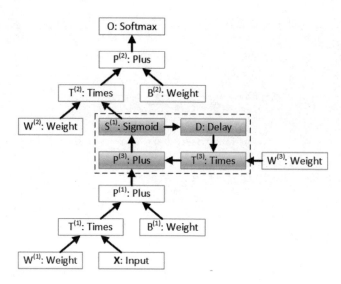

图 14.8　带迟延节点的 CN 的例子。循环操作中的阴影节点可以视为一个组合节点

### 14.6.1　只在循环中一个接一个地处理样本

第一种方法是标志 CN 中的环，之后一个接一个样本地计算环中的节点。对于其他的计算节点，一个系列的所有样本可以并行地用一个单一矩阵操作来计算。例如，在图 14.8中，所有包含在循环 $\mathbf{T}^{(3)} \rightarrow \mathbf{P}^{(3)} \rightarrow \mathbf{S}^{(1)} \rightarrow \mathbf{D} \rightarrow \mathbf{T}^{(3)}$ 中的节点需要一个接一个样本地计算。其他所有的节点可以以数据批量块为单位来计算。一个流行的技术是在图中标志强联通分支（SCC），每个组件中每对顶点都存在一条路径，添加任何边或点都将违反这个属性。具体方法如 Tarjan 的强联通分支算法[382]。[2]一旦环被标志了，它们可以被认为是 CN 中一个合成的节点，CN 就简化成一个 DAG。每个环（或者合成节点）中的所有节点可以随时间展开，也简化成一个 DAG。对所有这些 DAG，都可以应用前面讨论的前向计算以及反向传播算法。决定含有任意循环连接 CN 中前向计算顺序的详细步骤在算法 14.6中描述。既然延迟节点的输入可以在过去计算，如果只考虑一个时间切片，它们可以被认为是一个叶子节点，这使得在循环中计算的顺序更容易被确定。

---

[2]Tarjan 的算法被认为比其他一些算法（如 Kosaraju[201] 的算法）要好，因为它只需要一次深度优先的遍历，其计算复杂度为 $O(|\mathbb{V}| + |\mathbb{E}|)$，并且无须在图中对边进行反向操作。

**算法 14.6** 任意 CN 的前向算法

---

1: **procedure** DECIDEFORWARDCOMPUTATIONORDERWITHRECCURENTLOOP($G = (V, E)$)
2:     StronglyConnectedComponentsDetection($G, G'$)     ▷ $G'$ 是一个具有强联通分支（SCC）的 DAG
3:     Call DecideForwardComputationOrder on $G' \rightarrow order$ for DAG
4:     **for** $v \in G, v \in V$ **do**
5:         将 $v$ 中的 $order$ 设为与 SCC $V$ 的最大阶数相等   ▷ 这可以保证 SCC 的前向顺序
6:     **end for**
7:     **for** each SCC $V$ in G **do**
8:         Call GetLoopForwardOrder($root$ of V) $\rightarrow order$ for each SCC
9:     **end for**
10:     **return** $order$ for DAG and $order$ for each SCC (loop)
11: **end procedure**
12: **procedure** GETLOOPFORWARDORDER($root$)
13:     将所有的 $delayNode$ 视为叶子节点，并且调用 DecideForwardComponentionOrder
14: **end procedure**
15: **procedure** STRONGLYCONNECTEDCOMPONENTSDETECTION($G = (V, E), DAG$)
16:     $index = 0, S = empty$
17:     **for** $v \in V$ **do**
18:         **if** $v.index$ 未定义 **then** StrongConnectComponents($v, DAG$)
19:         **end if**
20:     **end for**
21: **end procedure**
22: **procedure** STRONGCONNECTCOMPONENT($v, DAG$)
23:     $v.index = index, v.lowlink = index, index = index + 1$
24:     $S.push(v)$
25:     **for** $(v, w) \in E$ **do**
26:         **if** $v.index$ 未定义 **then**
27:             StrongConnectComponent($w$)
28:             $v.lowlink = \min(v.lowlink, w.lowlink)$
29:         **else if** $w \in S$ **then**
30:             $v.lowlink = \min(v.lowlink, w.index)$
31:         **end if**
32:     **end for**
33:     **if** $v.lowlink = v.index$ **then** ▷ 如果 v 是根节点，则出栈并创建一个强联通分支
34:         开始一个新的强联通分支
35:         **repeat**
36:             $w = S.pop()$
37:             将 $w$ 加到当前的强联通分支中
38:         **until** $w == v$
39:         将当前的强联通分支保存到 $DAG$
40:     **end if**
41: **end procedure**

### 14.6.2　同时处理多个句子

在循环 CN 中，第二种加速处理的方法是同时处理多个序列。为了实现这个目的，我们需要把不同序列中相同 id 的帧放在一起，如图 14.9所示。以这样的方式组织，对于循环内的部分，则可以在批量块中计算来自不同序列的帧，而对循环外的部分，我们可以把批量块中所有句子的所有样本一起计算。例如，在图 14.9中，我们可以在每一时刻同时计算 4 帧。如果序列有不同的长度，我们可以把它们截断至相同的长度，并保存没有完成系列的最后状态。剩余的帧可以和其他序列一起用于进一步的处理。

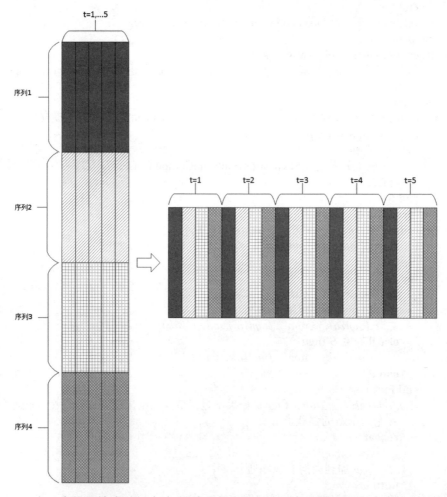

图 14.9　在一个批量块中处理多个序列。本图所示是 4 个序列的例子。每种色块代表一个序列。来自不同序列的标号相同的帧被分组在一起，并在批量块中计算；右侧的矩阵是左侧矩阵的一个重排

### 14.6.3    创建任意的循环神经网络

由于包含延迟节点，我们可以很容易地创建复杂的循环网络及动态系统。例如，长短时记忆神经网络（LSTM）[162, 198] 是一个广泛用于识别及生成手写文字的神经网络，其涉及以下操作：

$$\mathbf{i}_t = \sigma\left(\mathbf{W}^{(xi)}\mathbf{x}_t + \mathbf{W}^{(hi)}\mathbf{h}_{t-1} + \mathbf{W}^{(ci)}\mathbf{c}_{t-1} + \mathbf{b}^{(i)}\right) \tag{14.147}$$

$$\mathbf{f}_t = \sigma\left(\mathbf{W}^{(xf)}\mathbf{x}_t + \mathbf{W}^{(hf)}\mathbf{h}_{t-1} + \mathbf{W}^{(cf)}\mathbf{c}_{t-1} + \mathbf{b}^{(f)}\right) \tag{14.148}$$

$$\mathbf{c}_t = \mathbf{f}_t \bullet \mathbf{c}_{t-1} + \mathbf{i}_t \bullet \tanh\left(\mathbf{W}^{(xc)}\mathbf{x}_t + \mathbf{W}^{(hc)}\mathbf{h}_{t-1} + \mathbf{b}^{(c)}\right) \tag{14.149}$$

$$\mathbf{o}_t = \sigma\left(\mathbf{W}^{(xo)}\mathbf{x}_t + \mathbf{W}^{(ho)}\mathbf{h}_{t-1} + \mathbf{W}^{(co)}\mathbf{c}_t + \mathbf{b}^{(o)}\right) \tag{14.150}$$

$$\mathbf{h}_t = \mathbf{o}_t \bullet \tanh\left(\mathbf{c}_t\right) \tag{14.151}$$

其中，$\sigma(.)$ 是 sigmoid 函数，$\mathbf{i}_t$、$\mathbf{f}_t$、$\mathbf{o}_t$、$\mathbf{c}_t$ 及 $\mathbf{h}_t$ 是相同大小的向量（在每一个单元中有且仅有一个），依次用于表示在时刻 $t$ 时的输入门、忘记门、输出门、单元、单元输入激活以及隐层值。$\mathbf{W}$ 是连接不同门的权值矩阵，$\mathbf{b}$ 是对应的偏置向量。除从单元到门向量权值矩阵 $\mathbf{W}^{(ci)}$ 是对角的之外，所有的权值矩阵都是满的。很明显，整个 LSTM 可以用如下形式的节点来描述成一个 CN：*Times*、*Plus*、*Sigmoid*、*Tanh*、*DiagTimes*、*ElementTimes* 和 *Delay*。更具体地说，使用这些计算节点，LSTM 可以描述为：

$$\mathbf{H}^{(d)} = Delay\left(\mathbf{H}\right) \tag{14.152}$$

$$\mathbf{C}^{(d)} = Delay\left(\mathbf{C}\right) \tag{14.153}$$

$$\mathbf{T}^{(1)} = Macro2W1b(\mathbf{W}^{(xi)}, \mathbf{X}, \mathbf{W}^{(hi)}, \mathbf{H}^{(d)}, \mathbf{b}^{(i)}) \tag{14.154}$$

$$\mathbf{I} = Sigmoid\left(Plus\left(\mathbf{T}^{(1)}, DiagTimes\left(\mathbf{d}^{(ci)}, \mathbf{C}^{(d)}\right)\right)\right) \tag{14.155}$$

$$\mathbf{T}^{(2)} = Macro3W1b\left(\mathbf{W}^{(xf)}, \mathbf{X}, \mathbf{W}^{(hf)}, \mathbf{H}^{(d)}, \mathbf{W}^{(cf)}\mathbf{C}^{(d)}, \mathbf{b}^{(f)}\right) \tag{14.156}$$

$$\mathbf{F} = Sigmoid\left(\mathbf{T}^{(2)}\right) \tag{14.157}$$

$$\mathbf{T}^{(3)} = Macro2W1b\left(\mathbf{W}^{(xc)}, \mathbf{X}, \mathbf{W}^{(hc)}, \mathbf{H}^{(d)}, \mathbf{b}^{(c)}\right) \tag{14.158}$$

$$\mathbf{T}^{(4)} = ElementTime\left(\mathbf{F}, \mathbf{C}^{(d)}\right) \tag{14.159}$$

$$\mathbf{T}^{(5)} = ElementTimes\left(\mathbf{I}, Tanh\left(\mathbf{T}^{(3)}\right)\right) \tag{14.160}$$

$$\mathbf{C} = Plus\left(\mathbf{T}^{(4)}, \mathbf{T}^{(5)}\right) \tag{14.161}$$

$$\mathbf{T}^{(6)} = Macro3W1b\left(\mathbf{W}^{(xo)}, \mathbf{X}, \mathbf{W}^{(ho)}, \mathbf{H}^{(d)}, \mathbf{W}^{(co)}\mathbf{C}, \mathbf{b}^{(o)}\right) \tag{14.162}$$

$$\mathbf{O} = Sigmoid\left(\mathbf{T}^{(6)}\right) \tag{14.163}$$

$$\mathbf{H} = ElementTime\left(\mathbf{O}, Tanh\left(\mathbf{C}\right)\right) \tag{14.164}$$

其中，我们已经定义宏 $Macro2W1b\left(\mathbf{W}^{(1)}, \mathbf{I}^{(1)}, \mathbf{W}^{(2)}, \mathbf{I}^{(2)}, \mathbf{b}\right)$ 为

$$\mathbf{S}^{(1)} = Plus\left(Times\left(\mathbf{W}^{(1)}, \mathbf{I}^{(1)}\right), Times\left(\mathbf{W}^{(2)}, \mathbf{I}^{(2)}\right)\right) \tag{14.165}$$

$$Macro2W1b = Plus\left(\mathbf{S}^{(1)}, \mathbf{b}\right) \tag{14.166}$$

以及宏 $Macro3W1b\left(\mathbf{W}^{(1)}, \mathbf{I}^{(1)}, \mathbf{W}^{(2)}, \mathbf{I}^{(2)}, \mathbf{W}^{(3)}, \mathbf{I}^{(3)}, \mathbf{b}\right)$ 为

$$\mathbf{S}^{(1)} = Macro2W1b\left(\mathbf{W}^{(1)}, \mathbf{I}^{(1)}, \mathbf{W}^{(2)}, \mathbf{I}^{(2)}, \mathbf{b}\right) \tag{14.167}$$

$$Macro3W1b = Plus\left(\mathbf{S}^{(1)}, Times\left(\mathbf{W}^{(3)}, \mathbf{I}^{(3)}\right)\right) \tag{14.168}$$

使用 CN 可以很容易地创建任意的网络结构来解决不同的问题。例如，可以很容易地在其他传统的 DNN 中增加掩蔽层来降低输入特征的噪声。CN 提供了探索新型语音识别结构所需的工具，我们相信在这个领域中未来的进步会归因于（或者至少部分归因于）CN。

# 15

# 总结及未来研究方向

**摘要** 在本章中，我们将对基于深度学习进行的语音识别技术和系统的研究过程中出现的重要的里程碑事件进行列举和分析。我们将介绍这些研究的动机、催生的新方法、带来的提高以及产生的影响。我们将首先回顾 2009 年左右，学术界和工业界合作将深度神经网络技术应用于语音识别领域的这段历史。然后我们选择了深度神经网络登台后，在语音识别的工业界和学术研究中大放异彩的七个主题。最后会介绍我们对目前语音识别系统的技术前沿的看法，以及我们对未来研究方向的思考和分析。

## 15.1 路线图

最近五年中，在语音识别领域有很多激动人心的突破。然而，在本书中，我们只能摘取这些成果中具有代表性的一部分。由于知识水平有限，我们选择的主题是我们认为能有利于读者的。这些成果在本书前面章节中提供了更详细的技术细节介绍。我们觉得给出这些过去的研究中一些重要的里程碑算是一种合理的总结方式。

### 15.1.1 语音识别中的深度神经网络启蒙

在语音识别（ASR）中应用神经网络可以追溯到 20 世纪 80 年代。比较有名的工作包括 Waibel 等人的时间迟延神经网络（time delay neural network，TDNN）[242, 397] 和 Morgan 等人的人工神经网络-隐马尔可夫模型（ANN/HMM）混合系统[301, 302]。

人们再次对基于神经网络的语音识别提起兴致是在 2009 年的国际会议：The 2009 NIPS Workshop on Deep Learning for Speech Recognition and Related Applications[100]。多

伦多大学的 Mohamed 等人展示了一个用于音素识别的深度神经网络（DNN）[1]-隐马尔可夫模型（DNN-HMM）混合系统的原始版本[296]。对不同语音识别器中 DNN 的详细的错误分析和比较的工作在微软研究院（Microsoft Research，MSR）的主导下于 workshop 开展的同时期展开，微软研究院和多伦多大学的研究者对其中的优缺点进行了分析。在 [99] 中对这部分早期研究进行了详细介绍，在那些研究和讨论中，使用了"一大堆没有证据的直觉猜测来进行每一步的决定"。在 [296] 中，采用了与 20 世纪 90 年代早期的工作[301,302] 同种类型的 ANN/HMM 混合架构，但区别是用 DNN 来代替经常用于早期 ANN/HMM 系统中较浅的多层感知器（multi-layer perceptron，MLP）。具体地说，DNN 被用来对单音素状态建模，用帧级别的交叉熵准则在传统的 MFCC 特征上训练。这些研究证明，仅使用一个更深的模型就可以使 TIMIT 核心测试集上的音素错误率（phone error rate，PER）达到 23.0%。这个结果比之前使用最大似然估计（maximum likelihood estimation，MLE）准则训练得到的单音素和三音素混合高斯模型达到的 27.7% 和 25.6%[347] 的结果好得多。同时也比微软研究院的深度单音素语音生成模型[119,123] 的 24.8% 的 PER 要好（此结果没有被发表过）。虽然他们的模型在同一个任务上还比不过使用序列鉴别性训练（sequence-discriminative training，SDT）准则训练的三音素 GMM-HMM 系统达到的 21.7% 的 PER[2]，并且，这些结果仅仅是在音素识别任务上得到的，但我们在微软研究院却注意到了它的潜力。因为在过去，ANN/HMM 混合系统很难与使用 MLE 准则训练的上下文相关（context-dependent，CD）-GMM-HMM 系统相抗衡，更重要的是，由于 DNN 和深度生成模型产生的识别错误种类看起来很不一样，从人发声和听觉角度来说，这些错误有着合理的解释。与此同时，微软研究院和多伦多大学的研究者从 2009 年开始的合作中，也开始使用未加工的语音特征。深度学习的一个基础前提是不要用人工加工过的特征，例如 MFCC。在 2009 年至 2010 年间，诞生在微软研究院的用来进行二值特征编码和瓶颈特征提取的深度自动编码器成为语音历史上第一个使用深度结构比浅层结构效果更好，使用语谱图特征比使用 MFCC 效果更好的模型[113]。以上各种在语音特征提取、音素识别和错误分析等方面得到的有影响深远的激动人心的结果和进展，在语音技术研究的历史上从来没有出现过。这体现了深度学习的光明前途和实际价值。这些初步的成就激发了微软研究院的研究人员投入更多的资源，继续用深度学习特别是深度神经网络的方法对语音识别进行研究。一系列这方面沿着这条主线开展的研究可以在 [104, 121] 中找到。

我们在微软研究院的兴趣点在于提高真实世界应用场景中的大词汇语音识别（large vocabulary speech recognition，LVSR）系统的性能。在 2010 年年初，我们开始与

---

[1]虽然当时模型被叫作深度置信网络（deep belief network，DBN），事实上，那是一个用 DBN 预训练来初始化的深度神经网络，见第4章和第5章，以及文献 [121] 中关于 DNN 和 DBN 区别的严谨的讨论。

[2]最好的 GMM-HMM 系统可以在 TIMIT 的核心测试集合上取得 20.0% 的 PER[347]。

文献 [296] 的两名学生作者合作对基于 DNN 的语音技术进行研究。我们使用了6.2.1节介绍的语音搜索（VS）数据集来检验我们的新模型。首先，我们采用了与 Mohamed 等人[296] 所采用的模型来做 LVSR，我们把它叫作上下文无关（context-independent，CI）-DNN-HMM。与在 TIMIT 上的音素识别任务结果相似，这个使用了 24 小时数据训练的 CI-DNN-HMM 在 VS 测试集上达到了 37.3% 的词错误率（word error rate，WER）的结果。这个结果介于使用 MLE 和 SDT 准则训练的 CD-GMM-HMM 取得的 39.6% 和 36.2% 之间。而当我们应用了第6章中介绍的直接对三音素聚类后的状态建模（也叫 senones）的CD-DNN-HMM 的时候，性能有了新的突破。基于 senones 的 CD-DNN-HMM 得到了 30.1% 的词错误率的结果。这在实验上比使用 SDT 准则训练的 CD-GMM-HMM 得到的 36.2% 词错误率减少了 17% 的错误，相比 Yu 等人[424] 和 Dahl 等人[72] 发表的几篇论文中使用的 CI-DNN-HMM 得到的 37.3% 词错误率减少了 20% 的错误。这是 DNN-HMM 系统第一次应用在 LVCSR 任务上的成功。往回想想，可能一些其他研究者也曾有过类似的想法，甚至可能他们尝试过其中几个。然而，由于过去计算能力和训练集因素所限，没有人能够使用我们今天用的这么大规模的数据集来训练模型。

和过去一样，以上对 CD-DNN-HMM 的早期工作没有像 2010 年和 2011 年间发表的工作那样吸引语音研究者和实践者。这是可以理解的，在 20 世纪 90 年代中期，ANN/HMM 混合模型相比 GMM-HMM 系统没有优势，而且这条路被认为是错的。为了颠覆这种思想，研究者开始寻求比早期的在微软内部最多包含 48 小时训练数据的语音搜索数据集上得到的结果更加显著的证据。

CD-DNN-HMM 方面的工作真正开始显现巨大的影响力是在 MSR 的 Seide 等人于 2011 年 9 月[359] 发表了在6.2.1节介绍的 Switchboard测试数据集[157] 上取得的实验结果之后。在这个工作中，他们采用了与 Yu 等人[424] 和 Dahl 等人[72] 描述的相同的 CD-DNN-HMM。他们的工作将 CD-DNN-HMM 的实验规模扩大到 309 小时的训练数据和数以千计的 senones 上。CD-DNN-HMM 使用帧级别的交叉熵准则可以在 HUB5'00 集合上达到使很多人惊讶的 16.1% 的词错误率——相比使用 SDT 准则训练得到的 CD-GMM-HMM 模型的 23.6% 词错误率减少了 1/3 的错误。这项工作也证实和明晰了在 [72, 73, 424] 中的发现：三个让 CD-DNN-HMM 工作起来的主要因素是：（1）使用深度模型，（2）对 senones 建模，（3）用上下文窗口扩展后的特征作为输入。它同时也说明了在训练 DNN-DMM 的时候，重新进行状态对齐可以提高识别准确性，对 DNN 的预训练也可能有帮助，但并不是决定性的。从此以后，很多语音识别研究组将他们的中心转移到 CD-DNN-HMM，并且取得了显著的成果。

## 15.1.2 深度神经网络训练和解码加速

在文献 [359] 的成果发布以后，很多公司很快着手将它应用于商用系统中。这时，他们碰到了第一个需要克服的问题，即解码速度的问题。如果使用简陋的实现，在单个 CPU 核上计算 DNN 的声学分数需要 3.89 倍实时时间。仅仅在 [359] 发布之后几个月，2011 年年末，Google 的 Vanhoucke 等人发布了他们使用工程技巧对 DNN 进行加速的工作[392]3。他们的系统使用了量化、SIMD 指令、批量化和延迟计算技术后，DNN 的计算时间在单 CPU 核上可以降到 0.21 倍实时时间。这比简陋的实现提速了 20 倍。他们的工作证明了 CD-DNN-HMM 可以在不用影响解码速度和吞吐量的情况下用在实时商用系统中。这是一个巨大的进步。

大家遇到的第二个困难是训练速度。尽管在 309 小时数据上训练出来的 CD-DNN-HMM 系统已经比在 2000 小时数据上训练出来的 CD-GMM-HMM 系统表现要好[359]，但如果在同样的大数据量上训练 DNN 系统，仍然可以得到进一步的性能提升。为了达到这个目标，需要开发一些用于并行训练的算法。2012 年，Chen 等人在微软提出并尝试了一种基于流水线反向传播策略的 GPU 训练策略[60]。他们宣称使用这种方法在 4 块 GPU 上可以获得相比原来 3.3 倍的速度。另一方面，在 Google，人们在 GPU 集群上应用了异步随机梯度下降算法[245, 306]（asynchronous stochastic gradient descent，ASGD）。

在7.2.3节中，我们介绍了一种为了加速 DNN 训练和前向计算的低秩近似（low rank approximation）算法。在 2013 年，IBM 的 Sainath 等人和微软的 Xue 等人独立提出了减少模型大小、训练解码时间的近似方法，他们对使用较小的矩阵的乘积来近似较大的矩阵[345, 410]。这项技术可以减少 2/3 的解码时间，由于其简单有效，已被广泛应用于商用语音识别系统中。

## 15.1.3 序列鉴别性训练

在文献 [359] 中展现了利用帧级别的交叉熵训练准则的激动人心的结果。随后，很多研究小组注意到，提高语音识别准确率的一种明显且低风险的方法是借助在最新的 GMM 系统中使用的序列鉴别性训练准则。

事实上，追溯到 2009 年，在 DNN 系统开始崭露头角之前，IBM 研究所的 Brian Kingsbury 就已经提出了使用 SDT 来训练 ANN/HMM 混合系统的一种统一框架[236]。虽然 ANN/HMM 系统在工作中比 CD-GMM-HMM 系统表现得差，但他确实证明了用 SDT 准则训练的 ANN/HMM 系统（取得了 27.7% 的词错误率）比使用帧级别的交叉

---

3Microsoft 较早就使用内部工具利用类似的技巧对 DNN 计算进行优化，但并没有公布相关结果。

熵准则（在相同任务上词错误率为 34.0%）表现得要好得多。当时，即使使用 SDT 准则训练的 ANN/HMM 系统也不能打败 GMM 系统，因此，这项工作在当时并没有太被人注意。

在 2010 年，在 MSR 进行 LVCSR 工作的同时期，基于 GMM-HMM 的经验，我们清楚地认识到了序列训练的重要性[177, 428, 430]，并开始着手准备音素识别任务在 CI-DNN-HMM 上的序列鉴别性训练[295]。不幸的是，我们当时没有找到控制过拟合问题的正确方法，因此只观测到了用 SDT 准则（词错误率为 22.2%）比帧级别交叉熵训练（词错误率为 22.8%）取得的少许提高。

突破发生在 2012 年，来自 IBM 的 Kingsbury 等人成功地将 Kingsbury 在 2009 年的工作中描述的技术[237] 应用于 CD-DNN-HMM 中[236]。由于 SDT 的训练比帧级别交叉熵训练要花更长的时间，他们在一个 CPU 集群上开发了 Hessian-free 训练算法[280] 来加速训练。使用 SDT 在 SWB 的 309 小时训练集上训练的 CD-DNN-HMM，在 Hub5'00 评估集上取得了 13.3% 的词错误率的成绩。这比已经采用帧级别交叉熵准则得到的已经很低的 16.1% 词错误率又相对降低了 17%。他们的工作表明，SDT 可以很有效地用于 CD-DNN-HMM，并取得巨大的准确率提升。更重要的是，用单路解码的说话人无关的 CD-DNN-HMM 获得的这个 13.3% 词错误率结果比最好的多路解码的说话人自适应之后的 GMM 系统所获得的 14.5% 词错误率还要好得多。有了这样的结果，很明显，在商用系统中已经没有理由不用 DNN 系统替换 GMM 系统了。

然而，SDT 的施用需要技巧，而且很难正确地实现。在 2013 年，在 MSR 的 Su 等人完成的工作[374] 和 Brno University、University of Edinburgh 和 Johns Hopkins University 的 Vesely 等人的联合工作[394] 提出了一系列让 SDT 更有效、更鲁棒的实践技巧。这些技巧比如词网格补偿（lattice compensation）、帧丢弃算法（frame dropping）和 F-smoothing 现在都被广泛使用。

### 15.1.4 特征处理

由于 GMM 本身不能转化特征，在传统的 GMM 系统中，特征的处理需要包含很多步骤。在 2011 年，由 MSR 的 Seide 等人主导了在 CD-DNN-HMM 系统中关于特征工程的研究[358, 438]。他们发现很多特征处理步骤，例如，HLDA[241] 和 fMLLR[143]，虽然对 GMM 系统和浅层 ANN/HMM 混合系统来说是很重要的，但对 DNN 系统来说就无足轻重了。他们的解释是：所有 DNN 的隐层都可以认为是一个强大的非线性特征转化器，而 softmax 层可以认为是 log-linear 分类器。特征转化和分类之间可以交叉优化。DNN 可以将相关的输入中很多在 GMM 系统中不能直接使用的特征用起来。由于 DNN 可以粗略地在很多层的非线性操作中将特征转化组合起来，所以很多在 GMM

系统中的特征处理步骤就可以去掉了，而且不会有什么准确率的损失。

在 2012 年，多伦多大学的 Mohamed 等人向我们介绍了通过使用对数梅尔尺度滤波器组（Mel-scale filter bank）特征取代 MFCC，他们成功用地用两层网络将 TIMIT 上的音素识别任务的 PER 值从 23.7% 降低到了 22.6%[297]。与此同时，来自微软的 Li 等人展示了可以利用对数梅尔尺度滤波器组特征来提高 LVCSR 的准确性[262]。他们同样证明了通过使用对数梅尔尺度滤波器组特征，混叠语音带宽识别这样的任务可以在 CD-DNN-HMM 系统中很容易地实现。对数梅尔尺度滤波器组特征现在成为大多数 CD-DNN-HMM 系统中的标准。Deng 等人报告了一系列采用语谱图相关的语音特征进行深度学习的研究工作[104]。

减少特征处理流水线上步骤的尝试一直没有停止。例如，在 IBM 研究院，Sainath 等人在 2013 年做的工作[342]中表明，CD-DNN-HMM 系统可以直接使用 FFT 谱作为输入，从中自动学到梅尔尺度的滤波器。最近，在 [452] 中报告了在 DNN 中使用未改造过的语音时域上的波形信号（即在 DNN 训练前不做任何特征提取）的工作。这项研究展示了用 DNN 来学习跨越了帧边界的局部时域语音信号，有着和早期的基于波形和基于 HMM 生成模型的方法相同的优点，但需要面对非常不一样的挑战。

### 15.1.5　自适应

2011 年，当 CD-DNN-HMM 系统在 Switchboard 任务上显示出它的有效性时，那时有一种担心是它缺少有效的自适应技术，特别是由于 DNN 系统相比传统的 ANN/HMM 混合系统有更多的参数。为了处理这一问题，2011 年在微软研究院由 Seide 等人完成的工作中，特征鉴别性线性回归（fDLR）自适应技术被提出，并在 Switchboard 数据集上测试，显示准确度有小幅提升[358]。

在 2013 年，Yu 等人在微软主导的一项研究[439]中显示他们使用 Kullback-Leibler 散度（KLD）正规化后，能在短消息听写任务上，有效地对 CD-DNN-HMM 进行自适应，在说话人无关的系统上使用不同数目的自适应音频样本，可以取得3% ~ 20%的相对错误率下降。他们的工作显示 CD-DNN-HMM 系统自适应是重要的和有效的。

同年，至 2014 年，一系列在类似架构上的自适应技术被开发出来。在微软由 Seltzer 等人开发的噪声感知训练（NaT）[360] 技术中，一种噪声表达被估计出来并用于输入特征的一部分。在这项工作中，他们表明使用 NaT 能在 Aurora4 数据集上将 WER 从 13.4% 降至 12.4%，在相同的任务上，该系统打败了最复杂的 GMM 系统。在由 IBM 的 Saon 等人开发的说话人感知训练（SaT）[352] 技术中，一种基于 i-vector 的说话人特征表达被估计出来，并扩展为输入特征的一部分。他们给出了 Switchboard 数据集上的结果，并在 Hub5'00 评估集上将 WER 从 14.1% 降到 12.4%，这是一个相对

12% 的错误减少。在由 York 大学的 Abdel-Hamid 开发的说话人特征表示方法[3, 412] 中，说话人特征表示是对每一位说话人与 DNN 联合训练的，并作为输入特征的一部分。

## 15.1.6 多任务和迁移学习

在第12章中已讨论过，正如在文献 [58, 92, 358, 438] 中指出的那样，DNN 的每个隐层可以被认为是输入特征的一种新表示。这种理解推动了在不同的语言和模态下共享相同特征表示的研究。2012 年至 2013 年[4]，很多包括微软、IBM、约翰霍普金斯大学、爱丁堡大学和谷歌公司的工作组给出了在多语言和跨语言的语音识别[153, 180, 204, 384]、多模态语音识别[203] 和使用 DNN 的多目标训练语音识别[57, 272, 361] 中使用共享隐层架构的结果。这些研究指出，利用来自多语言及模态或者多目标任务的数据来训练共享的隐层，我们能构建出相比针对特定语言或者模态训练的，在相应语言或者模态下表现得更好的 DNN。这种方法通常对可用训练数据极少的语言的语音识别任务帮助最大。

## 15.1.7 卷积神经网络

使用对数梅尔滤波器组特征作为输入特征为一些技术的应用，如可利用特征内在结构的卷积神经网络（CNN），打开了一扇门。在 2012 年，Abdel-Hamid 等人第一次给出了实证，使用卷积神经网络，他们能在频率坐标轴上正规化说话人的差异，并且在 TIMIT 音素识别任务上将音素错误率从 20.7% 降到 20.0%[5]。

这些结果在 2013 年被微软研究院的 Abdel-Hamid 等人[2, 4] 和 Deng 等人，以及 IBM 研究院的 Sainath 等人使用改进的 CNN 架构，预训练和池化技术拓展到大词汇语音识别上。[341, 346] 和 [87] 进一步研究表明，卷积神经网络在训练集或者数据差异性较小的任务上帮助最大。对于其他大多数任务，相对词错误率的下降一般只在2%～3%的范围内。我们相信当训练集规模逐渐增大时，使用或者不使用卷积神经网络的系统性能差距会趋于无。

## 15.1.8 循环神经网络和长短时记忆神经网络

自 2009 年深度神经网络在语音识别上的应用以来，也许最引人注目的新深度网络架构就是循环神经网络（RNN）了，特别是其长短时记忆（LSTM）版本。尽管 RNN 和相关的非线性神经网络预测模型在小型语音识别任务上获得了初步成功[98, 334]，但由于训练过程的复杂性，要将这种成功在更大规模的任务上复制是非常困难的。从早期以来，RNN 的学习算法已经取得了显著的进步，最近，RNN，特别是双向 LSTM 架

---

[4]一些早期工作，比如 [356] 探索了类似的想法但不是基于 DNN。

构的使用[163, 164]，或者当高层次的 DNN 特征被用作循环神经网络的输入时，我们可以取得更好的和更实际的结果[58, 92]。

2013 年，多伦多大学 Graves 等人的结果表明，LSTM 在 TIMIT 音素识别任务上给出了最低的音素错误率[163, 164]。在 2014 年，谷歌的研究员公布的一份结果显示，LSTM 在大规模任务上，如 Google Now、语音搜索和移动听写的应用，可以取得非常准确的结果[348, 349]。为了减小模型大小，LSTM 网络单元的输出向量被线性投影到较低维的向量。异步随机梯度下降（ASGD）算法和截断的沿时反向传播（BPTT）算法被运行于容纳数百台机器的 CPU 集群中。优化帧级别的交叉熵目标函数，并做序列级鉴别性训练可以获得最佳精度识别结果。若将一个 LSTM 叠加在另一个之上，这种深度和循环的 LSTM 模型经 300 万音频段的训练后，可以在大规模语音搜索任务上取得 9.7% 的词错误率。这个结果要好于只用帧级别交叉熵训练准则得到的 10.7% 的词错误率。它也显著好于最好的使用整流线性单元（rectified linear units）的 DNN-HMM 系统得到的 10.4% 的错误率。更进一步地，达到这个更好的结果的同时，参数总数在 DNN 系统中是 8500 万，而在 LSTM 系统中，这个数目急剧下降至 1300 万。最近出版的文献也显示，深度 LSTM 在有回声的多声源环境中是有效的，如 LSTM 在最近的复杂环境下的 ChiME Challenge 任务中取得的良好结果就表明了这一点[402]。

### 15.1.9  其他深度模型

除以上所述外，一些其他的深度学习模型也被开发用于语音识别。它们包括深度张量神经网络（deep tensor neural networks）[432, 433]、深度堆叠网络（deep stacking networks）及其核函数版本[116, 120, 124]、张量深度堆叠网络（tensor deep stacking networks）[210, 211]、递归感知模型（recursive perceptual models）[396]、序列深度置信网络（sequential deep belief networks）[11] 和集成型深度学习架构（ensemble deep learning architecture）[109] 等。但是，尽管这些模型相对于前述的基本深度模型有着优秀的理论和计算性质，它们还没有足够深入和广泛地探索过，也不是当前语音识别的主流方法。

## 15.2  技术前沿和未来方向

### 15.2.1  技术前沿简析

通过结合 CNN、DNN 和基于 i-vector 的自适应技术，IBM 的研究人员在 2014 年展示他们能将 Switchboard Hub5'00 评估集的词错误率降至 10.4%。对比最好的 GMM 系统在同样测试集上达到的 14.5% 的词错误率，DNN 系统将相对错误率剧减 30%。这个改进只是通过声学模型（AM）的改进达到的。最近基于神经网络的语言模型（LM）

和大规模 n-gram 语言模型的发展能进一步将相对错误率下降 10%~15%。两者一起可以将 Switchboard 任务的词错误率降至 10% 以下。同样在 2014 年，由谷歌研究人员开发的 LSTM-RNN 模型在语音搜索任务中，对比其他模型，包括基于前向传播的深度神经网络，展示了令人振奋的错误率下降。

事实上，在许多商业系统中，一些任务如短信听写和语音搜索中词（或字）错误率远远低于 10%。一些公司甚至致力于将句错误率下降至 10% 以下。从实用的观点来看，我们可以合理地认为深度学习在很大程度上解决了近场单人语音识别问题。

然而，如果我们放松条件限制，我们将很快意识到即使有最新技术进展，语音识别系统在以下情况下仍然表现得很糟糕：

- 远场麦克风语音识别，例如，麦克风安装在起居室、会议室，或者在场内视频录制条件下。
- 高噪音环境下语音识别，例如，麦克风捕捉到了高音量的音乐。
- 带口音的语音识别。
- 多人语音或背景交谈的语音识别，例如，会议中或是多方谈话中。
- 不流利的自然语音，变速或者带有情绪的语音识别。

对于这些任务，当前最好系统的词错误率往往在 20% 左右。为了使语音识别在这些困难且实际的条件下变得有用，需要新的技术进展或者更精巧的工程设计将错误率更进一步下降。

### 15.2.2　未来方向

我们相信，语音识别中即使没有用到的声学模型部分出现大量的新技术，但语音识别的准确率在上述一些条件的情况下还是可能提高的。例如，使用更先进的麦克风阵列技术，我们可以显著地降低噪音和背景交谈的影响，从而在这些条件下提高语音识别准确率。我们也可以给远场麦克风生成或者搜集更多的训练数据，这样当使用相似的麦克风时能提高性能。

然而，为了最终解决语音识别问题，以使语音识别系统的性能在所有的情况下接近或者超过人类水平[5]，还是需要有新的声学建模技术和范式的。我们感觉到，下一代的语音识别系统可以单独地描述为，包含许多互连组件和循环反馈的并能始终预测、

---

[5] 在一些受限条件下，语音识别系统已经表现得比人类好。比如，在 2008 年语音识别系统已经在清晰环境的数字识别任务上以 0.2% 的错误率击败人类[430]。2006 年，IBM 的研究员 Kristjansson 等人曾发表过他们在单声道多人语音识别上的结果[239]。在使用极度受限的语言模型和封闭的说话人集合的条件下，他们的改进系统[69] 在 2010 年获得了 21.6% 的词错误率。这个结果要好于人类取得的 22.3% 的词错误率。2014年，Deng 等人在微软研究院开发的基于 DNN 的系统在相同任务上取得了 18.8% 的词错误率[401]，产生的错误远比人类要少。

修正和自适应的动态系统。举例来说，未来的语音识别系统能自动在混合的语音中识别多个会话人，或者在有噪声的语音中解析出人声和噪声。接着系统能关注和跟踪某一个特定的说话人，而忽略其他说话人及噪声。这种关注的认知功能是人类轻松具有的，却是现今的语音识别系统所显著缺少的。未来的语音识别系统还能从训练集学到关键的发音特征，并将其很好地泛化于未知说话人，带口音音频和噪声环境。

为了能构建这样一种新的语音识别系统，首先，构建像第14章中所描述的计算型网络（CN）和计算型网络工具集（CNTK）的强有力的工具是急需的。这些工具能让大规模和系统性的实验建立在比基本的DNN和RNN更先进的深度架构和算法上，其中部分架构和算法在之前章节进行过概述。进一步地说，就像我们在RNN一章中讨论过的，新的学习算法需要被开发，其能够集成有自底向上的信息流的区分性动态模型（如RNN）和有自顶向下的信息流的生成性动态模型的优点，同时克服各自的缺点。最近在基于统计和神经网络的变分推理方面的进展，看起来对学习深度生成模型[29, 74, 199, 293]是有效的，这让我们离所期望的多遍自底向上和自顶向下的学习算法更近了一步。

我们预计下一代的语音识别系统能无缝地集成到语义理解中，例如，用来限制搜索空间和更正语义上不一致的解码输出，并由此从语义理解的相关研究中获益。沿着这个方向，我们需要开发出语音识别系统中输出词序列更好的语义表示。不久前在连续向量空间的词与短语的分布式表示[205, 288, 365, 369, 370]，或称为词嵌入和短语嵌入上的进展，让我们向目标更靠近了一步。

最近，词嵌入（即词的分布式表示）的概念被引入语音识别系统，作为传统的基于音素的词典模型的替代，并提高了识别准确率[27]。这例证了一种新方法，即基于连续向量空间的分布式表示来给语言符号建模，将其作为识别输出。这种方法看上去要比早期的一些词序列在符号向量空间的分布式表示方法——基于发音的或音素特征的音韵模型要强大[52, 82, 114, 249, 265, 376]。按照这个方向的进一步研究也许能利用多模态信息——语音和相关联的图像、手势与文本——将它们全都嵌入到具有音韵性质的同一"语义"空间中——从而能支持弱监督或者无监督的语音识别学习。

更长远地看，我们相信语音识别研究能从人脑研究项目以及特征表示的编码和学习、具有长程依赖和条件状态转移的循环网络、多任务和无监督学习、短时/序列信息处理的预测性方法这些领域的研究中获益。例如，对人类声学系统的大脑皮质区的关注功能和声学特征编码的高效计算模型[282, 283]，可能用来缩小计算机和人类在语音识别上的性能差距。对说话者和听者之间的感知控制和互动也被提出用来提升语音识别和自然语言处理的性能，实际运用的例子可参考[299]。这些能力是当前深度学习技术远远不具备的，需要我们"向外看"到其他领域，如认知科学、计算语言学、知识表示和管理、人工智能、神经科学和仿生机器学习。

# 参考文献

[1] Imagenet. URL http://www.image-net.org/

[2] Abdel-Hamid, O., Deng, L., Yu, D.: Exploring convolutional neural network structures and optimization techniques for speech recognition pp. 3366–3370 (2013)

[3] Abdel-Hamid, O., Jiang, H.: Fast speaker adaptation of hybrid NN/HMM model for speech recognition based on discriminative learning of speaker code. In: Proc. International Conference on Acoustics, Speech and Signal Processing (ICASSP), pp. 7942–7946 (2013)

[4] Abdel-Hamid, O., Mohamed, A.r., Jiang, H., Deng, L., Penn, G., Yu, D.: Convolutional neural networks for speech recognition. IEEE Transactions on Audio, Speech and Language Processing (2014)

[5] Abdel-Hamid, O., Mohamed, A.r., Jiang, H., Penn, G.: Applying convolutional neural networks concepts to hybrid nn-hmm model for speech recognition. In: Proc. International Conference on Acoustics, Speech and Signal Processing (ICASSP), pp. 4277–4280. IEEE (2012)

[6] Abrash, V., Franco, H., Sankar, A., Cohen, M.: Connectionist speaker normalization and adaptation. In: Proc. European Conference on Speech Communication and Technology (EUROSPEECH) (1995)

[7] Acero, A., Deng, L., Kristjansson, T.T., Zhang, J.: HMM adaptation using vector taylor series for noisy speech recognition. In: Proc. Annual Conference of International Speech Communication Association (INTERSPEECH), pp. 869–872 (2000)

[8] Albesano, D., Gemello, R., Laface, P., Mana, F., Scanzio, S.: Adaptation of artificial neural networks avoiding catastrophic forgetting. In: Proc. International Conference on Neural Networks (IJCNN), pp. 1554–1561 (2006)

[9] Albesano, D., Gemello, R., Mana, F.: Hybrid HMM-NN modeling of stationary–

transitional units for continuous speech recognition. Information Sciences **123**(1), 3–11 (2000)

[10] Allen, J.B.: How do humans process and recognize speech? IEEE Transactions on Speech and Audio Processing **2**(4), 567–577 (1994)

[11] Andrew, G., Bilmes, J.: Backpropagation in sequential deep belief networks. Proc. Neural Information Processing Systems (NIPS) (2013)

[12] Aradilla, G., Bourlard, H., Magimai-Doss, M.: Using KL-based acoustic models in a large vocabulary recognition task. In: Proc. Annual Conference of International Speech Communication Association (INTERSPEECH), pp. 928–931 (2008)

[13] Aradilla, G., Vepa, J., Bourlard, H.: An acoustic model based on kullback-leibler divergence for posterior features. In: Proc. International Conference on Acoustics, Speech and Signal Processing (ICASSP), vol. 4, pp. IV–657 (2007)

[14] Association, I.P., et al.: Report on the 1989 Kiel convention. Journal of the International Phonetic Association **19**(2), 67–80 (1989)

[15] Athineos, M., Ellis, D.P.: Frequency-domain linear prediction for temporal features. In: Proc. IEEE Workshop on Automatic Speech Recognition and Understanding (ASRU), pp. 261–266 (2003)

[16] Ba, L.J., Caruana, R.: Do deep nets really need to be deep? arXiv preprint arXiv:1312.6184 (2013)

[17] Bacchiani, M.: Rapid adaptation for mobile speech applications. In: Proc. International Conference on Acoustics, Speech and Signal Processing (ICASSP), pp. 7903–7907 (2013)

[18] Bahl, L., Brown, P., De Souza, P., Mercer, R.: Maximum mutual information estimation of hidden markov model parameters for speech recognition. In: Proc. International Conference on Acoustics, Speech and Signal Processing (ICASSP), vol. 11, pp. 49–52 (1986)

[19] Bahl, L., Brown, P., de Souza, P., Mercer, R.: Maximum mutual information estimation of HMM parameters for speech recognition. In: Proc. International Conference on Acoustics, Speech and Signal Processing (ICASSP), pp. 49–52 (1986)

[20] Baker, J.: Stochastic modeling for automatic speech recognition. In: D. Reddy (ed.) Speech Recognition. Academic, New York (1976)

[21] Baker, J., Deng, L., Glass, J., Khudanpur, S., Lee, C.H., Morgan, N., O'Shgughnessy, D.: Research developments and directions in speech recognition and understanding, part i. IEEE Signal Processing Magazine **26**(3), 75–80 (2009)

[22] Baker, J., Deng, L., Glass, J., Khudanpur, S., Lee, C.H., Morgan, N., O'Shgughnessy,

D.: Research developments and directions in speech recognition and understanding, part ii. IEEE Signal Processing Magazine **26**(4), 78–85 (2009)

[23] Baum, L., Petrie, T.: Statistical inference for probabilistic functions of finite state Markov chains. Ann. Math. Statist. **37**(6), 1554—1563 (1966)

[24] Bazzi, I., Acero, A., Deng, L.: An expectation-maximization approach for formant tracking using a parameter-free nonlinear predictor. In: Proc. International Conference on Acoustics, Speech and Signal Processing (ICASSP) (2003)

[25] Beck, A., Teboulle, M.: A fast iterative shrinkage-thresholding algorithm for linear inverse problems. SIAM Journal on Imaging Sciences **2**(1), 183–202 (2009)

[26] Bellman, R.: Dynamic Programming. Princeton University Press (1957)

[27] Bengio, S., Heigold, G.: Word embeddings for speech recognition. In: Proc. Annual Conference of International Speech Communication Association (INTERSPEECH) (2014)

[28] Bengio, Y.: Practical recommendations for gradient-based training of deep architectures. In: Neural Networks: Tricks of the Trade, pp. 437–478. Springer (2012)

[29] Bengio, Y.: Estimating or propagating gradients through stochastic neurons. CoRR (2013)

[30] Bengio, Y., Boulanger, N., Pascanu, R.: Advances in optimizing recurrent networks. In: Proc. International Conference on Acoustics, Speech and Signal Processing (ICASSP). Vancouver, Canada (2013)

[31] Bengio, Y., Boulanger-Lewandowski, N., Pascanu, R.: Advances in optimizing recurrent networks. In: Proc. International Conference on Acoustics, Speech and Signal Processing (ICASSP). Vancouver, Canada (2013)

[32] Bengio, Y., Lamblin, P., Popovici, D., Larochelle, H.: Greedy layer-wise training of deep networks. In: Proc. Neural Information Processing Systems (NIPS), pp. 153–160 (2006)

[33] Bergstra, J., Breuleux, O., Bastien, F., Lamblin, P., Pascanu, R., Desjardins, G., Turian, J., Warde-Farley, D., Bengio, Y.: Theano: a CPU and GPU math expression compiler. In: Proceedings of the Python for scientific computing conference (SciPy), vol. 4 (2010)

[34] Bertsekas, D.P.: Constrained optimization and lagrange multiplier methods. Computer Science and Applied Mathematics, Boston: Academic Press, 1982 **1** (1982)

[35] Biem, A., Katagiri, S., McDermott, E., Juang, B.H.: An application of discriminative feature extraction to filter-bank-based speech recognition. IEEE Transactions on Speech and Audio Processing (9), 96–110 (2001)

[36] Bilmes, J.: A gentle tutorial of the EM algorithm and its application to parameter estimation for Gaussian mixture and hidden Markov models. Tech. Rep. TR-97-021, ICSI (1997)

[37] Bilmes, J.: Buried markov models: A graphical modeling approach to automatic speech recognition. Computer Speech and Language **17**, 213—231 (2003)

[38] Bilmes, J.: What HMMs can do. IEICE Trans. Information and Systems **E89-D**(3), 869–891 (2006)

[39] Bilmes, J.: Dynamic graphical models. IEEE Signal Processing Magazine **33**, 29–42 (2010)

[40] Bilmes, J., Bartels, C.: Graphical model architectures for speech recognition. IEEE Signal Processing Magazine **22**, 89–100 (2005)

[41] Bischof, C., Roh, L., Mauer-Oats, A.: ADIC: an extensible automatic differentiation tool for ANSI-C. Urbana **51**, 61,802 (1997)

[42] Bishop, C.: Pattern Recognition and Machine Learning. Springer (2006)

[43] Boden, M.: A guide to recurrent neural networks and backpropagation. Tech. rep., TECHNICAL REPORT T2002:03, SICS (2002)

[44] Bottou, L.: Online learning and stochastic approximations. On-line learning in neural networks **17**, 9 (1998)

[45] Bourlard, H., Dupont, S., Martigny Valais Suisse, C.R.: Multi stream speech recognition (1996)

[46] Bourlard, H., Morgan, N., Wooters, C., Renals, S.: CDNN: A context dependent neural network for continuous speech recognition. In: Proc. International Conference on Acoustics, Speech and Signal Processing (ICASSP), vol. 2, pp. 349–352 (1992)

[47] Bourlard, H., Wellekens, C.J.: Links between Markov models and multilayer perceptrons. IEEE Transactions on Pattern Analysis and Machine Intelligence (PAMI) **12**(12), 1167–1178 (1990)

[48] Bourlard, H., et al.: Non-stationary multi-channel (multi-stream) processing towards robust and adaptive asr. In: Proc. Workshop on Robust Methods for Speech Recognition in Adverse Conditions, pp. 1–10 (1999)

[49] Boyd, S., Parikh, N., Chu, E., Peleato, B., Eckstein, J.: Distributed optimization and statistical learning via the alternating direction method of multipliers. Foundations and Trends® in Machine Learning **3**(1), 1–122 (2011)

[50] Boyd, S.P., Vandenberghe, L.: Convex Optimization. Cambridge university press (2004)

[51] Bridle, J., Deng, L., Picone, J., Richards, H., Ma, J., Kamm, T., Schuster, M., Pike, S.,

Reagan, R.: An investigation fo segmental hidden dynamic models of speech coarticulation for automatic speech recognition. Final Report for 1998 Workshop on Langauge Engineering, CLSP, Johns Hopkins (1998)

[52] Bromberg, I., Qian, Q., Hou, J., Li, J., Ma, C., Matthews, B., Moreno-Daniel, A., Morris, J., Siniscalchi, S.M., Tsao, Y., Wang, Y.: Detection-based ASR in the automatic speech attribute transcription project. In: Proc. Annual Conference of International Speech Communication Association (INTERSPEECH), pp. 1829–1832 (2007)

[53] Brümmer, N.: The EM algorithm and minimum divergence. Online http://niko. brummer. googlepages. Agnitio Labs Technical Report (2009)

[54] Bucilua, C., Caruana, R., Niculescu-Mizil, A.: Model compression. In: Proc. International Conference on Knowledge Discovery and Data Mining (SIGKDD), pp. 535–541. ACM (2006)

[55] Caruana, R.: Multitask learning. Machine learning **28**(1), 41–75 (1997)

[56] Chellapilla, K., Puri, S., Simard, P.: High performance convolutional neural networks for document processing. In: Tenth International Workshop on Frontiers in Handwriting Recognition (2006)

[57] Chen, D., Mak, B., Leung, C.C., Sivadas, S.: Joint acoustic modeling of triphones and trigraphemes by multi-task learning deep neural networks for low-resource speech recognition. In: Proc. International Conference on Acoustics, Speech and Signal Processing (ICASSP) (2014)

[58] Chen, J., Deng, L.: A primal-dual method for training recurrent neural networks constrained by the echo-state property. In: Proc. ICLR (2014)

[59] Chen, T., Rao, R.R.: Audio-visual integration in multimodal communication. Proceedings of the IEEE **86**(5), 837–852 (1998)

[60] Chen, X., Eversole, A., Li, G., Yu, D., Seide, F.: Pipelined back-propagation for context-dependent deep neural networks. In: Proc. Annual Conference of International Speech Communication Association (INTERSPEECH) (2012)

[61] Chengalvarayan, R., Deng, L.: HMM-based speech recognition using state-dependent, discriminatively derived transforms on mel-warped DFT features. IEEE Transactions on Speech and Audio Processing (5), 243–256 (1997)

[62] Chengalvarayan, R., Deng, L.: Speech trajectory discrimination using the minimum classification error learning. IEEE Transactions on Speech and Audio Processing (6), 505–515 (1998)

[63] Chesta, C., Siohan, O., Lee, C.H.: Maximum a posteriori linear regression for hidden markov model adaptation. In: Eurospeech (1999)

[64] Chibelushi, C.C., Deravi, F., Mason, J.S.: A review of speech-based bimodal recognition. Multimedia, IEEE Transactions on **4**(1), 23–37 (2002)

[65] Cho, K., van Merrienboer, B., Gulcehre, C., Bougares, F., Schwenk, H., Bengio, Y.: Learning phrase representations using rnn encoder-decoder for statistical machine translation. In: Conference on Empirical Methods in Natural Language Processing (EMNLP) (2014)

[66] Ciresan, D.C., Meier, U., Schmidhuber, J.: Transfer learning for Latin and Chinese characters with deep neural networks. In: Proc. International Conference on Neural Networks (IJCNN), pp. 1–6 (2012)

[67] Clayton, S.: Microsoft research shows a promising new breakthrough in speech translation technology (2012). URL `http://blogs.technet.com/b/next/archive/2012/11/08/` `microsoft-research-shows-a-promising-new-breakthrough-in-speech-transla` `aspx`

[68] Coates, A., Ng, A.Y., Lee, H.: An analysis of single-layer networks in unsupervised feature learning. In: Proc. International Conference on Artificial Intelligence and Statistics (AISTATS), pp. 215–223 (2011)

[69] Cooke, M., Hershey, J.R., Rennie, S.J.: Monaural speech separation and recognition challenge. Computer Speech and Language **24**(1), 1–15 (2010)

[70] Dahl, G., Yu, D., Deng, L., Acero, A.: Large vocabulary continuous speech recognition with context-dependent DBN-HMMs. In: Proc. International Conference on Acoustics, Speech and Signal Processing (ICASSP) (2011)

[71] Dahl, G., Yu, D., Deng, L., Acero, A.: Context-dependent pre-trained deep neural networks for large-vocabulary speech recognition. IEEE Transactions on Audio, Speech and Language Processing **20**(1), 30–42 (2012)

[72] Dahl, G.E., Yu, D., Deng, L., Acero, A.: Large vocabulary continuous speech recognition with context-dependent DBN-HMMs. In: Proc. International Conference on Acoustics, Speech and Signal Processing (ICASSP), pp. 4688–4691 (2011)

[73] Dahl, G.E., Yu, D., Deng, L., Acero, A.: Context-dependent pre-trained deep neural networks for large-vocabulary speech recognition. IEEE Transactions on Audio, Speech and Language Processing **20**(1), 30–42 (2012)

[74] Danilo Jimenez Rezende Shakir Mohamed, D.W.: Stochastic backpropagation and approximate inference in deep generative models. In: Proc. International Conference on Machine Learning (ICML) (2014)

[75] Davis, S., Mermelstein, P.: Comparison of parametric representations for monosyllabic word recognition in continuously spoken sentences. Acoustics, Speech and Signal

Processing, IEEE Transactions on **28**(4), 357–366 (1980)

[76] Dean, J., Ghemawat, S.: Mapreduce: simplified data processing on large clusters. Communications of the ACM **51**(1), 107–113 (2008)

[77] Dehak, N., Kenny, P., Dehak, R., Dumouchel, P., Ouellet, P.: Front-end factor analysis for speaker verification. IEEE Transactions on Audio, Speech and Language Processing **19**(4), 788–798 (2011)

[78] Dempster, A.P., Laird, N.M., Rubin, D.B.: Maximum-likelihood from incomplete data via the EM algorithm. J. Royal Statist. Soc. Ser. B. **39** (1977)

[79] Deng, L.: A generalized hidden markov model with state-conditioned trend functions of time for the speech signal. Signal Processing **27**(1), 65–78 (1992)

[80] Deng, L.: A stochastic model of speech incorporating hierarchical nonstationarity. IEEE Transactions on Acoustics, Speech and Signal Processing **1**(4), 471–475 (1993)

[81] Deng, L.: A dynamic, feature-based approach to the interface between phonology and phonetics for speech modeling and recognition. Speech Communication **24**(4), 299–323 (1998)

[82] Deng, L.: Articulatory features and associated production models in statistical speech recognition. In: Computational Models of Speech Pattern Processing, pp. 214–224. Springer-Verlag, New York (1999)

[83] Deng, L.: Computational models for speech production. In: Computational Models of Speech Pattern Processing, pp. 199–213. Springer-Verlag, New York (1999)

[84] Deng, L.: Switching dynamic system models for speech articulation and acoustics. In: Mathematical Foundations of Speech and Language Processing, pp. 115–134. Springer-Verlag, New York (2003)

[85] Deng, L.: DYNAMIC SPEECH MODELS — Theory, Algorithm, and Applications. Morgan and Claypool (2006)

[86] Deng, L.: Front-End, Back-End, and Hybrid Techniques to Noise-Robust Speech Recognition. Chapter 4 in Book: Robust Speech Recognition of Uncertain Data. Springer Verlag (2011)

[87] Deng, L., Abdel-Hamid, O., Yu, D.: A deep convolutional neural network using heterogeneous pooling for trading acoustic invariance with phonetic confusion. In: Proc. International Conference on Acoustics, Speech and Signal Processing (ICASSP), pp. 6669–6673 (2013)

[88] Deng, L., Acero, A., Plumpe, M., Huang, X.: Large vocabulary speech recognition under adverse acoustic environment. In: Proc. International Conference on Spoken Language Processing (ICSLP), pp. 806–809 (2000)

[89] Deng, L., Aksmanovic, M., Sun, D., Wu, J.: Speech recognition using hidden Markov models with polynomial regression functions as non-stationary states. IEEE Transactions on Acoustics, Speech and Signal Processing **2**(4), 101–119 (1994)

[90] Deng, L., Attias, H., Lee, L., Acero, A.: Adaptive kalman smoothing for tracking vocal tract resonances using a continuous-valued hidden dynamic model. IEEE Transactions on Audio, Speech and Language Processing **15**, 13–23 (2007)

[91] Deng, L., Bazzi, I., Acero, A.: Tracking vocal tract resonances using an analytical nonlinear predictor and a target-guided temporal constraint. In: Proc. Annual Conference of International Speech Communication Association (INTERSPEECH) (2003)

[92] Deng, L., Chen, J.: Sequence classification using high-level features extracted from deep neural networks. In: Proc. International Conference on Acoustics, Speech and Signal Processing (ICASSP) (2014)

[93] Deng, L., Dang, J.: Speech analysis: The production-perception perspective. In: Advances in Chinese Spoken Language Processing. World Scientific Publishing (2007)

[94] Deng, L., Droppo, J., A.Acero: Recursive estimation of nonstationary noise using iterative stochastic approximation for robust speech recognition. IEEE Transactions on Speech and Audio Processing **11**, 568–580 (2003)

[95] Deng, L., Droppo, J., Acero, A.: A Bayesian approach to speech feature enhancement using the dynamic cepstral prior. In: Proc. International Conference on Acoustics, Speech and Signal Processing (ICASSP), vol. 1, pp. I–829 –I–832 (2002)

[96] Deng, L., Droppo, J., Acero, A.: Enhancement of log mel power spectra of speech using a phase-sensitive model of the acoustic environment and sequential estimation of the corrupting noise. IEEE Transactions on Speech and Audio Processing **12**(2), 133 – 143 (2004)

[97] Deng, L., Hassanein, K., Elmasry, M.: Analysis of correlation structure for a neural predictive model with application to speech recognition. Neural Networks **7**, 331–339 (1994)

[98] Deng, L., Hassanein, K., Elmasry, M.: Analysis of the correlation structure for a neural predictive model with application to speech recognition. Neural Networks **7**(2), 331–339 (1994)

[99] Deng, L., Hinton, G., Kingsbury, B.: New types of deep neural network learning for speech recognition and related applications: An overview. In: Proc. International Conference on Acoustics, Speech and Signal Processing (ICASSP). Vancouver, Canada (2013)

[100] Deng, L., Hinton, G., Yu, D.: Deep learning for speech recognition and related applications. In: NIPS Workshop. Whistler, Canada (2009)

[101] Deng, L., Kenny, P., Lennig, M., Gupta, V., Seitz, F., Mermelsten, P.: Phonemic hidden markov models with continuous mixture output densities for large vocabulary word recognition. IEEE Transactions on Acoustics, Speech and Signal Processing **39**(7), 1677–1681 (1991)

[102] Deng, L., Lee, L., Attias, H., Acero, A.: Adaptive kalman filtering and smoothing for tracking vocal tract resonances using a continuous-valued hidden dynamic model. IEEE Transactions on Audio, Speech, and Language Processing **15**(1), 13–23 (2007)

[103] Deng, L., Lennig, M., Seitz, F., Mermelstein, P.: Large vocabulary word recognition using context-dependent allophonic hidden markov models. Computer Speech and Language **4**, 345–357 (1991)

[104] Deng, L., Li, J., Huang, J.T., Yao, K., Yu, D., Seide, F., Seltzer, M., Zweig, G., He, X., Williams, J., Gong, Y., Acero, A.: Recent advances in deep learning for speech research at microsoft. In: Proc. International Conference on Acoustics, Speech and Signal Processing (ICASSP). Vancouver, Canada (2013)

[105] Deng, L., Li, X.: Machine learning paradigms in speech recognition: An overview. IEEE Transactions on Audio, Speech and Language Processing **21**(5), 1060–1089 (2013)

[106] Deng, L., Ma, J.: Spontaneous speech recognition using a statistical coarticulatory model for the hidden vocal-tract-resonance dynamics. Journal Acoustical Society of America **108**, 3036–3048 (2000)

[107] Deng, L., Mark, J.: Parameter estimation for markov modulated poisson processes via the em algorithm with time discretization. In: Telecommunication Systems (1993)

[108] Deng, L., O'Shaughnessy, D.: SPEECH PROCESSING — A Dynamic and Optimization-Oriented Approach. Marcel Dekker Inc, NY (2003)

[109] Deng, L., Platt, J.: Ensemble deep learning for speech recognition. In: Proc. Annual Conference of International Speech Communication Association (INTERSPEECH) (2014)

[110] Deng, L., Ramsay, G., Sun, D.: Production models as a structural basis for automatic speech recognition. Speech Communication **33**(2-3), 93–111 (1997)

[111] Deng, L., Rathinavelu, C.: A Markov model containing state-conditioned second-order non-stationarity: application to speech recognition. IEEE Transactions on Speech and Audio Processing **9**(1), 63–86 (1995)

[112] Deng, L., Sameti, H.: Transitional speech units and their representation by regressive Markov states: Applications to speech recognition. IEEE Transactions on Speech and Audio Processing **4**(4), 301–306 (1996)

[113] Deng, L., Seltzer, M., Yu, D., Acero, A., Mohamed, A., Hinton, G.: Binary coding of speech spectrograms using a deep auto-encoder. In: Proc. Annual Conference of International Speech Communication Association (INTERSPEECH) (2010)

[114] Deng, L., Sun, D.: A statistical approach to automatic speech recognition using the atomic speech units constructed from overlapping articulatory features. Journal Acoustical Society of America **85**, 2702–2719 (1994)

[115] Deng, L., Togneri, R.: Deep dynamic models for learning hidden representations of speech features. In: Speech and Audio Processing for Coding, Enhancement and Recognition. Springer (2014)

[116] Deng, L., Tur, G., He, X., Hakkani-Tur, D.: Use of kernel deep convex networks and end-to-end learning for spoken language understanding. In: Proc. IEEE Spoken Language Technology Workshop (SLT), pp. 210–215 (2012)

[117] Deng, L., Wang, K., Acero, A., Hon, H., Droppo, J., C. Boulis, Y.W., Jacoby, D., Mahajan, M., Chelba, C., Huang, X.: Distributed speech processing in mipad's multi-modal user interface. IEEE Transactions on Audio, Speech and Language Processing **20**(9), 2409 –2419 (2012)

[118] Deng, L., Wu, J., Droppo, J., Acero, A.: Analysis and comparisons of two speech feature extraction/compensation algorithms (2005)

[119] Deng, L., Yu, D.: Use of differential cepstra as acoustic features in hidden trajectory modelling for phonetic recognition. In: Proc. International Conference on Acoustics, Speech and Signal Processing (ICASSP), pp. 445–448 (2007)

[120] Deng, L., Yu, D.: Deep convex network: A scalable architecture for speech pattern classification. In: Proc. Annual Conference of International Speech Communication Association (INTERSPEECH) (2011)

[121] Deng, L., Yu, D.: Deep Learning: Methods and Applications. NOW Publishers (2014)

[122] Deng, L., Yu, D., Acero, A.: A bidirectional target filtering model of speech coarticulation: two-stage implementation for phonetic recognition. IEEE Transactions on Speech and Audio Processing **14**, 256–265 (2006)

[123] Deng, L., Yu, D., Acero, A.: Structured speech modeling. IEEE Transactions on Speech and Audio Processing **14**, 1492–1504 (2006)

[124] Deng, L., Yu, D., Platt, J.: Scalable stacking and learning for building deep architectures. In: Proc. International Conference on Acoustics, Speech and Signal Processing (ICASSP) (2012)

[125] Divenyi, P., Greenberg, S., Meyer, G.: Dynamics of Speech Production and Perception. IOS Press (2006)

[126] Droppo, J., Acero, A.: Noise robust speech recognition with a switching linear dynamic model. In: Proc. International Conference on Acoustics, Speech and Signal Processing (ICASSP), vol. 1, pp. I–953–I–956 (2004)

[127] Duchi, J., Hazan, E., Singer, Y.: Adaptive subgradient methods for online learning and stochastic optimization. Journal of Machine Learning Research (JMLR) pp. 2121–2159 (2011)

[128] Dupont, S., Cheboub, L.: Fast speaker adaptation of artificial neural networks for automatic speech recognition. In: Proc. International Conference on Acoustics, Speech and Signal Processing (ICASSP), vol. 3, pp. 1795–1798 (2000)

[129] Dupont, S., Luettin, J.: Audio-visual speech modeling for continuous speech recognition. Multimedia, IEEE Transactions on **2**(3), 141–151 (2000)

[130] Earl Bryson, A., Ho, Y.C.: Applied optimal control: optimization, estimation, and control. Blaisdell Publishing Company (1969)

[131] Erhan, D., Bengio, Y., Courville, A., Manzagol, P.A., Vincent, P., Bengio, S.: Why does unsupervised pre-training help deep learning? Journal of Machine Learning Research (JMLR) **11**, 625–660 (2010)

[132] Erhan, D., Manzagol, P.A., Bengio, Y., Bengio, S., Vincent, P.: The difficulty of training deep architectures and the effect of unsupervised pre-training. In: Proc. International Conference on Artificial Intelligence and Statistics (AISTATS), pp. 153–160 (2009)

[133] Fan, Y., Qian, Y., Xie, F., Soong, F.K.: Tts synthesis with bidirectional lstm based recurrent neural networks. In: Proc. Annual Conference of International Speech Communication Association (INTERSPEECH) (2014)

[134] Fernandez, R., Rendel, A., Ramabhadran, B., Hoory, R.: Prosody contour prediction with long short-term memory, bi-directional, deep recurrent neural networks. In: Proc. Annual Conference of International Speech Communication Association (INTERSPEECH) (2014)

[135] Fiscus, J.G.: A post-processing system to yield reduced word error rates: Recognizer output voting error reduction (ROVER). In: Proc. IEEE Workshop on Automatic Speech Recognition and Understanding (ASRU), pp. 347–354 (1997)

[136] Flego, F., Gales, M.J.: Discriminative adaptive training with VTS and JUD. In: Proc. IEEE Workshop on Automatic Speech Recognition and Understanding (ASRU), pp. 170–175 (2009)

[137] Fousek, P., Lamel, L., Gauvain, J.L.: Transcribing broadcast data using MLP features. In: Proc. Annual Conference of International Speech Communication Association (INTERSPEECH), pp. 1433–1436 (2008)

[138] Fox, E., Sudderth, E., Jordan, M., Willsky, A.: Bayesian nonparametric methods for learning markov switching processes. IEEE Signal Processing Magazine 27(6), 43–54 (2010)

[139] Frey, B., Deng, L., Acero, A., Kristjansson, T.: Algonquin: Iterating laplaces method to remove multiple types of acoustic distortion for robust speech recognition. In: Proc. European Conference on Speech Communication and Technology (EUROSPEECH) (2000)

[140] Fu, Q., Zhao, Y., Juang, B.H.: Automatic speech recognition based on non-uniform error criteria. IEEE Transactions on Audio, Speech and Language Processing 20(3), 780–793 (2012)

[141] Gales, M., Watanabe, S., Fosler-Lussier, E.: Structured discriminative models for speech recognition. IEEE Signal Processing Magazine (29), 70–81 (2012)

[142] Gales, M., Young, S.: Robust continuous speech recognition using parallel model combination. IEEE Transactions on Speech and Audio Processing 4(5), 352–359 (1996)

[143] Gales, M.J.: Maximum likelihood linear transformations for HMM-based speech recognition. Computer Speech and Language 12(2), 75–98 (1998)

[144] Gales, M.J., Woodland, P.: Mean and variance adaptation within the mllr framework. Computer Speech and Language 10(4), 249–264 (1996)

[145] Gao, Y., Bakis, R., Huang, J., Xiang, B.: Multistage coarticulation model combining articulatory, formant and cepstral features. In: Proc. International Conference on Spoken Language Processing (ICSLP), pp. 25–28. Beijing, China (2000)

[146] Garofolo, J.S.: Darpa Timit: Acoustic-phonetic Continuous Speech Corps CD-ROM. US Department of Commerce, National Institute of Standards and Technology (1993)

[147] Geiger, J., Zhang, Z., Weninger, F., Schuller, B., Rigoll, G.: Robust speech recognition using long short-term memory recurrent neural networks for hybrid acoustic modelling. In: Proc. Annual Conference of International Speech Communication Association (INTERSPEECH) (2014)

[148] Gemello, R., Mana, F., Scanzio, S., Laface, P., De Mori, R.: Linear hidden transformations for adaptation of hybrid ANN/HMM models. Speech Communication 49(10), 827–835 (2007)

[149] Gemmeke, J., Virtanen, T., Hurmalainen, A.: Exemplar-based sparse representations for noise robust automatic speech recognition. IEEE Transactions on Audio, Speech and Language Processing 19(7), 2067–2080 (2011)

[150] Gers, F., Schmidhuber, J., Cummins, F.: Learning to forget: continual prediction with lstm. Neural Computation 12, 2451–2471 (2000)

[151] Gers, F., Schraudolph, N., Schmidhuber, J.: Learning precise timing with lstm recurrent networks. Journal of Machine Learning Research (JMLR) **3**, 115–143 (2002)

[152] Ghahramani, Z., Hinton, G.E.: Variational learning for switching state-space models. Neural Computation **12**, 831–864 (2000)

[153] Ghoshal, A., Swietojanski, P., Renals, S.: Multilingual training of deep-neural netowrks. Proc. International Conference on Acoustics, Speech and Signal Processing (ICASSP) (2013)

[154] Glembek, O., Burget, L., Matejka, P., Karafiát, M., Kenny, P.: Simplification and optimization of i-vector extraction. In: Proc. International Conference on Acoustics, Speech and Signal Processing (ICASSP), pp. 4516–4519 (2011)

[155] Glorot, X., Bordes, A., Bengio, Y.: Deep sparse rectifier neural networks. In: Proc. International Conference on Artificial Intelligence and Statistics (AISTATS), vol. 15, pp. 315–323 (2011)

[156] Godfrey, J.J., Holliman, E.: Switchboard-1 release 2. Linguistic Data Consortium (1997)

[157] Godfrey, J.J., Holliman, E.C., McDaniel, J.: Switchboard: Telephone speech corpus for research and development. In: Proc. International Conference on Acoustics, Speech and Signal Processing (ICASSP), vol. 1, pp. 517–520 (1992)

[158] Goel, V., Byrne, W.J.: Minimum Bayes-risk automatic speech recognition. Computer Speech and Language **14**(2), 115–135 (2000)

[159] Gong, Y., Illina, I., Haton, J.P.: Modeling long term variability information in mixture stochastic trajectory framework. In: Proc. International Conference on Spoken Language Processing (ICSLP) (1996)

[160] Gonzalez, J., Lopez-Moreno, I., Sak, H., Gonzalez-Rodriguez, J., Moreno, P.: Automatic language identification using long short-term memory recurrent neural networks. In: Proc. Annual Conference of International Speech Communication Association (INTERSPEECH) (2014)

[161] Graves, A.: Sequence transduction with recurrent neural networks. In: ICML Representation Learning Workshop (2012)

[162] Graves, A.: Generating sequences with recurrent neural networks. arXiv preprint arXiv:1308.0850 (2013)

[163] Graves, A., Jaitly, N., Mahamed, A.: Hybrid speech recognition with deep bidirectional lstm. In: Proc. International Conference on Acoustics, Speech and Signal Processing (ICASSP). Vancouver, Canada (2013)

[164] Graves, A., Mahamed, A., Hinton, G.: Speech recognition with deep recurrent neural

networks. In: Proc. International Conference on Acoustics, Speech and Signal Processing (ICASSP). Vancouver, Canada (2013)

[165] Grézl, F., Fousek, P.: Optimizing bottle-neck features for LVCSR. In: Proc. International Conference on Acoustics, Speech and Signal Processing (ICASSP), pp. 4729–4732 (2008)

[166] Grézl, F., Karafiát, M., Kontár, S., Černocký, J.: Probabilistic and bottle-neck features for LVCSR of meetings. In: Proc. International Conference on Acoustics, Speech and Signal Processing (ICASSP), pp. 757–760 (2007)

[167] Griewank, A., Walther, A.: Evaluating derivatives: principles and techniques of algorithmic differentiation. Siam (2008)

[168] Guenter, B.: Efficient symbolic differentiation for graphics applications. In: ACM Trans. Graphic., vol. 26, p. 108 (2007)

[169] Guenter, B., Yu, D., Eversole, A., Kuchaiev, O., Seltzer, M.L.: Stochastic gradient descent algorithm in the computational network toolkit (2013)

[170] Gunawardana, A., Mahajan, M., Acero, A., Platt, J.C.: Hidden conditional random fields for phone classification. In: Proc. Annual Conference of International Speech Communication Association (INTERSPEECH), pp. 1117–1120 (2005)

[171] Gutmann, M., Hyvärinen, A.: Noise-contrastive estimation: A new estimation principle for unnormalized statistical models. In: International Conference on Artificial Intelligence and Statistics, pp. 297–304 (2010)

[172] Gutmann, M.U., Hyvärinen, A.: Noise-contrastive estimation of unnormalized statistical models, with applications to natural image statistics. The Journal of Machine Learning Research **13**, 307–361 (2012)

[173] Hassibi, B., Stork, D.G., et al.: Second order derivatives for network pruning: Optimal brain surgeon. Proc. Neural Information Processing Systems (NIPS) pp. 164–164 (1993)

[174] Hastie, T., Tibshirani, R., Friedman, J., Hastie, T., Friedman, J., Tibshirani, R.: The elements of statistical learning, vol. 2. Springer (2009)

[175] He, X., Deng, L.: Discriminative Learning for Speech Recognition: Theory and Practice. Morgan and Claypool (2008)

[176] He, X., Deng, L.: Speech recognition, machine translation, and speech translation — - A unified discriminative learning paradigm. IEEE Signal Processing Magazine **27**, 126–133 (2011)

[177] He, X., Deng, L., Chou, W.: Discriminative learning in sequential pattern recognition — A unifying review for optimization-oriented speech recognition. IEEE Signal

Processing Magazine **25**(5), 14–36 (2008)

[178] Heigold, G., Ney, H., Lehnen, P., Gass, T., Schluter, R.: Equivalence of generative and log-linear models. IEEE Transactions on Audio, Speech and Language Processing **19**(5), 1138–1148 (2011)

[179] Heigold, G., Ney, H., Schluter, R.: Investigations on an EM-style optimization algorithm for discriminative training of HMMs. IEEE Transactions on Audio, Speech, and Language Processing **21**(12), 2616–2626 (2013)

[180] Heigold, G., Vanhoucke, V., Senior, A., Nguyen, P., Ranzato, M., Devin, M., Dean, J.: Multilingual acoustic models using distributed deep neural networks. Proc. International Conference on Acoustics, Speech and Signal Processing (ICASSP) (2013)

[181] Heigold, G., Wiesler, S., Nubbaum-Thom, M., Lehnen, P., Schluter, R., Ney, H.: Discriminative HMMs. log-linear models, and CRFs: What is the difference? In: Proc. International Conference on Acoustics, Speech and Signal Processing (ICASSP) (2010)

[182] Hennebert, J., Ris, C., Bourlard, H., Renals, S., Morgan, N.: Estimation of global posteriors and forward-backward training of hybrid hmm/ann systems. (1997)

[183] Hermans, M., Schrauwen, B.: Training and analysing deep recurrent neural networks. In: Proc. Neural Information Processing Systems (NIPS) (2013)

[184] Hermansky, H.: Perceptual linear predictive (PLP) analysis of speech. The Journal of the Acoustical Society of America **87**, 1738 (1990)

[185] Hermansky, H., Ellis, D.P., Sharma, S.: Tandem connectionist feature extraction for conventional HMM systems. In: Proc. International Conference on Acoustics, Speech and Signal Processing (ICASSP), vol. 3, pp. 1635–1638 (2000)

[186] Hestenes, M.R.: Multiplier and gradient methods. Journal of optimization theory and applications **4**(5), 303–320 (1969)

[187] Hestenes, M.R., Stiefel, E.: Methods of conjugate gradients for solving linear systems (1952)

[188] Hinton, G.: A practical guide to training restricted Boltzmann machines. Tech. Rep. UTML TR 2010-003, University of Toronto (2010)

[189] Hinton, G., Deng, L., Yu, D., Dahl, G., Mohamed, A., Jaitly, N., Senior, A., Vanhoucke, V., Nguyen, P., Sainath, T., Kingsbury, B.: Deep neural networks for acoustic modeling in speech recognition. IEEE Signal Processing Magazine **29**(6), 82–97 (2012)

[190] Hinton, G., Deng, L., Yu, D., Dahl, G.E., Mohamed, A.r., Jaitly, N., Senior, A., Vanhoucke, V., Nguyen, P., Sainath, T.N., et al.: Deep neural networks for acoustic modeling in speech recognition: The shared views of four research groups. IEEE Signal Processing Magazine **29**(6), 82–97 (2012)

[191] Hinton, G., Osindero, S., Teh, Y.: A fast learning algorithm for deep belief nets. Neural Computation **18**, 1527–1554 (2006)

[192] Hinton, G., Osindero, S., Teh, Y.W.: A fast learning algorithm for deep belief nets. Neural Computation **18**, 1527–1554 (2006)

[193] Hinton, G., Salakhutdinov, R.: Reducing the dimensionality of data with neural networks. Science **313**(5786), 504 – 507 (2006)

[194] Hinton, G.E.: Training products of experts by minimizing contrastive divergence. Neural computation **14**(8), 1771–1800 (2002)

[195] Hinton, G.E., Dayan, P., Frey, B.J., Neal, R.M.: The "wake-sleep" algorithm for unsupervised neural networks. SCIENCE-NEW YORK THEN WASHINGTON- pp. 1158–1158 (1995)

[196] Hinton, G.E., Salakhutdinov, R.: Replicated softmax: an undirected topic model. In: Proc. Neural Information Processing Systems (NIPS), pp. 1607–1614 (2009)

[197] Hinton, G.E., Srivastava, N., Krizhevsky, A., Sutskever, I., Salakhutdinov, R.R.: Improving neural networks by preventing co-adaptation of feature detectors. arXiv preprint arXiv:1207.0580 (2012)

[198] Hochreiter, S., Schmidhuber, J.: Long short-term memory. Neural computation **9**(8), 1735–1780 (1997)

[199] Hoffman, M.D., Blei, D.M., Wang, C., Paisley, J.: Stochastic variational inference. Journal of Machine Learning Research (JMLR) **14**(1), 1303–1347 (2013)

[200] Holmes, W., Russell, M.: Probabilistic-trajectory segmental HMMs. Computer Speech and Language **13**, 3–37 (1999)

[201] Hopcroft, J.E.: Data structures and algorithms. Pearson education (1983)

[202] Hornik, K., Stinchcombe, M., White, H.: Multilayer feedforward networks are universal approximators. Neural networks **2**(5), 359–366 (1989)

[203] Huang, J., Kingsbury, B.: Audio-visual deep learning for noise robust speech recognition. In: Proc. International Conference on Acoustics, Speech and Signal Processing (ICASSP), pp. 7596–7599 (2013)

[204] Huang, J.T., Li, J., Yu, D., Deng, L., Gong, Y.: Cross-language knowledge transfer using multilingual deep neural network with shared hidden layers. In: Proc. International Conference on Acoustics, Speech and Signal Processing (ICASSP) (2013)

[205] Huang, P.S., He, X., Gao, J., Deng, L., Acero, A., Heck, L.: Learning deep structured semantic models for web search using clickthrough data. In: ACM International Conference on Information and Knowledge Management (2013)

[206] Huang, X., Acero, A., Hon, H.W.: Spoken Language Processing: A Guide to Theory,

Algorithm, and System Development. Prentice Hall (2001)

[207] Huang, X., Acero, A., Hon, H.W., et al.: Spoken language processing, vol. 18. Prentice Hall Englewood Cliffs (2001)

[208] Huang, X., Deng, L.: An overview of modern speech recognition. In: N. Indurkhya, F.J. Damerau (eds.) Handbook of Natural Language Processing, Second Edition. CRC Press, Taylor and Francis Group, Boca Raton, FL (2010). ISBN 978-1420085921

[209] Huang, Y., Yu, D., Liu, C., Gong, Y.: A comparative analytic study on the gaussian mixture and context dependent deep neural network hidden markov models. In: Proc. Annual Conference of International Speech Communication Association (INTERSPEECH) (2014)

[210] Hutchinson, B., Deng, L., Yu, D.: A deep architecture with bilinear modeling of hidden representations: applications to phonetic recognition. In: Proc. International Conference on Acoustics, Speech and Signal Processing (ICASSP) (2012)

[211] Hutchinson, B., Deng, L., Yu, D.: Tensor deep stacking networks. IEEE Transactions on Pattern Analysis and Machine Intelligence (PAMI) (2013)

[212] Hwang, M., Huang, X.: Shared-distribution hidden markov models for speech recognition. IEEE Trans. Speech Audio Process $4(1)$, 414–420 (1993)

[213] Jaeger, H.: Short term memory in echo state networks. GMD Report 152, GMD - German National Research Institute for Computer Science (2001)

[214] Jaeger, H.: Tutorial on training recurrent neural networks, covering BPPT, RTRL, EKF and the "echo state network" approach. GMD Report 159, GMD - German National Research Institute for Computer Science (2002)

[215] Jaitly, N., Nguyen, P., Senior, A.W., Vanhoucke, V.: Application of pretrained deep neural networks to large vocabulary speech recognition. In: Proc. Annual Conference of International Speech Communication Association (INTERSPEECH) (2012)

[216] Jaitly, N., Nguyen, P., Senior, A.W., Vanhoucke, V.: Application of pretrained deep neural networks to large vocabulary speech recognition. In: Proc. Annual Conference of International Speech Communication Association (INTERSPEECH) (2012)

[217] Jarrett, K., Kavukcuoglu, K., Ranzato, M., LeCun, Y.: What is the best multi-stage architecture for object recognition? In: Proc. IEEE International Conference on Computer Vision (ICCV), pp. 2146–2153 (2009)

[218] Jelinek, F.: Continuous speech recognition by statistical methods. Proceedings of the IEEE $64(4)$, $532 - 557$ (1976)

[219] Jiang, H., Li, X.: Discriminative learning in sequential pattern recognition — a unifying review for optimization-oriented speech recognition. IEEE Signal Processing

Magazine **27**(3), 115–127 (2010)

[220] Jiang, H., Li, X., Liu, C.: Large margin hidden markov models for speech recognition. IEEE Transactions on Audio, Speech and Language Processing **14**(5), 1584–1595 (2006)

[221] Jordan, M., Sudderth, E., Wainwright, M., Wilsky, A.: Major advances and emerging developments of graphical models, special issue. IEEE Signal Processing Magazine **27**(6), 17,138 (2010)

[222] Juang, B.H., Hou, W., Lee, C.H.: Minimum classification error rate methods for speech recognition. IEEE Transactions on Speech and Audio Processing **5**(3), 257–265 (1997)

[223] Juang, B.H., Levinson, S.E., Sondhi, M.M.: Maximum likelihood estimation for mixture multivariate stochastic observations of markov chains. IEEE International Symposium on Information Theory **32**(2), 307–309 (1986)

[224] Kalinli, O., Seltzer, M., Droppo, J., Acero, A.: Noise adaptive training for robust automatic speech recognition. IEEE Transactions on Audio, Speech and Language Processing **18**(8), 1889 –1901 (2010)

[225] Kalinli, O., Seltzer, M.L., Droppo, J., Acero, A.: Noise adaptive training for robust automatic speech recognition. Audio, Speech, and Language Processing, IEEE Transactions on **18**(8), 1889–1901 (2010)

[226] Kapadia, S., Valtchev, V., Young, S.: MMI training for continuous phoneme recognition on the TIMIT database. In: Proc. International Conference on Acoustics, Speech and Signal Processing (ICASSP), vol. 2, pp. 491–494 (1993)

[227] Karafiát, M., Burget, L., Matejka, P., Glembek, O., Cernocky, J.: iVector-based discriminative adaptation for automatic speech recognition. In: Proc. IEEE Workshop on Automatic Speech Recognition and Understanding (ASRU), pp. 152–157 (2011)

[228] Kavukcuoglu, K., Sermanet, P., Boureau, Y.L., Gregor, K., Mathieu, M., LeCun, Y.: Learning convolutional feature hierarchies for visual recognition. In: NIPS, vol. 1, p. 5 (2010)

[229] Kello, C.T., Plaut, D.C.: A neural network model of the articulatory-acoustic forward mapping trained on recordings of articulatory parameters. Journal Acoustical Society of America **116**(4), 2354–2364 (2004)

[230] Kenny, P.: Joint factor analysis of speaker and session variability: Theory and algorithms. CRIM, Montreal,(Report) CRIM-06/08-13 (2005)

[231] Kim, D.Y., Kwan Un, C., Kim, N.S.: Speech recognition in noisy environments using first-order vector Taylor series. Speech Communication **24**(1), 39–49 (1998)

[232] Kim, M.W., Ryu, J.W., Kim, E.J.: Speech recognition by integrating audio, visual and

contextual features based on neural networks. In: Advances in Natural Computation, pp. 155–164. Springer (2005)

[233] King, S., J., F., K., L., E., M., K., R., M., W.: Speech production knowledge in automatic speech recognition. Journal Acoustical Society of America **121**, 723–742 (2007)

[234] Kingma, D., Welling, M.: Auto-encoding variational bayes. In: arXiv:1312.6114v10 (2014)

[235] Kingma, D., Welling, M.: Efficient gradient-based inference through transformations between bayes nets and neural nets. In: Proc. International Conference on Machine Learning (ICML) (2014)

[236] Kingsbury, B.: Lattice-based optimization of sequence classification criteria for neural-network acoustic modeling. In: Proc. International Conference on Acoustics, Speech and Signal Processing (ICASSP), pp. 3761–3764 (2009)

[237] Kingsbury, B., Sainath, T.N., Soltau, H.: Scalable minimum bayes risk training of deep neural network acoustic models using distributed hessian-free optimization. In: Proc. Annual Conference of International Speech Communication Association (INTERSPEECH) (2012)

[238] Kirkpatrick, S., Jr., D.G., Vecchi, M.P.: Optimization by simmulated annealing. science **220**(4598), 671–680 (1983)

[239] Kristjansson, T.T., Hershey, J.R., Olsen, P.A., Rennie, S.J., Gopinath, R.A.: Superhuman multi-talker speech recognition: the ibm 2006 speech separation challenge system. In: Proc. Annual Conference of International Speech Communication Association (INTERSPEECH) (2006)

[240] Krizhevsky, A., Sutskever, I., Hinton, G.E.: Imagenet classification with deep convolutional neural networks. In: NIPS, vol. 1, p. 4 (2012)

[241] Kumar, N., Andreou, A.G.: Heteroscedastic discriminant analysis and reduced rank HMMs for improved speech recognition. Speech Communication **26**(4), 283–297 (1998)

[242] Lang, K.J., Waibel, A.H., Hinton, G.E.: A time-delay neural network architecture for isolated word recognition. Neural networks **3**(1), 23–43 (1990)

[243] Langford, J., Li, L., Zhang, T.: Sparse online learning via truncated gradient. Journal of Machine Learning Research (JMLR) **10**, 777–801 (2009)

[244] Larochelle, H., Bengio, Y.: Classification using discriminative restricted Boltzmann machines. In: Proc. International Conference on Machine Learning (ICML), pp. 536–543 (2008)

[245] Le, Q.V., Ranzato, M., Monga, R., Devin, M., Chen, K., Corrado, G.S., Dean, J.,

Ng, A.Y.: Building high-level features using large scale unsupervised learning. arXiv preprint arXiv:1112.6209 (2011)

[246] LeCun, Y., Bengio, Y.: Convolutional networks for images, speech, and time series. The handbook of brain theory and neural networks **3361** (1995)

[247] LeCun, Y., Bottou, L., Orr, G.B., Müller, K.R.: Efficient backprop. In: Neural networks: Tricks of the trade, pp. 9–50. Springer (1998)

[248] LeCun, Y., Denker, J.S., Solla, S.A., Howard, R.E., Jackel, L.D.: Optimal brain damage. In: Proc. Neural Information Processing Systems (NIPS), vol. 2, pp. 598–605 (1989)

[249] Lee, C.H.: From knowledge-ignorant to knowledge-rich modeling: A new speech research paradigm for next-generation automatic speech recognition. In: Proc. International Conference on Spoken Language Processing (ICSLP), pp. 109–111 (2004)

[250] Lee, C.H., Huo, Q.: On adaptive decision rules and decision parameter adaptation for automatic speech recognition. Proceedings of the IEEE **88**(8), 1241–1269 (2000)

[251] Lee, K.F., Hon, H.W.: Speaker-independent phone recognition using hidden Markov models. IEEE Transactions on Speech and Audio Processing **37**(11), 1641–1648 (1989)

[252] Lee, L., Attias, H., Deng, L.: Variational inference and learning for segmental switching state space models of hidden speech dynamics. In: Proc. International Conference on Acoustics, Speech and Signal Processing (ICASSP), vol. 1, pp. I–872 – I–875 (2003)

[253] Lee, L.J., Fieguth, P., Deng, L.: A functional articulatory dynamic model for speech production. In: Proc. International Conference on Acoustics, Speech and Signal Processing (ICASSP), vol. 2, pp. 797–800. Salt Lake City (2001)

[254] Leggetter, C.J., Woodland, P.: Maximum likelihood linear regression for speaker adaptation of continuous density hidden Markov models. Computer Speech and Language **9**(2), 171–185 (1995)

[255] Lewis, T.W., Powers, D.M.: Audio-visual speech recognition using red exclusion and neural networks. Journal of Research and Practice in Information Technology **35**(1), 41–64 (2003)

[256] Li, B., Sim, K.C.: Comparison of discriminative input and output transformations for speaker adaptation in the hybrid NN/HMM systems. In: Proc. Annual Conference of International Speech Communication Association (INTERSPEECH), pp. 526–529 (2010)

[257] Li, J., Deng, L., Gong, Y., A.Acero: A unified framework of HMM adaptation with joint compensation of additive and convolutive distortions. Computer Speech and Language **23**, 389–405 (2009)

[258] Li, J., Deng, L., Yu, D., Gong, Y., Acero, A.: High-performance hmm adaptation with joint compensation of additive and convolutive distortions via vector taylor series. In: Proc. IEEE Workshop on Automatic Speech Recognition and Understanding (ASRU), pp. 65 –70 (2007)

[259] Li, J., Deng, L., Yu, D., Gong, Y., Acero, A.: High-performance HMM adaptation with joint compensation of additive and convolutive distortions via vector Taylor series. In: Proc. IEEE Workshop on Automatic Speech Recognition and Understanding (ASRU), pp. 65–70 (2007)

[260] Li, J., Deng, L., Yu, D., Gong, Y., Acero, A.: HMM adaptation using a phase-sensitive acoustic distortion model for environment-robust speech recognition. In: Proc. International Conference on Acoustics, Speech and Signal Processing (ICASSP), pp. 4069–4072 (2008)

[261] Li, J., Deng, L., Yu, D., Gong, Y., Acero, A.: A unified framework of HMM adaptation with joint compensation of additive and convolutive distortions. Computer Speech and Language **23**(3), 389–405 (2009)

[262] Li, J., Yu, D., Huang, J.T., Gong, Y.: Improving wideband speech recognition using mixed-bandwidth training data in CD-DNN-HMM. In: Proc. IEEE Spoken Language Technology Workshop (SLT), pp. 131–136 (2012)

[263] Li, J., Zhao, R., Huang, J.T., Gong, Y.: Learning small-size DNN with output-distribution-based criteria. In: Proc. Annual Conference of International Speech Communication Association (INTERSPEECH) (2014)

[264] Li, X., Bilmes, J.: Regularized adaptation of discriminative classifiers. In: Acoustics, Speech and Signal Processing, 2006. ICASSP 2006 Proceedings. 2006 IEEE International Conference on, vol. 1, pp. I–I. IEEE (2006)

[265] Lin, H., Deng, L., Yu, D., Gong, Y.f., Acero, A., Lee, C.H.: A study on multilingual acoustic modeling for large vocabulary ASR. In: Proc. International Conference on Acoustics, Speech and Signal Processing (ICASSP), pp. 4333–4336 (2009)

[266] Ling, Z.H., Deng, L., Yu, D.: Modeling spectral envelopes using restricted boltzmann machines and deep belief networks for statistical parametric speech synthesis. IEEE Transactions on Audio, Speech and Language Processing **21**(10), 2129–2139 (2013)

[267] Liu, D.C., Nocedal, J.: On the limited memory BFGS method for large scale optimization. Mathematical programming **45**(1-3), 503–528 (1989)

[268] Liu, F.H., Stern, R.M., Huang, X., Acero, A.: Efficient cepstral normalization for robust speech recognition. In: Proc. ACL Workshop on Human Language Technologies (ACL-HLT), pp. 69–74 (1993)

[269] Liu, S., Sim, K.: Temporally varying weight regression: A semi-parametric trajectory

model for automatic speech recognition. IEEE Transactions on Audio, Speech and Language Processing **22**(1), 151–160 (2014)

[270] Livescu, K., Fosler-Lussier, E., Metze, F.: Subword modeling for automatic speech recognition: Past, present, and emerging approaches. IEEE Signal Processing Magazine **29**(6), 44–57 (2012)

[271] Lowe, D.G.: Object recognition from local scale-invariant features. In: Computer vision, 1999. The proceedings of the seventh IEEE international conference on, vol. 2, pp. 1150–1157. Ieee (1999)

[272] Lu, Y., Lu, F., Sehgal, S., Gupta, S., Du, J., Tham, C.H., Green, P., Wan, V.: Multitask learning in connectionist speech recognition. In: Proc. Australian International Conference on Speech Science and Technology (2004)

[273] Ma, J., Deng, L.: A path-stack algorithm for optimizing dynamic regimes in a statistical hidden dynamic model of speech. Computer Speech and Language **14**, 101–104 (2000)

[274] Ma, J., Deng, L.: Efficient decoding strategies for conversational speech recognition using a constrained nonlinear state-space model. IEEE Transactions on Audio and Speech Processing **11**(6), 590–602 (2003)

[275] Ma, J., Deng, L.: Efficient decoding strategies for conversational speech recognition using a constrained nonlinear state-space model. IEEE Transactions on Audio, Speech and Language Processing **11**(6), 590–602 (2004)

[276] Ma, J., Deng, L.: Target-directed mixture dynamic models for spontaneous speech recognition. IEEE Transactions on Audio and Speech Processing **12**(1), 47–58 (2004)

[277] Maas, A.L., Le, Q., O'Neil, T.M., Vinyals, O., Nguyen, P., Ng, A.Y.: Recurrent neural networks for noise reduction in robust asr. In: Proc. Annual Conference of International Speech Communication Association (INTERSPEECH). Portland, OR (2012)

[278] Macherey, W., Ney, H.: A comparative study on maximum entropy and discriminative training for acoustic modeling in automatic speech recognition. In: Proc. European Conference on Speech Communication and Technology (EUROSPEECH), pp. 493–496 (2003)

[279] Mak, B., Tam, Y., Li, P.: Discriminative auditory-based features for robust speech recognition. IEEE Transactions on Speech and Audio Processing (12), 28–36 (2004)

[280] Martens, J.: Deep learning via Hessian-free optimization. In: Proc. International Conference on Machine Learning (ICML), pp. 735–742 (2010)

[281] Martens, J., Sutskever, I.: Learning recurrent neural networks with Hessian-free optimization. In: Proc. International Conference on Machine Learning (ICML), pp. 1033–1040 (2011)

[282] Mesgarani, N., Chang, E.F.: Selective cortical representation of attended speaker in multi-talker speech perception. Nature **485**, 233–236 (2012)

[283] Mesgarani, N., Cheung, C., Johnson, K., Chang, E.: Phonetic feature encoding in human superior temporal gyrus. Science **343**, 1006–1010 (2014)

[284] Mesnil, G., He, X., Deng, L., Bengio, Y.: Investigation of recurrent-neural-network architectures and learning methods for spoken language understanding. In: Proc. Annual Conference of International Speech Communication Association (INTERSPEECH). Lyon, France (2013)

[285] Mesot, B., Barber, D.: Switching linear dynamical systems for noise robust speech recognition. IEEE Transactions on Audio, Speech and Language Processing **15**(6), 1850–1858 (2007)

[286] M.Gales, P.Woodland: Mean and variance adaptation within the mllr framework. Computer Speech and Language **10** (1996)

[287] Mikolov, T.: Rnntoolkit http://www.fit.vutbr.cz/ imikolov/rnnlm/ (2012). URL `http://www.fit.vutbr.cz/~imikolov/rnnlm/`

[288] Mikolov, T.: Statistical language models based on neural networks. Ph.D. thesis, Ph. D. thesis, Brno University of Technology (2012)

[289] Mikolov, T., Deoras, A., Povey, D., Burget, L., Cernocky, J.: Strategies for training large scale neural network language models. In: Proc. IEEE Workshop on Automatic Speech Recognition and Understanding (ASRU), pp. 196–201. IEEE, Honolulu, HI (2011)

[290] Mikolov, T., Karafiát, M., Burget, L., Cernockỳ, J., Khudanpur, S.: Recurrent neural network based language model. In: Proc. Annual Conference of International Speech Communication Association (INTERSPEECH), pp. 1045–1048. Makuhari, Japan (2010)

[291] Mikolov, T., Kombrink, S., Burget, L., Cernocky, J., Khudanpur, S.: Extensions of recurrent neural network language model. In: Proc. International Conference on Acoustics, Speech and Signal Processing (ICASSP), pp. 5528–5531. Prague, Czech (2011)

[292] Mikolov, T., Zweig, G.: Context dependent recurrent neural network language model. In: Proc. IEEE Spoken Language Technology Workshop (SLT), pp. 234–239 (2012)

[293] Mnih, A., K. Gregor, .: Neural variational inference and learning in belief networks. In: Proc. International Conference on Machine Learning (ICML) (2014)

[294] Mnih, A., Teh, Y.W.: A fast and simple algorithm for training neural probabilistic language models. arXiv preprint arXiv:1206.6426 (2012)

[295] rahman Mohamed, A., Yu, D., Deng, L.: Investigation of full-sequence training of deep

belief networks for speech recognition. In: Proc. Annual Conference of International Speech Communication Association (INTERSPEECH), pp. 2846–2849 (2010)

[296] Mohamed, A.r., Dahl, G.E., Hinton, G.: Deep belief networks for phone recognition. In: NIPS Workshop on Deep Learning for Speech Recognition and Related Applications (2009)

[297] Mohamed, A.r., Hinton, G., Penn, G.: Understanding how deep belief networks perform acoustic modelling. In: Proc. International Conference on Acoustics, Speech and Signal Processing (ICASSP), pp. 4273–4276 (2012)

[298] Moon, T.K.: The expectation-maximization algorithm. IEEE Signal Processing Magazine **13**(6), 47–60 (1996)

[299] Moore, R.: Spoken language processing: Time to look outside? In: Second International Conference on Statistical Language and Speech Processing (2014)

[300] Moreno, P.J., Raj, B., Stern, R.M.: A vector Taylor series approach for environment-independent speech recognition. In: Proc. International Conference on Acoustics, Speech and Signal Processing (ICASSP), vol. 2, pp. 733–736 (1996)

[301] Morgan, N., Bourlard, H.: Continuous speech recognition using multilayer perceptrons with hidden Markov models. In: Proc. International Conference on Acoustics, Speech and Signal Processing (ICASSP), pp. 413–416 (1990)

[302] Morgan, N., Bourlard, H.A.: Neural networks for statistical recognition of continuous speech. Proceedings of the IEEE **83**(5), 742–772 (1995)

[303] Nesterov, Y.: A method of solving a convex programming problem with convergence rate O (1/k2). In: Soviet Mathematics Doklady, vol. 27, pp. 372–376 (1983)

[304] Neto, J., Almeida, L., Hochberg, M., Martins, C., Nunes, L., Renals, S., Robinson, T.: Speaker-adaptation for hybrid HMM-ANN continuous speech recognition system pp. 2171–2174 (1995)

[305] Ngiam, J., Khosla, A., Kim, M., Nam, J., Lee, H., Ng, A.Y.: Multimodal deep learning. In: Proceedings of the 28th International Conference on Machine Learning (ICML-11), pp. 689–696 (2011)

[306] Niu, F., Recht, B., Ré, C., Wright, S.J.: Hogwild!: A lock-free approach to parallelizing stochastic gradient descent. arXiv preprint arXiv:1106.5730 (2011)

[307] Ostendorf, M., Digalakis, V., Kimball, O.: From HMM's to segment models: A unified view of stochastic modeling for speech recognition. IEEE Transactions on Speech and Audio Processing **4**(5) (1996)

[308] Ostendorf, M., Digalakis, V.V., Kimball, O.A.: From HMM's to segment models: A unified view of stochastic modeling for speech recognition. IEEE Transactions on

Speech and Audio Processing **4**(5), 360–378 (1996)

[309] Ostendorf, M., Kannan, A., Kimball, O., Rohlicek, J.: Continuous word recognition based on the stochastic segment model. Proc. DARPA Workshop CSR (1992)

[310] Ozkan, E., Ozbek, I., Demirekler, M.: Dynamic speech spectrum representation and tracking variable number of vocal tract resonance frequencies with time-varying dirichlet process mixture models. IEEE Transactions on Audio, Speech and Language Processing **17**(8), 1518 –1532 (2009)

[311] Pan, S.J., Yang, Q.: A survey on transfer learning. IEEE Transactions on Knowledge and Data Engineering **22**(10), 1345–1359 (2010)

[312] Parihar, N., Picone, J.: Aurora working group: DSR front end LVCSR evaluation AU/384/02. Inst. for Signal and Information Process, Mississippi State University, Tech. Rep (2002)

[313] Pascanu, R., Gulcehre, C., Cho, K., Bengio, Y.: How to construct deep recurrent neural networks. In: The 2nd International Conference on Learning Representation (ICLR) (2014)

[314] Pascanu, R., Mikolov, T., Bengio, Y.: On the difficulty of training recurrent neural networks. In: Proc. International Conference on Machine Learning (ICML). Atlanta, GA (2013)

[315] Pavlovic, V., Frey, B., Huang, T.: Variational learning in mixed-state dynamic graphical models. In: Proc. Conference on Uncertainty in Artificial Intelligence (UAI), pp. 522–530. Stockholm (1999)

[316] Petrowski, A., Dreyfus, G., Girault, C.: Performance analysis of a pipelined backpropagation parallel algorithm. IEEE Transactions on Neural Networks **4**(6), 970–981 (1993)

[317] Picone, J., Pike, S., Regan, R., Kamm, T., Bridle, J., Deng, L., Ma, Z., Richards, H., Schuster, M.: Initial evaluation of hidden dynamic models on conversational speech. In: Proc. International Conference on Acoustics, Speech and Signal Processing (ICASSP) (1999)

[318] Plahl, C., Schluter, R., Ney, H.: Cross-lingual portability of chinese and english neural network features for french and german LVCSR. In: Proc. IEEE Workshop on Automatic Speech Recognition and Understanding (ASRU), pp. 371–376 (2011)

[319] Potamianos, G., Neti, C., Gravier, G., Garg, A., Senior, A.W.: Recent advances in the automatic recognition of audiovisual speech. Proceedings of the IEEE **91**(9), 1306–1326 (2003)

[320] Povey, D.: Discriminative training for large vocabulary speech recognition. Ph.D.

thesis, Cambridge University Engineering Dept (2003)

[321] Povey, D., Kanevsky, D., Kingsbury, B., Ramabhadran, B., Saon, G., Visweswariah, K.: Boosted MMI for model and feature-space discriminative training. In: Proc. International Conference on Acoustics, Speech and Signal Processing (ICASSP), pp. 4057–4060 (2008)

[322] Povey, D., Kingsbury, B., Mangu, L., Saon, G., Soltau, H., Zweig, G.: fMPE: Discriminatively trained features for speech recognition. In: Proc. International Conference on Acoustics, Speech and Signal Processing (ICASSP), vol. 1, pp. 961–964 (2005)

[323] Povey, D., Woodland, P.C.: Minimum phone error and I-smoothing for improved discriminative training. In: Proc. International Conference on Acoustics, Speech and Signal Processing (ICASSP), vol. 1, pp. I–105 (2002)

[324] Povey, D., Woodland, P.C.: Minimum phone error and i-smoothing for improved discriminative training. In: Proc. International Conference on Acoustics, Speech and Signal Processing (ICASSP), pp. 105–108 (2002)

[325] Powell, M.J.: A method for non-linear constraints in minimization problems. UKAEA (1967)

[326] Qian, Y., Liu, J.: Cross-lingual and ensemble MLPs strategies for low-resource speech recognition. In: Proc. Annual Conference of International Speech Communication Association (INTERSPEECH) (2012)

[327] Rabiner, L.: A tutorial on hidden markov models and selected applications in speech recognition. Proceedings of the IEEE **77**(2), 257–286 (1989)

[328] Rabiner, L., Juang, B.H.: An introduction to hidden markov models. IEEE ASSP Magazine **3**(1), 4–16 (1986)

[329] Rabiner, L., Juang, B.H.: Fundamentals of Speech Recognition. Prentice-Hall, Upper Saddle River, NJ. (1993)

[330] Ragni, A., Gales, M.: Derivative kernels for noise robust ASR. In: Proc. IEEE Workshop on Automatic Speech Recognition and Understanding (ASRU), pp. 119–124 (2011)

[331] Rasmussen, C.E.: The infinite gaussian mixture model. In: Proc. Neural Information Processing Systems (NIPS) (1999)

[332] Ratnaparkhi, A.: A simple introduction to maximum entropy models for natural language processing. IRCS Technical Reports Series p. 81 (1997)

[333] Reynolds, D., Rose, R.: Robust text-independent speaker identification using gaussian mixture speaker models. IEEE Transactions on Speech and Audio Processing **3**(1), 72–83 (1995)

[334] Robinson, A.J.: An application of recurrent nets to phone probability estimation. IEEE Transactions on Neural Networks **5**(2), 298–305 (1994)

[335] Robinson, A.J., Cook, G., Ellis, D.P., Fosler-Lussier, E., Renals, S., Williams, D.: Connectionist speech recognition of broadcast news. Speech Communication **37**(1), 27–45 (2002)

[336] Rosti, A., Gales, M.: Rao-blackwellised gibbs sampling for switching linear dynamical systems. In: Proc. International Conference on Acoustics, Speech and Signal Processing (ICASSP), vol. 1, pp. I – 809–12 (2004)

[337] Rumelhart, D.E., Hintont, G.E., Williams, R.J.: Learning representations by back-propagating errors. Nature **323**(6088), 533–536 (1986)

[338] Russell, M., Jackson, P.: A multiple-level linear/linear segmental HMM with a formant-based intermediate layer. Computer Speech and Language **19**, 205–225 (2005)

[339] Sainath, T., Kingsbury, B., Ramabhadran, B.: Improving training time of deep belief networks through hybrid pre-training and larger batch sizes. In: Proc. Neural Information Processing Systems (NIPS) Workshop on Log-linear Models (2012)

[340] Sainath, T., Kingsbury, B., Soltau, H., Ramabhadran, B.: Optimization techniques to improve training speed of deep neural networks for large speech tasks. IEEE Transactions on Audio, Speech, and Language Processing **21**(11), 2267–2276 (2013)

[341] Sainath, T.N., Kingsbury, B., Mohamed, A.r., Dahl, G.E., Saon, G., Soltau, H., Beran, T., Aravkin, A.Y., Ramabhadran, B.: Improvements to deep convolutional neural networks for lvcsr. In: Proc. IEEE Workshop on Automatic Speech Recognition and Understanding (ASRU), pp. 315–320 (2013)

[342] Sainath, T.N., Kingsbury, B., Mohamed, A.r., Ramabhadran, B.: Learning filter banks within a deep neural network framework. In: Proc. IEEE Workshop on Automatic Speech Recognition and Understanding (ASRU) (2013)

[343] Sainath, T.N., Kingsbury, B., Ramabhadran, B.: Auto-encoder bottleneck features using deep belief networks. In: Proc. International Conference on Acoustics, Speech and Signal Processing (ICASSP), pp. 4153–4156 (2012)

[344] Sainath, T.N., Kingsbury, B., Ramabhadran, B., Fousek, P., Novak, P., Mohamed, A.r.: Making deep belief networks effective for large vocabulary continuous speech recognition. In: Proc. IEEE Workshop on Automatic Speech Recognition and Understanding (ASRU), pp. 30–35 (2011)

[345] Sainath, T.N., Kingsbury, B., Sindhwani, V., Arisoy, E., Ramabhadran, B.: Low-rank matrix factorization for deep neural network training with high-dimensional output targets. In: Proc. International Conference on Acoustics, Speech and Signal Processing (ICASSP), pp. 6655–6659 (2013)

[346] Sainath, T.N., Mohamed, A.r., Kingsbury, B., Ramabhadran, B.: Deep convolutional neural networks for LVCSR. In: Proc. International Conference on Acoustics, Speech and Signal Processing (ICASSP), pp. 8614–8618 (2013)

[347] Sainath, T.N., Ramabhadran, B., Picheny, M.: An exploration of large vocabulary tools for small vocabulary phonetic recognition. In: Proc. IEEE Workshop on Automatic Speech Recognition and Understanding (ASRU), pp. 359–364 (2009)

[348] Sak, H., Senior, A., Beaufays, F.: Long short-term memory recurrent neural network architectures for large scale acoustic modeling. In: Proc. Annual Conference of International Speech Communication Association (INTERSPEECH) (2014)

[349] Sak, H., Vinyals, O., Heigold, G., Senior, A., McDermott, E., Monga, R., Mao, M.: Sequence discriminative distributed training of long short-term memory recurrent neural networks. In: Proc. Annual Conference of International Speech Communication Association (INTERSPEECH) (2014)

[350] Sakoe, H., Chiba, S.: Dynamic programming algorithm optimization for spoken word recognition. In: Readings in Speech Recognition, pp. 159–165. Morgan Kaufmann Publishers Inc., San Francisco, CA, USA (1990)

[351] Salakhutdinov, R., Mnih, A., Hinton, G.: Restricted boltzmann machines for collaborative filtering. In: Proc. International Conference on Machine Learning (ICML), pp. 791–798 (2007)

[352] Saon, G., Soltau, H., Nahamoo, D., Picheny, M.: Speaker adaptation of neural network acoustic models using i-vectors. In: Proc. IEEE Workshop on Automatic Speech Recognition and Understanding (ASRU), pp. 55–59 (2013)

[353] Saul, L.K., Jaakkola, T., Jordan, M.I.: Mean field theory for sigmoid belief networks. Journal of Artificial Intelligence Research (JAIR) **4**, 61–76 (1996)

[354] Schlueter, R., Macherey, W., Mueller, B., Ney, H.: Comparison of discriminative training criteria and optimization methods for speech recognition. Speech Communication **31**, 287–310 (2001)

[355] Schmidhuber, J.: Deep learning in neural networks: An overview. CoRR **abs/1404.7828** (2014)

[356] Schultz, T., Waibel, A.: Multilingual and crosslingual speech recognition. In: Proc. DARPA Workshop on Broadcast News Transcription and Understanding, pp. 259–262 (1998)

[357] Seide, F., Fu, H., Droppo, J., Li, G., Yu, D.: On parallelizability of stochastic gradient descent for speech dnns. In: Proc. International Conference on Acoustics, Speech and Signal Processing (ICASSP) (2014)

[358] Seide, F., Li, G., Chen, X., Yu, D.: Feature engineering in context-dependent deep neural networks for conversational speech transcription. In: Proc. IEEE Workshop on Automatic Speech Recognition and Understanding (ASRU), pp. 24–29 (2011)

[359] Seide, F., Li, G., Yu, D.: Conversational speech transcription using context-dependent deep neural networks. In: Proc. Annual Conference of International Speech Communication Association (INTERSPEECH), pp. 437–440 (2011)

[360] Seltzer, M., Yu, D., Wang, Y.: An investigation of deep neural networks for noise robust speech recognition. In: Proc. International Conference on Acoustics, Speech and Signal Processing (ICASSP) (2013)

[361] Seltzer, M.L., Droppo, J.: Multi-task learning in deep neural networks for improved phoneme recognition. In: Proc. International Conference on Acoustics, Speech and Signal Processing (ICASSP), pp. 6965–6969 (2013)

[362] Seltzer, M.L., Ju, Y.C., Tashev, I., Wang, Y.Y., Yu, D.: In-car media search. IEEE Signal Processing Magazine **28**(4), 50–60 (2011)

[363] Senior, A., Heigold, G., Bacchiani, M., Liao, H.: GMM-free DNN training. In: Proc. International Conference on Acoustics, Speech and Signal Processing (ICASSP) (2014)

[364] Shen, X., Deng, L.: Maximum likelihood in statistical estimation of dynamical systems: Decomposition algorithm and simulation results. Signal Processing **57**, 65–79 (1997)

[365] Shen, Y., Gao, J., He, X., Deng, L., Mesnil, G.: A latent semantic model with convolutional-pooling structure for information retrieval. In: ACM International Conference on Information and Knowledge Management (2014)

[366] Shi, Y., Wiggers, P., Jonker, C.M.: Towards recurrent neural networks language models with linguistic and contextual features. In: Proc. Annual Conference of International Speech Communication Association (INTERSPEECH) (2012)

[367] Smolensky, P.: Information processing in dynamical systems: Foundations of harmony theory (1986)

[368] Snoek, J., Larochelle, H., Adams, R.P.: Practical Bayesian optimization of machine learning algorithms. arXiv preprint arXiv:1206.2944 (2012)

[369] Socher, R., Huval, B., Manning, C., Ng, A.: Semantic compositionality through recursive matrix-vector spaces. In: Proceedings of the Joint Conference on Empirical Methods in Natural Language Processing and Computational Natural Language Learning (2012)

[370] Socher, R., Lin, C.C., Ng, A., Manning, C.: Parsing natural scenes and natural lan-

guage with recursive neural networks. In: Proc. International Conference on Machine Learning (ICML), pp. 129–136 (2011)

[371] Stadermann, J., Rigoll, G.: Two-stage speaker adaptation of hybrid tied-posterior acoustic models. In: Proc. International Conference on Acoustics, Speech and Signal Processing (ICASSP) (2005)

[372] Stevens, K.: Acoustic Phonetics. MIT Press (2000)

[373] Stoyanov, V., Ropson, A., Eisner, J.: Empirical risk minimization of graphical model parameters given approximate inference, decoding, and model structure. Proc. International Conference on Artificial Intelligence and Statistics (AISTATS) (2011)

[374] Su, H., Li, G., Yu, D., Seide, F.: Error back propagation for sequence training of context-dependent deep networks for conversational speech transcription. In: Proc. International Conference on Acoustics, Speech and Signal Processing (ICASSP) (2013)

[375] Sumby, W.H., Pollack, I.: Visual contribution to speech intelligibility in noise. Journal Acoustical Society of America **26**(2), 212–215 (1954)

[376] Sun, J., Deng, L.: An overlapping-feature based phonological model incorporating linguistic constraints: Applications to speech recognition. Journal Acoustical Society of America **111**, 1086–1101 (2002)

[377] Sutskever, I.: Training recurrent neural networks. Ph.D. thesis, Ph. D. thesis, University of Toronto (2013)

[378] Sutskever, I., Martens, J., Hinton, G.E.: Generating text with recurrent neural networks. In: Proc. International Conference on Machine Learning (ICML), pp. 1017–1024 (2011)

[379] Suzuki, J., Fujino, A., Isozaki, H.: Semi-supervised structured output learning based on a hybrid generative and discriminative approach. In: Proc. EMNLP-CoNLL (2007)

[380] Swietojanski, P., Ghoshal, A., Renals, S.: Revisiting hybrid and GMM-HMM system combination techniques. In: Proc. International Conference on Acoustics, Speech and Signal Processing (ICASSP) (2013)

[381] Szegedy, C., Zaremba, W., Sutskever, I., Bruna, J., Erhan, D., Goodfellow, I., Fergus, R.: Intriguing properties of neural networks. arXiv preprint arXiv:1312.6199 (2013)

[382] Tarjan, R.: Depth-first search and linear graph algorithms. SIAM journal on computing **1**(2), 146–160 (1972)

[383] Thomas, S., Ganapathy, S., Hermansky, H.: Cross-lingual and multi-stream posterior features for low resource LVCSR systems. In: Proc. Annual Conference of International Speech Communication Association (INTERSPEECH), pp. 877–880 (2010)

[384] Thomas, S., Ganapathy, S., Hermansky, H.: Multilingual MLP features for low-

resource LVCSR systems. In: Proc. International Conference on Acoustics, Speech and Signal Processing (ICASSP), pp. 4269–4272 (2012)

[385] Togneri, R., Deng, L.: Joint state and parameter estimation for a target-directed nonlinear dynamic system model. IEEE Transactions on Signal Processing, **51**(12), 3061–3070 (2003)

[386] Togneri, R., Deng, L.: A state-space model with neural-network prediction for recovering vocal tract resonances in fluent speech from mel-cepstral coefficients. Speech communication **48**(8), 971–988 (2006)

[387] Trentin, E., Gori, M.: A survey of hybrid ANN/HMM models for automatic speech recognition. Neurocomputing **37**(1), 91–126 (2001)

[388] Triefenbach, F., Jalalvand, A., Demuynck, K., Martens, J.P.: Acoustic modeling with hierarchical reservoirs. IEEE Transactions on Audio, Speech, and Language Processing **21**(11), 2439–2450 (2013)

[389] Trmal, J., Zelinka, J., Müller, L.: Adaptation of a feedforward artificial neural network using a linear transform. In: Text, Speech and Dialogue, pp. 423–430. Springer (2010)

[390] Valente, F., Doss, M.M., Plahl, C., Ravuri, S., Wang, W.: A comparative large scale study of MLP features for mandarin ASR. In: Proc. Annual Conference of International Speech Communication Association (INTERSPEECH), pp. 2630–2633 (2010)

[391] Vanhoucke, V., Devin, M., Heigold, G.: Multiframe deep neural networks for acoustic modeling. In: Proc. International Conference on Acoustics, Speech and Signal Processing (ICASSP) (1989)

[392] Vanhoucke, V., Senior, A., Mao, M.Z.: Improving the speed of neural networks on CPUs. In: Proc. NIPS Workshop on Deep Learning and Unsupervised Feature Learning (2011)

[393] Vergyri, D., Mandal, A., Wang, W., Stolcke, A., Zheng, J., Graciarena, M., Rybach, D., Gollan, C., Schlüter, R., Kirchhoff, K., et al.: Development of the SRI/nightingale Arabic ASR system. In: Proc. Annual Conference of International Speech Communication Association (INTERSPEECH), pp. 1437–1440 (2008)

[394] Veselỳ, K., Ghoshal, A., Burget, L., Povey, D.: Sequence-discriminative training of deep neural networks. In: Proc. Annual Conference of International Speech Communication Association (INTERSPEECH) (2013)

[395] Vincent, P., Larochelle, H., Bengio, Y., Manzagol, P.A.: Extracting and composing robust features with denoising autoencoders. In: Proc. International Conference on Machine Learning (ICML), pp. 1096–1103 (2008)

[396] Vinyals, O., Jia, Y., Deng, L., Darrell, T.: Learning with recursive perceptual repre-

sentations. Proc. Neural Information Processing Systems (NIPS) (2012)

[397] Waibel, A., Hanazawa, T., Hinton, G., Shikano, K., Lang, K.J.: Phoneme recognition using time-delay neural networks. IEEE Transactions on Speech and Audio Processing **37**(3), 328–339 (1989)

[398] Wang, S., Manning, C.: Fast dropout training. In: Proceedings of the 30th International Conference on Machine Learning (ICML-13), pp. 118–126 (2013)

[399] Wang, Y., Gales, M.J.: Speaker and noise factorization for robust speech recognition. IEEE Transactions on Audio, Speech and Language Processing **20**(7), 2149–2158 (2012)

[400] Wang, Y.Y., Yu, D., Ju, Y.C., Acero, A.: An introduction to voice search. IEEE Signal Processing Magazine **25**(3), 28–38 (2008)

[401] Weng, C., Yu, D., Seltzer, M., Droppo, J.: Single-channel mixed speech recognition using deep neural networks. In: Proc. International Conference on Acoustics, Speech and Signal Processing (ICASSP), pp. 5669–5673 (2014)

[402] Weninger, F., Geiger, J., Wollmer, M., Schuller, B., Rigoll, G.: Feature enhancement by deep lstm networks for ASR in reverberant multisource environments. Computer Speech and Language pp. 888–902 (2014)

[403] Wiesler, S., Richard, A., Golik, P., Schluter, R., Ney, H.: RASR/NN: The RWTH neural network toolkit for speech recognition. In: Proc. International Conference on Acoustics, Speech and Signal Processing (ICASSP), pp. 3305–3309 (2014)

[404] Woodland, P.C., Povey, D.: Large scale discriminative training of hidden markov models for speech recognition. Computer Speech and Language (2002)

[405] Wright, S., Kanevsky, D., Deng, L., He, X., Heigold, G., Li, H.: Optimization algorithms and applications for speech and language processing. IEEE Transactions on Audio, Speech, and Language Processing **21**(11), 2231–2243 (2013)

[406] Xiao, L., Deng, L.: A geometric perspective of large-margin training of gaussian models. IEEE Signal Processing Magazine **27**, 118–123 (2010)

[407] Xiao, Y., Zhang, Z., Cai, S., Pan, J., Yan, Y.: A initial attempt on task-specific adaptation for deep neural network-based large vocabulary continuous speech recognition. In: Proc. Annual Conference of International Speech Communication Association (INTERSPEECH) (2012)

[408] Xing, E., Jordan, M., Russell, S.: A generalized mean field algorithm for variational inference in exponential families. In: Proc. Conference on Uncertainty in Artificial Intelligence (UAI) (2003)

[409] Xu, H., Povey, D., Mangu, L., Zhu, J.: Minimum Bayes risk decoding and system

combination based on a recursion for edit distance. Computer Speech and Language **25**(4), 802–828 (2011)

[410] Xue, J., Li, J., Gong, Y.: Restructuring of deep neural network acoustic models with singular value decomposition. In: Proc. Annual Conference of International Speech Communication Association (INTERSPEECH) (2013)

[411] Xue, J., Li, J., Yu, D., Seltzer, M., Gong, Y.: Singular value decomposition based low-footprint speaker adaptation and personalization for deep neural network. In: Proc. International Conference on Acoustics, Speech and Signal Processing (ICASSP) (2014)

[412] Xue, S., Abdel-Hamid, O., Jiang, H., Dai, L.: Direct adaptation of hybrid DNN/HMM model for fast speaker adaptation in LVCSR based on speaker code. In: Proc. International Conference on Acoustics, Speech and Signal Processing (ICASSP), pp. 6389–6393 (2014)

[413] Yan, Z., Huo, Q., Xu, J.: A scalable approach to using DNN-derived features in GMM-HMM based acoustic modeling for LVCSR. In: Proc. Annual Conference of International Speech Communication Association (INTERSPEECH) (2013)

[414] Yan, Z.J., Huo, Q., Xu, J., Zhang, Y.: Tied-state based discriminative training of context-expanded region-dependent feature transforms for LVCSR. In: Proc. International Conference on Acoustics, Speech and Signal Processing (ICASSP), pp. 6940–6944 (2013)

[415] Yao, K., Gong, Y., Liu, C.: A feature space transformation method for personalization using generalized i-vector clustering. In: Proc. Annual Conference of International Speech Communication Association (INTERSPEECH) (2012)

[416] Yao, K., Yu, D., Seide, F., Su, H., Deng, L., Gong, Y.: Adaptation of context-dependent deep neural networks for automatic speech recognition. In: Proc. IEEE Spoken Language Technology Workshop (SLT), pp. 366–369 (2012)

[417] Yin, S.C., Rose, R., Kenny, P.: A joint factor analysis approach to progressive model adaptation in text-independent speaker verification. IEEE Transactions on Audio, Speech, and Language Processing **15**(7), 1999–2010 (2007)

[418] Yu, D., Chen, X., Deng, L.: Factorized deep neural networks for adaptive speech recognition. In: Proc. Int. Workshop on Statistical Machine Learning for Speech Processing (2012)

[419] Yu, D., Deng, L.: Speaker-adaptive learning of resonance targets in a hidden trajectory model of speech coarticulation. Computer Speech and Language **27**, 72–87 (2007)

[420] Yu, D., Deng, L.: Deep-structured hidden conditional random fields for phonetic recognition. In: Proc. International Conference on Acoustics, Speech and Signal Processing (ICASSP) (2010)

[421] Yu, D., Deng, L., Acero, A.: A lattice search technique for a long-contextual-span hidden trajectory model of speech. Speech Communication **48**, 1214–1226 (2006)

[422] Yu, D., Deng, L., Acero, A.: Hidden conditional random field with distribution constraints for phone classification. In: Proc. Annual Conference of International Speech Communication Association (INTERSPEECH), pp. 676–679 (2009)

[423] Yu, D., Deng, L., Dahl, G.: Roles of pre-training and fine-tuning in context-dependent DBN-HMMs for real-world speech recognition. In: NIPS Workshop on Deep Learning and Unsupervised Feature Learning (2010)

[424] Yu, D., Deng, L., Dahl, G.: Roles of pre-training and fine-tuning in context-dependent DBN-HMMs for real-world speech recognition. In: Proc. Neural Information Processing Systems (NIPS) Workshop on Deep Learning and Unsupervised Feature Learning (2010)

[425] Yu, D., Deng, L., Gong, Y., Acero, A.: A novel framework and training algorithm for variable-parameter hidden markov models. IEEE Transactions on Audio, Speech and Language Processing **17**(7), 1348–1360 (2009)

[426] Yu, D., Deng, L., He, X., Acero, A.: Use of incrementally regulated discriminative margins in MCE training for speech recognition. In: Proc. Annual Conference of International Speech Communication Association (INTERSPEECH) (2006)

[427] Yu, D., Deng, L., He, X., Acero, A.: Use of incrementally regulated discriminative margins in mce training for speech recognition. In: Proc. International Conference on Spoken Language Processing (ICSLP), pp. 2418–2421 (2006)

[428] Yu, D., Deng, L., He, X., Acero, A.: Large-margin minimum classification error training for large-scale speech recognition tasks. In: Proc. International Conference on Acoustics, Speech and Signal Processing (ICASSP), vol. 4, pp. IV–1137 (2007)

[429] Yu, D., Deng, L., He, X., Acero, A.: Large-margin minimum classification error training: A theoretical risk minimization perspective. Computer Speech and Language **22**, 415–429 (2008)

[430] Yu, D., Deng, L., He, X., Acero, A.: Large-margin minimum classification error training: A theoretical risk minimization perspective. Computer Speech and Language **22**(4), 415–429 (2008)

[431] Yu, D., Deng, L., Liu, P., Wu, J., Gong, Y., Acero, A.: Cross-lingual speech recognition under runtime resource constraints. In: Proc. International Conference on Acoustics, Speech and Signal Processing (ICASSP), pp. 4193–4196 (2009)

[432] Yu, D., Deng, L., Seide, F.: Large vocabulary speech recognition using deep tensor neural networks. In: Proc. Annual Conference of International Speech Communication Association (INTERSPEECH) (2012)

[433] Yu, D., Deng, L., Seide, F.: The deep tensor neural network with applications to large vocabulary speech recognition **21**(3), 388–396 (2013)

[434] Yu, D., Eversole, A., Seltzer, M., Yao, K., Huang, Z., Guenter, B., Kuchaiev, O., Zhang, Y., Seide, F., Wang, H., Droppo, J., Zweig, G., Rossbach, C., Currey, J., Gao, J., May, A., Stolcke, A., Slaney, M.: An introduction to computational networks and the computational network toolkit. Microsoft Technical Report MSR-TR-2014-112 (2014)

[435] Yu, D., Ju, Y.C., Wang, Y.Y., Zweig, G., Acero, A.: Automated directory assistance system-from theory to practice. In: Proc. Annual Conference of International Speech Communication Association (INTERSPEECH), pp. 2709–2712 (2007)

[436] Yu, D., Seide, F., G.Li, Deng, L.: Exploiting sparseness in deep neural networks for large vocabulary speech recognition. In: Proc. International Conference on Acoustics, Speech and Signal Processing (ICASSP), pp. 4409–4412 (2012)

[437] Yu, D., Seltzer, M.L.: Improved bottleneck features using pretrained deep neural networks. In: Proc. Annual Conference of International Speech Communication Association (INTERSPEECH), pp. 237–240 (2011)

[438] Yu, D., Seltzer, M.L., Li, J., Huang, J.T., Seide, F.: Feature learning in deep neural networks - studies on speech recognition tasks. In: Proc. International Conference on Learning Representation (ICLR) (2013)

[439] Yu, D., Yao, K., Su, H., Li, G., Seide, F.: Kl-divergence regularized deep neural network adaptation for improved large vocabulary speech recognition. In: Proc. International Conference on Acoustics, Speech and Signal Processing (ICASSP), pp. 7893–7897 (2013)

[440] Zeiler, M.D., Fergus, R.: Visualizing and understanding convolutional neural networks. arXiv preprint arXiv:1311.2901 (2013)

[441] Zen, H., Tokuda, K., Kitamura, T.: An introduction of trajectory model into HMM-based speech synthesis. In: Proc. of ISCA SSW5, pp. 191–196 (2004)

[442] Zhang, B., Matsoukas, S., Schwartz, R.: Discriminatively trained region dependent feature transforms for speech recognition. In: Proc. International Conference on Acoustics, Speech and Signal Processing (ICASSP), vol. 1, pp. I–I (2006)

[443] Zhang, B., Matsoukas, S., Schwartz, R.: Discriminatively trained region dependent feature transforms for speech recognition. In: Proc. International Conference on Acoustics, Speech and Signal Processing (ICASSP), vol. 1, pp. I–I (2006)

[444] Zhang, L., Renals, S.: Acoustic-articulatory modelling with the trajectory HMM. IEEE Signal Processing Letters **15**, 245–248 (2008)

[445] Zhang, S., Bao, Y., Zhou, P., Jiang, H., Li-Rong, D.: Improving deep neural networks for LVCSR using dropout and shrinking structure. In: Proc. International Conference on Acoustics, Speech and Signal Processing (ICASSP), pp. 6899–6903 (2014)

[446] Zhang, S., Gales, M.: Structured SVMs for automatic speech recognition. IEEE Transactions on Audio, Speech and Language Processing **21**(3), 544 –555 (2013)

[447] Zhang, S., Zhang, C., You, Z., Zheng, R., Xu, B.: Asynchronous stochastic gradient descent for DNN training. In: Proc. International Conference on Acoustics, Speech and Signal Processing (ICASSP), pp. 6660–6663 (2013)

[448] Zhou, J.L., Seide, F., Deng, L.: Coarticulation modeling by embedding a target-directed hidden trajectory model into HMM — model and training. In: Proc. International Conference on Acoustics, Speech and Signal Processing (ICASSP), vol. 1, pp. 744–747. Hongkong (2003)

[449] Zhou, P., Dai, L., Liu, Q., Jiang, H.: Combining information from multi-stream features using deep neural network in speech recognition. In: IEEE International Conference on Signal Processing (ICSP), vol. 1, pp. 557–561 (2012)

[450] Zhou, P., Liu, C., Liu, Q., Dai, L., Jiang, H.: A cluster-based multiple deep neural networks method for large vocabulary continuous speech recognition. In: Proc. International Conference on Acoustics, Speech and Signal Processing (ICASSP), pp. 6650–6654 (2013)

[451] Zhu, Q., Chen, B., Morgan, N., Stolcke, A.: Tandem connectionist feature extraction for conversational speech recognition. In: Machine Learning for Multimodal Interaction, vol. 3361, pp. 223–231. Springer Berlin Heidelberg (2005)

[452] Zoltan Tuske Pavel Golik, R.S., Ney, H.: Acoustic modeling with deep neural networks using raw time signal for LVCSR. In: Proc. Annual Conference of International Speech Communication Association (INTERSPEECH) (2014)

[453] Zweig, G., Chang, S.: Personalizing model [M] for voice-search. In: Proc. Annual Conference of International Speech Communication Association (INTERSPEECH), pp. 609–612 (2011)

[454] Zweig, G., Nguyen, P.: SCARF: a segmental conditional random field toolkit for speech recognition. In: Proc. Annual Conference of International Speech Communication Association (INTERSPEECH), pp. 2858–2861 (2010)